基于 Excel 的地理数据分析

陈彦光 编著

国家科技部科技基础工作专项重点资助项目
地理学方法研究(2007FY140800)资助出版

科学出版社
北 京

内 容 简 介

本书面向地理问题,基于 Excel 软件,叙述大量数学方法的应用思路和过程。内容涉及回归分析、主成分分析、聚类分析、判别分析、时(空)间序列分析、Markov 链、R/S 分析、线性规划、层次分析、灰色系统 $GM(1, N)$ 建模和预测方法等。通过模仿本书介绍的计算过程,读者可以加深对有关数学方法的认识和理解,并且掌握很多 Excel 的应用技巧。

这本书虽然是以地理数据为分析对象展开论述,但所涉及的内容绝大多数为通用方法。只要改变数据的来源,书中论述的计算流程完全可以应用到其他领域。

本书的初稿和修改稿先后在北京大学城市与环境专业研究生中试用八年,可供地理学、生态学、环境科学、地质学、经济学、城市规划学乃至医学、生物学等领域的学生、研究人员和工程技术人员阅读和参考。

图书在版编目(CIP)数据

基于 Excel 的地理数据分析 / 陈彦光编著. —北京:科学出版社,2010
ISBN 978-7-03-027182-2

Ⅰ.①基… Ⅱ.①陈… Ⅲ.①电子表格系统,Excel—应用—地理信息系统—数据—分析—教材 Ⅳ.①P208-39

中国版本图书馆 CIP 数据核字(2010)第 061128 号

责任编辑:韩 鹏 朱海燕 赵 冰 / 责任校对:赵桂芬
责任印制:徐晓晨 / 封面设计:王 浩

科 学 出 版 社 出版
北京东黄城根北街 16 号
邮政编码:100717
http://www.sciencep.com

北京厚诚则铭印刷科技有限公司 印刷
科学出版社发行 各地新华书店经销

*

2010 年 4 月第 一 版 开本:787×1092 1/16
2021 年 6 月第六次印刷 印张:18
字数:409 000
定价:99.00 元
(如有印装质量问题,我社负责调换)

前　言

　　要想成功地掌握一门数学方法，至少要熟悉如下几个环节：一是基本原理，即一种方法的理论基础和逻辑过程；二是应用范围，任何一种方法都有其自身的特长和功能局限，认识其优势和不足，才能真正有效地运用；三是算法或者运算规则系统，即一种为在有限步骤内解决数学问题而建立的可重复应用的计算流程体系；四是计算过程，即在一种方法的适用范围内，给定一组观测数据，并借助一定的算法获取所要求的计算结果；五是典型实例，即一种数学方法应用于现实问题的具体案例。如果还想进一步加深对一种数学方法的了解，还有第六个环节，那就是不同方法的融会贯通。

　　目前，我们学习绝大多数数学方法的基本原理都要求读者具备良好的高等数学知识，包括微积分、线性代数和概率与数理统计。不过，高等数学知识仅仅是掌握一门数学方法的必要条件。有了高等数学知识，我们就可以比较透彻地了解一种数学方法的逻辑结构，从而明确其内在原理。掌握一种方法的基本原理，大体上可以懂得其适用范围和功能局限。可是，所有这些，仅仅限于理论层面。要想借助相应的算法将一种数学原理有效地应用于现实问题，学会计算过程是非常关键的一个环节。任何一个数学方法的应用者，只有打通这个环节，才能在方法的运用方面尽可能地扬长避短。计算过程和典型实例是相辅相成的，典型实例是计算过程的结果，计算过程通常借助典型实例来显示其技术路线。

　　以最基本的数学方法——回归分析为例，学习该方法涉及如下过程。在基本思想方面，回归建模就是用数学语言刻画一组变量与某个变量之间的相关关系或者因果关系。关系的强弱通过回归系数表现，回归分析的核心问题就是模型参数值的估计。为此，需要一种有效的算法。目前的回归分析算法主要采用误差平方和最小的方法，即最小二乘法。在这个过程中，首先要采用线性方程组进行描述，理论上用到线性代数的知识；其次寻求误差平方和最小时的参数估计结果，理论上用到微积分的条件极值方法；在回归结果检验过程中，涉及误差的正态分布思想，这在理论上又用到大量的概率论和统计学原理。可是，虽然很多读者明白上述道理，但在具体应用过程中依然觉得似是而非。究其原因，主要在于不了解计算过程，没有掌握简明易懂的计算范例。

　　笔者编著本书的目的，就是帮助读者循序渐进地掌握一些数学方法的计算过程和简明范例，通过这个过程进一步加深对有关数学原理和方法的理解以及应用领域的认识，进而将不同的方法有机联系起来。全书的内容分为四大部分：一是相关分析和回归分析，主要讲述线性回归和逐步回归的计算过程；二是多元统计分析（以协方差逼近技术为主），主要讲述主成分分析、聚类分析和判别分析的计算过程；三是时空过程分析，包括时（空）间序列分析和时空随机过程分析，主要讲述自相关分析、自回归分析、周期图分析、功率（波）谱分析、Markov 链分析和 R/S 分析；四是系统分析，主要讲述层次分析（AHP）法、线性规划求解和灰色系统的建模与预测分析方法。

　　虽然书中讲到大量的有关 Excel 的应用技巧，但这不是一本关于 Excel 应用方法的

i

教材,而是基于 Excel 软件的数据处理和数学方法应用的教材。每一章的写作都采用相同的模式,即围绕一个或者若干个简明的例子,全方位地讲解一种数学方法的计算过程。书中讲述的有些数学方法处理过程是很实用的,如一元和多元回归分析方法、非线性回归建模方法、自回归分析方法、功率谱分析方法、Markov 链方法、AHP 法、线性规划求解方法、GM(1,1)和 GM(1,N)建模与预测方法等。也就是说,通过上述内容的学习,读者可以直接借助 Excel 处理实际工作中遇到的有关数据处理问题。另有一部分方法的讲述并不实用,而属于纯粹教学性质。逐步回归分析方法、主成分分析方法、聚类分析方法、判别分析方法、自相关分析方法等都属于此类。这些方法的计算过程烦琐,当数据量较大时,在 Excel 里开展工作速度缓慢而且容易出错。还有一些方法是介于上述两种情形之间的,包括周期图分析方法、R/S 分析方法等。当数据量较小时,可以采用这些方法在 Excel 里解决问题;但当数据量较大时,就得借助其他大型数学计算软件(如 Matlab、Mathcad)或者统计分析软件(如 SAS、SPSS)了。

读者可能产生疑问:既然一些方法在 Excel 里并不实用,为什么还要不厌其烦地讲述它们?这就回到前面提到的数学方法应用中的计算过程问题。笔者撰写本书的初衷不完全在于实用,大部分内容的实用性仅仅是本书内容的附带功能。笔者真正希望的,是借助本书实现如下目标:读者通过模仿一些计算过程,掌握有关模型建设的实例,进而理解有关数学方法的技术路线。以主成分分析方法为例,采用大型统计分析软件 SPSS,可以很方便地获得全面的计算结果。但是,SPSS 是一个"傻瓜"型软件,其计算过程对读者而言完全是一个"黑箱"。按照固定的程序操作该软件,不需要多少数学知识,就可以完成有关的统计计算。但是,如果不了解一种方法的计算过程,不知道这些方法的基本原理,即便 SPSS 输出结果,读者也没有办法给出准确的计算结果解释。如果读者首先在 Excel 里完成一个简明例子的计算,通过这个过程熟悉主成分分析的数学运算过程,然后再利用 SPSS 开展有关的数据整理和分析,就会主动和透明多了。当然,在阅读本书的过程中,读者会掌握 Excel 的很多功能和应用技巧,这些功能和技巧在未来的数据处理和分析过程中将会非常实用。

需要特别强调的是线性回归分析方法。这种方法非常简单而且基本,以致很多读者不重视该方法的深入学习和广泛练习。实际上,越是简单和基本的数学方法,使用频率越高,应用范围越广。一些复杂的数学方法,如主成分分析、判别分析、自回归分析、功率谱分析、小波分析、神经网络分析、灰色系统建模和预测分析等,都可以借助线性回归分析快速入门。本书讲述了基于回归分析的判别分析建模、自回归建模、周期图建模、R/S 分析建模、GM(1,1)和 GM(1,N)建模和预测等,并且在主成分分析等方法中应用了回归分析。这样,采用一种简明易懂的数学方法将多种数学方法贯通起来,读者可以通过回归分析了解多种数学方法的理论建设要点。

这部著作最初是北京大学研究生地理数学方法辅助教材,先后在北京大学原城市与环境学系、原环境学院、城市与环境学院试用八年。这不是简单的编写成果,而是带有很强的著作成分。实际上,在写作过程中,笔者参考的图书非常有限。最频繁使用的一部参考书是一本关于 Excel 函数的工具书——《Excel 2000 函数图书馆》,当然还有 Excel 自身附带的"帮助"内容。了解了 Excel 的数据分析、规划求解和数值拷贝功能之后,笔者所做的工作就是寻找合适的教学案例,根据相关的数学原理,在 Excel 中一步一步展开计算,并且详细地记录这些计算和分析过程。现在贡献给读者的,就是笔者对这些计算过程记录的整理结果。Excel 的常用函数功能、数值拷贝功能、数据分析和规划求解功能,加上笔者有关的数学方法原理方面的知识,以及相关案例的数据,就是这本书的主要写作源泉。

本书的写作特点是,借助简单的例子,从头到尾完整地演示各种数学方法的计算过程和分析思路。读者学习本书的方法则是,静下心来,从前到后重复一下笔者的计算过程,然后寻找一个类似的例子,自己按部就班模仿一遍。在模仿中学习,在思考中消化。通过阅读和操作,可以打开一些数学方法的"黑箱",了解其内部结构,从而更好地进行运算结果的解读。然后,就可以借助 Excel 或者有关统计/数学软件处理自己研究的现实问题了。原则上,本书的每一章都相对独立,如果读者对 Excel 的基本功能比较熟悉,从任何一个部分都可以开始学习。但是,如果读者对 Excel 的基本功能不太熟悉,那就建议先系统学习第 1 章(一元线性回归分析)和第 2 章(多元线性回归分析)。然后再任选其他章节阅读。特别是本书第 1 章,笔者对 Excel 的有关功能和用法交代得非常详尽,对回归分析结果解释得相当细致。通过前面两章的学习和思考,读者基本上可以掌握 Excel 的常用数据分析操作技能。

最后对本书的一些数据处理和模型表现方式给出必要的说明。第一,数据处理过程前后是连贯的一体。对于任何一个案例,如果下一步用到上一步的数值计算结果,就直接调用有关结果所在的单元格,而不是重新输入近似值。这样做可以尽可能地降低数字出错的概率,并且提高计算的精度。但是,在行文表达的过程中,往往根据具体情况保留不同的小数位,绝大多数是根据 Excel 显示的结果给出计算值,有时根据具体情况有所变通。因此,书中显示的数字与实际计算用到的数字精度不相同。第二,模型的表达主要采用与 Excel 显示的公式接近的表现形式。数学工具的精确性主要体现在逻辑推理方面。当我们将一种数学方法应用于具体问题的时候,只能借助于某种算法估计模型参数。因此,数学模型的理论表达与经验表达是不一样的。由于如下两个方面的原因,我们对有关模型表达形式不作严格区分:一是尽可能与 Excel 公式显示结果保持一致;二是尽可能简化形式,贯通实质的数学过程。教学经验表明,过于严谨的数学形式反而不便于初学者学习数学方法。第三,统计检验标准采用默认的显著性水平。所有统计检验通过与否都是对于某个具体的置信度而言的。系统默认的显著性水平是 0.05,即置信度取 95%。采用这个临界值的好处在于,只要知道自由度,就可以方便地估计标准误差范围。因此,若无特别交代,书中所谓"检验通过"的显著性水平一律取 0.05。另外,对于运行前输入数据的 Excel 插图,尽可能将数据整理清晰,不压字;对于运行后输出结果的 Excel 插图,则采用系统默认的显示结果,虽然图中有些位置会因压字导致字符显示不全,但是便于读者操作过程中对照,也不会影响阅读理解。

光盘附带有各章使用的原始数据,读者可以调用这些数据,重复笔者给出的各种计算过程。此外,还有相关系数检验、F 检验、t 检验、Durbin-Watson 检验、卡方检验和调和分析的 Fisher 检验临界值表,供读者参考和使用。

作　者
2008 年 8 月

目　　录

前言

第 1 章　一元线性回归分析 …………………………………………………………… (1)
  1.1　模型的初步估计 ……………………………………………………………… (1)
  1.2　详细的回归过程 ……………………………………………………………… (3)
  1.3　回归结果详解 ………………………………………………………………… (7)
  1.4　预测分析 ……………………………………………………………………… (16)

第 2 章　多元线性回归分析 …………………………………………………………… (19)
  2.1　多元回归过程 ………………………………………………………………… (19)
  2.2　多重共线性分析 ……………………………………………………………… (25)
  2.3　借助线性回归函数快速拟合 ………………………………………………… (29)
  2.4　统计检验临界值的查询 ……………………………………………………… (31)

第 3 章　逐步回归分析 ………………………………………………………………… (34)
  3.1　数据预备工作 ………………………………………………………………… (34)
  3.2　变量引入的计算过程 ………………………………………………………… (35)
  3.3　参数估计和模型建设 ………………………………………………………… (43)
  3.4　模型参数的进一步验证 ……………………………………………………… (44)
  3.5　模型检验 ……………………………………………………………………… (47)

第 4 章　非线性回归分析 ……………………………………………………………… (51)
  4.1　常见数学模型 ………………………………………………………………… (51)
  4.2　常见实例——一变量的情形 ………………………………………………… (52)
  4.3　常见实例——一变量化为多变量的情形 …………………………………… (70)
  4.4　常见实例——多变量的情形 ………………………………………………… (81)

第 5 章　主成分分析 …………………………………………………………………… (85)
  5.1　计算步骤 ……………………………………………………………………… (85)
  5.2　相关的验证工作 ……………………………………………………………… (96)
  5.3　主成分分析与因子分析的关系 ……………………………………………… (98)

第 6 章　系统聚类分析 ………………………………………………………………… (105)
  6.1　计算距离矩阵 ………………………………………………………………… (105)
  6.2　聚类过程 ……………………………………………………………………… (113)
  6.3　聚类结果评价 ………………………………………………………………… (120)

第 7 章　距离判别分析 ………………………………………………………………… (123)
  7.1　数据的预处理 ………………………………………………………………… (123)
  7.2　计算过程 ……………………………………………………………………… (125)

7.3 判别函数检验 ……………………………………………………………… (134)
  7.4 样品的判别与归类 …………………………………………………………… (137)
  7.5 利用回归分析建立判别函数 ………………………………………………… (138)
  7.6 判别分析与因子分析的关系 ………………………………………………… (143)
第 8 章 自相关分析 …………………………………………………………………… (145)
  8.1 自相关系数 ……………………………………………………………………… (145)
  8.2 偏自相关系数 …………………………………………………………………… (151)
  8.3 偏自相关系数与自回归系数 ………………………………………………… (153)
  8.4 自相关分析 ……………………………………………………………………… (156)
第 9 章 自回归分析 …………………………………………………………………… (159)
  9.1 样本数据的初步分析 ………………………………………………………… (159)
  9.2 自回归模型的回归估计 ……………………………………………………… (161)
  9.3 数据的平稳化及其自回归模型 ……………………………………………… (169)
第 10 章 周期图分析 ………………………………………………………………… (174)
  10.1 时间序列的周期图 …………………………………………………………… (174)
  10.2 周期图分析的相关例证 ……………………………………………………… (179)
  10.3 多元回归的验证 ……………………………………………………………… (183)
第 11 章 时空序列的谱分析（自谱） ……………………………………………… (185)
  11.1 周期数据的频谱分析 ………………………………………………………… (185)
  11.2 空间数据的波谱分析 ………………………………………………………… (191)
第 12 章 功率谱分析（实例） ……………………………………………………… (195)
  12.1 实例分析 1 …………………………………………………………………… (195)
  12.2 实例分析 2 …………………………………………………………………… (198)
  12.3 实例分析 3 …………………………………………………………………… (199)
  12.4 实例分析 4 …………………………………………………………………… (201)
  12.5 实例分析 5 …………………………………………………………………… (202)
  12.6 实例分析 6 …………………………………………………………………… (205)
第 13 章 Markov 链分析 …………………………………………………………… (207)
  13.1 问题与模型 …………………………………………………………………… (207)
  13.2 逐步计算 ……………………………………………………………………… (208)
  13.3 编程计算 ……………………………………………………………………… (211)
第 14 章 R/S 分析 …………………………………………………………………… (216)
  14.1 计算 Hurst 指数的基本步骤 ……………………………………………… (216)
  14.2 自相关系数和 R/S 分析 …………………………………………………… (221)
第 15 章 线性规划求解（实例） …………………………………………………… (223)
  15.1 实例分析 1 …………………………………………………………………… (223)
  15.2 实例分析 2 …………………………………………………………………… (228)
  15.3 实例分析 3 …………………………………………………………………… (231)
  15.4 实例分析 4 …………………………………………………………………… (234)

15.5	实例分析 5	(238)
15.6	实例分析 6	(241)
15.7	实例分析 7	(244)
第 16 章	**层次分析法**	**(247)**
16.1	问题与模型	(247)
16.2	计算方法之一——方根法	(248)
16.3	计算方法之二——和积法	(252)
16.4	计算方法之三——迭代法	(255)
16.5	结果解释	(258)
第 17 章	**GM(1,1)预测分析**	**(260)**
17.1	方法之一——最小二乘运算	(260)
17.2	方法之二——线性回归法	(264)
第 18 章	**GM(1,N)预测分析**	**(269)**
18.1	方法之一——最小二乘运算	(269)
18.2	方法之二——线性回归法	(273)
参考文献		**(275)**
后记		**(276)**

第1章　一元线性回归分析

回归分析是最为基本的定量分析工具,很多表面看来与回归分析无关并且似乎难以理解的数学方法,可以借助回归分析得到简明的解释。通过回归分析,可以更好地理解因子分析、判别分析、自回归分析、功率谱分析、小波分析、神经网络分析等。在本书中,笔者将会建立回归分析与因子分析、判别分析、时间序列分析、灰色系统的 $GM(1,N)$ 预测分析等数学联系。在各种回归分析方法中,一元线性回归最为基本。熟练掌握这一套分析方法对学习其他数学工具非常有用。下面借助简单的实例详细解析基于 Excel 的一元线性回归分析。

【例】某地区最大积雪深度和灌溉面积的关系。为了估计山上积雪融化后对山下灌溉的影响,在山上建立观测站,测得连续 10 年的最大积雪深度和灌溉面积数据。利用这些观测数据建立线性回归模型,就可以借助提前得到的积雪深度数据,预测当年的灌溉面积大小。原始数据来源于苏宏宇等编著的《Mathcad 2000 数据处理应用与实例》。

1.1　模型的初步估计

这是非常初步的操作,却是非常重要的操作。我们在建立回归分析模型的过程中,首先要进行一些基本的试验。在 Excel 中,回归试验应用最为频繁的方法就是下面即将讲到的模型快速估计方法。

第一步,录入数据。数据录入结果如图 1-1-1。

第二步,作散点图。如图 1-1-2 所示,选中数据(包括自变量和因变量),点击"图表向导"图标;或者在"插入"菜单中打开"图表(H)"。图表向导的图标为 。选中数据后,屏幕显示数据会变色(图 1-1-2)。

	A	B	C
1	年份	最大积雪深度(米)	灌溉面积(千亩)
2	1971	15.2	28.6
3	1972	10.4	19.3
4	1973	21.2	40.5
5	1974	18.6	35.6
6	1975	26.4	48.9
7	1976	23.4	45.0
8	1977	13.5	29.2
9	1978	16.7	34.1
10	1979	24.0	46.7
11	1980	19.1	37.4

图 1-1-1　数据录入结果　　　　　图 1-1-2　选中作图的数据序列

本书相关项目单位与此表中相同。1 亩 $\approx 667 m^2$

点击"图表向导"以后,弹出如下对话框(图1-1-3)。在左边的"图表类型(C)"栏中选中"XY散点图",点击"完成"按钮,立即出现散点图的原始形式(图1-1-4)。

第三步,模型估计。这一过程又可以细分为如下几个步骤。

(1) 选中散点:用鼠标指向图1-1-4中的数据点列,点击右键,出现如图1-1-5的选择菜单。

(2) 添加趋势线:点击"添加趋势线(R)",弹出如图1-1-6的选择框。

(3) 选项设置:在分析"类型"中选择"线性(L)",然后打开选项单(图1-1-7)。

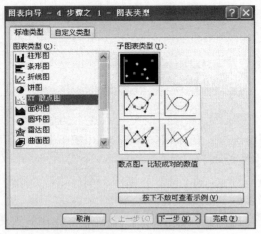

图 1-1-3　图表向导中的散点图选项

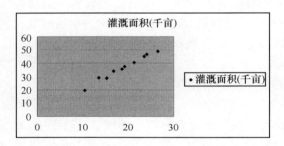

图 1-1-4　Excel 给出的散点图

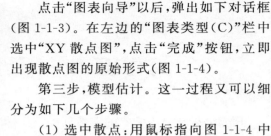

图 1-1-5　选中图中的散点系列

图 1-1-6　添加线性趋势线的选项

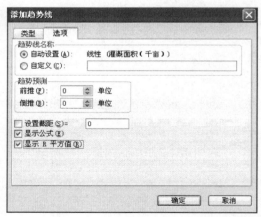

图 1-1-7　添加趋势线的选项设置

（4）获取结果：在选择框中选中"显示公式（E）"和"显示 R 平方值（R）"（图 1-1-7），确定，立即得到回归结果如图 1-1-8。

在图 1-1-8 中，给出了回归模型和相应的测定系数即拟合优度。模型为 $y = 2.3564 + 1.8129x$，相关系数平方为 $R^2 = 0.9789$。

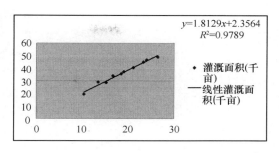

图 1-1-8　模型的初步估计结果

1.2　详细的回归过程

1.2.1　回归建模

回归模型的快速估计过程非常简便，但结果也过于简略。除了模型的截距、斜率估计结果和相关系数平方等统计量之外，没有其他方面的统计信息。为了对模型参数估计值开展深入的统计分析，我们需要掌握详细的回归分析过程。在 Excel 中，回归分析过程可以分为若干步骤完成，第一、二步与 1.1 节"模型的初步估计"给出的步骤完全一样，姑且从略。下面从第三步讲起。

观察如图 1-1-4 所示的散点图，判断点列分布是否具有线性趋势。只有当数据具有线性分布特征时，才能采用线性回归分析方法。从图中可以看出，本例数据形成的散点呈现线性分布特征，可以进行线性回归。详细步骤如下。

图 1-2-1　选中"数据分析"

1. 打开对话框

点击"工具"下拉菜单，可见数据分析选项（图 1-2-1）。

双击"数据分析（D）"选项，弹出"数据分析"选项框（图 1-2-2）。

2. 回归分析选项

在图 1-2-2 中选择"回归"，确定，弹出如图 1-2-3 的选项表。

第一种选择方式：包括数据标志。X、Y 值的输入区域（B1:B11,C1:C11），标志，置信度（95%），新工作表组，残差，线性拟合图（图 1-2-4）。

第二种选择方式：不包括数据标志。X、Y 值的输入区域（B2:B11,C2:C11），置信度（95%），新工作表组，残差，线性拟合图（图 1-2-5）。

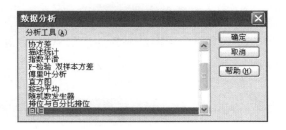

图 1-2-2　数据分析选项框

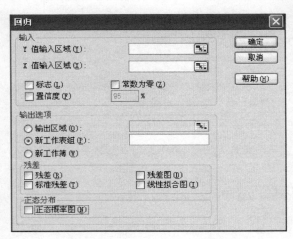

图 1-2-3　数据分析选项框 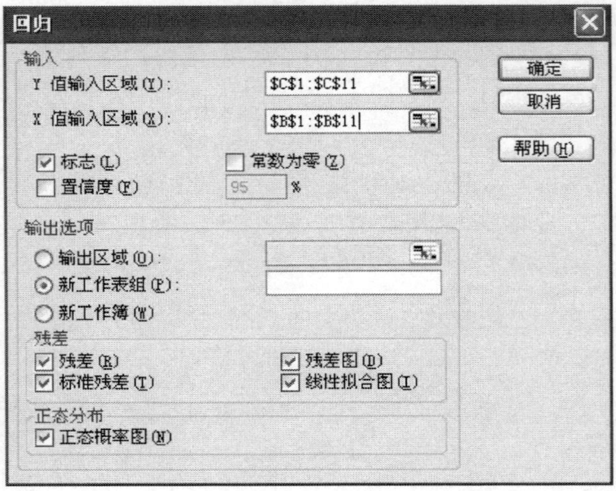　　　　　　图 1-2-4　包括数据标志

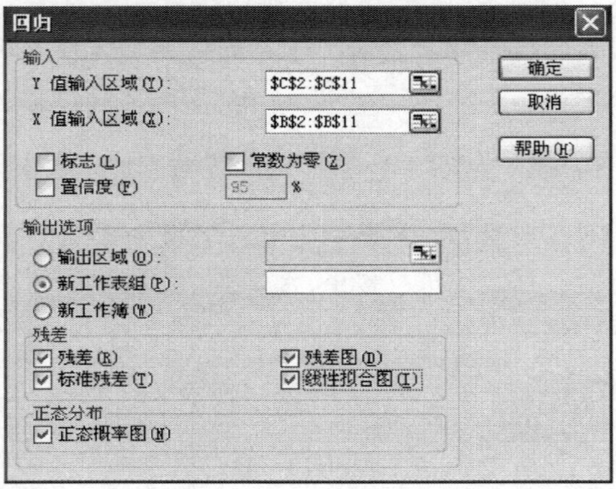

　　注意：选中数据"标志"和不选"标志"，X、Y 值的输入区域是不一样的。前者包括数据标志"最大积雪深度（米）"和"灌溉面积（千亩）"，后者不包括。当在输入栏的数据范围中包括数据标志所在的单元格时，必须选择"标志"选项，否则不能选中"标志"。这一点务必注意。

3. 给出回归结果

设置完成以后，确定，即可得到全部回归结果（图 1-2-6）。

图 1-2-5　不包括数据标志

4. 读取参数

在图 1-2-6 所示的结果中，读取如下数据，据此建立模型并开展统计分析。截距：$a=0.356$；斜率：$b=1.813$；相关系数：$R=0.989$；测定系数：$R^2=0.979$；F 值：$F=371.945$；t 值：$t=19.286$；回归标准误差：$s=1.419$；回归平方和：$SSr=748.854$；剩余平方和：$SSe=16.107$；总平方和：$SSt=764.961$。

5. 写出模型表达式

根据上面的回归结果建立回归模型，并对结果进行检验。回归模型为
$$\hat{y} = a + bx = 2.356 + 1.813x$$

关于模型的统计检验，R、R^2、F 值、t 值、标准误差值等均可以直接从回归结果中读出。

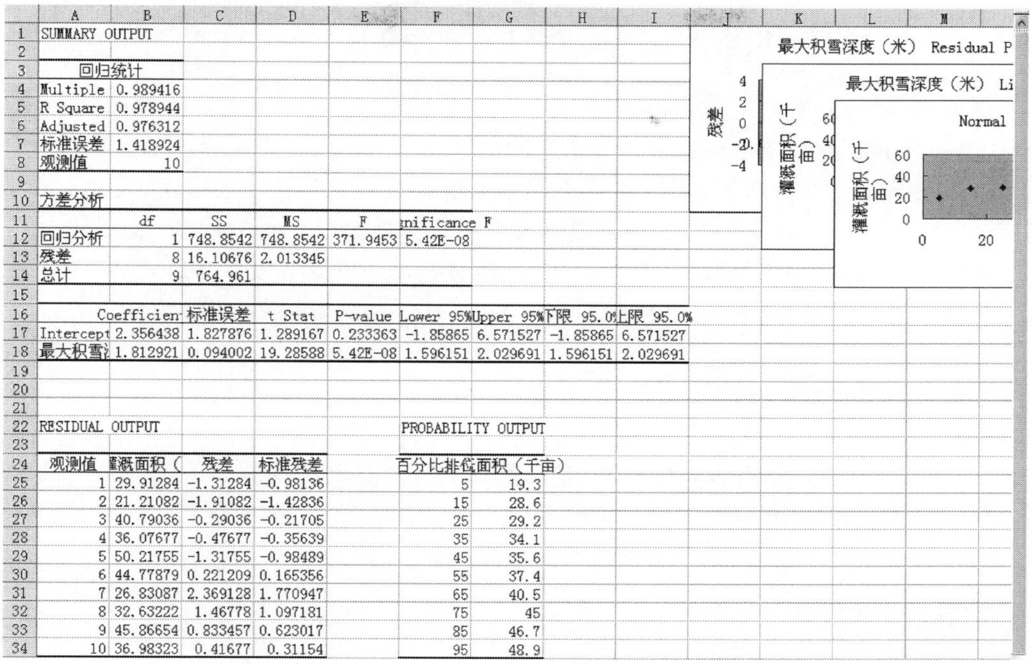

	A	B	C	D	E	F	G	H	I
1	SUMMARY OUTPUT								
2									
3	回归统计								
4	Multiple	0.989416							
5	R Square	0.978944							
6	Adjusted	0.976312							
7	标准误差	1.418924							
8	观测值	10							
9									
10	方差分析								
11		df	SS	MS	F	gnificance F			
12	回归分析	1	748.8542	748.8542	371.9453	5.42E-08			
13	残差	8	16.10676	2.013345					
14	总计	9	764.961						
15									
16		Coefficien	标准误差	t Stat	P-value	Lower 95%	Upper 95%	下限 95.0%	上限 95.0%
17	Intercept	2.356438	1.827876	1.289167	0.233363	-1.85865	6.571527	-1.85865	6.571527
18	最大积雪	1.812921	0.094002	19.28588	5.42E-08	1.596151	2.029691	1.596151	2.029691
19									
20									
21									
22	RESIDUAL OUTPUT					PROBABILITY OUTPUT			
23									
24	观测值	灌溉面积（	残差	标准残差		百分比排位	面积（千亩）		
25	1	29.91284	-1.31284	-0.98136		5	19.3		
26	2	21.21082	-1.91082	-1.42836		15	28.6		
27	3	40.79036	-0.29036	-0.21705		25	29.2		
28	4	36.07677	-0.47677	-0.35639		35	34.1		
29	5	50.21755	-1.31755	-0.98489		45	35.6		
30	6	44.77879	0.221209	0.165356		55	37.4		
31	7	26.83087	2.369128	1.770947		65	40.5		
32	8	32.63222	1.46778	1.097181		75	45		
33	9	45.86654	0.833457	0.623017		85	46.7		
34	10	36.98323	0.41677	0.31154		95	48.9		

图 1-2-6　线性回归结果

1.2.2　模型的统计检验

对于一元线性回归，只需要开展相关系数检验、标准误差检验和 DW 检验。不过，作为方法介绍，不妨给出较为全面的说明。

1. 相关系数检验

在相关系数检验表中查出，当显著性水平取 $\alpha=0.05$、剩余自由度为 $df=10-1-1=8$ 时，相关系数的临界值为 $R_{0.05,8}=0.632$。显然

$$R = 0.989\,416 > 0.632 = R_{0.05,8}$$

检验通过。有了 R 值，F 值和 t 值均可计算出来。

2. *F* 检验

F 值的计算公式和结果为

$$F=\frac{R^2}{\dfrac{1}{n-m-1}(1-R^2)}=\frac{0.989\,416^2}{\dfrac{1}{10-1-1}(1-0.989\,416^2)}=371.945>5.318=F_{0.05,1,8}$$

式中：$n=10$ 为样品数目；$m=1$ 为自变量数目。显然与表中的结果一样。

3. *t* 检验

t 值的计算公式和结果为

$$t = \frac{R}{\sqrt{\frac{1-R^2}{n-m-1}}} = \frac{0.989\,416}{\sqrt{\frac{1-0.989\,416^2}{10-1-1}}} = 19.286 > 2.306 = t_{0.05,8}$$

可见，F 值为 t 值的平方，即有 $19.286^2 = 371.945$。上述结果 Excel 都已经直接给出，这里通过验算有助于理解这些统计量之间的联系。

查 F 分布表和 t 分布表，可以得到 F 值和 t 统计量的临界值。实际上，在 Excel 中，利用公式 finv 可以方便地查出 F 统计量的临界值。语法是：$\mathrm{finv}(\alpha, m, n-m-1)$，即

$$\mathrm{finv}(显著性水平, 自变量数目, 样品数目-自变量数目-1)$$

任选一个单元格，输入公式"=FINV(0.05,1,10−2)"，回车，立即得到 5.317 645，即
$$F_{0.05,1,8} = 5.318$$

类似地，利用公式 tinv 可以方便地查出 t 统计量的临界值。语法是：$\mathrm{tinv}(\alpha, n-m-1)$，即

$$\mathrm{tinv}(显著性水平, 样品数目-自变量数目-1)$$

任选一个单元格，输入公式"=TINV(0.05,10−2)"，回车，立即得到 2.306 005 6，即
$$t_{0.05,8} = 2.306$$

4. 标准误差检验

回归结果中给出了残差（图 1-2-7），据此可以计算标准误差。首先求残差的平方
$$\varepsilon_i^2 = (y_i - \hat{y}_i)^2$$

然后求残差平方和
$$\mathrm{SSe} = \sum_{i=1}^{n=10} \varepsilon_i^2 = 1.724 + \cdots + 0.174 = 16.107$$

于是标准误差为
$$s = \sqrt{\frac{1}{n-m-1}\sum_{i=1}^{n}(y_i - \hat{y}_i)^2} = \sqrt{\frac{1}{\nu}\mathrm{SSe}} = \sqrt{\frac{16.107}{8}} = 1.419$$

从而得到变异系数
$$\frac{s}{\bar{y}} = \frac{1.419}{36.53} = 0.0388 < 10\% \sim 15\% = 0.1 \sim 0.15$$

利用平方和函数 sumsq 可以直接求出残差平方和。如图 1-2-7 所示，残差序列位于第三列，即 C 列（图 1-2-6）。在任意空白单元格输入公式"=SUMSQ(C24:C34)"，回车，得到 16.106 760 4。用这个数除以剩余自由度 8，然后开平方根，即可得到标准误差 1.418 924。

5. DW 检验

DW 值的计算公式及结果为

$$\mathrm{DW} = \frac{\sum_{i=2}^{n}(\varepsilon_i - \varepsilon_{i-1})^2}{\sum_{i=1}^{n}\varepsilon_i^2} = \frac{(-1.911+1.313)^2 + \cdots + (0.417-0.833)^2}{(-1.313)^2 + (-1.911)^2 + \cdots + 0.417^2} = 0.751$$

在 Excel 中计算 DW 值非常方便。只要在图 1-2-4 所示的选项中选中"残差(R)"，最后的回归结果就会给出残差序列。将残差序列复制出来，在适当的地方粘贴两次，注意最

好错位粘贴(图 1-2-8)。然后,利用其中一列减去另外一列,得到残差之差,或者残差序列的差分。注意,原来的数据有 $n=10$ 个,残差之差应为 $n-1=9$ 个。利用函数 sumsq 计算残差序列的平方和,结果为 16.1068;然后用 sumsq 计算残差之差的平方和,结果为 12.0949。第二个平方和除以第一个平方和,即残差之差的平方和除以残差的平方和,即可得到 DW 值。具体说来,DW 值=12.0949/16.1068=0.751。

24	观测值	预测 灌溉	残差	标准残差	残差平方
25	1	29.91284	-1.31284	-0.98136	1.723544
26	2	21.21082	-1.91082	-1.4283553	3.651222
27	3	40.79036	-0.29036	-0.2170504	0.084312
28	4	36.07677	-0.47677	-0.3563903	0.227309
29	5	50.21755	-1.31755	-0.9848852	1.735949
30	6	44.77879	0.221209	0.16535611	0.048933
31	7	26.83087	2.369128	1.77094725	5.612766
32	8	32.63222	1.46778	1.09718082	2.154379
33	9	45.86654	0.833457	0.62301729	0.69465
34	10	36.98323	0.41677	0.31153965	0.173697
35				残差平方和	**16.1068**

图 1-2-7　y 的预测值及其相应的残差等

		残差		
观测值	残差	-1.31284	残差之差	
1	-1.31284	-1.91082	-0.59798	
2	-1.91082	-0.29036	1.620453	
3	-0.29036	-0.47677	-0.18641	
4	-0.47677	-1.31755	-0.84078	
5	-1.31755	0.221209	1.538763	
6	0.221209	2.369128	2.147919	
7	2.369128	1.46778	-0.90135	
8	1.46778	0.833457	-0.63432	
9	0.833457	0.41677	-0.41669	
10	0.41677			DW值
	16.1068		**12.0949**	**0.75092**

图 1-2-8　利用残差计算 DW 值

最后是 DW 统计检验。取 $\alpha=0.05$,$n=10$,$m=1$(剩余自由度 df=10-1-1=8),在统计表中查表得 $d_l=0.94$,$d_u=1.29$。显然,DW 值=0.751 < $d_l=0.94$,这意味着有序列正相关,预测的结果可能令人怀疑。当然,对于本例,由于 $n<15$,DW 值的估计结果不可靠,严格意义的 DW 检验无法进行。

1.3　回归结果详解

1.3.1　数据表的解读

利用 Excel 的数据分析进行回归,可以得到一系列的统计参量。下面将图 1-2-6 回归结果摘要(summary output)放大(图 1-3-1)。

下面逐步说明如下。

1. 回归统计表

这一部分给出了相关系数、测定系数、校正测定系数、标准误差和样品数目(图 1-3-2)。

逐行解释如下:

(1) Multiple 对应的数据是相关系数(correlation coefficient),即 $R=0.989\,416$。

(2) R Square 对应的数值为测定系数(determination coefficient),或称拟合优度(goodness of fit),它是相关系数的平方,即有 $R^2=0.989\,416^2=0.978\,944$。

(3) Adjusted 对应的是校正测定系数(adjusted determination coefficient),校正公式为

$$R_a=1-\frac{(n-1)(1-R^2)}{n-m-1}=1-\frac{(n-1)(1-R^2)}{\nu}$$

SUMMARY OUTPUT							
回归统计							
Multiple	0.989416						
R Square	0.978944						
Adjusted	0.976312						
标准误差	1.418924						
观测值	10						
方差分析							
	df	SS	MS	F	gnificance F		
回归分析	1	748.8542	748.8542	371.9453	5.42E-08		
残差	8	16.10676	2.013345				
总计	9	764.961					
	Coefficien	标准误差	t Stat	P-value	Lower 95%	Upper 95%	下限 95.0%	上限 95.0%
Intercept	2.356438	1.827876	1.289167	0.233363	-1.85865	6.571527	-1.85865	6.571527
最大积雪	1.812921	0.094002	19.28588	5.42E-08	1.596151	2.029691	1.596151	2.029691

图 1-3-1 回归结果摘要(局部放大)

回归统计	
Multiple	0.989416
R Square	0.978944
Adjusted	0.976312
标准误差	1.418924
观测值	10

图 1-3-2 回归统计表

式中:n 为样品数;m 为变量数;ν 为自由度(df);R^2 为测定系数。对于本例,$n=10$,$m=1$,$R^2=0.978\,944$,代入上式得

$$R_a = 1 - \frac{(10-1)(1-0.978\,944)}{10-1-1} = 0.976\,312$$

(4) 标准误差(standard error)对应的即回归标准误差,计算公式上一节已经给出。将 SSe=16.106 76 代入计算公式可得

$$s = \sqrt{\frac{1}{10-1-1} \times 16.106\,76} = 1.418\,924$$

这个结果在前面进行过验算。

方差分析					
	df	SS	MS	F	gnificance F
回归分析	1	748.8542	748.8542	371.9453	5.42E-08
残差	8	16.10676	2.013345		
总计	9	764.961			

图 1-3-3 方差分析表(ANOVA)

(5) 观测值对应的是样品数目(这里为年数),即有 $n=10$。

2. 方差分析表

方差分析部分包括自由度、误差平方和、均方差、F 值、t 统计量、P 值、参数估计结果的变化范围等(图 1-3-3)。

逐列、分行解释如下:

第一列 df 对应的是自由度(degree of freedom)。

(1) 第一行是回归自由度 dfr,等于自变量数目,即 dfr=m。

(2) 第二行为剩余自由度 dfe,或者残差自由度,等于样品数目减去自变量数目再减去 1,即有 dfe=$n-m-1$。在计算公式中,剩余自由度通常用 ν 表示。

(3) 第三行为总自由度 dft,等于样品数目减 1,即有 dft=$n-1$。对于本例,$m=1$,$n=10$,因此,dfr=1,dfe=$n-m-1=8$,dft=$n-1=9$。

显然,三者的关系是

回归自由度+剩余自由度=总自由度

第二列 SS 对应的是误差平方和,或称变差。

(1) 第一行为回归平方和或称回归变差 SSr,即有

$$\text{SSr} = \sum_{i=1}^{n}(\hat{y}_i - \bar{y}_i)^2 = 748.8542$$

它表征的是因变量的预测值对其平均值的总偏差。

(2) 第二行为剩余平方和（也称残差平方和）或称剩余变差 SSe，即有

$$\text{SSe} = \sum_{i=1}^{n}(y_i - \hat{y}_i)^2 = 16.10676$$

它表征的是因变量观测值对其预测值的总偏差，这个数值越大，意味着拟合的效果越差；反之，则越好。上述 y 的标准误差即由 SSe 给出。

(3) 第三行为总平方和或称总变差 SSt，也就是

$$\text{SSt} = \sum_{i=1}^{n}(y_i - \bar{y}_i)^2 = 764.961$$

它表示的是因变量对其平均值的总偏差。容易验证 748.8542+16.10676=764.96096，即有

回归平方和＋剩余平方和＝总平方和

或者

$$\text{SSr} + \text{SSe} = \text{SSt}$$

而测定系数就是回归平方和在总平方和中所占的比重，即

$$R^2 = \frac{\text{SSr}}{\text{SSt}} = \frac{748.8542}{764.961} = 0.978944$$

这个数值越大，拟合的效果就越好。

第三列 MS 对应的是均方差，它是误差平方和除以相应的自由度得到的商。

(1) 第一行为回归均方差 MSr，即有

$$\text{MSr} = \frac{\text{SSr}}{\text{dfr}} = \frac{748.8542}{1} = 748.8542$$

这个数值越大，拟合的效果就越好。

(2) 第二行为剩余均方差 MSe，即有

$$\text{MSe} = \frac{\text{SSe}}{\text{dfe}} = \frac{16.10676}{8} = 2.013345$$

这个数值越小，拟合的效果就越好。

第四列对应的是 F 值，用于线性关系的判定。对于一元线性回归，F 值的计算公式前面已经给出，即

$$F = \frac{\text{dfe} \times R^2}{1 - R^2}$$

式中：$R^2 = 0.978944$，dfe＝10－1－1＝8，因此

$$F = \frac{8 \times 0.978944}{1 - 0.978944} = 371.9453$$

在方差分析表中，F 值等于回归均方差 MSr 与剩余均方差 MSe 的比值，即有

$$F = \frac{\text{MSr}}{\text{MSe}} = \frac{748.8542}{2.013345} = 371.9453$$

第五列 Significance F 是 F 值对应的 P 值——回归 P 值，即线性关系的弃真概率。"弃真概率"就是线性关系为假的概率，显然 $1-P$ 便是线性关系为真的概率。可见，P 值越小，置信度也就越高。借助 F 分布函数 fdist，可以将 F 值转换为 Sig. 值。在回归结果

工作表的任意单元格中输入公式"＝FDIST（E12，B12，B13）"，立即得到 P 值（5.42×10^{-8}）。反过来，借助 F 值查询函数 finv，可以将 P 值转换为 F 值。在任意单元格输入公式"＝FINV(F12,B12,B13)"，立即得到 F 值（371.945）。

	Coefficien	标准误差	t Stat	P-value
Intercept	2.356438	1.827876	1.289167	0.233363
最大积雪	1.812921	0.094002	19.28588	5.42E-08
Lower 95%	Upper 95%	下限 95.0%	上限 95.0%	
-1.85865	6.571527	-1.85865	6.571527	
1.596151	2.029691	1.596151	2.029691	

图 1-3-4　回归系数表

3. 回归系数表

回归系数表包括回归模型的截距、斜率及其有关的检验参数等（图 1-3-4）。

第一列 Coefficients 对应的模型的回归系数，包括常数项即截距 $a=2.356\,438$ 和斜率 $b=1.812\,921$，由此可以建立回归模型

$$\hat{y}_i = 2.3564 + 1.8129 x_i$$

或

$$y_i = 2.3564 + 1.8129 x_i + e_i$$

式中：e_i 为残差的估计值。

第二列为回归系数的标准误差（用 s_a 或 s_b 表示），误差值越小，表明参数的精确度越高。这个参数较少使用，只是在一些特别的场合出现。例如，L. Benguigui 等在 *When and where is a city fractal*? 一文中将斜率对应的标准误差值作为分形演化的标准，建议采用 0.04 作为分维判定的统计指标。

参数标准误差主要用于给出参数估计值的变化范围。

第三列 t Stat 对应的是统计量 t 值，用于对模型参数的检验，需要查表才能决定。t 值是回归系数与其标准误差的比值，即有

$$t_a = \frac{\hat{a}}{s_a},\ t_b = \frac{\hat{b}}{s_b}$$

根据图 1-3-4 中的数据容易算出

$$t_a = \frac{2.356\,438}{1.827\,876} = 1.289\,167,\ t_b = \frac{1.812\,921}{0.094\,002} = 19.285\,88$$

对于一元线性回归，t 值可用相关系数或 F 值计算，公式前面已经给出。因此，F 值与 t 值都与相关系数 R 等价，当然 F 值与 t 值也等价。如前所述，$F = t^2$，即有

$$F = 371.9453 = 19.285\,88^2 = t^2$$

可见，相关系数检验就已包含了 F 值和 t 值的信息，一元线性回归分析也就无需作 F 检验和 t 检验。但是，对于多元线性回归，F 检验和 t 检验都不可缺省。

第四列 P value 对应的是参数的 P 值（双侧）。当 $P<0.05$ 时，可以认为模型参数在 $\alpha=0.05$ 的水平上显著，或者置信度达到 95% 以上；当 $P<0.01$ 时，可以认为模型参数在 $\alpha=0.01$ 的水平上显著，或者置信度至少达到 99%。P 值检验与 t 值检验是等价的，但 P 值不用查表，故要方便得多。

借助 t 分布函数 tdist 可以将 t 值全部转换为 P 值。如图 1-2-6 所示，在 J17 单元格输入公式"＝TDIST(D17,\$B\$13,2)"，回车，立即得到截距对应的 P 值 0.233；点击 J17 单元格右下角下拉至 J18 单元格，立即得到斜率对应的 P 值"5.42×10^{-8}"。反过来，利用 t 值查询函数 tinv 可以将 P 值转换为 t 值。在 K17 单元格输入公式"＝TINV(E17,\$B\$13)"，回车，立即得到截距对应的 t 值 1.289；双击 K17 单元格右下角，立即得到斜率对

应的 t 值"19.286"。

第五、六列给出置信度为 95% 的回归系数的误差上限和下限（误差界限）。参数置信区间的计算公式为

$$\hat{b}_j \pm t_{\alpha, n-m-1} s(b_j)$$

式中：$\hat{b}_j$ 为回归系数；j 为回归系数的编号；$s(b_j)$ 为回归系数对应的标准误差；$t_{\alpha, n-m-1}$ 为 t 检验的临界值。对于一元线性回归，截距的置信区间为

$$\hat{a} \pm t_{\alpha, n-m-1} s_a$$

斜率的置信区间为

$$\hat{b} \pm t_{\alpha, n-m-1} s_b$$

在我们的例子中，$\hat{a}=2.356\,438$，$\hat{b}=1.812\,921$，$s_a=1.827\,876$，$s_b=0.094\,002$，只要从表中查出临界值 $t_{\alpha,n-m-1}$，就可以计算参数的置信区间。借助函数 $\text{tinv}(\alpha, n-m-1)$ 在 Excel 中可以方便计算临界值。键入"=tinv(0.05，10－1－1)"，回车，立即得到 $t_{0.05,8}=2.306\,006$。容易验算

$$\hat{a} - t_{\alpha, n-m-1} s_a = -1.858\,65, \quad \hat{a} + t_{\alpha, n-m-1} s_a = 6.571\,53$$
$$\hat{b} - t_{\alpha, n-m-1} s_b = 1.596\,15, \quad \hat{b} + t_{\alpha, n-m-1} s_b = 2.029\,69$$

可以看出，在 $\alpha=0.05$ 的显著水平上，截距的变化上限和下限为 $-1.858\,65$ 和 $6.571\,53$，即有

$$-1.858\,65 \leqslant a \leqslant 6.571\,53$$

斜率的变化极限则为 $1.596\,15$ 和 $2.029\,69$，即有

$$1.596\,15 \leqslant b \leqslant 2.029\,69$$

第七、八列将根据图 1-2-4 设定的置信度给出回归系数的误差界限。在进行回归运算的时候，默认系统的置信度为 $1-\alpha=95\%$。假定在图 1-2-4 中将置信度设为 99%，即取显著性水平为 $\alpha=0.01$，则回归结果给出两套参数估计值的上下界。第一套标志为英文（第五、六列），对应于仍然是 95% 的置信度；第二套标志为中文（第七、八列），对应的则是 99% 的置信度。

4. 残差输出结果

这一部分为选择输出内容，如果在"回归"分析选项框中没有选中有关内容，则输出结果不会给出这部分结果。

残差输出中包括观测值序号（第一列，用 i 表示），因变量的预测值（第二列，用 $\hat{y}_i$ 表示），残差（第三列，用 e_i 表示）以及标准残差（图 1-3-5）。

RESIDUAL OUTPUT				PROBABILITY OUTPUT	
观测值	灌溉面积	残差	标准残差	百分比排位	面积（千亩）
1	29.91284	-1.31284	-0.98136	5	19.3
2	21.21082	-1.91082	-1.42836	15	28.6
3	40.79036	-0.29036	-0.21705	25	29.2
4	36.07677	-0.47677	-0.35639	35	34.1
5	50.21755	-1.31755	-0.98489	45	35.6
6	44.77879	0.221209	0.165356	55	37.4
7	26.83087	2.369128	1.770947	65	40.5
8	32.63222	1.46778	1.097181	75	45
9	45.86654	0.833457	0.623017	85	46.7
10	36.98323	0.41677	0.31154	95	48.9

图 1-3-5 残差输出和概率输出结果

预测值是用回归模型

$$\hat{y}_i = 2.3564 + 1.8129 x_i$$

式中：x_i 为原始数据中的自变量。从图 1-1-1 可见，x_1=15.2，代入上式，得到

$$\hat{y}_1 = 2.3564 + 1.8129 x_1 = 2.3564 + 1.8129 \times 15.2 = 29.912\ 84$$

其余依此类推。

残差 e_i 的计算公式为

$$e_i = y_i - \hat{y}_i$$

从图 1-1-1 可见，y_1=28.6，代入上式，得到

$$e_1 = y_1 - \hat{y}_1 = 28.6 - 29.912\ 84 = -1.312\ 84$$

其余依此类推。

如果显著性水平定位 0.05，原则上要求 95% 的残差点列落入二倍的正负标准误差带内，标准差为 1.337 774，残差点列应该为 $-2\times1.337\ 774 \sim 2\times1.337\ 774$，本例的残差数据满足这个要求。残差的分布规律通过标准残差更容易直观地看出。标准残差标准差为 1，二倍的标准差当然就是 2 了，标准残差的数值原则要求处于 $-2 \sim 2$。

标准残差即残差的数据标准化结果，借助均值命令 average 和标准差命令 stdev 容易验证，残差的算术平均值为 0，标准差为 1.337 774。利用求平均值命令 standardize（残差的单元格范围、均值、标准差）立即算出图 1-3-5 中的结果。当然，也可以利用数据标准化公式

$$z_i^* = \frac{z_i - \bar{z}}{\sqrt{\mathrm{var}(z_i)}} = \frac{z_i - \bar{z}}{\sigma_i}$$

逐一计算。

将残差平方再求和，便得到残差平方和即剩余平方和

$$\mathrm{SSe} = \sum_{i=1}^{n} e_i^2 = \sum_{i=1}^{n}(y_i - \hat{y}_i)^2 = 16.106\ 76$$

利用 Excel 的求平方和命令 sumsq 容易验证上述结果。

5. 概率输出结果

在选项输出中，还有一个概率输出（probability output）表（图 1-3-5）。第六列是按等差数列设计的百分比排位（percentile），这个序列的计算公式为

$$\text{百分比排位} = \frac{2k-1}{2n} \times 100 = 100\left(\frac{k}{n} - \frac{1}{2n}\right)$$

式中：$k=1,2,\cdots$；n 为自然数构成的样品位序，n 为样品数目。对于我们的例子，$n=10$，$k=1,2,\cdots,10$。因此，百分比位序为 5, 15, $\cdots$, 95。

第七列则是因变量原始数据自下而上（即从小到大）的排序结果——选中图 1-1-1 中的第三列（C 列）数据，点击自下而上排序按钮，立即得到图 1-3-5 中的第七列数值。

当然，也可以沿着主菜单的"数据(D)→ 排序(S)"路径，打开数据排序选项框，进行数据排序。

概率输出表需要借助图形才能进行有效分析。

1.3.2 残差图的解析

回归结果中的图形包括残差图、线性拟合图以及正态概率图三种坐标图,下面逐一解释。

(1) 残差图(residual plot):以最大积雪深度 x_i 为横轴,以残差 e_i 为纵轴,作散点图,可得残差图(图 1-3-6)。该图与 Excel 自动给出的残差图形完全一样:在图 1-2-3 的"残差"选项中选中"残差图",将在回归结果中自动生成此图。

残差点列的分布越是没有趋势、没有规则,就越是具有随机性,回归的结果就越是可靠。在图 1-3-6(a)中添加趋势线并显示公式和 R 平方值,可见各种参数都近乎为 0 [图 1-3-6(b)],这是残差没有趋势的定量判据之一。

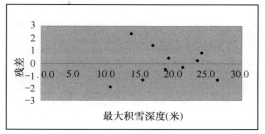

(a) 残差图

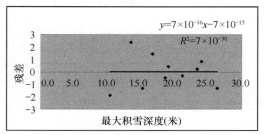

(b) 添加趋势线后的残差图

图 1-3-6 残差图

(2) 线性拟合图:用最大积雪深度 x_i 为横轴,用灌溉面积 y_i 及其预测值 $\hat{y}_i$ 为纵轴,作散点图,可得线性拟合图(图 1-3-7)。这个图与 Excel 自动给出的线性拟合图也是一样的:在图 1-2-3 的"残差"选项中选中"线性拟合图",将在回归结果中自动生成此图。

预测值点列(方点)与原始数据点列(菱点)匹配的效果越好,表明拟合的效果越好。将代表预测值的方点连接起来,就可得到回归趋势线。

(3) 正态概率图:用图 1-3-5 中最右边两列数据——百分比排位和最大灌溉面积排序结果作散点图,可以得到 Excel 所谓的正态概率图(图 1-3-8)。这个图形与 Excel 自动给出的结果一样:在图 1-2-3 的"正态分布"选项中选中"正态概率图",将在回归结果中自动生成此图。

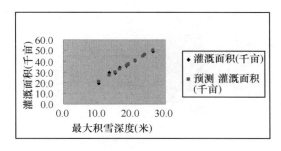

图 1-3-7 线性拟合图

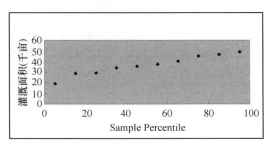

图 1-3-8 正态概率图

图中点列分布应该接近于一条直线(确定型数据),或者围绕对角线呈现 S 形分布(随机型变量)。当数据是有序递增或者递减序列(单调增加或者单调减少),正态概率图的点列为直线分布,这意味着研究对象适合于线性模型的拟合。但是,对于随机变量,正态概率图应该围绕对角线表现为奇对称的S形分布。如果数据点严重偏离对角线,分布于对角线的一侧,则有如下可能:其一,数据取样不足,应该考虑增加样品;其二,因变量不是随机变量,没有典型或者特征尺度;其三,变量具有非线性性质,不宜采用线性模型拟合。经验表明,第二、第三两种情况经常同时出现。

补充几点说明如下:第一,多元线性回归与一元线性回归结果相似,只是自变量数目 $m \neq 1$,F 值和 t 值等统计量与 R 值也不再等价,因而不能直接从相关系数计算出来。第二,利用 SPSS 给出的结果与 Excel 也大同小异。当然,SPSS 可以给出更多的统计量,如 DW 值。在表示方法上,SPSS 也有一些不同,如 P Value(P 值)用 Sig.(显著性)代表,因为二者等价。两种软件的显示也存在不少差别,如正态概率图的表示方法。不过只要能够读懂 Excel 的回归摘要,就可以读懂 SPSS 回归输出结果的大部分内容。第三,关于图像的详细分析,可以参阅有关资料,下面以残差分析为例说明进一步的图像分析。

首先,考察残差点列是否有 95% 以上落入二倍的标准误差带内。对于本例,样本点较少,直接看标准误差数值即可。如果样本点很多,数点的方法就行不通了,最好作图观察。以自变量或者观测值序号为横坐标,以标准残差为纵坐标,作散点图。只要绝大多数散点落入 −2～2,就认为残差的变化范围没有问题。图 1-3-9(a)是以观测值序号为横轴、以标准残差为纵轴画出的散点图,可以看到标准残差 100% 落入二倍的标准误差带。

当然,也可以借助函数 stdev 计算出非标准残差的标准差,然后将正负的二倍标准误差添加到非标准化残差图中,效果一样,但作图过程要麻烦一些[图 1-3-9(b)]。

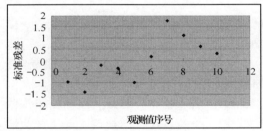

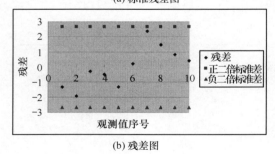

图 1-3-9　残差图和标准残差图　　　　图 1-3-10　计算残差点的分布数

其次,考察残差分布是否服从正态规律,为此要求作出残差频率分布的柱形图。首先,借助函数 max 和 min 找出标准残差的最大值和最小值,然后在最大值和最小值之间划分出适当的间距,考察落入各种间距范围内的残差点的数目,用这个数值除以样品数,就是残差落入一定范围内的频率。间距不宜太大，否则看不出残差分布规律；也不可太小，否则将会有很多间距范围为 0。对于本例，由于标准化残差都位于 $-2 \sim 2$，不妨从 $-2 \sim 2$ 中划分间距，间隔取 0.5。为了快速算出每个间隔内出现了多少残差点，可以借助频数函数 frequency。其语法是：frequency(残差点的单元格范围，间距数的单元格范围)。对于如图 1-3-10 所示的数据，选定与间距数相同的单元格范围，输入公式"=FREQUENCY(D25:D34,A37:A45)"，然后同时按下 Ctrl+Shift+Enter 键，立即得到各个间距的残差点频数，容易检验其总和为样品数，即 $n=10$（图 1-3-11）。

间距	数目	频率	正态分布参考线	观测累计频率	正态累计频率
-2	0	0	0.027	0	0.027
-1.5	0	0	0.065	0	0.092
-1	1	0.1	0.121	0.1	0.213
-0.5	2	0.2	0.176	0.3	0.389
0	2	0.2	0.199	0.5	0.588
0.5	2	0.2	0.176	0.7	0.764
1	1	0.1	0.121	0.8	0.885
1.5	1	0.1	0.065	0.9	0.950
2	1	0.1	0.027	1	0.977
合计	10	1	0.977	4.3	4.885

图 1-3-11　残差概率分布及其预期值的各种计算结果

用各个间距内的残差点数除以样本数，得到频率。作为对照，借助标准正态概率密度分布公式

$$f(x) = \frac{1}{\sqrt{2\pi}} e^{-\frac{x^2}{2}}$$

计算正态分布参考值（图 1-3-11）。考虑到概率密度离散分布的归一性，不妨在函数前面乘以 1/2。当然，更精确的做法是借助正态分布数据进行归一化处理。

以间距为横坐标，以频率为纵坐标，作出柱形图[图 1-3-12（a）]。作为参照，可以通过自定义类型中的线柱图作图法在坐标图中添加正态分布参考线[图 1-3-12（b）]。

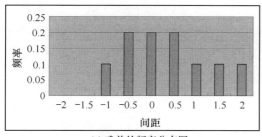

(a) 残差的频率分布图

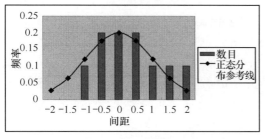

(b) 添加正态分布参考线的残差频率图

图 1-3-12　残差分布的概率密度柱形图

图 1-3-13　实测累计残差-预期累计残差坐标图

用实测残差频率计算累计值，用基于标准正态曲线计算的参考值计算预期累计频率，然后以实测累计频率为横轴，以预期累计频率为纵轴，画出坐标图，图中的散点越是趋近于对角线，表明残差越接近正态分布（图 1-3-13）。

由于样本太小,本例的残差正态分布规律不明显,但与标准正态曲线对照可以看出,基本的钟形对称特征还是有所显示的。顺便说明,这里给出的残差频率分布图及其累计对照图与 SPSS 给出的标准残差频率分布柱形图(histogram)以及正态概率图,在原理上是一样的。不过 SPSS 在对残差进行标准化的过程中,进行了一些技术性的处理,与 Excel 给出的标准残差不一样,并且计算频率的间隔取法与本例也稍有差别,故其图形显示形态与图 1-3-12、图 1-3-13 不尽一致。

1.4 预测分析

除了 DW 检验之外,各种统计检验都可以通过。由于样本太小,DW 检验不能十分肯定地下结论。从残差图来看,模型的序列似乎并非具有较强的自相关性,因为残差分布比较随机。因此,可望利用上述模型进行预测分析。现在假定:有人在 1981 年初(约为早春)测得最大积雪深度为 27.5m,他怎样预测当年(约为夏季)的灌溉面积?

下面给出 Excel 2000 的操作步骤:

(1) 数据预备。在图 1-2-6 所示的回归结果中,复制回归参数(包括截距和斜率),然后粘贴到图 1-1-1 所示的原始数据附近;并将 1981 年观测的最大积雪深度 27.5(m)写在 1980 年之后(图 1-4-1)。

(2) 构造计算式。将光标置于图 1-4-1 所示的 D2 单元格中,按等于号"=",点击 F2 单元格(对应于截距 $a=2.356$),按 F4 键——将相对单元格变成绝对单元格,按加号"+",点击 F3 单元格(对应于斜率 $b=1.813$),按 F4 键——将相对单元格变成绝对单元格,按乘号"*",点击 B2 单元格(对应于自变量 x_1),于是得到表达式"=\$F\$2+\$F\$3*B2"(图 1-4-2),相当于表达式

$$\hat{y}_1 = a + b \times x_1$$

回车,立即得到 $\hat{y}_1 = 29.9128$,即 1971 年灌溉面积的计算值。

(3) 给出预测值。将十字光标置于 D2 单元格的右下角,当粗十字变成细十字填充柄以后,双击鼠标左键,或者往下拉,各年份灌溉面积的计算值立即出现,其中 1981 年对应的 D12 单元格的数字 52.212 即我们所需要的预测数据,即有 $\hat{y}_{11} = 52.212$ 千亩(图 1-4-3)。

(4) 更多的预测。进一步地,如果可以测得 1982 年及其以后各年份的数据,输入单元格 B13 及其下面的单元格中,在 D13 及其以下的单元格中,立即出现预测数值。例如,假定 1982 年的最大积雪深度为 $x_{12}=23.7(m)$,可以算得 $\hat{y}_{12} = 45.323$ 千亩;假定 1983 年的最大积雪深度为 $x_{13}=15.7(m)$,容易得到 $\hat{y}_{13} = 31.819$ 千亩。其余依此类推(图 1-4-4)。

图 1-4-1 数据预备

A	B	C	D	E	F
年份	最大积雪深度x(米)	灌溉面积y(千亩)	计算值		Coefficients
1971	15.2	28.6	=$F$2+$F$3*B2		2.3564379
1972	10.4	19.3		最大积雪深	1.8129211
1973	21.2	40.5			
1974	18.6	35.6			
1975	26.4	48.9			
1976	23.4	45.0			
1977	13.5	29.2			
1978	16.7	34.1			
1979	24.0	46.7			
1980	19.1	37.4			

(a) 输入公式

A	B	C	D	E	F
年份	最大积雪深度x(米)	灌溉面积y(千亩)	计算值		Coefficients
1971	15.2	28.6	29.912838	Intercept	2.3564379
1972	10.4	19.3		最大积雪深	1.8129211
1973	21.2	40.5			
1974	18.6	35.6			
1975	26.4	48.9			
1976	23.4	45.0			
1977	13.5	29.2			
1978	16.7	34.1			
1979	24.0	46.7			
1980	19.1	37.4			

(b) 给出结果

图 1-4-2　根据回归模型构造计算式

实际上,对于本例,预测主要是针对当年。因为我们只有在当年早春,或者前年冬、当年春的冬春之交观测出最大积雪深度,才能借助模型计算当年的春夏之交或者夏季的冰雪融水灌溉面积。对于此后的积雪深度我们无法

A	B	C	D	E	F
年份	最大积雪深度x(米)	灌溉面积y(千亩)	计算值		Coefficients
1971	15.2	28.6	29.912838	Intercept	2.3564379
1972	10.4	19.3	21.210817	最大积雪深	1.8129211
1973	21.2	40.5	40.790365		
1974	18.6	35.6	36.076770		
1975	26.4	48.9	50.217554		
1976	23.4	45.0	44.778791		
1977	13.5	29.2	26.830872		
1978	16.7	34.1	32.632220		
1979	24.0	46.7	45.866543		
1980	19.1	37.4	36.983230		
1981	**27.5**		**52.211767**		

图 1-4-3　全部计算值包括预测值

预知,除非借助更多的时间序列预测方法首先预测出今后的积雪深度。

(5)快速预测计算。在 Excel 中,有一个函数可以用于基于线性关系的快速预报分析,那就是 forecast,语法为:forecast(x, known_y's, known_x's)。式中:x 为需要预测的数据点对应的自变量(已知值),known_y's 为因变量数组或者数据区域,known_x's 为自变量数组或者数据区域。给定 $x=27.5$,对于如图 1-1-1 所示的数据分布,函数的具体表达如图 1-4-5 所示。回车,立即得到 $y=52.212$,与前面的结果完全一样。

那么,这是否意味着,如果仅仅进行线性趋势预测,不必如此烦琐地建立模型和开展回归分析呢?显然不是。预测函数 forecast 的内嵌原理,正是上面介绍的模型预测计算过程,

A	B	C	D	E	F
年份	最大积雪深度x(米)	灌溉面积y(千亩)	计算值		Coefficients
1971	15.2	28.6	29.912838	Intercept	2.3564379
1972	10.4	19.3	21.210817	最大积雪深	1.8129211
1973	21.2	40.5	40.790365		
1974	18.6	35.6	36.076770		
1975	26.4	48.9	50.217554		
1976	23.4	45.0	44.778791		
1977	13.5	29.2	26.830872		
1978	16.7	34.1	32.632220		
1979	24.0	46.7	45.866543		
1980	19.1	37.4	36.983230		
1981	**27.5**		**52.211767**		
1982	**23.7**		**45.322667**		
1983	**15.7**		**30.819299**		
1984	**25.8**		**49.129801**		
1985	**23.5**		**44.960083**		

图 1-4-4　更多的预测结果(1981～1985 年)

A	B	C	D	E	F
年份	最大积雪深度x(米)	灌溉面积y(千亩)	预测值		
1971	15.2	28.6			
1972	10.4	19.3			
1973	21.2	40.5			
1974	18.6	35.6			
1975	26.4	48.9			
1976	23.4	45.0			
1977	13.5	29.2			
1978	16.7	34.1			
1979	24.0	46.7			
1980	19.1	37.4			
1981	**27.5**		=forecast(B12,C2:C11,B2:B11)		

(a)输入公式

A	B	C	D	E	F
年份	最大积雪深度x(米)	灌溉面积y(千亩)	预测值		
1971	15.2	28.6			
1972	10.4	19.3			
1973	21.2	40.5			
1974	18.6	35.6			
1975	26.4	48.9			
1976	23.4	45.0			
1977	13.5	29.2			
1978	16.7	34.1			
1979	24.0	46.7			
1980	19.1	37.4			
1981	**27.5**		52.211767		

(b) 预测结果

图 1-4-5　利用预测函数进行快速计算的函数表达

不过是将整个计算过程公式化了。如果我们不掌握上述建模预测方法,就根本不明白 forecast 的基本内涵。现在我们不仅知道 forecast 的基本原理,而且知道它仅能用于线性预测。

我们进行简单的建模练习,主要是为了掌握有关的知识和技巧,为今后完成更为复杂的研究任务奠定基础。

第 2 章 多元线性回归分析

多元线性回归分析是一元线性回归分析的推广,或者说一元线性回归分析是多元线性回归分析的特例。掌握了一元线性回归分析,就不难学习多元线性回归分析方法了。利用 Excel 进行多元线性回归与一元线性回归的过程大体相似,操作上有些细节方面的微妙差异。不过,对于多元线性回归,统计检验的内容相对复杂。下面以一个简单的实例予以说明。

【例】某省工业产值、农业产值、固定资产投资对运输业产值的影响分析。通过产值的回归模型,探索影响交通运输业的主要因素。我们想要搞清楚的是,在工业、农业和固定资产投资等方面,究竟是哪些因素直接影响运输业的发展。数据来源于李一智主编的《经济预测技术》,原始数据来源不详。

2.1 多元回归过程

2.1.1 常规分析

在 Excel 中,多元线性回归大体上可以通过如下几个步骤实现。

1. 录入数据

录入的原始数据如图 2-1-1 所示。

2. 计算过程

计算过程比较简单,分为如下若干个步骤。

(1) 打开回归对话框。沿着主菜单的"工具($\underline{T}$)"→"数据分析($\underline{D}$)…"路径打开"数据分析"对话框,选择"回归",然后"确定",弹出"回归"分析选项框,选项框的各选项与一元线性回归基本相同(图 2-1-2)。

(2) 输入选项。首先,将光标置于"Y 值输入区域($\underline{Y}$)"中。从图 2-1-1 所示的 F1 单元格起,至 F19 止,选中用作因变量全部数据连同标志,这时"Y 值输入区域($\underline{Y}$)"的数据区域中立即出现"\$C\$1:\$E\$19"。

	A	B	C	D	E	F
1	序号	年份	工业产值x_1	农业产值x_2	固定资产投资x_3	运输业产值y
2	1	1970	57.82	27.05	14.54	3.09
3	2	1971	58.05	28.89	16.83	3.40
4	3	1972	59.15	33.02	12.26	3.88
5	4	1973	63.83	35.23	12.87	3.90
6	5	1974	65.36	24.94	11.65	3.22
7	6	1975	67.26	32.95	12.87	3.76
8	7	1976	66.92	30.35	10.80	3.59
9	8	1977	67.79	38.70	10.93	4.03
10	9	1978	75.65	47.99	14.71	4.34
11	10	1979	80.57	54.18	17.56	4.65
12	11	1980	79.02	58.73	20.32	4.78
13	12	1981	80.52	59.85	18.67	5.04
14	13	1982	86.88	64.57	25.34	5.59
15	14	1983	95.48	70.97	25.06	6.01
16	15	1984	109.71	81.54	29.69	7.03
17	16	1985	126.50	94.01	43.86	10.03
18	17	1986	138.89	103.23	48.90	10.83
19	18	1987	160.56	119.33	60.98	12.90

图 2-1-1 录入的原始数据

产值单位为亿元,本章相关项目单位与此表相同

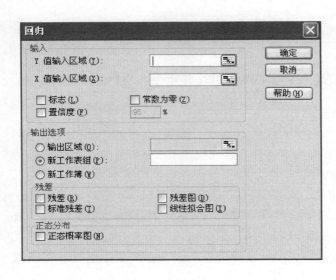

图 2-1-2 回归分析选项框

然后,将光标置于"X 值输入区域(X)"中。从图 2-1-1 所示的 C1 单元格起,至 E19 止,选中用作自变量全部数据连同标志,这时"X 值输入区域(X)"中立即出现"$C$1:$E$19"。当然,也可以直接在"X 值输入区域(X)"中手动输入地址为"$F$1:$F$19"的单元格范围。

注意,与一元线性回归的设置一样,这里数据范围包括数据标志"工业产值 x_1"、"农业产值 x_2"、"固定资产投资 x_3"和"运输业产值 y"。因此,选项框中一定选中"标志"项(图 2-1-3)。如果不设"标志"项,则"X 值输入区域(X)"的对话框中应为"$C$2:$E$19","Y 值输入区域(Y)"的对话框中则是"$F$2:$F$19"。否则,计算结果不会准确。

完成上述设置以后,确定,立即给出回归结果。由于这里的"输出选项"选中了"新工作表组(P)"(图 2-1-3),输出结果出现在新建的工作表上(图 2-1-4)。

3. 结果解读

这一步与一元线性回归没有太大差别。

(1) 读出回归系数,建立模型。从图 2-1-4 所示的"输出摘要(SUMMARY OUTPUT)"中可以读出截距 a,以及三个回归系数 b_1、b_2 和 b_3,对应于三个变量工业产值 x_1、农业产值 x_2、固定资产投资 x_3。数值为

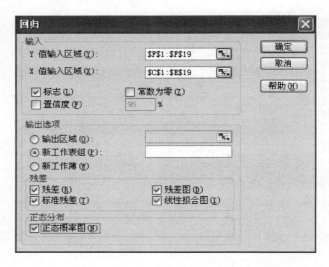

图 2-1-3 设置完毕后的回归选项框(包括数据标志)

$$a = -1.0044, b_1 = 0.053\,326, b_2 = -0.004\,02, b_3 = 0.090\,694$$

于是得到模型

$$\hat{y} = -1.0044 + 0.0553 x_1 - 0.0040 x_2 + 0.0907 x_3$$

(2) 读出主要统计量,预备统计检验或者开展模型特征的初步分析。相关系数和相关系数平方为

$$R = 0.994\,296, R^2 = 0.988\,625$$

	A	B	C	D	E	F	G	H	I
1	SUMMARY OUTPUT								
2									
3	回归统计								
4	Multiple	0.994296							
5	R Square	0.988625							
6	Adjusted	0.986187							
7	标准误差	0.335426							
8	观测值	18							
9									
10	方差分析								
11		df	SS	MS	F	gnificance F			
12	回归分析	3	136.8958	45.63192	405.5799	7.71E-14			
13	残差	14	1.575144	0.11251					
14	总计	17	138.4709						
15									
16		Coefficien	标准误差	t Stat	P-value	Lower 95%	Upper 95%	下限 95.0	上限 95.0
17	Intercept	-1.0044	0.643156	-1.56168	0.140679	-2.38384	0.37503	-2.38384	0.37503
18	工业产值x	0.055326	0.018814	2.940648	0.010743	0.014973	0.095678	0.014973	0.095678
19	农业产值x	-0.00402	0.014029	-0.28629	0.778846	-0.03411	0.026073	-0.03411	0.026073
20	固定资产投	0.090694	0.025989	3.489706	0.003608	0.034953	0.146435	0.034953	0.146435
21									
22									
23									
24	RESIDUAL OUTPUT					PROBABILITY OUTPUT			
25									
26	观测值	运输业产	残差	标准残差		百分比排位	运输业产值y		

图 2-1-4　第一次回归结果(局部)

更稳妥地,可以考察采用校正相关系数平方。

标准误差为

$$s = 0.335\ 426$$

考虑到 y 的平均值 5.559 444,容易计算变异系数

$$\frac{s}{\bar{y}} = \frac{0.335\ 426}{5.559\ 444} = 0.06$$

数值小于 0.1,可以接受。

总体回归的 F 统计量为

$$F = 405.5799$$

大于显著性水平为 $\alpha=0.05$ 时的临界值 $F_{0.05,3,14}=3.344$,也大于显著性水平为 $\alpha=0.01$ 时的临界值 $F_{0.01,3,14}=5.564$。因此,F 值没有问题。

回归系数的 t 统计量为

$$t_{b1} = 2.940\ 648\ ,\ t_{b2} = -0.286\ 29\ ,\ t_{b3} = 3.489\ 706$$

其中农业产业的 t 统计量的绝对值小于 $\alpha=0.05$ 时的临界值 $t_{0.05,14}=2.145$。为了明确起见,不妨将 t 统计量添加到线性回归模型里,得到

$$\hat{y} = -1.0044 + 0.0553x_1 - 0.0040x_2 + 0.0907x_3$$

t 值　　1.561　　2.941　　-0.286　　3.490

与 t 统计量等价的是 P 值。$P<0.05$,表明回归系数的置信度达到 95%以上,相应的 t 检验在显著性水平为 $\alpha=0.05$ 时可以通过;$P<0.01$,表明回归系数的置信度达到 99%以上,相应的 t 检验在显著性水平为 $\alpha=0.01$ 时可以通过。其余依此类推。为了简明,可以

将 P 值添加到线性回归模型里,得到

$$\hat{y} = -1.0044 + 0.0553x_1 - 0.0040x_2 + 0.0907x_3$$
P 值　　0.140　　0.011　　0.779　　0.004

对于线性回归模型,截距的检验可以放松。原因在于:其一,截距代表某种初始值或者平均值,所含信息不多;其二,一般说来,截距代表的初始值可能处于某种规律覆盖的范围之外。

根据残差数据,不难计算 DW 值,方法与一元线性回归完全一样,结果为 DW=1.853。在显著性水平为 $\alpha=0.05$、回归自由度为 $m=3$ 时,DW 检验的临界值上下界分别为 $d_l=0.93$、$d_u=1.69$。可见,DW 检验没有问题。

(3) 模型问题诊断。上述模型存在如下问题:

其一,农业产值 x_2 的回归系数 b_2 的符号与事理不符。回归系数为负号,意味着农业越是发展,交通运输业越是受到负面影响。这在道理上是说不通的。按理说,农业增长应该引起交通运输业的进一步发展才对。

其二,回归系数 b_2 的 t 检验不能通过。回归系数的 P 值高达 0.779,置信度只有 $(1-0.779) \times 100\% \approx 20\%$ 左右,这就有问题了。

其三,回归系数 b_2 的绝对值偏小。

可以判定,自变量之间可能存在多重共线性问题。

2.1.2　偏相关系数的计算和分析

在具有多重共线性的线性回归问题中,偏相关系数(partial correlation coefficient)在进行变量取舍判断时具有一定的参考价值。Excel 不能直接给出偏相关系数,但借助有关函数或命令,可以方便地算出偏相关系数。计算公式为

$$R_{x_j,y} = \frac{-c_{jy}}{\sqrt{c_{jj}c_{yy}}}$$

式中:$R_{x_j,y}$ 为第 j 个自变量与因变量 y 之间的偏相关系数;c 为相关系数矩阵的逆矩阵中对应的元素。以三个自变量为例,简单相关系数矩阵可以表作为

$$C = \begin{bmatrix} R_{11} & R_{12} & R_{13} & R_{1y} \\ R_{21} & R_{22} & R_{23} & R_{2y} \\ R_{31} & R_{32} & R_{33} & R_{32} \\ R_{y1} & R_{y2} & R_{y3} & R_{yy} \end{bmatrix}$$

假定 C 的逆矩阵为

$$C^{-1} = \begin{bmatrix} c_{11} & c_{12} & c_{13} & c_{1y} \\ c_{21} & c_{22} & c_{23} & c_{2y} \\ c_{31} & c_{32} & c_{33} & c_{32} \\ c_{y1} & c_{y2} & c_{y3} & c_{yy} \end{bmatrix}$$

则第一个自变量与因变量之间的偏相关系数为

$$R_{x_1,y} = \frac{-c_{1y}}{\sqrt{c_{11}c_{yy}}}$$

第二个自变量与因变量之间的偏相关系数为

$$R_{x_2,y} = \frac{-c_{2y}}{\sqrt{c_{22}c_{yy}}}$$

第三个自变量与因变量的偏相关系数为

$$R_{x_3,y} = \frac{-c_{3y}}{\sqrt{c_{33}c_{yy}}}$$

有了上述公式,可以借助计算矩阵行列式的函数 mdeterm 计算逆矩阵,然后计算偏相关系数。最快速的办法是利用矩阵求逆函数 minverse。具体工作可以由以下几个步骤完成。

1. 计算相关系数

相关系数可以借助命令 correl 或者 pearson 逐一计算。为了直观和便捷,不妨给出相关系数矩阵。首先,沿着"工具(T)→数据分析(D)"的路径,从工具箱的"数据分析"对话框中选择"相关系数"(图 2-1-5)。

然后,根据图 2-1-1 所示的数据分布的单元格范围,在"相关系数"对话框中进行如图 2-1-6 的设置。注意:"输入区域(I)"中包括自变量和因变量覆盖的数据范围,包括数据标志,并且是逐列计算。

图 2-1-5 从"数据分析"选中"相关系数"

图 2-1-6 相关系数选项框的设置

确定以后,得到相关系数矩阵。由于相关矩阵是对称的,Excel 只给出了下三角部分(图 2-1-7),但很容易根据对称性将上三角部分填补起来(图 2-1-8)。

	工业产值x1	农业产值x2	固定资产投资x3	运输业产值y
工业产值x1	1			
农业产值x2	0.978820667	1		
固定资产投资x3	0.976325255	0.952465162	1	
运输业产值y	0.989188681	0.965096155	0.987469638	1

图 2-1-7 相关系数矩阵(不含上三角)

2. 计算逆矩阵

借助函数 minverse,非常容易得到相关系数矩阵的逆矩阵。minverse 的语法如下:Minverse(Array)。Array 为行数和列数相等的数组。具体到我们的问题,则是先选中一个 4×4 的数值区域,然后键入"=minverse()",再将光标置于括号中,选中相关的数据——注意不含标志(图 2-1-8)。同时按下 Ctrl 键和 Shift 键,回车,立即得到逆矩阵(图 2-1-9)。

图 2-1-8　补充后的相关系数矩阵及其逆矩阵计算的函数表示

图 2-1-9　相关系数的逆矩阵（关键数值加粗）

3. 计算偏相关系数

有了逆矩阵，就非常容易借助上述公式计算偏相关系数。工业产值 x_1 与运输业产值 y 的偏相关系数为

$$R_{x_1,y} = \frac{-c_{1y}}{\sqrt{c_{11}c_{yy}}} = \frac{50.826\ 33}{\sqrt{76.961\ 202 \times 87.909\ 985}} = 0.618$$

农业产值 x_2 与运输业产值 y 的偏相关系数为

$$R_{x_2,y} = \frac{-c_{2y}}{\sqrt{c_{22}c_{yy}}} = \frac{-3.513\ 440\ 1}{\sqrt{24.12\ 487 \times 87.909\ 985}} = -0.076$$

固定资产投资 x_3 与运输业产值 y 的偏相关系数为

$$R_{x_3,y} = \frac{-c_{3y}}{\sqrt{c_{33}c_{yy}}} = \frac{40.531\ 84}{\sqrt{40.171\ 125\ 33 \times 87.909\ 985}} = 0.682$$

4. 偏相关系数分析

偏相关系数是假定在一个模型中其他变量不变的情况下，一个自变量与因变量的相关性。从图 2-1-7 所示的计算结果中可以看出，农业产值与运输业产值的简单相关系数很高，且为正值（0.965）。但是，在多元线性回归模型中，SPSS 给出的偏相关系数很小且为负值（-0.076）。

这就是说，单就相关性而言，农业产值与运输业产值肯定是高度正相关的；但是，在模型中，偏相关系数却"说"农业产值对运输业的贡献很小且为负值，这是相互矛盾的。究其根源，可能是因为农业产值与其他变量具有相关性，因为共线性导致模型回归系数及其检验参量失真。也可能属于如下情况：农业对运输业的贡献可能是间接的，是通过其他产业

部门(如工业)产生影响。

一言以蔽之,农业产值与运输业产值的偏相关系数暗示两个问题:一是数值太小,表明相关性很低,从而意味着它在线性回归模型中的地位不重要;二是数值为负,表明负相关。这两种情况都与简单相关系数反映的情况不一致,与我们对现实世界的认识也不尽相符。这是违背常理的计算结果——农业发展反而导致运输业滞缓。

由此可见,偏相关系数反映的信息与回归系数和 t 值(或者 P 值)给出的结果彼此呼应。

2.2 多重共线性分析

2.2.1 共线性判断

根据上面的回归参数和相应统计量的初步考察可以判定,模型中存在自变量共线性问题。有必要对模型中的自变量进行多重共线性判断,然后调整模型的结构。为了分析多重共线性问题,不妨计算出各个自变量对应的容忍度(Tol)和方差膨胀因子(VIF)。计算方法如下。

1. 逐步计算

第一步,以工业产值(x_1)为因变量,以农业产值(x_2)和固定资产投资(x_3)为自变量,基于如下模型进行多元线性回归

$$x_1 = C + ax_2 + bx_3$$

从回归结果摘要(summary output)的“回归统计”中,可以读到复相关系数(R)的平方值(R square)为 $R^2 = 0.978\ 98$(图 2-2-1),于是得到 x_1 的容忍度为

$$\text{Tol}_1 = 1 - R^2 = 1 - 0.978\ 98 = 0.021\ 02$$

相应地,方差膨胀因子为

$$\text{VIF}_1 = 1/\text{Tol}_1 = 1/0.021\ 02 = 47.5753$$

	A	B	C	D	E
1	SUMMARY OUTPUT				
2					
3	回归统计			Tol	VIF
4	Multiple	0.989435			
5	R Square	**0.97898**		**0.02102**	**47.5753**
6	Adjusted	0.976178			
7	标准误差	4.603284			
8	观测值	18			

图 2-2-1 多重共线性分析的回归统计摘要
(Tol 和 VIF 为手动计算结果)

第二步,以农业产值(x_2)为因变量,以工业产值(x_1)和固定资产投资(x_3)为自变量,基于如下模型进行多元线性回归

$$x_2 = C + ax_1 + bx_3$$

从回归结果摘要的“回归统计”中,可以读到复相关系数(R)的平方值为 $R^2 = 0.958\ 31$,由此得到 x_2 的容忍度为

$$\text{Tol}_2 = 1 - R^2 = 1 - 0.958\ 31 = 0.041\ 69$$

相应地,方差膨胀因子为

$$\text{VIF}_3 = 1/\text{Tol}_1 = 1/0.041\ 69 = 23.9845$$

第三步,以固定资产投资(x_3)为因变量,以工业产值(x_1)和农业产值(x_2)为自变量,基于如下模型进行多元线性回归

$$x_3 = C + ax_1 + bx_2$$

从回归结果摘要的“回归统计”中,可以读到复相关系数(R)的平方值为 $R^2 = 0.953\ 45$,于

是得到 x_3 的容忍度为

$$\text{Tol}_3 = 1 - R^2 = 1 - 0.95345 = 0.04655$$

相应地,方差膨胀因子为

$$\text{VIF}_3 = 1/\text{Tol}_1 = 1/0.04655 = 21.4835$$

2. 矩阵计算

利用矩阵函数,可以非常方便地计算出 VIF 值,进而算出 Tol 值。首先,借助数据分析的相关系数计算功能,利用前面说明的方法计算自变量的相关系数矩阵(图 2-2-2);然后,借助矩阵求逆函数 minverse 计算相关系数矩阵的逆矩阵(图 2-2-3)。可以看出,这个逆矩阵的对角线上的元素,就是相应的 VIF 值。利用矩阵运算,远比逐步计算的效率高。

	工业产值x1	农业产值x2	固定资产投资x3
工业产值x1	1	0.978820667	0.976325255
农业产值x2	0.978820667	1	0.952465162
固定资产投资x3	0.976325255	0.952465162	1

图 2-2-2　自变量的相关系数矩阵

	工业产值x1	农业产值x2	固定资产投资x3
工业产值x1	**47.5752807**	-25.0690686	-22.57153361
农业产值x2	-25.0690686	**23.9844509**	1.63121084
固定资产投资x3	-22.57153361	1.63121084	**21.4834868**

图 2-2-3　相关系数矩阵的逆矩阵

根据上面的计算结果可以看到,所有的 VIF 值都大于经验上的检验标准(VIF=10)。其中工业产值(x_1)对应的 VIF 值最大,这意味着它与其他变量的共线性最强;农业产值(x_2)对应的 VIF 值为次大,固定资产投资(x_3)对应的 VIF 值相对最小。但是,考虑到回归系数的合理性,首先应该考虑到剔除农业产值,用剩余的变量进行多元线性回归。

2.2.2　剔除异常变量

剔除异常变量 x_2(农业产值),用剩余的自变量 x_1、x_3 与 y 回归(图 2-2-4),回归步骤自然是重复上述过程(图 2-2-5),最后给出的回归结果如图 2-2-6 所示。

	A	B	C	D	E
1	序号	年份	工业产值x1	固定资产投资x3	运输业产值y
2	1	1970	57.82	14.54	3.09
3	2	1971	58.05	16.83	3.40
4	3	1972	59.15	12.26	3.88
5	4	1973	63.83	12.87	3.90
6	5	1974	65.36	11.65	3.22
7	6	1975	67.26	12.87	3.76
8	7	1976	66.92	10.80	3.59
9	8	1977	67.79	10.93	4.03
10	9	1978	75.65	14.71	4.34
11	10	1979	80.57	17.56	4.65
12	11	1980	79.02	20.32	4.78
13	12	1981	80.52	18.67	5.04
14	13	1982	86.88	25.34	5.59
15	14	1983	95.48	25.06	6.01
16	15	1984	109.71	29.69	7.03
17	16	1985	126.50	43.86	10.03
18	17	1986	138.89	48.90	10.83
19	18	1987	160.56	60.98	12.90

图 2-2-4　剔除异常变量"农业产值(x_2)"

图 2-2-5　第二次回归分析的变量设置

	A	B	C	D	E	F	G	H	I
1	SUMMARY OUTPUT								
2									
3	回归统计								
4	Multiple	0.994263							
5	R Square	0.988558							
6	Adjusted	0.987033							
7	标准误差	0.324999							
8	观测值	18							
9									
10	方差分析								
11		df	SS	MS	F	Significance F			
12	回归分析	2	136.8865	68.44326	647.9873	2.75E-15			
13	残差	15	1.584366	0.105624					
14	总计	17	138.4709						
15									
16		Coefficien	标准误差	t Stat	P-value	Lower 95%	Upper 95%	下限 95.0%	上限 95.0%
17	Intercept	-0.89889	0.510714	-1.76007	0.098766	-1.98746	0.189667	-1.98746	0.189667
18	工业产值	0.051328	0.012218	4.200968	0.000771	0.025286	0.077371	0.025286	0.077371
19	固定资产	0.091229	0.025116	3.632285	0.002457	0.037695	0.144763	0.037695	0.144763

图 2-2-6　剔除"农业产值"后的回归结果

从图 2-2-6 中容易读出回归系数估计值和相应的统计量为

$a = -0.89889$，$b_1 = 0.051328$，$b_3 = 0.091229$；

$R = 0.994263$，$R^2 = 0.988558$；

$s = 0.324999$；

$F = 647.973$；

$t_{b1} = 4.200968$，$t_{b3} = 3.632285$

根据上述结果，建立二元回归模型为

$$y = -0.8989 + 0.0513x_1 + 0.0912x_3$$

P 值　　0.099　　　0.001　　　0.0029

利用残差或者标准残差容易算出，DW 值约为 1.769。在显著性水平为 $\alpha = 0.05$、回归自由度为 $m = 2$ 时，DW 检验的临界值上下界分别为 $d_l = 1.05$，$d_u = 1.53$。

显然，相对于第一次回归结果，回归系数的符号正常，检验参数 F 值提高了，标准误差 s 值降低了，t 值检验均可通过。相关系数 R 有所降低，这也比较正常。一般来说，增加变量数目通常提高复相关系数，减少变量则降低复相关系数。

对于二变量线性回归，可以利用如下公式计算偏相关系数

$$R_{x_1 y} = \frac{R_{yx_1} - R_{yx_2} R_{x_1 x_3}}{\sqrt{(1 - R_{yx_3}^2)(1 - R_{x_1 x_3}^2)}} \text{（这里假定 } x_{3i} \text{ 固定不变）}$$

$$R_{x_3 y} = \frac{R_{yx_3} - R_{yx_1} R_{x_1 x_3}}{\sqrt{(1 - R_{yx_1}^2)(1 - R_{x_1 x_3}^2)}} \text{（这里假定 } x_{1i} \text{ 固定不变）}$$

首先，应该计算相关系数矩阵，得到新一轮的相关系数表（图 2-2-7），方法如前所述。

从图中可以读出简单相关系

	工业产值x1	固定资产投资x3	运输业产值y
工业产值x1	1		
固定资产投资x3	0.976325255	1	
运输业产值y	0.989188681	0.987469638	1

图 2-2-7　新的相关系数表

数值为
$$R_{x_1x_3} = 0.976, R_{yx_1} = 0.989, R_{yx_3} = 0.987$$
将这些数值代入上述偏相关系数计算公式,立即得到
$$R_{x_1y} = 0.735, R_{x_2y} = 0.684$$
当然,也可以借助逆矩阵进行计算,方法也如前所述。结果表明,工业产值和固定资产投资与运输业产值的偏相关系数相差不大,且没有异常相关。

最后,利用剩余的两个自变量工业产值(x_1)和固定资产投资(x_3)进行共线性分析。对于两个自变量,共线性诊断非常简单,只要估计出工业产值(x_1)和固定资产投资(x_3)的相关系数平方值 $R^2=0.953\,21$,立即算出 $\text{Tol}=1-R^2=0.046\,79$,于是 $\text{VIF}=1/\text{Tol}=21.3725>10$。可见,在一定程度上,共线性问题并未完全消除。

2.2.3 剔除 VIF 最大变量

从前面的计算结果可以看到,当引入全部的三个自变量时,工业产值对应的 VIF 值最大(图 2-2-3)。作为尝试,不妨剔除异常变量 x_1(工业产值),用剩余的自变量 x_2、x_3 与 y 回归,看看结果如何(图 2-2-8)。从图 2-2-8 中容易读出各种参数为

$a = 0.796\,203, b_2 = 0.0266, b_3 = 0.144\,652;$

$R = 0.990\,757, R^2 = 0.981\,599;$

$s = 0.412\,154;$

$F = 400.0764;$

$t_{b1} = 2.302\,244, t_{b3} = 6.396\,159$

	A	B	C	D	E	F	G	H	I
1	SUMMARY OUTPUT								
2									
3	回归统计								
4	Multiple	0.990757							
5	R Square	0.981599							
6	Adjusted	0.979145							
7	标准误差	0.412154							
8	观测值	18							
9									
10	方差分析								
11		df	SS	MS	F	Significance F			
12	回归分析	2	135.9228	67.96141	400.0764	9.69E-14			
13	残差	15	2.548067	0.169871					
14	总计	17	138.4709						
15									
16		Coefficien	标准误差	t Stat	P-value	Lower 95%	Upper 95%	下限 95.0%	上限 95.0%
17	Intercept	0.796023	0.242016	3.289129	0.004968	0.280177	1.311868	0.280177	1.311868
18	农业产值	0.0266	0.011554	2.302244	0.036067	0.001973	0.051226	0.001973	0.051226
19	固定资产	0.144652	0.022615	6.396159	1.2E-05	0.096448	0.192855	0.096448	0.192855

图 2-2-8 剔除"工业产值"后的回归结果

相对于第一次和第二次回归结果,回归系数的符号正常,但检验参数 F 值降低了,标准误差 s 值提高了,t 值检验均可通过,相关系数 R 有所降低。比较而言,这一次的 P 值似乎更为合理,回归系数估计值没有任何难以理解之处。根据上述结果,建立二元回归模型如下

$y = 0.7960 + 0.0266x_2 + 0.1447x_3$

P 值 0.005   0.036   0.000

借助剩余的两个自变量农业产值(x_1)和固定资产投资(x_3)进行共线性分析，计算得到 $R^2=0.907\ 19$，Tol=0.092 81，VIF=10.7747≈10。可见，共线性问题大体上消除了。

计算偏相关系数可知，农业产值与运输业的偏相关系数为 0.511，固定资产投资与运输业的偏相关系数为 0.855，差别较大。利用残差或者标准残差容易算出，DW 值约为 1.068。在显著性水平为 $\alpha=0.05$，回归自由度为 $m=2$ 时，DW 检验的临界值上、下界分别为 $d_l=1.05$、$d_u=1.53$；在显著性水平为 $\alpha=0.01$，回归自由度为 $m=2$ 时，DW 检验的临界值上、下界分别为 $d_l=0.80$、$d_u=1.26$。DW 检验不能有效通过。可见，如果仅仅考虑共线性问题，应该排除工业产值；但是，如果综合考虑各种统计指标，则应该排除农业产值。

2.3 借助线性回归函数快速拟合

2.3.1 直接的公式运算

利用线性拟合函数 linest 可以对模型参数即重要的统计量进行快速估计。线性拟合函数的语法为

LINEST(known_y′s，known_x′s，const，stats)

式中：known_y’s 为因变量 y 对应的已知数据集合；known_x’s 为自变量 x 对应的已知数据集合；const 和 stats 为逻辑值，只能取 true 或者 false，const 的默认值为 true(这时可以得到正常估计的截距，否则截距为 0)，stats 的默认值为 false(这时仅仅给出回归系数，否则会给出斜率和必要的统计参量)。上述函数可以直接键入，也可以从“编辑栏”中调出函数。相对于直接键入的函数而言，从编辑栏里调出的函数更为直观，其优点是视野开阔，便于初学者把握。下面具体说明。

第一步，选择数值区域。在工作表中选中一个 5×(m+1)的空白区域，即 5 行×(m+1)列，这里 m 为自变量数据。本例有三个自变量，故空白区域为5×4(图 2-3-1)。

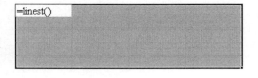

图 2-3-1 linest 占用的空白区域

第二步，输入计算公式。在命令 linest 后面的括号中键入表示变量范围的参数和有关统计要求的参数(图 2-3-2)。根据图 2-1-1 所示的数据排列，完整的函数表达为

“=LINEST(F2:F19，C2:E19，TRUE，TRUE)”

注意，定义数据分布范围的时候，不要考虑数据标志。

第三步，获取结果。按住 Ctrl+Shift 键，同时按 Enter 键，立即得到模型拟合结果(图 2-3-3)。

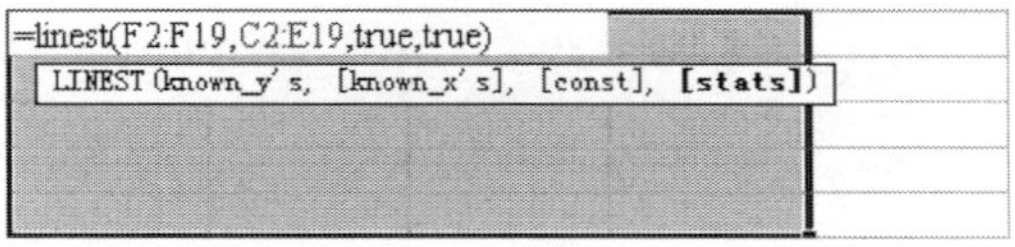

图 2-3-2 linest 的函数表达式

0.09069427	-0.0040164	0.05532554	-1.0044035
0.02598909	0.01402892	0.01881407	0.64315628
0.98862473	0.33542554	#N/A	#N/A
405.579928	14	#N/A	#N/A
136.89575	1.57514411	#N/A	#N/A

图 2-3-3 线性拟合结果

第四步,结果解读。对比图 2-3-3 与图 2-1-4,不难判读上述结果。如图 2-3-3 所示的回归结果中,第一行为回归系数——回归系数的排列顺序从左到右依次为 b_3、b_2、b_1 和常数项 a,即

$$b_3 = 0.090\ 69\ ,\ b_2 = -0.004\ 02\ ,\ b_1 = 0.053\ 326\ ,\ a = -1.004\ 403$$

第二行为回归系数对应的标准误差,即

$$Se_{b3} = 0.025\ 99\ ,\ Se_{b2} = 0.014\ 029\ ,\ Se_{b1} = 0.018\ 814\ ,\ Se_a = 0.643\ 156\ 3$$

第三行为测定系数(R square)和模型拟合的标准误差,即

$$R^2 = 0.988\ 62\ ,\ s = 0.335\ 426$$

第四行为 F 值和剩余自由度,即

$$F = 405.58\ ,\ \mathrm{df} = 14$$

第五行为回归平方和和剩余平方和,即

$$\mathrm{SSr} = 136.896\ ,\ \mathrm{SSe} = 1.575\ 144$$

根据上述数值计算结果可以建立模型并开展统计检验分析。

2.3.2 利用线性回归函数对话框

公式计算法的第二步似乎有些抽象,为了直观起见,可以调出回归函数对话框。沿着主菜单的"插入(I)"→"fx 函数(F)…"路径打开"插入函数"选项框;也可以直接在状态栏单击函数图标 fx,弹出插入函数选项框(图 2-3-4)。

在统计函数中找到线性回归函数 linest(图 2-3-4),确定,即可弹出线性回归函数对话框(图 2-3-5)。根据图 2-1-1 所示的数据排列,设置对话框中的各个选项。仍然要注意的是,定义数据分布范围的时候,不要考虑数据标志。

完成设置之后,同时按住 Ctrl+Shift 键,确定,即可得到线性回归的快速估计结果。特别强调,这里仅仅说明整个操作过程的第二步,其他步骤包括数据范围布置、结果分析等与上一小节介绍的过程完全一样。

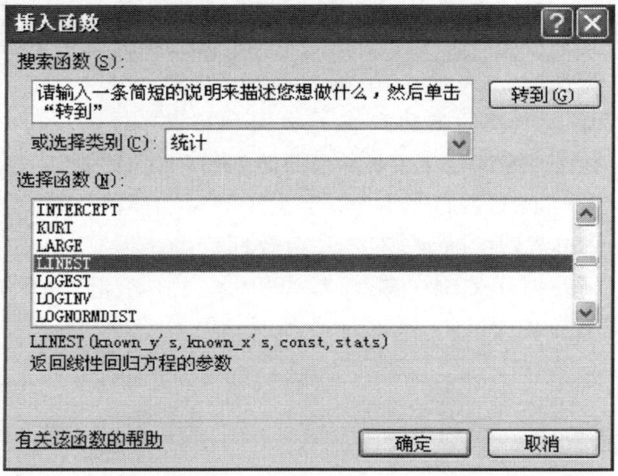

图 2-3-4 插入函数选项框

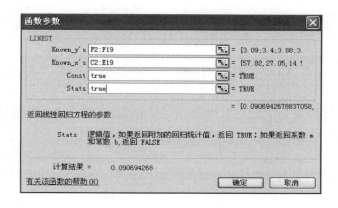

图 2-3-5　线性回归函数对话框

2.4　统计检验临界值的查询

对于多元线性回归分析的 F 检验和 t 检验,我们需要查表得到临界值,但有时候身边没有这类统计学书籍。今天,很多数学软件或者电子表格软件都给出了相应的命令用以计算统计检验的临界值。利用 Excel 计算 F 检验和 t 检验的临界值相当方便。

2.4.1　F 检验的临界值查询

在 Excel 中,查阅 F 分布临界值的命令为 finv,函数表达式为
$$\text{finv}(\alpha, m, n-m-1)$$
用中文表达就是:finv(显著性水平,变量数,自由度),或者 finv(显著性水平,分子自由度,分母自由度)。有些著作中将变量数称为"分子自由度",实则"回归自由度";将样品数减去变量数再减去 1 称为"分母自由度",实则剩余自由度。这种命名从 F 值的计算公式可以得到理解。F 值的计算公式为

$$F = \frac{\dfrac{1}{m}\sum_i (\hat{y}_i - \bar{y})^2}{\dfrac{1}{n-m-1}\sum_i (y_i - \hat{y}_i)^2} = \frac{\dfrac{1}{m}\text{SSr}}{\dfrac{1}{n-m-1}\text{SSe}}$$

式中:分子自由度为 m,即变量数目或者回归自由度,对应于公式中处于分子位置的回归平方和 SSr;分母自由度为 $n-m-1$,即剩余自由度(简称自由度),对应于公式中处于分母位置的剩余平方和 SSe。例如,查阅三个自变量($m=3$)、18 个样本($n=18$)在显著性 $\alpha=0.05$ 时的临界值,命令为 finv(0.05, 3, 30-3-1)。在任意单元格中键入命令:"=FINV(0.05,3,18-3-1)",回车后得到结果:$F_{0.05,3,18-3-1}=3.344$。

利用 F 分布函数 fdist 可以将 F 值转换为 P 值(significance 值),语法是:fdist($F, m, n-m-1$)。以图 2-1-4 所示的结果为例,选定一个空白单元格,输入公式"=FDIST(E12,B12,B13)",立即得到 P 值(7.705×10^{-14})。反过来,利用函数 finv 可以将 P 值转

换为 F 值。沿用上例，在任意空白单元格输入公式"＝FINV(G12,B12,B13)"，回车，立即得到 F 值(405.48)。

2.4.2 t 检验的临界值查询

在 Excel 中查阅 t 分布表像查 F 分布表一样方便。查阅 t 分布临界值的命令为 tinv，函数表达式的语法为

$$\text{tinv}(\alpha, n-m-1)$$

用中文表达就是：Tinv(显著性水平,剩余自由度)。例如，查阅三个自变量($m=3$)、18 个样本($n=18$)在显著性 $\alpha=0.05$ 时的临界值，命令格式为 tinv(0.05, 30－3－1)。在任意单元格中键入公式"＝TINV(0.05,18－3－1)"，回车后立即得到结果：$t_{0.05,18-3-1}=2.145$。

需要说明的是，回归检验主要是基于误差概率的 Gauss 分布即正态分布思想，正态分布表现为左右对称的钟形曲线，我们可以考虑两边的正负误差（双尾概率），检验基于双边临界区域（双侧检验）；也可以根据对称性仅仅考虑一边（单尾概率），检验基于单边临界区域（单侧检验）。Excel 计算的 t 值和临界值都是基于双边临界区域，故系统默认双侧检验（分布尾数为 2）。

利用 t 分布函数 tdist 可以将参数的 t 值全部转换为 P 值，这样更为直观。转换函数的语法是：tdist(t 的绝对值,剩余自由度,尾数)。由于 Excel 采用双尾检验，尾数固定为 2，于是命令格式为 tdist(abs(t), $n-m-1$, 2)，这里 abs 为取绝对值函数。反过来，利用 tinv 函数可以将参数的 P 值转换为 t 值的绝对值，语法是：tinv($P, n-m-1$)。以图 2-1-4 所示的结果为例，在 J17 单元格中输入公式"＝TDIST(ABS(D17),\$B\$13,2)"，回车，得到截距的 P 值；双击 J17 单元格的右下角，可得全部回归系数的 P 值。在 K17 单元格中输入公式"＝TINV(E17,\$B\$13)*SIGN(B17)"，回车，得到截距的 t 值；双击 K17 单元格的右下角，可得全部回归系数的 t 值。

2.4.3 相关系数检验的临界值查询

回归分析通常只对简单相关系数进行临界检验，而简单相关系数与 F 值或者 t 值等价，故只要查出 F 值或者 t 值，就可以计算出简单相关系数的临界值。F 值与简单相关系数的关系为

$$F = \frac{R^2}{\frac{1}{n-m-1}(1-R^2)}$$

变换可得

$$R^2 = \frac{F}{n-m-1} / (1 + \frac{F}{n-m-1})$$

对于简单相关系数，$m=1$，故有

$$R_{\alpha,n-2} = \sqrt{\frac{F_{\alpha,n-2}}{n-2} / (1 + \frac{F_{\alpha,n-2}}{n-2})}$$

我们只需要键入函数"＝finv(α, 1, $n-2$)"，就可以得到 F 的临界值，进而算出 R 的临界

值。例如，对于 $n=10, \alpha=0.05$，输入"=finv(0.05，1，10-2)"，得到
$$F_{0.05,8} = 5.317\ 655$$

于是可知
$$R_{0.05,8} = \sqrt{\frac{5.317\ 655}{10-2} / (1 + \frac{5.317\ 655}{10-2})} = 0.632$$

另一方面，对于简单相关系数，我们有
$$F = t^2$$

因此可知
$$R_{\alpha,n-2} = \sqrt{\frac{(t_{\alpha,n-2})^2}{n-2} / \left[1 + \frac{(t_{\alpha,n-2})^2}{n-2}\right]}$$

只要借助函数"=tinv(α，$n-2$)"查出 t 的临界值，就可以计算出 R 的临界值。对于上例，t 的临界值为 2.306 004，最后的结果依然是 0.632。

参照图 2-4-1 所示，将显著性水平 0.05 和 0.01 安排在第二行，自由度的数值（$n-2$）安排在第 A 列和 D 列。借助上面的公式，可以计算任意的相关系数临界值。

在单元格 B3 中输入公式"=((FINV(B\$2,1,\$A3)/\$A3)/(1+FINV(B\$2,1,\$A3)/\$A3))^0.5"，回车，得到 0.997。点击 B3 单元格的右下角，待到鼠标光标变成细小黑十字，右拉至单元格 C3，得到 1.000（更精确地，得到 0.999 877）。选中 B3 和 C3 单元格，将鼠标光标指向右下角，待其变为黑十字填充柄，双击，得到显著性水平为 0.05 和 0.01、自由度为 1~20 的全部临界值。采用同样的方法，不难计算更多的 R 临界值。

	A	B	C	D	E	F
1	自由度	显著性水平		自由度	显著性水平	
2	n-2	0.05	0.01	n-2	0.05	0.01
3	1	0.997	1.000	21	0.413	0.526
4	2	0.950	0.990	22	0.404	0.515
5	3	0.878	0.959	23	0.396	0.505
6	4	0.811	0.917	24	0.388	0.496
7	5	0.754	0.875	25	0.381	0.487
8	6	0.707	0.834	26	0.374	0.479
9	7	0.666	0.798	27	0.367	0.471
10	8	0.632	0.765	28	0.361	0.463
11	9	0.602	0.735	29	0.355	0.456
12	10	0.576	0.708	30	0.349	0.449
13	11	0.553	0.684	35	0.325	0.418
14	12	0.532	0.661	40	0.304	0.393
15	13	0.514	0.641	45	0.288	0.372
16	14	0.497	0.623	50	0.273	0.354
17	15	0.482	0.606	60	0.250	0.325
18	16	0.468	0.590	70	0.232	0.302
19	17	0.456	0.575	80	0.217	0.283
20	18	0.444	0.561	90	0.205	0.267
21	19	0.433	0.549	100	0.195	0.254
22	20	0.423	0.537	200	0.138	0.181

图 2-4-1　相关系数的临界值

第3章 逐步回归分析

逐步回归是在多元线性回归分析的基础上发展起来的。多元线性回归面临的重要问题之一是变量选择,逐步回归分析有助于我们更为有效和准确地选择解释变量。利用 Excel 进行多元线性逐步回归分析比较烦琐,但并不困难。因此,只要有耐心,就可以顺利地完成逐步回归的各项计算。最重要的是,在此过程中我们可以明白多元线性回归分析的一些基本原理。下面借助一个简单的实例给出详细的说明。

【例】山东省淄博市旅游业产值的影响因素分析。数据来源于淄博市旅游局和统计局。自变量为国内游客数量、国际游客数量、第三产业产值和人均 GDP 数量,因变量为全市旅游总收入。从 1995 年到 2004 年一共 10 年数据($m=4,n=10$)。我们的目的是,通过逐步回归分析,搞清楚如下问题:在上述因素中,哪些因素直接影响淄博市的旅游总收入。顺便说明,这里提供的仅仅是一个教学案例,据此说明逐步回归分析的基本思路和主要步骤。

3.1 数据预备工作

1. 录入数据

	A	B	C	D	E	F
1	年份	国内游客	第三产业	海外游客	人均GDP	旅游总收入
2	1995	350.97	108.81	0.52	10025.89	9.19
3	1996	387.43	130.84	0.79	11226.97	12.26
4	1997	337.00	147.12	0.70	12151.96	10.38
5	1998	340.00	171.80	0.98	12935.99	11.15
6	1999	420.00	195.12	1.22	13999.80	18.31
7	2000	444.85	218.51	1.45	15740.58	22.00
8	2001	508.46	248.52	2.10	17082.90	28.20
9	2002	583.61	278.80	2.68	18930.66	34.06
10	2003	595.84	342.20	2.30	24287.17	34.05
11	2004	771.54	380.00	3.00	29662.40	48.08
12	均值	473.97	222.17	1.57	16604.43	22.77

图 3-1-1 录入的原始数据

国内游客、海外游客单位为万人;第三产业、旅游总收入单位为亿元;人均 GDP 单位为元。本章相关项目单位与此表相同

为了更好地图解逐步回归的过程,在计算之前有意打乱自变量的正常排列顺序——将第三产业产值放在国内游客数量和海外游客数量之间。当然,自变量怎么排列没有实质性的影响。作为预备工作,不妨先借助 Excel 的求均值函数 average 计算出各个变量的平均值(图 3-1-1)。

2. 计算相关系数矩阵

沿着主菜单"工具(<u>T</u>)→数据分析(<u>D</u>)"的路径,从工具栏的"数据分析"对话框中选择"相关系数"(图 3-1-2)。

打开"相关系数"对话框之后,根据图 3-1-1 所示的数据分布,在"相关系数"选项框中进行如下设置(图 3-1-3)。

确定以后,得到相关系数矩阵。由于相关矩阵是对称的,Excel 只给出了下三角部分 [图 3-1-4(a)]。容易根据对称性将上三角部分填补起来,得到完整的相关系数矩阵[图 3-1-4 (b)]。为了表述方便,我们将这个矩阵记为 $\boldsymbol{R}^{(0)}$。

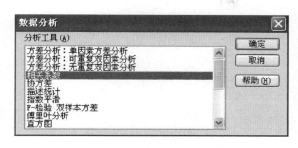
图 3-1-2 从"数据分析"工具箱中选中"相关系数"

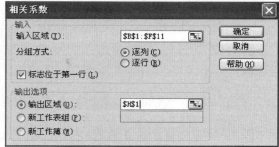
图 3-1-3 相关系数选项框的设置
（根据数据分布范围设定）

H	I	J	K	L	M
	国内游客	第三产业	海外游客	人均GDP	总收入
国内游客	1				
第三产业	0.9508993	1			
海外游客	0.9526064	0.9536283	1		
人均GDP	0.9652464	0.9810183	0.9141892	1	
总收入	0.9911899	0.9699348	0.9789707	0.9621523	1

(a) 下三角矩阵

H	I	J	K	L	M
	国内游客	第三产业	海外游客	人均GDP	总收入
国内游客	1	0.9508993	0.9526064	0.9652464	0.9911899
第三产业	0.9508993	1	0.9536283	0.9810183	0.9699348
海外游客	0.9526064	0.9536283	1	0.9141892	0.9789707
人均GDP	0.9652464	0.9810183	0.9141892	1	0.9621523
总收入	0.9911899	0.9699348	0.9789707	0.9621523	1

(b) 完整矩阵

图 3-1-4 相关系数矩阵

3.2 变量引入的计算过程

有了相关系数矩阵，我们就可以正式进行逐步回归的计算。首先设定 F 统计量的临界值。取显著性水平 $\alpha=0.05$，我们有 $m=4$ 个自变量，$n=10$ 个样品。不妨取回归自由度为 4、剩余自由度为 $n-m-1=10-4-1=5$ 的临界值为引入变量的 F 值下限。借助函数 finv 容易在 Excel 中查找这个临界值。在任意单元格输入函数

"=FINV(0.05,4,10-4-1)"

回车得到 5.192。因此我们取 $F_c(\text{in})=5.192$。另一方面，假定一个变量被淘汰，则有 $m'=3$。我们取显著性水平 $\alpha=0.05$、回归自由度为 3、剩余自由度为 $n-m'-1=10-3-1=6$ 的 F 临界值为剔除一个变量的上限。在任意单元格输入函数

"=FINV(0.05,3,10-3-1)"

回车得到 4.757。因此我们取 $F_c(\text{out})=4.757$。

这就是说，只要 F 值大于 5.192，变量引入模型；如果 F 值小于 4.757，则剔除变

量——不将变量引入模型。当然,这个临界值只是初步的设定,有时甚至是临时的设定,后面可以根据置信度的具体需要调整临界值。

3.2.1 第一轮计算

这一步的计算可以分解为如下几个步骤。

1. 计算自变量的贡献系数

根据公式

$$P_j^{(l)} = \frac{[R_{jy}^{(l-1)}]^2}{R_{jj}^{(l-1)}}$$

计算各个自变量对因变量的贡献系数。式中:l 为计算步骤编号;j 为自变量序号;y 为因变量编号。结果为

$$P_1^{(1)} = [R_{1y}^{(0)}]^2/R_{11}^{(0)} = 0.991\,19^2/1 = 0.982\,46$$
$$P_2^{(1)} = [R_{2y}^{(0)}]^2/R_{22}^{(0)} = 0.969\,93^2/1 = 0.940\,77$$
$$P_3^{(1)} = [R_{3y}^{(0)}]^2/R_{33}^{(0)} = 0.978\,97^2/1 = 0.958\,38$$
$$P_4^{(1)} = [R_{1y}^{(0)}]^2/R_{44}^{(0)} = 0.962\,15^2/1 = 0.925\,74$$

2. 找出最大贡献系数及其对应的变量序号

根据公式

$$P_\nu^{(l)} = \max\{P_h^{(l)}\}$$

取最大贡献系数。式中:$l=1$ 为计算步骤的编号;h 为尚且没有被引入模型的变量序号。显然,$P_1^{(1)} = 0.982\,46$ 最大,对应的变量序号 $\nu=1$。因此,首先考虑引入的变量是国内游客数量 x_1。

3. 计算变量引入和剔除的 F 统计量

国内游客数量这个变量是否能被引入模型,还要进行一次 F 检验。利用公式

$$F_{\text{in}} = \frac{(n-l-1)P_\nu^{(l)}}{R_{yy}^{(l-1)} - P_\nu^{(l)}}$$

计算 F 值。对于我们的问题,$n=10$,现在计算第 $l=1$ 步。结果是

$$F_{\text{in}} = \frac{(10-1-1) \times 0.982\,46}{1 - 0.982\,46} = 448.035$$

这个数值远远大于我们设定的临界值 $F_c(\text{in}) = 5.192$,因此变量 x_1 可以被引入模型。

接下来根据公式

$$P_\nu^{(l)} = \min\{P_k^{(l)}\}$$

找到最小贡献系数,考虑排除相应的变量。是否可以剔除要看 F_{out} 值,计算公式为

$$F_{\text{out}} = \frac{[n-(l+1)-1]P_\nu^{(l)}}{R_{yy}^{(l-1)} - P_\nu^{(l)}}$$

根据上述计算结果,$P_4^{(1)} = 0.925\,74$ 最小,其 F_{out} 值为

$$F_{\text{out}} = \frac{(10-2-1) \times 0.925\,74}{1-0.925\,74} = 87.260$$

这个数值高于剔除变量的 F 临界值 4.757，因此第一步不予剔除。

作为对比，可以计算出所有变量的 F 变化值。例如，对于第二个变量"第三产业产值"，变量引入与剔除的 F 值分别为

$$F_{\text{in}} = \frac{(10-1-1) \times 0.940\,77}{1-0.940\,77} = 127.075$$

$$F_{\text{out}} = \frac{(10-2-1) \times 0.940\,77}{1-0.940\,77} = 111.190$$

其余的 F_{in} 值和 F_{out} 值都按这种方法计算。结果表明，它们都大于 $F_{\text{c}}(\text{out})=4.757$（图 3-2-1）。因此，这一步没有变量被剔除。并且，由于每一轮只能引入一个变量，其他变量的 F_{in} 值即便大于临界值，也只具有参考价值，不能据此同时引入几个变量。

	国内游客	第三产业	海外游客	人均GDP	总收入	贡献系数	F_{in}	F_{out}
国内游客	1	0.9508993	0.9526064	0.9652464	0.9911899	0.98246	448.03516	392.03077
第三产业	0.9508993	1	0.9536283	0.9810183	0.9699348	0.94077	127.07484	111.19049
海外游客	0.9526064	0.9536283	1	0.9141892	0.9789707	0.95838	184.23184	161.20286
人均GDP	0.9652464	0.9810183	0.9141892	1	0.9621523	0.92574	99.72529	87.25963
总收入	0.9911899	0.9699348	0.9789707	0.9621523	1	1		

图 3-2-1 根据相关系数矩阵计算的贡献系数和 F 值（第一步）

4. 相关系数矩阵变换，将 $R^{(0)}$ 化为 $R^{(1)}$

假定第 ν 个变量在第 l 步被引入，则相关系数矩阵的第 ν 个元素称为主元。矩阵变换是围绕主元进行的。相关系数矩阵的变换公式为

$$R_{jk}^{(l+1)} = \begin{cases} R_{jk}^{(l)} - R_{j\nu}^{(l)} \cdot R_{\nu k}^{(l)}/R_{\nu\nu}^{(l)} & (j \neq \nu, k \neq \nu) \\ R_{\nu k}^{(l)}/R_{\nu\nu}^{(l)} & (j = \nu, k \neq \nu) \\ -R_{j\nu}^{(l)}/R_{\nu\nu}^{(l)} & (j \neq \nu, k = \nu) \\ 1/R_{\nu\nu}^{(l)} & (j = \nu, k = \nu) \end{cases}$$

式中：j、k、ν 均为矩阵中相关系数的编号。

根据这个公式，第一步应该改变非主元所在的行、列的元素（$j \neq \nu, k \neq \nu$），第二步改变主元所在的行的元素（$j = \nu, k \neq \nu$），第三步改变主元所在的列的元素（$j \neq \nu, k = \nu$），第四步改变主元本身（$j = \nu, k = \nu$）。

首先变换非主元所在的行和列的元素。我们的主元在第 $j=1$ 行、第 $k=1$ 列，故非主元所在的元素为一行、一列以外的元素。例如：

$$R_{22}^{(1)} = R_{22}^{(0)} - R_{21}^{(0)} \times R_{12}^{(0)}/R_{11}^{(0)} = 1 - 0.950\,90 \times 0.950\,90/1 = 0.095\,79$$

$$R_{23}^{(1)} = R_{23}^{(0)} - R_{21}^{(0)} \times R_{13}^{(0)}/R_{11}^{(0)} = 0.953\,63 - 0.950\,90 \times 0.952\,61/1 = 0.047\,80$$

$$R_{32}^{(1)} = R_{32}^{(0)} - R_{31}^{(0)} \times R_{12}^{(0)}/R_{11}^{(0)} = 0.953\,63 - 0.952\,61 \times 0.950\,90/1 = 0.047\,80$$

$$R_{33}^{(1)} = R_{33}^{(0)} - R_{31}^{(0)} \times R_{13}^{(0)}/R_{11}^{(0)} = 1 - 0.952\,61 \times 0.952\,61/1 = 0.092\,54$$

$$R_{42}^{(1)} = R_{42}^{(0)} - R_{41}^{(0)} \times R_{12}^{(0)}/R_{11}^{(0)} = 0.981\,02 - 0.965\,25 \times 0.950\,90/1 = 0.063\,17$$

其余计算依此类推。

然后改变主元所在行的元素。我们的主元在第 $j=1$ 行，故改变第一行的元素。

例如：
$$R_{12}^{(1)} = R_{12}^{(0)}/R_{11}^{(0)} = 0.95090/1 = 0.95090$$
$$R_{13}^{(1)} = R_{13}^{(0)}/R_{11}^{(0)} = 0.95261/1 = 0.95261$$

其余计算依此类推。可以看出，对于本轮计算，主元所在的第一行元素数值不变。

再然后改变主元所在列的元素。我们的主元在第 $k=1$ 列，故改变第一列的元素。

例如：
$$R_{12}^{(1)} = -R_{21}^{(0)}/R_{11}^{(0)} = -0.95090/1 = -0.95090$$
$$R_{13}^{(1)} = -R_{31}^{(0)}/R_{11}^{(0)} = -0.95261/1 = -0.95261$$

	国内游客	第三产业	海外游客	人均GDP	总收入
国内游客	1	0.9508993	0.9526064	0.9652464	0.9911899
第三产业	-0.9508993	0.0957905	0.0477955	0.0631662	0.0274130
海外游客	-0.9526064	0.0477955	0.0925411	-0.0053107	0.0347568
人均GDP	-0.9652464	0.0631662	-0.0053107	0.0682994	0.0054098
总收入	-0.9911899	0.0274130	0.0347568	0.0054098	0.0175425

图 3-2-2　第一步矩阵变换结果 $\boldsymbol{R}^{(1)}$

其余计算依此类推。可以看出，对于本轮计算，主元所在的第一列元素仅仅改变符号（正变负）。

最后改变主元本身。对于本轮计算，主元实际不变
$$R_{11}^{(1)} = 1/R_{11}^{(0)} = 1/1 = 1$$

于是整个矩阵变换工作完成（图 3-2-2）。这样，我们得到矩阵 $\boldsymbol{R}^{(1)}$。在这个矩阵中，第一行最后一列的元素可以用于建立一元线性回归模型。如果我们只打算引入一个关系最密切的变量，则在数据标准化的情况下，可以建立如下模型

$$y^* = 0.9911899 x_1^*$$

式中：* 表示标准化数据。

上面的矩阵变换过程非常烦琐，一不小心就会出错。下面介绍一种比较方便的矩阵变换方法：利用 Gauss 消元法对增广矩阵进行消元变换。

在相关系数矩阵 $\boldsymbol{R}^{(0)}$ 旁边增加一个并排的 5×5 单位矩阵（图 3-2-3）。因为主元在第一行第一列，我们就用第一行的元素对其他行进行消元，将第一列的其他元素全部化为 0。消除的办法很简单，用第二行减去第一行乘以第二行的第一个元素 0.95090，用第三行减去第一行乘以第三行的第一个元素 0.95261……其余依此类推，直到将第一列非主元元素全部化为 0 为止。

	A	B	C	D	E	F	G	H	I	J	K
1		国内游客	第三产业	海外游客	人均GDP	总收入	变量1	变量2	变量3	变量4	变量5
2	国内游客	1	0.9508993	0.9526064	0.9652464	0.9911899	1	0	0	0	0
3	第三产业	0.9508993	1	0.9536283	0.9810183	0.9699348	0	1	0	0	0
4	海外游客	0.9526064	0.9536283	1	0.9141892	0.9789707	0	0	1	0	0
5	人均GDP	0.9652464	0.9810183	0.9141892	1	0.9621523	0	0	0	1	0
6	总收入	0.9911899	0.9699348	0.9789707	0.9621523	1	0	0	0	0	1

图 3-2-3　相关系数矩阵的增广矩阵

为了操作方便，复制一个增广矩阵，粘贴在第一个增广矩阵的下面，然后利用第一个矩阵对第二个矩阵实施消元变换（图 3-2-4）。根据矩阵的排列位置和方式，在 B9 单元格中输入公式

"＝B3-＄B＄3＊B2"

	A	B	C	D	E	F	G	H	I	J	K
1		国内游客	第三产业	海外游客	人均GDP	总收入	变量1	变量2	变量3	变量4	变量5
2	国内游客	1	0.9508993	0.9526064	0.9652464	0.9911899	1	0	0	0	0
3	第三产业	0.9508993	1	0.9536283	0.9810183	0.9699348	0	1	0	0	0
4	海外游客	0.9526064	0.9536283	1	0.9141892	0.9789707	0	0	1	0	0
5	人均GDP	0.9652464	0.9810183	0.9141892	1	0.9621523	0	0	0	1	0
6	总收入	0.9911899	0.9699348	0.9789707	0.9621523	1	0	0	0	0	1
7											
8		国内游客	第三产业	海外游客	人均GDP	总收入	变量1	变量2	变量3	变量4	变量5
9	国内游客	1	0.9508993	0.9526064	0.9652464	0.9911899	1	0	0	0	0
10	第三产业	0	0.0957905	0.0477955	0.0631662	0.0274130	-0.9509	1	0	0	0
11	海外游客	0	0.0477955	0.0925411	-0.0053107	0.0347568	-0.9526	0	1	0	0
12	人均GDP	0	0.0631662	-0.0053107	0.0682994	0.0054098	-0.9652	0	0	1	0
13	总收入	0	0.0274130	0.0347568	0.0054098	0.0175425	-0.9912	0	0	0	1

图 3-2-4　利用消元法对相关系数实施变换

回车,得到 0;用鼠标将光标指向 B9 单元格右下角,待其变为细黑十字填充柄,点击左键右拖到增广矩阵的右边沿。在 B10 单元格中输入公式

$$"=B4-\$B\$4*B2"$$

回车,得到 0;用鼠标将光标指向 B10 单元格右下角,待其变为细黑十字,点击左键右拖到增广矩阵的右边沿。其余计算依此类推,直到将第一列的非主元元素全部变成 0。这样,初步完成了相关系数矩阵的变换工作。这个时候,增广矩阵右边的单位矩阵只有对应于主元所在列的第一列发生了变化,将这一列剪贴到左边第一列即主元所在列,就可以彻底完成相关系数矩阵的变换工作。最终结果与图 3-2-2 一样,但操作过程更为简捷(不容易出错)。

3.2.2　第二轮计算

1. 计算自变量的贡献系数

基于第一个相关系数矩阵的变换结果 $\boldsymbol{R}^{(1)}$ 计算各个自变量对因变量的贡献系数为

$$P_1^{(2)} = [R_{1y}^{(1)}]^2/R_{11}^{(1)} = 0.99119^2/1 = 0.98246$$

$$P_2^{(2)} = [R_{2y}^{(1)}]^2/R_{22}^{(1)} = 0.02741^2/0.09579 = 0.00785$$

$$P_3^{(2)} = [R_{3y}^{(1)}]^2/R_{33}^{(1)} = 0.03476^2/0.09254 = 0.01305$$

$$P_4^{(2)} = [R_{1y}^{(1)}]^2/R_{44}^{(1)} = 0.00541^2/0.06830 = 0.00043$$

2. 找出最大贡献系数及其对应的变量序号

从上面的计算结果可以看出,不考虑已经被引入模型的第一个变量,在剩余变量中 $P_3^{(2)} = 0.01305$ 为最大,对应的变量序号 $\nu=3$。因此,第二次可能引入的变量是海外游客数量 x_3。

注意,我们的主元已经转移到第三个变量对应的对角线上。

3. 计算变量引入和剔除的 F 统计量

海外游客数量能否被引入模型,依然需要借助 F 检验判断。现在计算第 $l=2$ 步,因

此应有

$$F_{\text{in}} = \frac{(10-2-1) \times 0.013\ 05}{0.017\ 54 - 0.013\ 05} = 20.359$$

这个数值大于我们设定的临界值 $F_c(\text{in}) = 5.192$，因此变量 x_3 可以被引入模型。当我们引入 x_1 的时候，F 值为 448.035；现在引入 x_3，F 值在原来的基础上增加了 20.359。

在没有被引入也没有被剔除的变量中，找到最小贡献系数，考虑剔除相应的变量。但是是否剔除，依然要视 F_{out} 值而定。根据上面的计算结果，第四个变量"人均GDP"的贡献系数 $P_4^{(2)} = 0.000\ 43$ 最小，其 F_{out} 值为

$$F_{\text{out}} = \frac{(n-2-2)P_4^{(2)}}{R_{yy}^{(1)} - P_4^{(2)}} = \frac{6 \times 0.000\ 43}{0.017\ 54 - 0.000\ 43} = 0.150 < F_c(\text{out}) = 4.757$$

因此，这个变量应该剔除，暂时不再考虑它的引入。

作为对比，不妨计算所有变量的 F 值，如对于第二个变量"第三产业产值"，我们有

$$F_{\text{in}} = \frac{(n-2-1)P_2^{(2)}}{R_{yy}^{(1)} - P_2^{(2)}} = \frac{7 \times 0.007\ 85}{0.017\ 54 - 0.007\ 85} = 5.663 > F_c(\text{in}) = 5.192$$

$$F_{\text{out}} = \frac{(n-2-2)P_2^{(2)}}{R_{yy}^{(1)} - P_2^{(2)}} = \frac{6 \times 0.007\ 85}{0.017\ 54 - 0.007\ 85} = 4.854 > F_c(\text{out}) = 4.757$$

由于每一轮计算只能引入一个变量，剔除一个变量，既然贡献系数最大的变量已经被引入，贡献系数最小的变量也已经被剔除，针对剩余变量计算 F 变化值没有实质意义，可以不计算。这里给出仅供参考。全部计算结果列表如图 3-2-5 所示。

	国内游客	第三产业	海外游客	人均GDP	总收入	贡献系数	F_{in}	F_{out}
国内游客	1	0.9508993	0.9526064	0.9652464	0.9911899	0.9824575	392.03077	336.02637
第三产业	-0.9508993	0.0957905	0.0477955	0.0631662	0.0274130	0.0078450	5.66273	4.85377
海外游客	-0.9526064	0.0477955	0.0925411	-0.0053107	0.0347568	0.0130541	20.35853	17.45017
人均GDP	-0.9652464	0.0631662	-0.0053107	0.0682994	0.0054098	0.0004285	0.17526	0.15023
总收入	-0.9911899	0.0274130	0.0347568	0.0054098	0.0175425	0.0175425		

图 3-2-5　根据相关系数矩阵计算的贡献系数和 F 值（第二步）

特别指出两点：其一，对于已经引入模型的变量，其第 l 步的 F 值是采用上一个相关系数矩阵 $\boldsymbol{R}^{(l-1)}$ 及其相应的贡献系数计算的，不同之处在于 l 值增大了（l 变成 $l+1$）；其二，非主元的变量对应的 F 值是用它们各自的贡献系数计算的，计算公式完全一样。

4. 相关系数矩阵变换，将 $\boldsymbol{R}^{(1)}$ 化为 $\boldsymbol{R}^{(2)}$

借助添加单位矩阵的增广矩阵和高斯消元法对第二个相关系数矩阵进行变换，将其化为第三个相关系数矩阵。由于这一次引入了第三个变量，主元在矩阵的第三行第三列，因此首先考虑将第三行第三列化为 1——用第三行的所有元素除以第三行第三列的元素 0.092 541 1 即可（图 3-2-6）。接下来用第三行对其余各行消元，将第三列的其余元素全部变成 0，方法同第一步一样。举例说来，用第一行减去第三行乘以第一行的第三个元素 0.952 61，用第二行减去第三行乘以第二行的第三个元素 0.047 80……其余（第四行和第五行）依此类推。这样，很快将第三列的其他元素全部化为 0。

不同之处在于，我们这一次是借助第三行针对第三列实施变换。例如，根据矩阵的排列位置和方式，在 B16 单元格中输入公式

"=B9-B18＊＄D＄9"

	国内游客	第三产业	海外游客	人均GDP	总收入	变量1	变量2	变量3	变量4	变量5
国内游客	1	0.9508993	0.9526064	0.9652464	0.9911899	1	0	0	0	0
第三产业	-0.9508993	0.0957905	0.0477955	0.0631662	0.0274130	0	1	0	0	0
海外游客	-0.9526064	0.0477955	0.0925411	-0.0053107	0.0347568	0	0	1	0	0
人均GDP	-0.9652464	0.0631662	-0.0053107	0.0682994	0.0054098	0	0	0	1	0
总收入	-0.9911899	0.0274130	0.0347568	0.0054098	0.0175425	0	0	0	0	1

	国内游客	第三产业	海外游客	人均GDP	总收入	变量1	变量2	变量3	变量4	变量5
国内游客	1	0.9508993	0.9526064	0.9652464	0.9911899	1	0	0	0	0
第三产业	-0.9508993	0.0957905	0.0477955	0.0631662	0.0274130	0	1	0	0	0
海外游客	-10.293877	0.5164787	1	-0.0573874	0.3755825	0	0	10.806	0	0
人均GDP	-0.9652464	0.0631662	-0.0053107	0.0682994	0.0054098	0	0	0	1	0
总收入	-0.9911899	0.0274130	0.0347568	0.0054098	0.0175425	0	0	0	0	1

图 3-2-6　第二个相关系数矩阵的增广矩阵及其初步变换

	A	B	C	D	E	F	G	H	I	J	K
1		国内游客	第三产业	海外游客	人均GDP	总收入	变量1	变量2	变量3	变量4	变量5
2	国内游客	1	0.9508993	0.9526064	0.9652464	0.9911899	1	0	0	0	0
3	第三产业	0.9508993	1	0.9536283	0.9810183	0.9699348	0	1	0	0	0
4	海外游客	0.9526064	0.9536283	1	0.9141892	0.9789707	0	0	1	0	0
5	人均GDP	0.9652464	0.9810183	0.9141892	1	0.9621523	0	0	0	1	0
6	总收入	0.9911899	0.9699348	0.9789707	0.9621523	1	0	0	0	0	1
7											
8		国内游客	第三产业	海外游客	人均GDP	总收入	变量1	变量2	变量3	变量4	变量5
9	国内游客	1	0.9508993	0.9526064	0.9652464	0.9911899	1	0	0	0	0
10	第三产业	-0.9508993	0.0957905	0.0477955	0.0631662	0.0274130	0	1	0	0	0
11	海外游客	-0.9526064	0.0477955	0.0925411	-0.0053107	0.0347568	0	0	1	0	0
12	人均GDP	-0.9652464	0.0631662	-0.0053107	0.0682994	0.0054098	0	0	0	1	0
13	总收入	-0.9911899	0.0274130	0.0347568	0.0054098	0.0175425	0	0	0	0	1
14											
15		国内游客	第三产业	海外游客	人均GDP	总收入	变量1	变量2	变量3	变量4	变量5
16	国内游客	10.806013	0.458898	0	1.019914	0.633408	1	0	-10.294	0	0
17	第三产业	-0.458898	0.071105	0	0.065909	0.009462	0	1	-0.516	0	0
18	海外游客	-10.293877	0.516479	1	-0.057387	0.375583	0	0	10.806	0	0
19	人均GDP	-1.019914	0.065909	0	0.067995	0.007404	0	0	0.057	1	0
20	总收入	-0.633408	0.009462	0	0.007404	0.004488	0	0	-0.376	0	1

图 3-2-7　第二步相关系数矩阵变换结果

回车,得到10.806 013;用鼠标将光标指向B16单元格右下角,待其变为细黑十字,点击左键右拖到增广矩阵的右边沿,得到第一行的变换结果。其余各行的变换方法依此类似(图 3-2-7)。

待到第三列非主元元素全部变为0之后我们可以看到,右边单位矩阵只有对应于主元位置的第三列元素发生了改变,其余元素均无变化。将右边的第三列(总第八列)剪切并粘贴到左边第三列,即可完成全部变换过程(图 3-2-8)。这样,我们得到相关矩阵 $R^{(2)}$。

如果不厌其烦,逐步计算,那就像第一轮的处理过程一样。首先变换非主元所在的行和列的元素。我们的主元在第 $j=3$ 行、第

	国内游客	第三产业	海外游客	人均GDP	总收入
国内游客	10.806013	0.458898	-10.293877	1.019914	0.633408
第三产业	-0.458898	0.071105	-0.516479	0.065909	0.009462
海外游客	-10.293877	0.516479	10.806013	-0.057387	0.375583
人均GDP	-1.019914	0.065909	0.057387	0.067995	0.007404
总收入	-0.633408	0.009462	-0.375583	0.007404	0.004488

图 3-2-8　第二步矩阵变换结果 $R^{(2)}$

$k=3$ 列,故非主元所在的元素为三行、三列以外的元素。例如：

$$R_{11}^{(2)} = R_{11}^{(1)} - R_{13}^{(1)} \times R_{31}^{(1)} / R_{33}^{(1)} = 1 - 0.952\,61 \times (-0.952\,61)/0.092\,54 = 10.806\,01$$
$$R_{12}^{(2)} = R_{12}^{(1)} - R_{13}^{(1)} \times R_{32}^{(1)} / R_{33}^{(1)} = 0.950\,90 - 0.952\,61 \times 0.047\,80/0.092\,54 = 0.458\,90$$
$$R_{21}^{(2)} = R_{21}^{(1)} - R_{23}^{(1)} \times R_{31}^{(1)} / R_{33}^{(1)} = -0.950\,90 - 0.047\,80 \times (-0.952\,61)/0.092\,54 = -0.458\,90$$

其余计算依此类推。

然后改变主元所在行的元素。我们的主元现在在第 $j=3$ 行,故改变第三行的元素。例如：

$$R_{31}^{(2)} = R_{31}^{(1)} / R_{33}^{(1)} = -0.952\,61/0.092\,54 = -10.293\,88$$
$$R_{32}^{(2)} = R_{32}^{(1)} / R_{33}^{(1)} = 0.047\,80/0.092\,54 = 0.516\,48$$

其余计算依此类推。

再改变主元所在列的元素。我们的主元在第 $k=3$ 列,故改变第一列的元素。例如：

$$R_{31}^{(2)} = -R_{31}^{(1)} / R_{33}^{(1)} = -0.952\,61/0.092\,54 = -10.293\,88$$
$$R_{32}^{(2)} = -R_{32}^{(1)} / R_{33}^{(1)} = -0.047\,80/0.092\,54 = -0.516\,48$$

其余计算依此类推。

最后改变主元所在的元素

$$R_{33}^{(2)} = 1/R_{33}^{(1)} = 1/0.092\,54 = 10.806\,01$$

可以看到,全部计算结果与借助高斯消元法得到的数值完全一样(图 3-2-8)。

假如我们只准备引入两个变量,则基于标准化数据可以建立如下模型

$$y^* = 0.633\,408 x_1^* + 0.375\,583 x_3^*$$

也就是说,在矩阵 $\boldsymbol{R}^{(2)}$ 的最后一列,第一个元素表示第一个标准化回归系数(对应于 x_1),第三个元素表示第二个标准化回归系数(对应于 x_3)。

3.2.3 第三轮计算

基于第二个相关系数矩阵的变换结果 $\boldsymbol{R}^{(2)}$ 计算各个自变量对因变量的贡献系数,方法与前面两轮完全一样,接下来的各种计算也是一样。不同的是,每一步计算都是针对新的相关系数矩阵变换结果进行的。计算的贡献系数如图 3-2-9 所示,这一次第二个变量"第三产业产值"的贡献系数最大,为 0.001 259 1。但是,F_{in} 值没有达到被引入的标准,而 F_{out} 值则达到被剔除的标准。如果我们继续引入新的变量,F 值的变化将会很小,或者说 F 值的增加量很不显著。因此,可以考虑中止引入变量的计算,不再在模型中添加其他变量。

注意,我们前面设置的 F 临界值的前提是假定四个变量全部引入。现在我们已经成功地引入了两个变量,因此,这时可以考虑用两个变量作为剔除标准,三个标量作为引入

	国内游客	第三产业	海外游客	人均GDP	总收入	贡献系数	F_{in}	F_{out}
国内游客	10.806013	0.458898	-10.293877	1.019914	0.633408	0.0371280	336.02637	280.02198
第三产业	-0.458898	0.071105	-0.516479	0.065909	0.009462	0.0012591	2.33927	1.94939
海外游客	-10.293877	0.516479	10.806013	-0.057387	0.375583	0.0130541	17.45017	14.54181
人均GDP	-1.019914	0.065909	0.057387	0.067995	0.007404	0.0008063	1.31388	1.09490
总收入	-0.633408	0.009462	-0.375583	0.007404	0.004488	0.0044885		

图 3-2-9 根据相关系数矩阵计算的贡献系数和 F 值(第三步)

标准。利用 finv 函数在 Excel 中查到临界值如下

$$F_{0.05,3,10-3-1} = 4.757, F_{0.05,2,10-2-1} = 4.737$$

根据调整后的标准,依然是两个变量(x_1 和 x_3)被引入,两个变量(x_2 和 x_4)被剔除。如果将显著性水平降低到 0.01,则临界值变为

$$F_{0.01,3,10-3-1} = 9.780, F_{0.01,2,10-2-1} = 9.547$$

容易看出,在 $\alpha=0.01$ 的显著性水平下,模型引入的变量不变。

到此为止,根据我们的选择标准,变量的引入和剔除计算过程可以结束。

3.3 参数估计和模型建设

接下来我们需要计算模型的回归系数,然后建立回归分析模型。前面的第一个相关系数变换矩阵最后一列给出了引入一个变量时的标准化回归系数 0.991 189 9,这个数值就是第一个自变量与因变量的相关系数。第二个相关系数变换矩阵给出了引入两个变量时的标准化回归系数 0.633 408 和 0.375 583,二者之和接近于 1。既然只有两个变量可以引入模型,如果我们需要的是解释模型而非预测模型,我们的建模工作可以到此为止,得到模型如下

$$y^* = 0.633\ 408 x_1^* + 0.375\ 583 x_3^*$$

但是,如果我们需要预测模型,则需要开展进一步的计算工作,将回归参数转换为非标准化的回归系数。计算过程如下。

1. 计算原始数据的协方差

数据按图 3-1-1 所示,排列格式不要改变。沿着"工具(T)→数据分析(D)"的路径,从工具栏的"数据分析"选项框中选择

图 3-3-1 协方差对话框的设置

"协方差"。弹出协方差对话框之后,根据数据的分布位置设置选项(图 3-3-1)。

确定之后,即可得到协方差矩阵(图 3-3-2)。像相关系数矩阵一样,Excel 只给出下三角矩阵[图 3-3-2(a)]。根据对称性,很容易将上三角填满[图 3-3-2(b)]。

	国内游客	第三产业	海外游客	人均GDP	旅游总收入
国内游客	17969.834				
第三产业	10915.237	7332.5185			
海外游客	107.17116	68.532742	0.704344		
人均GDP	763507.43	495686.1	4527.2194	34818183	
旅游总收入	1642.81	1026.8986	10.158288	70194.857	152.868096

(a) 上三角矩阵

	国内游客	第三产业	海外游客	人均GDP	旅游总收入
国内游客	17969.834	10915.237	107.17116	763507.43	1642.81003
第三产业	10915.237	7332.5185	68.532742	495686.1	1026.8986
海外游客	107.17116	68.532742	0.704344	4527.2194	10.158288
人均GDP	763507.43	495686.1	4527.2194	34818183	70194.8575
旅游总收入	1642.81	1026.8986	10.158288	70194.857	152.868096

(b) 完整矩阵

图 3-3-2 协方差矩阵

2. 计算非标准化回归系数

有了协方差矩阵,结合前面的相关系数矩阵第二步变换结果 $\boldsymbol{R}^{(2)}$,就可以计算非标准化回归系数。注意我们的计算是从 $\boldsymbol{R}^{(0)}$ 开始的,引入一个变量时,相关系数矩阵变换为 $\boldsymbol{R}^{(1)}$;引入两个变量时,相

关系数矩阵变换为 $\boldsymbol{R}^{(2)}$。此后不再引入变量。因此,计算回归系数需要用到 $l=2$ 时的相关系数矩阵变换结果(图 3-2-8)。

非标准化回归系数计算公式为

$$b_j = \sqrt{\frac{c_{yy}}{c_{jj}}} \cdot R_{jy}^{(l)}$$

$$b_0 = \bar{y} - \sum_j b_j \bar{x}_j$$

式中:b_0 为截距;b_j 为第 j 个回归系数;l 为计算步骤的编号数,我们引入两个变量,$l=2$;$R_{jy}^{(l)}$ 为相关系数矩阵第 $l=2$ 步变换结果的最后一列的第 j 个元素——对应于第 j 个被引入的变量;c_{yy} 为协方差矩阵对角线上的最后一个元素(右下角);c_{jj} 为协方差矩阵对角线上对应于第 j 个被引入变量的元素;$\bar{x}_j$、$\bar{y}$ 分别为自变量和因变量的平均值。至于未被引入的变量,回归系数以 0 计算。

对于上述问题,我们引入了两个变量 $x_1=$ 国内游客数,$x_3=$ 海外游客数。可见,$j=1$ 对应于国内游客数,$j=3$ 对应于海外游客数。于是可得

$$c_{yy} = 152.868\,10,\ c_{11} = 17\,969.834\,02,\ c_{33} = 0.704\,34$$

$$R_{1y}^{(2)} = 0.633\,41,\ R_{3y}^{(2)} = 0.375\,58$$

容易算出

$$b_1 = \sqrt{\frac{c_{yy}}{c_{11}}} \cdot R_{1y}^{(2)} = \sqrt{\frac{152.868\,10}{17\,969.834\,02}} \cdot 0.633\,41 = 0.058\,42$$

$$b_3 = \sqrt{\frac{c_{yy}}{c_{33}}} \cdot R_{3y}^{(2)} = \sqrt{\frac{152.868\,10}{0.704\,34}} \cdot 0.375\,58 = 5.533\,14$$

另一方面,根据图 3-1-1 给出的计算结果,我们有

$$\bar{x}_1 = 473.970,\ \bar{x}_3 = 1.574,\ \bar{y} = 22.768$$

从而

$$b_0 = \bar{y} - b_1 \bar{x}_1 - b_3 \bar{x}_3 = 22.768 - 0.058\,42 \times 473.970 - 5.533\,14 \times 1.574 = -13.631$$

于是非标准化数据的回归模型可以表示为

$$y = b_0 + b_1 x_1 + b_3 x_3 = -13.631 + 0.058\,42 x_1 + 5.533\,14 x_3$$

至此,模型建立工作结束。需要说明的是,上述数据显示全部是连续计算过程中截取小数点后面 5 位左右得到的结果。如果采用这些近似数据验证,可能会与最终数值有点误差;要想验证结果完全吻合,最好从头开展连续计算。

3.4 模型参数的进一步验证

这一步并不必要,讲述这一小节的目的是从另外一个角度说明如何利用矩阵运算开展多元线性回归分析。通过这个过程可以更为深刻地理解线性回归分析的数学计算原理。

根据前面的逐步回归分析,四个自变量中只有两个变量可以引入,即国内游客数和海外游客数。在这种情况下,我们可以舍弃其他自变量,采用国内游客数和海外游客数为自变量,旅游总收入为因变量,借助 Excel 数据分析工具箱中的回归分析功能,开展二元线性回归分析。这样可以得到有关的回归系数和用于检验的统计量,一方面验证前面的逐步回归

分析结果，考察参数值是否出错；另一方面根据各种统计量对逐步回归模型和参数进行检验分析（图 3-4-1）。

	A	B	C	D	E	F	G
1	SUMMARY OUTPUT						
2							
3	回归统计						
4	Multiple R	0.9977532					
5	R Square	0.9955115					
6	Adjusted R S	0.9942291					
7	标准误差	0.9900516					
8	观测值	10					
9							
10	方差分析						
11		df	SS	MS	F	Significance F	
12	回归分析	2	1521.8195	760.90977	776.27833	6.058E-09	
13	残差	7	6.8614158	0.9802023			
14	总计	9	1528.681				
15							
16		Coefficients	标准误差	t Stat	P-value	Lower 95%	Upper 95%
17	Intercept	-13.631	1.919222	-7.102358	0.0001933	-18.16924	-9.092763
18	国内游客	0.0584211	0.0076775	7.6094123	0.0001253	0.0402667	0.0765754
19	海外游客	5.533137	1.2263041	4.5120431	0.0027583	2.6333886	8.4328854

图 3-4-1　二元线性回归分析结果

下面介绍的是基于矩阵运算的多元线性回归分析方法。虽然这种方法要麻烦一些，但练习这种计算有助于我们进一步理解线性回归分析过程。

1. 整理数据

首先，舍弃不需要的自变量：人均 GDP 和第三产业产值两个变量，保留国内游客数和海外游客数两个变量。然后，与回归模型的常数项对应，在两个自变量前面添加一个数值全部是 1 的自变量（图 3-4-2）。

这样，我们的数据可以分为两个部分，数值为 1 的向量和两个自变量构成一个矩阵，我们用 $\boldsymbol{X}$ 表示；因变量构成一个向量——一个 $1\times n$ 的矩阵，用 $\boldsymbol{Y}$ 表示（图 3-4-3）。下面对这两个矩阵进行运算，计算回归系数和各种检验统计量。

	A	B	C	D	E
1	年份	常数	国内游客	海外游客	旅游总收入
2	1995	1	350.97	0.52	9.19
3	1996	1	387.43	0.79	12.26
4	1997	1	337.00	0.70	10.38
5	1998	1	340.00	0.98	11.15
6	1999	1	420.00	1.22	18.31
7	2000	1	444.85	1.45	22.00
8	2001	1	508.46	2.10	28.20
9	2002	1	583.61	2.68	34.06
10	2003	1	595.84	2.30	34.05
11	2004	1	771.54	3.00	48.08

图 3-4-2　重新整理的数据

	矩阵X			向量Y
年份	常数	国内游客	海外游客	旅游总收入
1995	1	350.97	0.52	9.19
1996	1	387.43	0.79	12.26
1997	1	337.00	0.70	10.38
1998	1	340.00	0.98	11.15
1999	1	420.00	1.22	18.31
2000	1	444.85	1.45	22.00
2001	1	508.46	2.10	28.20
2002	1	583.61	2.68	34.06
2003	1	595.84	2.30	34.05
2004	1	771.54	3.00	48.08

图 3-4-3　数据代表的矩阵或者向量

2. 计算 $\boldsymbol{X}^{\mathrm{T}}\boldsymbol{X}$ 矩阵

我们只有 $n=10$ 个样品，$m=2$ 个变量（连同常数项，有 $m+1=3$ 个变量），故 $\boldsymbol{X}$ 是 $n\times(m+1)=10\times3$ 矩阵，$\boldsymbol{Y}$ 是 $n\times1=10\times1$ 向量。注意到矩阵乘法运算结果的特点，其维数取前面一个矩阵的行数和后面一个矩阵的列数。$\boldsymbol{X}^{\mathrm{T}}$ 的行数为 3，$\boldsymbol{X}$ 的列数也是 3，故在 Excel 的工作表中选择一个 3×3 的区域，根据图 3-4-2 所示的数据分布位置，输入如下公式

"＝MMULT(TRANSPOSE(B2:D11),B2:D11)"

	A	B	C	D	E
1	年份	常数	国内游客	海外游客	旅游总收入
2	1995	1	350.97	0.52	9.19
3	1996	1	387.43	0.79	12.26
4	1997	1	337.00	0.70	10.38
5	1998	1	340.00	0.98	11.15
6	1999	1	420.00	1.22	18.31
7	2000	1	444.85	1.45	22.00
8	2001	1	508.46	2.10	28.20
9	2002	1	583.61	2.68	34.06
10	2003	1	595.84	2.30	34.05
11	2004	1	771.54	3.00	48.08
12					
13	=mmult(transpose(B2:D11),B2:D11)				
14	TRANSPOSE(array)				
15					

(a) 计算方法

	A	B	C	D	E
13	XTX	10	4739.7	15.74	
14		4739.7	2426173.9	8531.9994	
15		15.74	8531.9994	31.8182	

(b) 计算结果

图 3-4-4　计算 $\boldsymbol{X}^{\mathrm{T}}\boldsymbol{X}$ 的方法和结果

同时按下 Ctrl＋Shift 键，回车，立即得到 $\boldsymbol{X}^{\mathrm{T}}\boldsymbol{X}$ 矩阵(图 3-4-4)。这里 mmult 为矩阵乘法函数，transpose 为矩阵转置函数。所有的矩阵或者数组运算都要同时按下 Ctrl＋Shift＋Enter 键，对此以后不再提示。

3. 计算 $\boldsymbol{X}^{\mathrm{T}}\boldsymbol{X}$ 的逆矩阵 $(\boldsymbol{X}^{\mathrm{T}}\boldsymbol{X})^{-1}$

利用矩阵求逆函数 minverse，选定一个 3×3 的单元格区域——注意逆矩阵的维数与原矩阵一样，输入如下计算公式

"＝MINVERSE(B13:D15)"

同时按下 Ctrl＋Shift 键，回车，得到 $\boldsymbol{X}^{\mathrm{T}}\boldsymbol{X}$ 的逆矩阵(图 3-4-5)。

4. 计算 $\boldsymbol{X}^{\mathrm{T}}\boldsymbol{Y}$

前面的矩阵都是三行三列，接下来运算三行一列元素。$\boldsymbol{X}^{\mathrm{T}}$ 则是 3×10 的矩阵，$\boldsymbol{Y}$ 是一个 10×1 的向量，故 $\boldsymbol{X}^{\mathrm{T}}\boldsymbol{Y}$ 应该是一个 3×1 的向量。在工作表中选择一个 3×1 的区域，根据前面图示的数据分布位置，输入计算公式

"＝MMULT(TRANSPOSE(B2:D11)，E2:E11)"

同时按下 Ctrl＋Shift 键，回车，得到 $\boldsymbol{X}^{\mathrm{T}}\boldsymbol{Y}$ 向量(图 3-4-6)，当然视之为矩阵也没有什么不妥。

	A	B	C	D	E
1	年份	常数	国内游客	海外游客	旅游总收入
2	1995	1	350.97	0.52	9.19
3	1996	1	387.43	0.79	12.26
4	1997	1	337.00	0.70	10.38
5	1998	1	340.00	0.98	11.15
6	1999	1	420.00	1.22	18.31
7	2000	1	444.85	1.45	22.00
8	2001	1	508.46	2.10	28.20
9	2002	1	583.61	2.68	34.06
10	2003	1	595.84	2.30	34.05
11	2004	1	771.54	3.00	48.08
12					
13	XTX	10	4739.7	15.74	
14		4739.7	2426173.9	8531.9994	
15		15.74	8531.9994	31.8182	
16					
17		=minverse(B13:D15)			
18		MINVERSE(array)			
19					

(a) 计算方法

	A	B	C	D	E
13	XTX	10	4739.7	15.74	
14		4739.7	2426173.9	8531.9994	
15		15.74	8531.9994	31.8182	
16					
17	(XTX)-1	3.7578094	-0.0141	1.9219364	
18		-0.0141	6.013E-05	-0.00915	
19		1.9219364	-0.00915	1.5341953	

(b) 计算结果

图 3-4-5　计算$(\boldsymbol{X}^{\mathrm{T}}\boldsymbol{X})$逆矩阵的方法和结果

	A	B	C	D	E
1	年份	常数	国内游客	海外游客	旅游总收入
2	1995	1	350.97	0.52	9.19
3	1996	1	387.43	0.79	12.26
4	1997	1	337.00	0.70	10.38
5	1998	1	340.00	0.98	11.15
6	1999	1	420.00	1.22	18.31
7	2000	1	444.85	1.45	22.00
8	2001	1	508.46	2.10	28.20
9	2002	1	583.61	2.68	34.06
10	2003	1	595.84	2.30	34.05
11	2004	1	771.54	3.00	48.08
12					
13	XTX	10	4739.7	15.74	
14		4739.7	2426173.9	8531.9994	
15		15.74	8531.9994	31.8182	
16					
17	(XTX)-1	3.7578094	-0.0141	1.9219364	
18		-0.0141	0.0000601	-0.00915	
19		1.9219364	-0.00915	1.5341953	
20					
21	=mmult(transpose(B2:D11),E2:E11)				
22	MMULT(array1, array2)				
23					

(a) 计算方法

	A	B	C	D	E
21	XTY	227.68			
22		124341.59			
23		459.9512			

(b) 计算结果

图 3-4-6　计算 $(\boldsymbol{X}^{\mathrm{T}}\boldsymbol{X})^{-1}\boldsymbol{X}^{\mathrm{T}}$ 矩阵的方法和结果

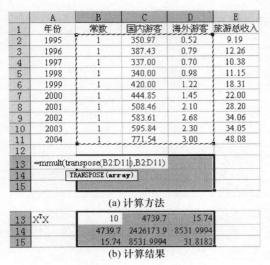

5. 计算回归系数向量 $(X^TX)^{-1}X^TY$

如前所述,$(X^TX)^{-1}$是一个3×3的矩阵,而X^TY则是一个3×1的向量,故$(X^TX)^{-1}X^TY$必然是一个3×1的向量。选定一个3×1的单元格区域,根据前面图示的数据分布位置,输入计算公式

"=MMULT(B17:D19,B21:B23)"

同时按下 Ctrl+Shift 键,回车,得到$(X^TX)^{-1}X^TY$向量(图3-4-7)。

至此,模型参数计算完毕,数值与前面

图3-4-7 计算回归系数向量$(X^TX)^{-1}X^TY$矩阵的方法和结果

逐步回归的结果完全一样。当然,这并不是说逐步回归过程是可以替代的,恰恰相反,目前没有更好的方法可以取代逐步回归过程。

3.5 模型检验

图3-5-1 数据预备结果

逐步回归分析与多元回归分析一样,至少要进行如下检验:相关系数检验、标准误差检验、F检验、t检验以及DW检验。首先进行数据预备,将前面计算的回归系数向量拷贝到图3-4-2所示的数据旁边(图3-5-1)。借助这些数据,我们计算Y^TY、B^TX^TY和因变量y的均值。

第一步,计算Y^TY。根据数据分布位置,在G5单元格中输入公式

"=MMULT(TRANSPOSE(E2:E11),E2:E11)"

同时按下 Ctrl+Shift 键,回车,得到Y^TY值6712.499。

第二步,计算B^TX^TY。在G6单元格中输入公式

"=MMULT(TRANSPOSE(E2:E11),E2:E11)"

同时按下 Ctrl+Shift 键,回车,得到B^TX^TY值6705.638。

第三步,计算y的均值。在G7单元格中输入公式

"=AVERAGE(E2:E11)"

回车,得到y的均值22.768。最后,注意我们的变量数$m=2$和样品数$n=10$。

3.5.1 相关系数检验

多元线性回归分析的复相关系数计算公式和结果为

$$R = \sqrt{\frac{\boldsymbol{B}^{\mathrm{T}}\boldsymbol{X}^{\mathrm{T}}\boldsymbol{Y} - n\bar{y}^2}{\boldsymbol{Y}^{\mathrm{T}}\boldsymbol{Y} - n\bar{y}^2}} = \sqrt{\frac{6705.638 - 10 \times 22.768^2}{6712.499 - 10 \times 22.768^2}} = 0.99775$$

查表可知,相关系数检验可以通过。

3.5.2 标准误差检验

首先计算因变量的标准误差,公式和结果如下

$$s = \sqrt{\frac{\boldsymbol{Y}^{\mathrm{T}}\boldsymbol{Y} - \boldsymbol{B}^{\mathrm{T}}\boldsymbol{X}^{\mathrm{T}}\boldsymbol{Y}}{n - m - 1}} = \sqrt{\frac{6712.499 - 6705.638}{10 - 2 - 1}} = 0.99005$$

用标准误差除以因变量的均值得到变异系数

$$\frac{s}{\bar{y}} = \frac{0.99005}{22.768} = 0.04348 < 0.1$$

检验可以通过。

然后计算各个回归系数的标准误差,计算公式为

$$s_{b_j} = \sqrt{c_{jj}} \cdot s$$

式中:s 为因变量的标准误差;c_{jj} 为 $(\boldsymbol{X}^{\mathrm{T}}\boldsymbol{X})^{-1}$ 对角线上的元素(图 3-4-5)。计算结果如下

$$s_{b_1} = \sqrt{3.7578094} \cdot 0.99005 = 1.91922$$

$$s_{b_2} = \sqrt{0.0000601} \cdot 0.99005 = 0.00768$$

$$s_{b_3} = \sqrt{1.5341953} \cdot 0.99005 = 1.22630$$

参数的标准误差越小越好,但没有非常严格的标准。多大的数值可以通过,取决于研究目标,可以根据研究者的经验判定。

3.5.3 F 检验

多元线性回归分析的 F 统计量计算公式和结果为

$$F = \frac{\boldsymbol{B}^{\mathrm{T}}\boldsymbol{X}^{\mathrm{T}}\boldsymbol{Y} - n\bar{y}^2}{ms^2} = \frac{6705.638 - 10 \times 22.768^2}{2 \times 0.99005^2} = 776.278$$

注意,这里得到的采用两个自变量时的 F 统计量,而前面逐步回归分析过程中计算的则是 F 变化值,或者称为 F 增加值。取显著性水平 0.05,在任意单元格中输入如下公式
"=FINV(0.05,2,10-2-1)"

回车,得到 F 临界值

$$F_{0.05,2,10-2-1} = 4.737$$

可见,F 检验可以通过。

3.5.4 t 检验

多元线性回归分析的 t 统计量计算公式为

$$t_{b_j} = \frac{b_j}{s_{b_j}}$$

计算结果为

$$t_{b_1} = \frac{b_1}{s_{b_1}} = \frac{-13.631}{1.91922} = -7.10236$$

$$t_{b_2} = \frac{b_1}{s_{b_2}} = \frac{0.0584}{0.00768} = 7.60941$$

$$t_{b_3} = \frac{b_1}{s_{b_3}} = \frac{5.5331}{1.22630} = 4.51204$$

取显著性水平 0.05,在任意单元格中输入如下公式

"=TINV(0.05,10-2-1)"

回车,得到 t 临界值

$$t_{0.05,10-2-1} = 2.365$$

可见,t 检验可以通过。

3.5.5 DW 检验

DW 检验分如下几步进行。

第一步,计算因变量的预测值,计算公式为

$$\hat{Y} = XB$$

	A	B	C	D	E	F	G
1	年份	常数	国内游客	海外游客	旅游总收入	B	预测值
2	1995	1	350.97	0.52	9.19	-13.631	9.75
3	1996	1	387.43	0.79	12.26	0.0584	13.37
4	1997	1	337.00	0.70	10.38	5.5331	9.93
5	1998	1	340.00	0.98	11.15		11.65
6	1999	1	420.00	1.22	18.31		17.66
7	2000	1	444.85	1.45	22.00		20.38
8	2001	1	508.46	2.10	28.20		27.69
9	2002	1	583.61	2.68	34.06		35.29
10	2003	1	595.84	2.30	34.05		33.90
11	2004	1	771.54	3.00	48.08		48.04

图 3-5-2 计算因变量的预测值

在工作表中删除没有用的数据,在因变量旁边选定一个 10×1 的单元格区域,根据数据分布的位置,输入公式

"=MMULT(B2:D11,F2:F4)"

同时按下 Ctrl+Shift 键,回车,得到因变量的预测值 XB(图 3-5-2)。

第二步,计算模型预测残差。公式为

$$E = Y - \hat{Y} = Y - XB$$

63。选定一个 10×1 的单元格区域,输入数组运算式

"=E2:E11-G2:G11"

同时按下 Ctrl+Shift 键,回车,得到全部预测值的误差数值(图 3-5-3)。

E	F	G	H	I
旅游总收入	B	预测值	残差	残差差分
9.19	-13.631	9.75	-0.5603	
12.26	0.0584	13.37	-1.1143	-0.5540
10.38	5.5331	9.93	0.4499	1.5642
11.15		11.65	-0.5046	-0.9545
18.31		17.66	0.6537	1.1584
22.00		20.38	1.6193	0.9656
28.20		27.69	0.5066	-1.1127
34.06		35.29	-1.2329	-1.7396
34.05		33.90	0.1452	1.3781
48.08		48.04	0.0374	-0.1078

图 3-5-3 计算因变量的残差和残差差分

第三步,计算预测残差的差分。选定一个9×1的单元格区域,输入数组运算式
$$"=H3:H11-H2:H10"$$
同时按下 Ctrl+Shift 键,回车,得到残差的全部差分数值(图 3-5-3)。

第四步,计算 DW 值。选定任意单元格区域,输入计算公式
$$"=SUMSQ(H2:H11)"$$
回车,得到残差的平方和 6.861 42;然后输入计算公式
$$"=SUMSQ(I3:I11)"$$
回车,得到残差差分的平方和 12.113 82。于是得到 DW 估计值为

$$DW = \frac{\sum_{i=2}^{n}(e_i - e_{i-1})^2}{\sum_{i=1}^{n} e_i^2} = \frac{12.113\ 82}{6.861\ 42} = 1.765$$

由于样品数 $n<15$,我们无法进行 DW 检验。不过,从数值大小看来,问题不是很大。

将上面各步计算结果与图 3-4-1 进行对照,可以发现,除了 DW 值没有给出之外,其余的计算结果与借助数据分析的回归功能得到的数值完全一样。

第4章 非线性回归分析

非线性方程千变万化,没有固定的建模模式。因此,在非线性模型建设过程中,经验知识非常重要。有人认为,非线性建模不仅仅是一种技术,有时更多的是一种艺术——正如兵无常法、水无常形,"运用之妙,存乎一心"。不过,当我们在 Excel 中估计某些非线性模型的参数时,却有一定的路径可循。下面列举几个常见类型的例子,希望读者能够举一反三,触类旁通。这些例子有一个共性,那就是可以转换为线性模型,然后基于最小二乘算法进行线性回归分析。

4.1 常见数学模型

首先说明常见的可以线性化的非线性模型(表 4-1-1),这些模型包括指数模型、对数模型、幂指数模型、Guassian 模型(二次指数)模型、对数正态模型、双曲线模型、Logistic 模型、多项式模型等。

表 4-1-1 常见的可以线性化的非线性模型

模 型	数学方程	转化关系	线性表示
指数模型	$y = ae^{bx}$	$y' = \ln y$,$a' = \ln a$	$y' = a' + bx$
对数模型	$y = a + b\ln x$	$x' = \ln x$,	$y = a + bx'$
幂指数模型	$y = ax^b$	$x' = \ln x$,$y' = \ln y$,$a' = \ln a$	$y' = a' + bx'$
二次指数模型(正态)	$y = ae^{bx^2}$	$x' = x^2$,$y' = \ln y$,$a' = \ln a$	$y' = a' + bx'$
对数正态模型	$y = ae^{b(\ln x)^2}$	$x' = (\ln x)^2$,$y' = \ln y$,$a' = \ln a$	$y' = a' + bx'$
双曲线模型 1	$\dfrac{1}{y} = a + \dfrac{b}{x}$	$x' = 1/x$,$y' = 1/y$	$y' = a + bx'$
双曲线模型 2	$\dfrac{1}{y} = a + bx$	$y' = 1/y$,	$y' = a + bx$
Logistic 模型	$y = \dfrac{1}{1 + ae^{-bx}}$	$y' = \ln(1/y - 1)$,$a' = \ln a$	$y' = a' - bx$
抛物线模型	$y = a + bx + cx^2$	$x' = x^2$	$y = a + bx + cx'$
生产函数	$y = ax^b z^c$	$x' = \ln x$,$y' = \ln y$,$z' = \ln z$,$a' = \ln a$	$y' = a' + bx' + cz'$
Gamma 函数	$y = ax^{-b}e^{-cx}$	$x' = \ln x$,$y' = \ln y$,$a' = \ln a$	$y' = a' - bx' - cx$
其他模型	…	…	…

注:如果模型系数 a 经过取对数变换,建模时需要利用下式还原:$a = e^{a'}$。

根据线性化结果的自变量数目,又可以分为三类:①一变量情形(如常规的指数模型、对数模型);②一变量化为多变量的情形(如抛物线模型、二次指数模型、Gamma 函数);③多变量的情形(如生产函数)。

4.2 常见实例——一变量的情形

4.2.1 指数模型(Ⅰ)

【例 4-2-1】Boston 人口密度空间分布的指数衰减模型。这是一个经典的例子,由 C. Clark观测和整理统计数据。Clark(1951)是城市人口密度指数衰减模型的最早提出者。他按照等距离的方式将城市分成若干环带(rings),然后借助人口普查区段(census tract)计算各个环带的平均人口密度。这样就得到两组变量:到城市中心(CBD)的距离 x(取环带的中线或者外边界)和 x 处的平均人口密度。Clark 用这种方法先后测量了欧美国家的 20 多个城市的人口密度数据,发现了所谓的 Clark 定律。下面是 Clark 测量的原始数据之一——1940 年美国 Boston 的城市人口密度,数据由 Banks(1994)提供(表 4-2-1)。我们看看这组数据到底服从什么规律。

表 4-2-1　Boston 人口密度空间分布数据(1940 年)

距离/mi	密度/(人/mi²)	距离/mi	密度/(人/mi²)	距离/mi	密度/(人/mi²)	距离/mi	密度/(人/mi²)
0.5	26 300	4.5	11 500	8.5	3 200	12.5	900
1.5	25 100	5.5	9 800	9.5	2 300	13.5	700
2.5	19 900	6.5	5 200	10.5	1 700	14.5	600
3.5	15 500	7.5	4 600	11.5	1 200	15.5	500

注:1 英里(mi)≈1.6093km。

资料来源:Banks R B,1994。

	A	B
1	距离(mi)	密度(人/mi²)
2	0.5	26300
3	1.5	25100
4	2.5	19900
5	3.5	15500
6	4.5	11500
7	5.5	9800
8	6.5	5200
9	7.5	4600
10	8.5	3200
11	9.5	2300
12	10.5	1700
13	11.5	1200
14	12.5	900
15	13.5	700
16	14.5	600
17	15.5	500

图 4-2-1　录入的人口密度数据

第一步,录入数据。录入 Excel 工作表的数据如图 4-2-1所示。

第二步,作散点图(scatterplot)。选中数据(图 4-2-2),并点击图表向导 ,或者在主菜单"插入(I)"中选择"图表(H)",就会弹出"图表类型"复选框(图 4-2-3)。在图表类型中选择"XY 散点图"。然后点击"完成"按钮,就会立即弹出一个散点图(图 4-2-4)。

第三步,选择模型——添加趋势线。在散点图中选择数据点,点击右键,出现一个选项菜单,选择"添加趋势线"(图4-2-5)。确定以后,就会弹出"添加趋势线类型"选项框(图 4-2-6),在这个复选框上可以切换到"添加趋势线选项"(图 4-2-7)。

假定我们事先并不知道数据服从什么模型,选择什么曲线呢?有两种判断方法:一是根据散点图进行估计;二是逐个模型尝试、比较。现在我们两种办法都用上。根据散点图,数据服从线性模型的可能性不大,最可能的是指数模型,其次是对数和幂指数。就让我们根据这种判断逐一比较吧。

首先，在"添加趋势线类型"选择最大可能的"指数(X)"模型(图 4-2-6)；然后切换到"添加趋势线选项"，选中"显示公式(E)"和"显示 R 平方值(R)"(图 4-2-7)。确定，散点图中立即出现趋势线、拟合的指数模型及其回归的测定系数(图 4-2-8)。

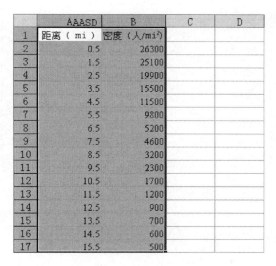

图 4-2-2 选中数据并点击图表向导

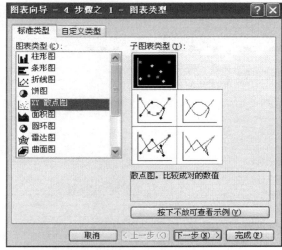

图 4-2-3 图表类型复选框

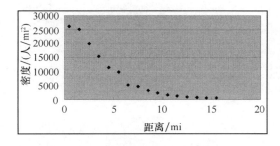

图 4-2-4 Boston 城市人口密度随距市中心距离变化的散点图

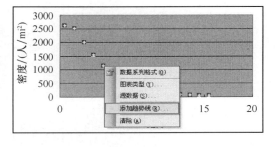

图 4-2-5 添加趋势线

单纯从图 4-2-8 上看，拟合效果是不错的，无论散点与趋势线的匹配状态还是拟合优度(即测定系数)都令人满意。但是，为了稳妥起见，我们不妨对其他模型进行考察，看看有没有更好的选择。方法是：重复上述添加趋势线的过程，在"添加趋势线类型"选项中分别选择对数(O)模型、乘幂(W)模型和线性(L)模型，每一步都要求显示公式和 R^2 值，逐一进行试验。试验的结果如图 4-2-9 至图 4-2-11 所示。

下面需要对两个方面进行比较：一是直观地比较坐标图中的点线匹配效果；二是比较模型的拟合优度(R^2 值)。只要模型的变量数目和参数数量一样，拟合优度一般具有可比性，尽管模型的形式不一样。结果表明，在试验的四种模型中，负指数模型的拟合程度最好：拟合优度最高(表 4-2-2)，点线的匹配效果最佳(图 4-2-8 至图 4-2-11)。模型选择可能性的顺序从大到小依次为指数模型、对数模型、线性模型、幂指数模型。

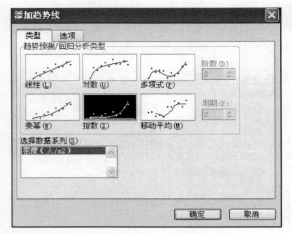
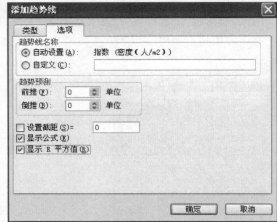

图 4-2-6　添加趋势线类型　　　　　　　　　图 4-2-7　添加趋势线选项

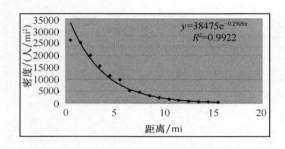
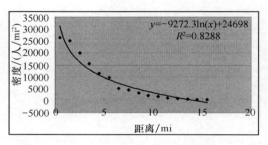

图 4-2-8　指数模型的拟合结果　　　　　　　图 4-2-9　对数模型的拟合结果

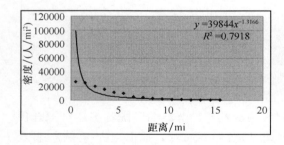
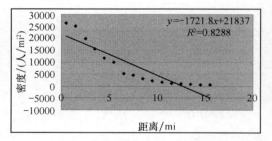

图 4-2-10　幂指数模型的拟合结果　　　　　图 4-2-11　线性模型的拟合结果

表 4-2-2　几种基本模型拟合优度的比较

模型类型	指数(X)	对数(O)	乘幂(W)	线性(L)
测定系数	0.9922	0.9363	0.7918	0.8288

现在我们基本上可以判断城市人口服从负指数模型。为了进一步观察模型的拟合效果，需要给出单对数坐标图。原因在于：第一，我们的模型选择是基于可线性化的非线性回归，其实质是对转换后的数据进行的线性回归；第二，拟合指数模型 $y=ae^{bx}$ 时，我们只

是对 y 取对数。现在，我们不妨将坐标图的 y 轴改为对数刻度。方法是：点击坐标图的 y 轴，弹出一个复选框；切换到"刻度"选项板，选择对数刻度；为了使得改变刻度的点列与趋势线分别占据整个图形，将刻度的最小值改为100（图4-2-12）。确定以后，坐标图立即变成单对数线性形式（图4-2-13）。单对数坐标图中的点列分布越直，表明指数模型的拟合效果越好。从图4-2-13表现的效果看来，应该是不错的。

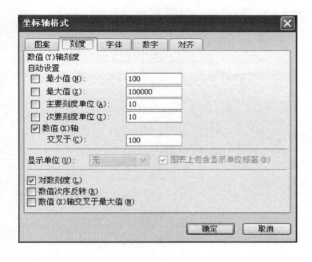

图 4-2-12　改变 y 轴的刻度

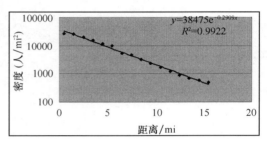

图 4-2-13　Boston 城市人口密度空间分布的单对数坐标图

第四步，进一步的统计分析。

我们现在要建立的是指数模型

$$y = ae^{bx} \tag{4-2-1}$$

两边取对数，化为线性形式

$$\ln y = \ln a + bx \tag{4-2-2}$$

可见指数模型的参数可以借助 x 与 $\ln y$ 的线性回归来确定。

在我们的问题中，距城市中心的距离为自变量 x，x 处的平均人口密度为因变量 y。因此，首先要对人口密度取对数（图4-2-14）。方法很简单：首先对第一个 y 值取自然对数，在 C2 单元格内键入等号和自然对数公式，并在公式后边的括号内选中第一个密度值，单元格内出现"=LN(B2)"；回车，得到第一个密度对数值10.177；选中 C2 单元格，鼠标指向右下角，待光标变成细黑十字后，双击左键，或者按住左键往下拉，立即得到全部密度的自然对数值（图4-2-14）。

下面的步骤与线性回归完全一样。首先，在主菜单中，沿着"工具（T）"→"数据分析（D）"的路径打开"数学分析"选项框（图4-2-15）。然后，在"数学分

	A	B	C
1	距离（mi）	密度（人/mi²）	密度对数
2	0.5	26300	10.177
3	1.5	25100	10.131
4	2.5	19900	9.898
5	3.5	15500	9.649
6	4.5	11500	9.350
7	5.5	9800	9.190
8	6.5	5200	8.556
9	7.5	4600	8.434
10	8.5	3200	8.071
11	9.5	2300	7.741
12	10.5	1700	7.438
13	11.5	1200	7.090
14	12.5	900	6.802
15	13.5	700	6.551
16	14.5	600	6.397
17	15.5	500	6.215

图 4-2-14　对因变量（y 值）取对数

析"中选择"回归",确定(图 4-2-16)。

在弹出的"回归"分析对话框中进行如下设置:在"Y 值输入区域(Y)"中选中密度对数即 ln y 的单元格范围,在"X 值输入区域(X)"中选中距离的单元格范围。其他各种选项和注意事项与线性回归方法完全一样(图 4-2-17)。

需要再次提醒的是:如果数据的单元格范围包括标题单元格(即从 A1、C1 开始),则必须选中下面的"标志";如果数据的单元格范围不包括标题单元格(即从 A2、C21 开始),则不能选中下面的"标志"。

图 4-2-15 数据分析在主菜单中的位置

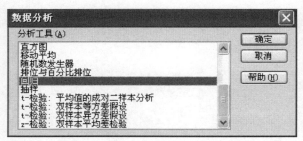

图 4-2-16 在"数据分析"中选择"回归"

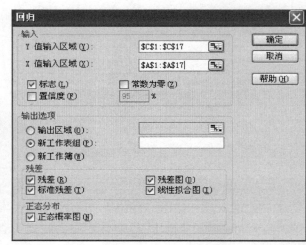

图 4-2-17 "回归"分析复选框的设置

确定以后,则在新的工作表组中给出回归结果(图 4-2-18)。从结果中可以读出,Intercept(截距)为 $\ln a = 10.55778$,斜率为 $b = -0.29089$。将截距还原为 $a = \exp(10.55778) = 38475.45$,然后将 a、b 代入式(4-2-1),得到模型

$$y = 38475.45 e^{-0.29089x} \tag{4-2-3}$$

测定系数为 $R^2 = 0.99223$,与表 4-2-2 中的结果一样。其他各种统计量都可以从回归结果中读出,各种统计量的含义可参阅一元线性回归分析的"回归结果详解"部分。

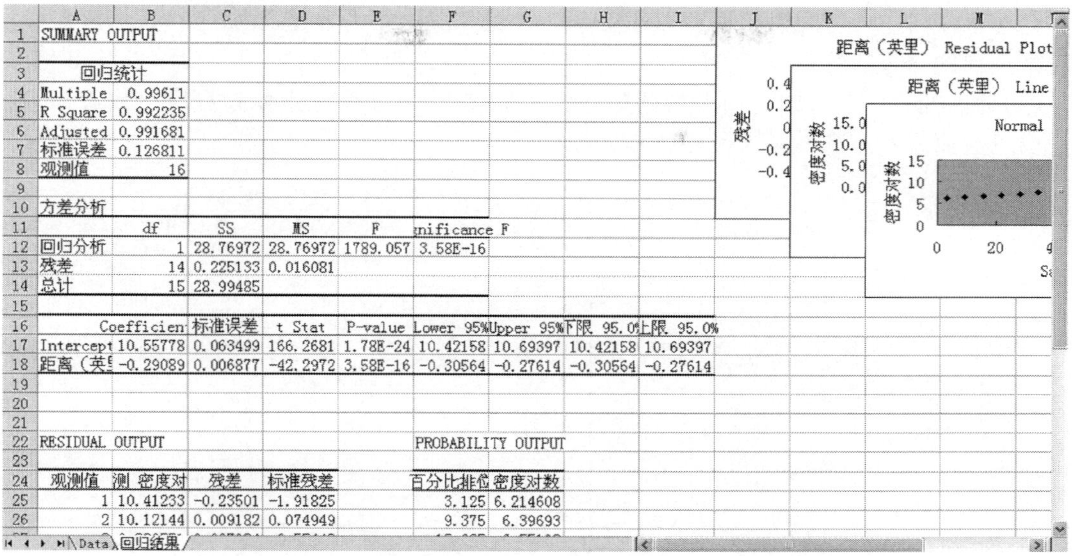

图 4-2-18　Boston 人口密度的回归结果（局部）

4.2.2　对数模型

【例 4-2-2】城市化水平与经济发展水平的非线性关系。城市化水平（level of urbanization）就是一个区域中城市人口占总人口的比重，又叫城市化率。定性地，一个国家或地区的城市化水平与经济发展水平是有关系的，问题在于用什么样的函数关系进行精确描述。1982 年，周一星对美国情报社编制的《1977 年世界人口资料表》提供的世界 157 个国家和地区的人口和产值数据进行处理，得到各个国家的人均国民生产总值（GNP）和城市人口比重两组数据。剔除 20 个异常点，对剩余的 137 个样本点作进一步的处理，即分组平均，发现人均 GNP 与城市化水平之间具有明确的数学规律。现在，让我们借助 Excel 考察这两组变量，看看它们之间具有什么规律（表 4-2-3）。

表 4-2-3　世界各个城市化水平与人均 GNP 的处理数据

人均收入/美元	城市化率/%	人均收入/美元	城市化率/%	人均收入/美元	城市化率/%	人均收入/美元	城市化率/%
100.6	2.6	207.0	26.1	703.1	46.4	6050.0	69.0
103.5	4.0	203.3	28.0	872.6	48.0	5760.0	70.0
231.3	6.7	433.5	31.0	2196.2	50.0	4460.0	72.0
120.4	8.9	372.9	32.0	2422.4	52.7	6618.2	74.0
230.4	10.2	525.3	34.0	2230.5	54.3	6272.8	76.0
234.3	12.6	629.2	36.4	1117.1	59.0	3840.0	78.0
162.7	14.6	963.4	38.6	2558.6	60.1	6926.3	80.7
236.3	18.0	608.8	40.8	1190.0	62.0	3580.0	82.0
158.7	21.0	876.7	43.0	1750.2	64.4	5817.2	86.4
145.2	22.0	832.0	44.5	3710.0	67.0	6610.0	88.0

对于任何一个一元回归模型的建立,录入数据之后,第一步毫无疑问就是作散点图,观察点列的分布趋势,估计可能的拟合曲线。本例以人均收入(x)为自变量,以城市化水平(y)为因变量。散点图上的点列具有对数分布特征;通过添加各种趋势线比较看来,的确以对数曲线的匹配效果为最好(图4-2-19)。

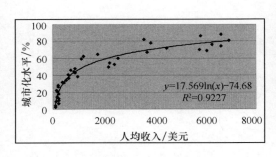

	A	B	C	D	E
1	序号	人均收入	城市化水平	人均收入对数	城市化水平
2	1	100.6	2.6	4.611	2.6
3	2	103.5	4.0	4.640	4.0
4	3	231.3	6.7	5.444	6.7
5	4	120.4	8.9	4.791	8.9
6	5	230.4	10.2	5.440	10.2
7	6	234.3	12.6	5.457	12.6
8	7	162.7	14.6	5.092	14.6
9	8	236.3	18.0	5.465	18.0
10	9	158.7	21.0	5.067	21.0
39	38	3580.0	82.0	8.183	82.0
40	39	5817.2	86.4	8.669	86.4
41	40	6610.0	88.0	8.796	88.0

图 4-2-19 城市化水平与人均 GNP 的散点图及其趋势线

图 4-2-20 城市化水平与人均 GNP 的原始数据及取对数后的人均收入(局部)

对数模型的数学表达式为

$$y = a + b\ln x \tag{4-2-4}$$

显然,我们只需将自变量即人均收入(x)取自然对数,然后用 $\ln x$ 与 y 回归即可(图4-2-20)。

借助数据分析中的回归功能进行回归,各项设置如图 4-2-21 所示。回归结果在新的工作表组中给出(图 4-2-22)。

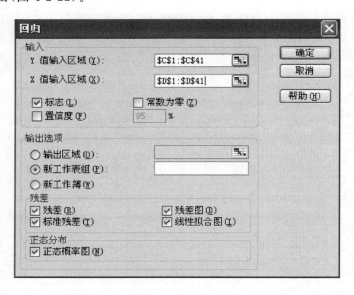

图 4-2-21 城市化水平与人均 GNP 的线性回归选项设置

```
SUMMARY OUTPUT
       回归统计
Multiple    0.960595
R Square    0.922742
Adjusted    0.920709
标准误差      7.173957
观测值            40

方差分析
          df       SS       MS       F      gnificance F
回归分析      1   23358.08  23358.08  453.8576  9.92E-23
残差       38   1955.695  51.46566
总计       39   25313.78

         Coefficien 标准误差    t Stat   P-value   Lower 95% Upper 95%
Intercept -74.6799  5.748364 -12.9915  1.49E-15  -86.3168  -63.0429
人均收入    17.56937  0.824701  21.30393 9.92E-23  15.89985  19.23889
```

图 4-2-22 城市化水平与人均 GNP 的线性
回归结果（局部）

从"回归结果摘要（summary output）"中可以读出：$a = -74.6799$，$b = 17.5694$（图 4-2-22），代入式（4-2-4）得到对数模型

$$y = 17.5694\ln x - 74.6799 \quad (4\text{-}2\text{-}5)$$

测定系数 $R^2 = 0.9227$，与图 4-2-19 中的初步估计结果一样。其他各种统计量都可以从回归结果中读出。

将图 4-2-19 中的 x 轴变为对数刻度——操作方法与例 4-2-1 中改变 y 轴刻度的过程类似，点列立即呈现直线分布趋势，这意味着对数模型匹配的直观效果良好（图 4-2-23）。

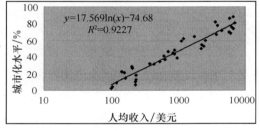

图 4-2-23 城市化水平与人均 GNP 的单对数坐标图

4.2.3 幂指数模型

【例 4-2-3】建筑物的周长-面积几何测度关系。城市的建筑物尺度有时无意中遵循了某种规律，认识这种规律有助于我们的城市规划和设计。由于教堂在西方是最为严肃的建筑物，考察教堂建设"不经意"中形成的规律具有一定的学术意义和实践价值。Clapham 在 1934 年曾经发表了 1066 年以来英国被威廉征服后的 25 个罗马式教堂的地面布局规划。1973 年，S. J. Gould 从 Clapham 提供的地面布局图划中测得了这些教堂的周长和面积，数据见表 4-2-4。试分析这些数据、建立模型并指出规律所在。

表 4-2-4 英国 25 个教堂的周长与面积

周长/m	面积/m²	周长/m	面积/m²	周长/m	面积/m²	周长/m	面积/m²	周长/m	面积/m²
348	3883	419	3866	478	5119	177	1337	63	186
369	4392	243	1774	133	660	59	204	58	169
143	914	240	1946	167	904	69	222	86	331
205	1666	272	2300	314	3427	50	146	41	113
305	3616	299	2975	204	1761	69	192	123	674

资料来源：Weisberg, 1998。

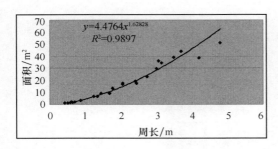

图 4-2-24 教堂周长与面积的关系
散点图及其趋势线

首先,以周长为自变量,以面积为因变量作散点图。点列可能服从线性模型,也可能是乘幂模型。通过添加趋势线比较发现,以乘幂模型的拟合效果为好(图 4-2-24)。幂指数模型的数学表达式为

$$y = ax^b \tag{4-2-6}$$

两边取得对数即可化为双对数线性关系

$$\ln y = \ln a + b\ln x \tag{4-2-7}$$

因此,下一步我们需要对 $\ln x$ 与 $\ln y$ 开展线性回归分析。

将原始数据——教堂的周长 x 和面积 y 分别取对数(图 4-2-25)。利用"数据分析"中的"回归"功能对 $\ln x$、$\ln y$ 进行回归,各项设置如图 4-2-26 所示,结果如图 4-2-27 所示。从"回归结果摘要(summary output)"中可以读出:$\ln a = 1.4988$,$b = 1.6828$(图 4-2-27),将比例系数还原得到 $a = \exp(1.4988) = 4.4764$,代入式(4-2-6)得乘幂模型

$$y = 4.4764x^{1.6828} \tag{4-2-8}$$

测定系数 $R^2 = 0.9897$,与图 4-2-24 中的初步估计结果一样。其他各种统计量都可以从回归结果中读出。

将图 4-2-24 中的 x 轴和 y 轴都变为对数刻度,点列立即呈现直线分布趋势,这意味着对数模型匹配的直观效果良好(图 4-2-28)。

	A	B	C	D
1	周长x	面积y	周长对数lnx	面积对数lny
2	3.48	38.83	1.247	3.659
3	3.69	43.92	1.306	3.782
4	1.43	9.14	0.358	2.213
5	2.05	16.66	0.718	2.813
6	3.05	36.16	1.115	3.588
7	4.19	38.66	1.433	3.655
8	2.43	17.74	0.888	2.876
9	2.40	19.46	0.875	2.968
10	2.72	23.00	1.001	3.135
11	2.99	29.75	1.095	3.393
12	4.78	51.19	1.564	3.936
13	1.33	6.60	0.285	1.887
14	1.67	9.04	0.513	2.202
15	3.14	34.27	1.144	3.534
16	2.04	17.61	0.713	2.868
17	1.77	13.37	0.571	2.593
18	0.59	2.04	-0.528	0.713
19	0.69	2.22	-0.371	0.798
20	0.50	1.46	-0.693	0.378
21	0.69	1.92	-0.371	0.652
22	0.63	1.86	-0.462	0.621
23	0.58	1.69	-0.545	0.525
24	0.86	3.31	-0.151	1.197
25	0.41	1.13	-0.892	0.122
26	1.23	6.74	0.207	1.908

图 4-2-25 教堂周长与面积的原始数据及
其自然对数值

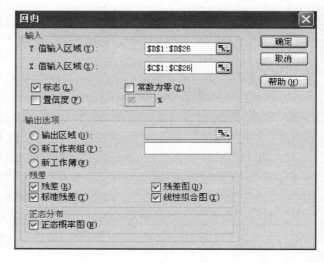

图 4-2-26 教堂周长与面积的双对数回归选项

SUMMARY OUTPUT					
回归统计					
Multiple	0.994817				
R Square	0.98966				
Adjusted	0.98921				
标准误差	0.131473				
观测值	25				
方差分析					
	df	SS	MS	F	gnificance F
回归分析	1	38.05115	38.05115	2201.374	2.43E-24
残差	23	0.397559	0.017285		
总计	24	38.4487			
	Coefficien	标准误差	t Stat	P-value	Lower 95% Upper 95%
Intercept	1.498814	0.030682	48.84963	9.69E-25	1.435343 1.562285
周长对数	1.682811	0.035866	46.9188	2.43E-24	1.608615 1.757006

图 4-2-27 教堂周长与面积的双对数回归结果(局部)

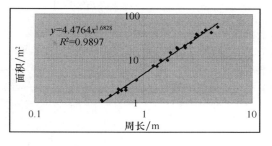

图 4-2-28 教堂周长与面积的双对数线性关系

4.2.4 双曲线模型

【例 4-2-4】 世界人口的双曲线增长模型。自从罗马俱乐部提出人口危机警告以后,人口暴增(population explosion)一直被视为全球头号问题之一。人们关心的是,全球人口是否以马尔萨斯(Malthus)预言的指数方式增长。如果人口以指数方式增长,问题的确非常严重。下面以世界人口的增长数据(1650~2000 年),以 50 年为间隔取样。考察一下这组数据服从什么规律(表 4-2-5)。

表 4-2-5 世界人口增长数据(1650~2000 年)

年份	人口/10 亿	年份	人口/10 亿
1650	0.510	1965	3.354
1700	0.625	1970	3.696
1750	0.710	1975	4.066
1800	0.910	1980	4.432
1850	1.130	1985	4.822
1900	1.600	1990	5.318
1950	2.525	1995	5.660
1960	3.307	2000	6.060

资料来源:Banks,1994。

	A	B	C	D
1	年份	时序t	人口y	人口倒数1/y
2	1650	0	0.510	1.961
3	1700	50	0.625	1.600
4	1750	100	0.710	1.408
5	1800	150	0.910	1.099
6	1850	200	1.130	0.885
7	1900	250	1.600	0.625
8	1950	300	2.525	0.396
9	1960	310	3.307	0.302
10	1965	315	3.354	0.298
11	1970	320	3.696	0.271
12	1975	325	4.066	0.246
13	1980	330	4.432	0.226
14	1985	335	4.822	0.207
15	1990	340	5.318	0.188
16	1995	345	5.660	0.177
17	2000	350	6.060	0.165

图 4-2-29 世界人口增长数据及其转换结果(1650~1990 年)

这个例子与前面几个例子有些不同,为了模型表达的方便,我们不妨将自变量公元纪年(x)转换成时序,转换公式为

$$t = n - n_0 = n - 1650 \quad (4\text{-}2\text{-}9)$$

式中:t 为时序;n 为公元纪年;n_0 为初始年份的纪年,在本例中 $n_0=1650$。数据转换以后(图 4-2-29),以 t 为自变量,人口 y 为因变量作散点图,发现散点图呈现双曲线的分布特征(图 4-2-30)。用已知的几种模型进行尝试,发现除了高次方程(多项式)以外,其他模型的拟合效果很差。因此,排除了线性、指数、对数、乘幂四种形式。顺便强调一下,在没有理论或者实证依据的情况下,不要选配多项式方程。

既然从图形上判断,点列具有双曲增长(hyperbolic growth)特征,不妨用双曲线进行尝试。根据图形,首先选配反比函数之一,即

$$\frac{1}{y} = a + bx \propto a + bt \tag{4-2-10}$$

根据公式,应对人口数据取倒数化为 $1/y$(图 4-2-29),然后以 t 为横轴、以 $1/y$ 为纵轴作散点图,发现点列立即形成直线(图 4-2-31)。这意味着,采用 t 与 $1/y$ 进行线性回归是可行的。回归选项设置如图 4-2-32 所示,回归结果摘要如图 4-2-33 所示。

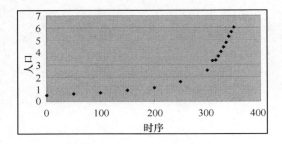
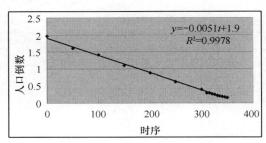

图 4-2-30 世界人口增长曲线(1650～2000 年)   图 4-2-31 世界人口增长曲线的转换结果(1650～2000 年)

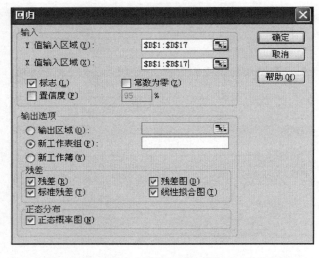

图 4-2-32 世界人口增长的反比函数回归选项设置

从"回归结果摘要(summary output)"中可以读出:$a=1.9$,$b=-0.0051$(图 4-2-33),代入式(4-2-10)得反比函数模型

$$\frac{1}{y} = 1.90 - 0.0051t = 1.9 - 0.0051(n-1650) \tag{4-2-11}$$

测定系数 $R^2 = 0.9978$,与图 4-2-31 中的初步估计结果一样。其他各种统计量都可以从回归结果中读出。

如果将年份 n 也取倒数,然后用 $1/n$ 与 $1/y$ 进行线性回归,可得如下模型

$$\frac{1}{y} = \frac{17\,032.2339}{n} - 8.3632 \tag{4-2-12}$$

测定系数 $R^2 = 0.9982$,拟合优度较式(4-2-11)稍好一点。但是,我们并不采用式(4-2-12),因为式(4-2-12)在人口预测中缺乏理论依据。

```
SUMMARY OUTPUT

回归统计
Multiple       0.998905
R Square       0.997811
Adjusted       0.997655
标准误差        0.028267
观测值          16

方差分析
             df        SS          MS         F         significance F
回归分析        1     5.099582    5.099582   6382.061    5.05E-20
残差          14     0.011187    0.000799
总计          15     5.110768

           Coefficien  标准误差    t Stat    P-value    Lower 95%  Upper 95%
Intercept   1.900013   0.017416  109.0955  6.48E-22   1.862659   1.937366
时序t       -0.00506   6.34E-05  -79.8878  5.05E-20   -0.0052    -0.00493
```

图 4-2-33 世界人口增长的反比函数回归摘要（局部）

4.2.5 Logistic 模型

【例 4-2-5】 美国城市化水平的 Logistic 曲线拟合。美国人口每隔 10 年普查一次，形成了世界上最为完整和连续的人口时间序列，为我们研究人口城市化等问题带来了方便，但也并非尽善尽美。1950 年，美国人对城市赋予了新的定义，并在普查中付诸实践。1970 年以后，采用新的城市定义，此前的城市定义不再应用，从而城市人口比重的口径与以前不再一致。因此，我们下面使用的时间序列截至 1960 年（表 4-2-6）。

表 4-2-6 美国城市化水平的时间序列（1790～1960 年）

年份	城市化水平	城乡人口比	年份	城市化水平	城乡人口比
1790	0.0513	0.0541	1880	0.2815	0.3918
1800	0.0607	0.0646	1890	0.3510	0.5408
1810	0.0726	0.0783	1900	0.3965	0.6570
1820	0.0719	0.0775	1910	0.4561	0.8386
1830	0.0877	0.0961	1920	0.5117	1.0479
1840	0.1081	0.1212	1930	0.5614	1.2800
1850	0.1541	0.1822	1940	0.5652	1.2999
1860	0.1977	0.2464	1950	0.5956	1.4728
1870	0.2568	0.3455	1960	0.6305	1.7064

资料来源：美国人口普查资料网站. http://www.census.gov/population。

对美国城市化水平数据的散点图进行观察分析，发现除了三次方程以外，其他曲线的拟合效果很差。不过在理论上我们知道城市化水平服从 Logistic 曲线，可用 Logistic 模型进行回归。标准的 Logistic 模型表达式为

$$y = \frac{c}{1+ae^{-bt}} \tag{4-2-13}$$

式中：y 为城市化水平；t 为时间；b 为相对增长率；c 为饱和值；a 为系数。将上式变形为

$$\frac{c}{y} - 1 = ae^{-bt} \tag{4-2-14}$$

两边取自然对数化作

$$\ln\left(\frac{c}{y} - 1\right) = \ln a - bt \tag{4-2-15}$$

城市化水平即城市人口比重的最大值是 100%，故不妨取 $c=1$。为了模型表达的方便，我们将自变量公元纪年（n）转换成时序，转换公式为

$$t = n - n_0 = n - 1790 \tag{4-2-16}$$

	A	B	C	D	E
1	年份	城市化水平y	时序t	ln(1/y-1)	ln(c/y-1)
2	1790	0.0513	0	2.917402	2.611531
3	1800	0.0607	10	2.739191	2.429733
4	1810	0.0726	20	2.547420	2.233297
5	1820	0.0719	30	2.557863	2.244019
6	1830	0.0877	40	2.342047	2.021797
7	1840	0.1081	50	2.110297	1.781376
8	1850	0.1541	60	1.702799	1.352471
9	1860	0.1977	70	1.400732	1.027341
10	1870	0.2568	80	1.062668	0.652617
11	1880	0.2815	90	0.937033	0.509404
12	1890	0.3510	100	0.614646	0.128175
13	1900	0.3965	110	0.420070	-0.114793
14	1910	0.4561	120	0.176053	-0.439473
15	1920	0.5117	130	-0.046809	-0.764208
16	1930	0.5614	140	-0.246846	-1.090805
17	1940	0.5652	150	-0.262293	-1.117905
18	1950	0.5956	160	-0.387165	-1.350023
19	1960	0.6305	170	-0.534362	-1.663197

图 4-2-34　美国城市化水平数据及其转换结果（1790～1960 年）

式中：t 为时序（注意间隔为 10 年）；n 为公元纪年；n_0 为初始年份的纪年，在本例中 $n_0 = 1790$。然后将因变量化为 $\ln(1/y-1)$，全部转换数据如图 4-2-34 所示。以 t 为横轴，以 $\ln(1/y-1)$ 为纵轴，作散点图并添加趋势线（选择"线性"），发现拟合效果较好（图 4-2-35）。接着利用 t 与 $\ln(1/y-1)$ 作线性回归分析，回归选项设置如图 4-2-36 所示，回归结果摘要如图 4-2-37 所示。

从"回归结果摘要（summary output）"中可以读出：$\ln a = 3.0165$，$b = -0.0224$（图 4-2-37），代入式（4-2-15）得反比函数模型

$$\ln\left(\frac{1}{y} - 1\right) = 3.0165 - 0.0224t \tag{4-2-17}$$

测定系数 $R^2 = 0.9839$，与图 4-2-35 中的初步估计结果一样。将上式化为

$$\frac{1}{y} - 1 = e^{3.0165 - 0.0224t} = 20.4192e^{-0.0224t} \tag{4-2-18}$$

移项并取倒数得到 Logistic 模型

$$y = \frac{1}{1 + 20.4192e^{-0.0224t}} \tag{4-2-19}$$

根据这个模型，美国城市化水平的饱和值将会达到 100% 左右。

问题在于，并非每一个国家的城市化水平的饱和值都能达到 1，我们可以定性地估计现实的饱和值，如取 $c=0.8$。客观地确定饱和值是困难的，一个可取的办法是根据现有数据的趋势进行估计。具体办法如下：

（1）在一个单元格（如 G1）中任设一个可取的参数值（如取 1）。

（2）选定一列单元格（如 E2：E19）作为数据变换区。

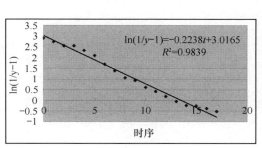
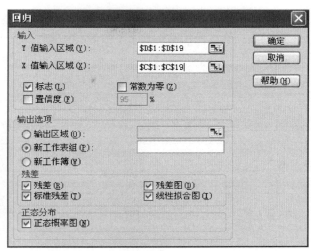

图 4-2-35　美国城市化水平数据转换结果的线性拟合(1790～1960 年)

图 4-2-36　美国城市化水平 Logistic 拟合的选项设置

图 4-2-37　美国城市化水平 Logistic 拟合结果(局部)

（3）在选定变换区的第一个单元格（E2）中键入公式"=LN（$G$1/B2-1）"（显然，这里选中 G1 单元格后按 F4 功能键），回车，得到第一个变换结果(2.9174…)。点击该单元格即 E2 的右下角，双击鼠标左键，或者按住左键下拉，得到全部变换结果。当然，这里取 $c=1$，结果与 $\ln(1/y-1)$ 没有任何区别（图 4-2-38）。

图 4-2-38　美国城市化水平数据的变换(局部)

（4）以 t 为横轴（C 列）、以 $\ln(c/y-1)$ 为纵轴（E 列）作散点图，然后添加趋势线（选

"线性")并显示 R 平方值。散点图如图 4-2-39 所示。

（5）在预设的单元格 G1 中改变参数，每改变一次，散点图中拟合优度 R^2 值都会跟着改变（图 4-2-39）。如果下调 c 值 R^2 减小，则下一步将 c 值上调，反之则仍然下调。图 4-2-39 中示意的是取 $c=0.8$ 时的结果。

（6）反复调整 G1 中的 c 值，直到拟合优度令人满意为止。结果发现，当取 $c=0.75$ 时，拟合优度达到 $R^2=0.99$，基本上可以。需要注意的是，拟合优度并非越大越好，饱和

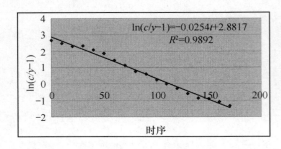

图 4-2-39　美国城市化水平的
Logistic 拟合（取 $c=0.8$）

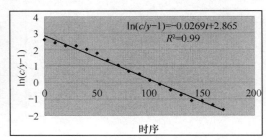

图 4-2-40　美国城市化水平的 Logistic 拟合
（取 $c=0.75$）

值 c 的大小必须符合实际。最后，利用 t 与 $\ln(0.75/y-1)$ 进行线性回归，得到 Logistic 模型如下

$$y = \frac{0.75}{1 + 17.5482e^{-0.0269t}} \tag{4-2-20}$$

根据这个模型，美国城市化水平的饱和值大约为 75%。

当然，还有其他办法可以用于确定 Logistic 模型的饱和参数。例如，多元非线性自回归方法。

4.2.6　指数模型（Ⅱ）——反 S 曲线

【例 4-2-6】世界人口的对数双曲线增长模型。我们在例 4-2-4 中用反比函数拟合世界人口增长，现在我们用另外一种模型试验一下，比较两种结果的优劣，以便从中遴选更为合适的预测模型。我们在指数模型里讲了指数模型的第二种形式，即

$$y = ae^{b/x} \tag{4-2-21}$$

让我们借助这个模型结构模拟世界人口增长的趋势，不过要灵活处理。

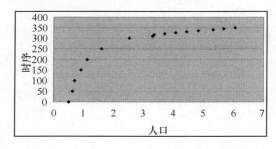

图 4-2-41　颠倒世界人口与时序变量位置的散点图

从图 4-2-30 来看，世界人口分布是双曲线形式；但是，如果将自变量与因变量的位置对换，即以人口为自变量、时间或者时序为因变量，作散点图，图像表明点列具有指数Ⅱ即式（4-2-21）形式（图 4-2-41）。但是，如果拟合指数Ⅱ，需要将时序 t 取对数，时序包含有 0 数值，无法取对数，故这里不用时序，改用公元纪年。

数据变换的方法如下：将人口变量取倒数化为 $1/y$，公元纪年取对数，化为 $\ln n$。为了试验操作的方便，可以对数据进行适当的排列（图 4-2-42）。

以人口倒数 $1/y$ 为自变量、以公元纪年为因变量，作散点图，发现点列分布似乎是直线，添加直线趋势线，拟合效果良好；但是，添加指数趋势线，拟合效果更好（图 4-2-43）。这意味着，如果以公元纪对数为因变量，可以得到更为明确的线性关系。事实上也正是如此（图 4-2-44）。

	A	B	C	D	E	F
1	年份	时序t	人口y	人口倒数1/y	年份对数	年份
2	1650	0	0.510	1.961	7.409	1650
3	1700	50	0.625	1.600	7.438	1700
4	1750	100	0.710	1.408	7.467	1750
5	1800	150	0.910	1.099	7.496	1800
6	1850	200	1.130	0.885	7.523	1850
7	1900	250	1.600	0.625	7.550	1900
8	1950	300	2.525	0.396	7.576	1950
9	1960	310	3.307	0.302	7.581	1960
10	1965	315	3.354	0.298	7.583	1965
11	1970	320	3.696	0.271	7.586	1970
12	1975	325	4.066	0.246	7.588	1975
13	1980	330	4.432	0.226	7.591	1980
14	1985	335	4.822	0.207	7.593	1985
15	1990	340	5.318	0.188	7.596	1990
16	1995	345	5.660	0.177	7.598	1995
17	2000	350	6.060	0.165	7.601	2000

图 4-2-42 世界人口的变换数据

以 $1/y$ 为自变量、以 $\ln n$ 为因变量进行线性回归，回归选项设置根据图 4-2-42 所示的数据排列决定（图 4-2-45）。确定之后，得到模型式（4-2-21）的全部统计参数（图 4-2-46）。

从回归结果中可以读出：截距为 7.615 93，斜率为 $-0.107\,37$，故模型可以表作

$$\ln n = 7.6159 - \frac{0.1074}{y} \tag{4-2-22}$$

容易将上式化为

$$n = 2030.2845 e^{-0.1074/y} \tag{4-2-23}$$

结果与图 4-2-43 中给出的初步估计一样。

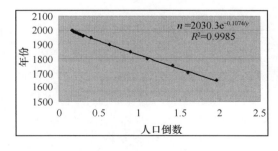

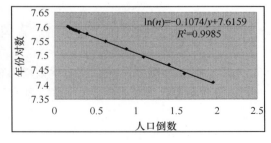

图 4-2-43 交换变量之后的世界人口指数 II 拟合（图中的变量符号经过了改写）

图 4-2-44 世界人口倒数与相应年份对数的线性关系

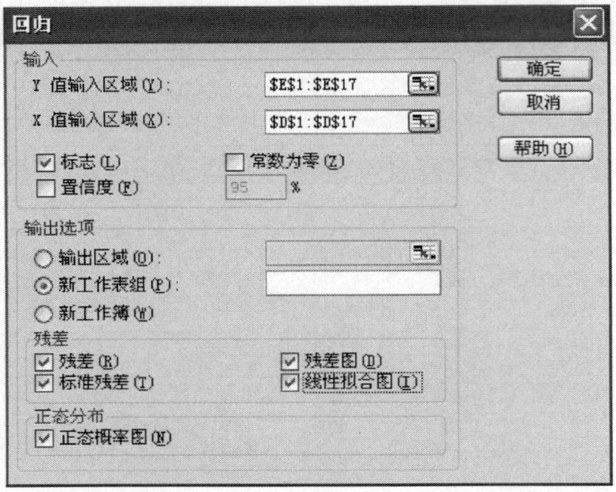

图 4-2-45 世界人口倒数与年份对数的回归选项设置

现在的问题是，我们要以时间为自变量、以人口为因变量进行预测，所以式(4-2-23)并不是我们想要的数学表达，可以将式(4-2-22)直接化为

$$y=\frac{0.1074}{7.6159-\ln n}=\frac{1}{70.9336-9.3138\ln n} \tag{4-2-24}$$

或者将上式表作

$$\frac{1}{y}=70.9336-9.3138\ln n \tag{4-2-25}$$

不妨将这种方程命名为对数双曲线增长模型。

SUMMARY OUTPUT						
回归统计						
Multiple	0.99927					
R Square	0.998541					
Adjusted	0.998436					
标准误差	0.00248					
观测值	16					
方差分析						
	df	SS	MS	F	gnificance F	
回归分析	1	0.058915	0.058915	9579.682	2.95E-21	
残差	14	8.61E-05	6.15E-06			
总计	15	0.059001				
	Coefficien	标准误差	t Stat	P-value	Lower 95%	Upper 95%
Intercept	7.615931	0.000927	8214.778	3.46E-48	7.613943	7.61792
人口倒数1	-0.10737	0.001097	-97.8758	2.95E-21	-0.10972	-0.10501

图 4-2-46 交换变量之后的世界人口指数Ⅱ拟合的回归结果(局部)

从这个例子中我们可以得到如下启示：

第一，自变量的表示是可以灵活地做等价处理的，关键是表达的直观和方便。

第二，回归模型的运用方式也是灵活的，我们可以将一种模型用于建模的中介过程。至于最终结果，可能是该模型的反函数，也可能是其他变换形式。

下面再讲述一个灵活利用非线性模型进行回归的实例。

4.2.7 指数模型与 Logistic 模型

【例 4-2-7】利用城乡人口比的指数增长模型建立城市化水平的 Logistic 模型。刻画一个区域的城市化发展程度，可以采用两种等价的测度：一是城市化水平，即城市人口比重，定义为 $y=u/(u+r)$；二是城乡人口比，即城市人口与乡村人口的比值，定义为 $x=u/r$。这里 u 表示城市人口，r 表示乡村人口。容易证明，城乡人口比 x 与城市化水平 y 的转换关系为

$$y=\frac{u}{u+r}=\frac{u/r}{u/r+1}=\frac{x}{x+1} \tag{4-2-26}$$

或者

$$x = \frac{y}{1-y} \quad (4\text{-}2\text{-}27)$$

只要我们能够建立城乡人口比 x 增长的模型，将其代入式（4-2-26），就可以得到城市化水平的增长模型。关于美国的城乡人口比数据，我们在表 4-2-6 中已经给出，即便没有直接给出，也可以借助式（4-2-27）将城市化水平数据换算为城乡人口比数据（图4-2-47）。

在 Excel 中，数据的预备工作主要是将城乡人口比取对数。利用数据变换和相应的散点图反复尝试，发现采用指数增长函数拟合美国城

	A	B	C	D	E
1	年份	时序	城市化水平y	城乡人口比x	城乡人口比对数lnx
2	1790	0	0.0513	0.0541	-2.9174
3	1800	10	0.0607	0.0646	-2.7392
4	1810	20	0.0726	0.0783	-2.5474
5	1820	30	0.0719	0.0775	-2.5579
6	1830	40	0.0877	0.0961	-2.3420
7	1840	50	0.1081	0.1212	-2.1103
8	1850	60	0.1541	0.1822	-1.7028
9	1860	70	0.1977	0.2464	-1.4007
10	1870	80	0.2568	0.3455	-1.0627
11	1880	90	0.2815	0.3918	-0.9370
12	1890	100	0.3510	0.5408	-0.6146
13	1900	110	0.3965	0.6570	-0.4201
14	1910	120	0.4561	0.8386	-0.1761
15	1920	130	0.5117	1.0479	0.0468
16	1930	140	0.5614	1.2800	0.2468
17	1940	150	0.5652	1.2999	0.2623
18	1950	160	0.5956	1.4728	0.3872
19	1960	170	0.6305	1.7064	0.5344

图 4-2-47　美国城乡人口比数据及其转换结果（1790～1960 年）

乡人口比的数据变化较为合适（图 4-2-48）。以时序 t 为自变量、以城乡人口比 x 为因变量，得到如下指数增长模型

$$x = 0.049\mathrm{e}^{0.0224t}. \quad (4\text{-}2\text{-}28)$$

相关系数平方 $R^2 = 0.9838$。将式（4-2-28）代入式（4-2-26）得到

$$y = \frac{0.049\mathrm{e}^{0.0224t}}{0.049\mathrm{e}^{0.0224t}+1}$$

$$= \frac{1}{1+20.4082\mathrm{e}^{-0.0224t}}, \quad (4\text{-}2\text{-}29)$$

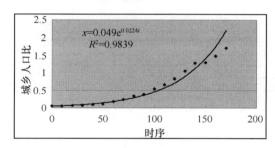

图 4-2-48　美国城乡人口比的指数增长曲线及其模型匹配（1790～1960 年）

比较式（4-2-29）和式（4-2-19）可知，两个模型基本一样，只有反映城市化水平初始值信息的参数 a 稍有差别。不同之处源于计算误差。只要我们将式（4-2-28）的系数精确到小数点后 7 位，即取 0.048 973 4，其倒数就是 20.4192，与例 4-2-5 的系数一样。可见，利用城乡人口比建立 Logistic 模型与直接建模的结果完全等价。

如果我们不开展进一步的统计检验，有关模型参数估计工作可以到此为止。假如需要详细的统计检验分析，则可以进行线性回归运算。以年份转换的时序为自变量、以城乡人口比对数为因变量，进行一元线性回归（图 4-2-49），结果如图 4-2-50 所示。比较图 4-2-50 与图 4-2-37 可以发现，除了回归系数和相应统计量的符号不同之外，其他方面，包括参数估计的绝对值完全一样。

从回归结果中读出参数估计值 $a' = -3.016\,48$，$b = 0.022\,38$。由截距得 $\exp(a') = 0.048\,973\,4$，取倒数便是 $a = 1/\exp(a') = 20.4192$。将这些数值代入式

(4-2-13),且取饱和值 $c=1$,立即得到式(4-2-19)。当然,也可以首先建立城乡人口比的指数增长模型,然后利用关系式(4-2-26)将其转换为 Logistic 模型。

由此得到如下启示:其一,在数学建模过程中,掌握基本的数学变换知识是非常重要的,有关知识可以帮助我们采用更为便捷的建模途径。其二,通过数学变换关系,我们可以了解更多的系统信息。其三,数学变换关系有时会受到局限。以城市人口比和城市化水平的变换为例,我们只能处理饱和参数 $c=1$ 的情形。当饱和值不为 1 的时候,我们就只能利用其他途径了。

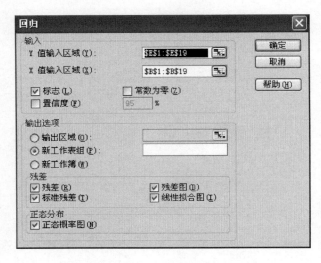

图 4-2-49 美国城乡人口比指数回归的选项设置

SUMMARY OUTPUT					
回归统计					
Multiple	0.991899				
R Square	0.983863				
Adjusted	0.982855				
标准误差	0.15774				
观测值	18				
方差分析					
	df	SS	MS	F	gnificance F
回归分析	1	24.27318	24.27318	975.5368	9.09E-16
残差	16	0.39811	0.024882		
总计	17	24.67129			
	Coefficien	标准误差	t Stat	P-value	Lower 95%	Upper 95%
Intercept	-3.01648	0.071364	-42.2691	7.59E-18	-3.16776	-2.86519
时序	0.022383	0.000717	31.23358	9.09E-16	0.020864	0.023902

图 4-2-50 美国城乡人口比的指数拟合结果(局部)

4.3 常见实例——一变量化为多变量的情形

4.3.1 多项式模型

【例 4-3-1】消防队距离与火灾损失模型。在一个城市里,居民的火灾损失与居户到消防队的距离有关。一般说来,到消防队的距离越远,消防人员赶来救火的时间差就越大,从而火灾损失也就越大。假定保险公司希望了解居民地理分布与火灾损失的数量关系,从而更加合理地制定火灾保险金额。因为火灾损失越大,保险公司的赔偿越多,从而客户投保的费用也理当越高。为了揭示火灾损失与居民分布的地理数学关系,保险公司派人调查了一系列统计数据(表 4-3-1)。试分析这些数据的变化规律,并帮助保险公司解决他们希望解决的问题。

表 4-3-1 到消防队的距离与火灾损失

距离/km	3.4	1.8	4.6	2.3	3.1	5.5	0.7	3.0	2.6	4.3	2.1	1.1	6.1	4.8	3.8
损失/元	26 200	17 800	31 300	23 100	27 500	36 000	14 100	22 300	19 600	31 300	24 000	17 300	43 200	36 400	26 100

资料来源:何晓群和刘文卿,2001。

从散点图上看来,到消防队的距离与火灾损失之间可能是线性关系(图4-3-1)。但是,由于样品数量有限($n=15$),并不能完全肯定。回归的结果表明,线性(linear)关系的拟合效果比指数、对数、乘幂等模型的效果要好(图4-3-1)。

下面我们利用这组数据作多项式回归分析。首先在散点图上添加趋势线,选择二阶多项式(图4-3-2),得到初步的估计结果(图4-3-3),方程式的形式为

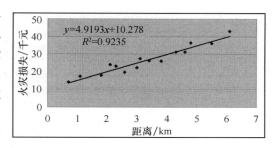

图 4-3-1 到消防队的距离与火灾损失的线性关系

$$y = a + b_1 x + b_2 x^2 \tag{4-3-1}$$

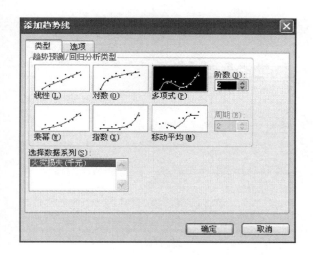

图 4-3-2 到消防队的距离与火灾损失的
二次多项式趋势线

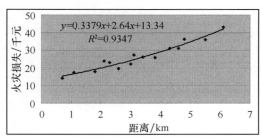

图 4-3-3 到消防队的距离与火灾损失的
二次多项式曲线(抛物线)

将到消防队的距离 x 取平方(图4-3-4),然后以 x 和 x^2 为自变量、以火灾损失 y 为因变量,作二元线性回归(图4-3-5)。具体方法参见第2章。

从二元线性回归结果中可以读出: $a=13.3395$, $b_1=2.64$, $b_2=0.3376$,从而建立如下方程

$$y = 13.3395 + 2.64x + 0.3376x^2 \tag{4-3-2}$$

测定系数 $R^2=0.9347$(图4-3-6)。模型表达形式与图4-3-3所示的初步估计一样。

	A	B	C	D
1	到消防队的距离x (km)	距离平方x^2	距离立方x^3	火灾损失y(千元)
2	3.4	11.560	39.304	26.2
3	1.8	3.240	5.832	17.8
4	4.6	21.160	97.336	31.3
5	2.3	5.290	12.167	23.1
6	3.1	9.610	29.791	27.5
7	5.5	30.250	166.375	36.0
8	0.7	0.490	0.343	14.1
9	3.0	9.000	27.000	22.3
10	2.6	6.760	17.576	19.6
11	4.3	18.490	79.507	31.3
12	2.1	4.410	9.261	24.0
13	1.1	1.210	1.331	17.3
14	6.1	37.210	226.981	43.2
15	4.8	23.040	110.592	36.4
16	3.8	14.440	54.872	26.1

图 4-3-4　将"到消防队的距离"取平方、立方

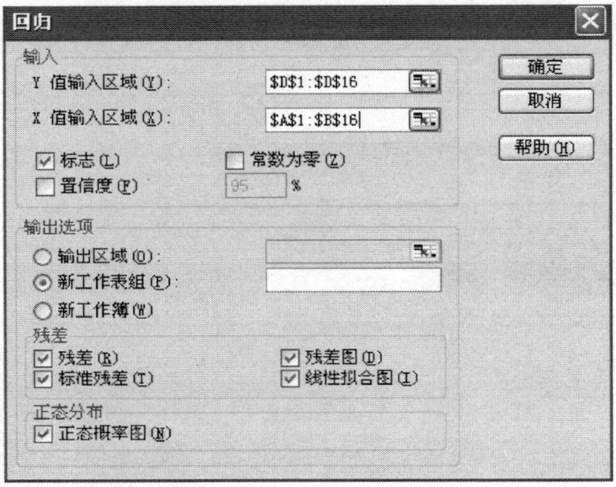

图 4-3-5　到消防队的距离与火灾损失的
二次多项式回归选项设置

在图 4-3-2 中,多项式的阶数默认值为 2。将"阶数"改为 3,可得三次方程的估计结果。在回归分析中以 x、x^2、x^3 为自变量(图 4-3-4)、以 y 为因变量,可得三元线性回归结果(图 4-3-7)。

但是,从图 4-3-6 所示的回归结果中可以看到,对于二阶多项式,回归系数的 t 值偏低,或者说 P 值偏高,置信度只有 85% 左右。对于三阶多项式,回归系数的 t 值更低,P 值更高,有的回归系数的 P 值高达 0.6 以上,根本无法置信。

综合上述分析可知,对于本例,可取的模型实际上是一元线性回归模型。一元线性回归实际上是多项式回归的特例,相当于一阶多项式。在有些数学软件(如 Matlab)中,可以借助多项式回归估计一元线性回归模型的参数,办法是取多项式阶数为 1。不过,在 Excel 里不可以这样操作。

SUMMARY OUTPUT					
回归统计					
Multiple	0.966807				
R Square	0.934716				
Adjusted	0.923835				
标准误差	2.226876				
观测值	15				
方差分析					
	df	SS	MS	F	gnificance F
回归分析	2	852.0096	426.0048	85.90582	7.74E-08
残差	12	59.5077	4.958975		
总计	14	911.5173			
	Coefficien	标准误差	t Stat	P-value	Lower 95%	Upper 95%
Intercept	13.33952	2.530253	5.272008	0.000197	7.826568	18.85247
到消防队	2.640014	1.630247	1.619395	0.131327	-0.91199	6.192018
距离平方	0.337574	0.23488	1.437221	0.176215	-0.17419	0.849333

图 4-3-6　到消防队的距离与火灾损失的二次多项式回归结果（局部）

SUMMARY OUTPUT					
回归统计					
Multiple	0.968283				
R Square	0.937572				
Adjusted	0.920546				
标准误差	2.274443				
观测值	15				
方差分析					
	df	SS	MS	F	gnificance F
回归分析	3	854.6133	284.8711	55.06789	6.51E-07
残差	11	56.90399	5.17309		
总计	14	911.5173			
	Coefficien	标准误差	t Stat	P-value	Lower 95%	Upper 95%
Intercept	10.84663	4.361831	2.486716	0.030211	1.246309	20.44696
到消防队	5.955471	4.961047	1.200446	0.25518	-4.96372	16.87466
距离平方	-0.81408	1.64093	-0.49611	0.629583	-4.42574	2.797588
距离立方	0.114066	0.160781	0.70945	0.492809	-0.23981	0.467942

图 4-3-7　到消防队的距离与火灾损失的三次多项式回归结果（局部）

4.3.2　指数-抛物线模型

【例 4-3-2】城市人口密度的二次指数模型。我们在例 4-2-1 中谈到，城市人口密度一般采用负指数模型，这个规律最早由 Clark 于 20 世纪 50 年代发现。但 60 年代，Newling 提出了另外一种模型，即二次指数模型

$$y = ae^{bx+cx^2} \tag{4-3-3}$$

	A	B	C	D
1	距离x(mi)	距离平方x^2	密度y(人/mi^2)	密度对数lny
2	0.5	0.25	26300	10.177
3	1.5	2.25	25100	10.131
4	2.5	6.25	19900	9.898
5	3.5	12.25	15500	9.649
6	4.5	20.25	11500	9.350
7	5.5	30.25	9800	9.190
8	6.5	42.25	5200	8.556
9	7.5	56.25	4600	8.434
10	8.5	72.25	3200	8.071
11	9.5	90.25	2300	7.741
12	10.5	110.25	1700	7.438
13	11.5	132.25	1200	7.090
14	12.5	156.25	900	6.802
15	13.5	182.25	700	6.551
16	14.5	210.25	600	6.397
17	15.5	240.25	500	6.215

图 4-3-8 变换后的 Boston 人口密度数据

我们现在考察一下,将例 4-2-1 的数据拟合到 Newling 模型的效果如何。将式(4-3-3)取对数,得到一条抛物线,或者说是二阶多项式

$$\ln y = \ln a + bx + cx^2 \quad (4-3-4)$$

首先对数据进行整理,计算出距离平方 x^2 和人口密度对数 lny(图 4-3-8)。这些工作主要是为后面的计算做预备。

作为尝试,以距离 x 为自变量,以人口对数 lny 为因变量,作散点图,并且选择二次多项式添加趋势线,显示公式和 R 平方值。结果表明,拟合效果与变换前的负指数模型效果大致相当(图 4-3-9)。二次多项式的模型表达式为

$$\ln\hat{y} = 10.548 - 0.2874x - 0.0002x^2 \quad (4-3-5)$$

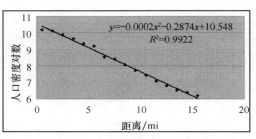

图 4-3-9 Boston 人口密度对数相对于距离的二次多项式趋势线

相关系数平方 $R^2 = 0.9922$。

以距离 x 和距离平方 x^2 为自变量、以人口密度对数 lny 为因变量,进行二元线性回归分析,回归选项设置如图 4-3-10 所示,回归结果如图 4-3-11 所示。从图中可以读出:$\ln a = 10.54848$,$b_1 = -0.28741$,$b_2 = -0.00022$。结果与图 4-3-9 中给出的初步估计完全一样。还原截距为模型系数得到 $a = \exp(10.54848) = 38119.5346$。将参数估计值代入式(4-3-3)得到

$$\hat{y} = 38119.5346 e^{-0.2874x - 0.0002x^2} \quad (4-3-6)$$

测定系数 $R^2 = 0.9922$。表面看来,相对于 Clark 模型,Newling 模型的拟合优度似乎更高一些。可是,这个模型二次项的回归系数的 P 值高达 0.9 以上,置信度不到 10%,其数值难以采信。

在实际的人口密度分析过程中,我们不提倡采用 Newling 模型形式,问题在于如下几个方面:

第一,Newling 是一个三参数模型,而 Clark 模型是一个二参数模型。参数不同,二者的拟合优度不便于直接比较。Newling 模型的拟合优度更高,并不表明这个模型较之于 Clark 模型更为可取。

第二,在现实中,Newling 经常

图 4-3-10 Boston 人口密度 Newling 模型的回归选项设置

导致荒谬的结果：当人口密度下降到一定程度以后，会于远郊区的某个位置转而上升，而且很快上升到与城市中心人口一样的密度。原因非常显然，在 Newling 模型的指数项中，给出的实际是一条抛物线形式。

第三，Newling 模型较之于 Clark 模型更复杂，不便于演绎变换和推理。这个模型投入的参数更多，但由此得到的解释功能未必更强。

SUMMARY OUTPUT						
回归统计						
Multiple	0.996115					
R Square	0.992245					
Adjusted	0.991052					
标准误差	0.131519					
观测值	16					
方差分析						
	df	SS	MS	F	gnificance F	
回归分析	2	28.76999	14.385	831.6383	1.92E-14	
残差	13	0.224863	0.017297			
总计	15	28.99485				
	Coefficien	标准误差	t Stat	P-value	Lower 95%	Upper 95%
Intercept	10.54848	0.099354	106.1704	1.72E-20	10.33384	10.76312
距离x（英	-0.28741	0.028742	-9.99973	1.8E-07	-0.3495	-0.22532
距离平方x	-0.00022	0.00174	-0.12493	0.902494	-0.00398	0.003542

图 4-3-11　Boston 人口密度的 Newling 模型回归结果(局部)

4.3.3　三参数 Logistic 模型

【例 4-3-3】三参数 Logistic 模型参数的估计方法。当 Logistic 增长的饱和值取 $c=1$ 时，我们得到的是二参数 Logistic 模型。在这种情况下，利用式(4-2-15)很容易通过线性回归估计模型参数 a 和 b，从而建立 Logistic 预测方程。但是，当饱和参数 c 的数值预先不知道的时候，参数计算就比较麻烦了，有时需要根据经验预先设定一个参数。人们常常人为地假定一个区域的城市化水平饱和值为 70%、80%或者 90%。然后，将这些想象的数值代入式(4-2-15)进行线性回归分析。可是，这种方法给出的模型参数具有很大的主观性。能否找到一种相对客观的方法，据以确定 Logistic 模型的三个参数呢？我们不妨进行一次试验。

首先，对 Logistic 增长函数即式(4-2-13)求导，得到一个二阶 Bernouli 方程

$$\frac{\mathrm{d}y}{\mathrm{d}t}=by\left(1-\frac{y}{c}\right)=by-\frac{b}{c}y^{2} \tag{4-3-7}$$

将上面的微分方程离散化，化为差分形式

$$\frac{\Delta y}{\Delta t}=\frac{y_{t}-y_{t-1}}{\Delta t}=by_{t-1}-\frac{b}{c}y_{t-1}^{2} \tag{4-3-8}$$

上式还可以进一步化为

$$y_{t}=(1+b\Delta t)y_{t-1}-\frac{\Delta tb}{c}y_{t-1}^{2} \tag{4-3-9}$$

对于逐年统计的数据，时间间隔 $\Delta t=1$；对于 10 年一次的普查数据，时间间隔 $\Delta t=10$。其余情况依此类推。

可以看出，式(4-3-8)和式(4-3-9)可以视为两条抛物线方程，也可以视为截距为 0 的二次多项式函数。因此，以 y_{t-1} 和 y_{t-1}^{2} 为自变量，以 $\Delta y/\Delta t$ 或者 y_t 为因变量，可以开展二元线性回归分析。经验表明，Logistic 过程越是典型，采用这种方法效果越好。下面以美

国城市化数据为例,给出完整的回归运算。作为人口开放型的国家,美国的城市化过程不是很典型的 Logistic 过程。不过,借助于这些数据说明一种方法的应用思路没有问题。

1. 第一种建模途径——以滞后一期的城市化水平 y_t 为因变量

第一步,整理数据。用 y_{t-1} 代表 1790~1950 年的数据,用 y_t 代表滞后一期的数据即 1800~1960 年的数据。注意,对于美国人口普查,一期滞后为 10 年。计算出城市化水平的平方值 y_{t-1}^2,以及城市化水平的增长率 $\Delta y/\Delta t$。这个增长率实际上是城市化水平的差分与年份差分的比值(图 4-3-12)。

	A	B	C	D	E
1	年份	城市化水平y_{t-1}	城市化水平平方y_{t-1}^2	城市化水平y_t	差分$\Delta y/\Delta t$
2	1790	0.0513	0.0026	0.0607	0.00094
3	1800	0.0607	0.0037	0.0726	0.00119
4	1810	0.0726	0.0053	0.0719	-0.00007
5	1820	0.0719	0.0052	0.0877	0.00158
6	1830	0.0877	0.0077	0.1081	0.00204
7	1840	0.1081	0.0117	0.1541	0.00460
8	1850	0.1541	0.0237	0.1977	0.00436
9	1860	0.1977	0.0391	0.2568	0.00591
10	1870	0.2568	0.0659	0.2815	0.00247
11	1880	0.2815	0.0792	0.3510	0.00695
12	1890	0.3510	0.1232	0.3965	0.00455
13	1900	0.3965	0.1572	0.4561	0.00596
14	1910	0.4561	0.2080	0.5117	0.00556
15	1920	0.5117	0.2618	0.5614	0.00497
16	1930	0.5614	0.3152	0.5652	0.00038
17	1940	0.5652	0.3195	0.5956	0.00304
18	1950	0.5956	0.3547	0.6305	0.00349
19	1960	0.6305	0.3975		

图 4-3-12 美国城市化水平的数据重排结果

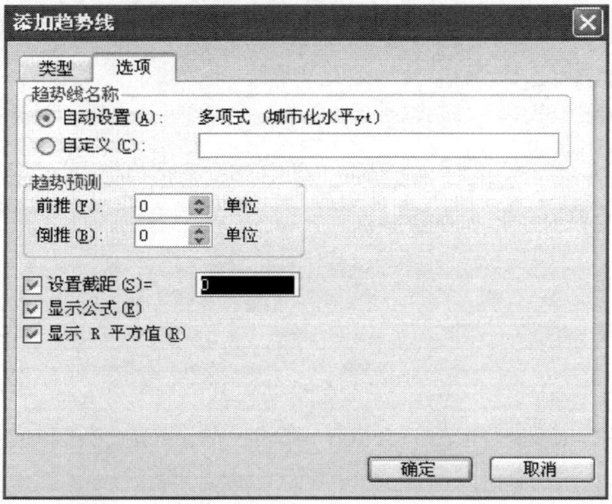

图 4-3-13 美国城市化水平二次多项式拟合的选项设置

第二步，曲线拟合。首先借助式(4-3-9)估计 Logistic 方程的参数。方法如下，以 1790~1950 年的城市化水平 y_{t-1} 为自变量，以 1800~1960 年的城市化水平 y_t 为因变量，画出散点图，并且添加多项式的趋势线。首先，在"添加趋势线"的类型中选择二阶"多项式"。然后，在"选项"中选择显示公式和 R 平方值，同时要注意选择"设置截距(S)=0"(图 4-3-13)。设截距为 0 的原因在于，关于城市化的 Logistic 方程中没有代表截距的参数。

确定之后，得到一个二阶多项式方程(图 4-3-14)，由此得到如下数学模型
$$\hat{y}_t = 1.3232 y_{t-1} - 0.4779 y_{t-1}^2 \quad (4\text{-}3\text{-}10)$$
相关系数平方 $R^2 = 0.9953$。

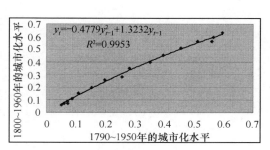

图 4-3-14　美国城市化水平的二次多项式趋势线

第三步，参数估计和建模。对于 10 年一次的人口普查数据，时间间隔为 $\Delta t = 10$。比较式(4-3-9)和式(4-3-10)可知
$$1 + 10b = 1.3232, \quad 10b/c = 0.4779$$
因此，$b = 0.03232$，$c = 0.3232/0.4779 = 0.67629$。另一方面，根据式(4-2-13)，当 $t = 0$ 时，我们有
$$a = \frac{c}{y_0} - 1 \quad (4\text{-}3\text{-}11)$$
式中：y_0 为初始年份即 1790 年的城市化水平，即有 $y_0 = 0.0513$。据此可以估计 $a = 0.67629/0.0513 - 1 = 12.183$。于是我们得到 Logistic 模型
$$\hat{y} = \frac{0.67629}{1 + 12.183 e^{-0.03232 t}} \quad (4\text{-}3\text{-}12)$$

第四步，模型检验与校正。当我们采用式(4-3-12)进行预测的时候，效果很不理想——计算值与观测值数据不匹配。究其原因，主要在于，利用式(4-3-11)估计模型参数 a 在理论上是可行的，但实际工作中却容易出现偏差。只有当第一个数据点 y_0 刚好位于趋势线上的时候，这种参数估计才是有效的，否则结果不准确。

一个解决办法是，利用全部数据求平均结果。将式(4-2-15)变换为
$$a = \exp\left[\ln\left(\frac{c}{y} - 1\right) + bt\right] \quad (4\text{-}3\text{-}13)$$
式中：t 为时序；y 为历次普查的城市化水平。将各个年份的数据代入上式，得到 18 个参数 a 的估计值，求平均，得到 $\bar{a} = 21.545$。于是，方程式(4-3-12)修正为
$$\hat{y} = \frac{0.67629}{1 + 21.545 e^{-0.03232 t}} \quad (4\text{-}3\text{-}14)$$
这个模型的预测值与计算值大体匹配，故可以接受。不足之处是饱和参数值有些偏低。

第二个解决办法，在第三步的计算结果中，我们只保留参数估计值 $c = 0.67629$，其他关于 a 的数值和 b 的数值都放弃不用。将 $c = 0.67629$ 代入式(4-2-15)，然后以时序 t 为自变量，以 $\ln(0.67629/y - 1)$ 为因变量，开展一元线性回归，重新估计 a 值和 b 值。结果是 $a = 18.1978$，$b = -0.0306$。于是，式(4-3-12)修正为
$$\hat{y} = \frac{0.67629}{1 + 18.1978 e^{-0.0306 t}} \quad (4\text{-}3\text{-}15)$$

相关系数平方 $R^2=0.9853$。这个模型的预测效果更好一些。

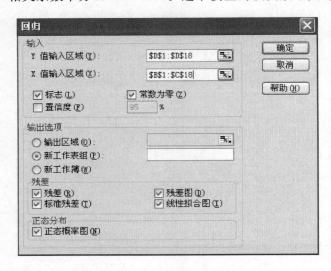

图 4-3-15 美国城市化水平的二次多项式回顾的选项设置

第五步，详细的回归分析。以1790～1950 年的城市化水平 y_{t-1} 及其平方 y_{t-1}^2 为两个自变量，以 1800～1960 年的城市化水平 y_t 为因变量，开展多元线性回归(本质上是多元非线性自回归)。注意，在回归选项中选中“常数为零(Z)”，因为我们的多项式没有截距(图 4-3-15)。回归结果如图 4-3-16 所示。各个参数对应的统计量都可以通过检验。残差序列的 DW 值为 2.43，在 0.05 显著性水平上也可以通过检验。

SUMMARY OUTPUT						
回归统计						
Multiple	0.999325					
R Square	0.998651					
Adjusted	0.931894					
标准误差	0.014628					
观测值	17					
方差分析						
	df	SS	MS	F	gnificance F	
回归分析	2	2.375481	1.18774	5550.747	5.03E-21	
残差	15	0.00321	0.000214			
总计	17	2.37869				
	Coefficien	标准误差	t Stat	P-value	Lower 95%	Upper 95%
Intercept	0	#N/A	#N/A	#N/A	#N/A	#N/A
城市化水	1.323195	0.041795	31.65933	3.75E-15	1.234111	1.412278
城市化水	-0.4779	0.083929	-5.69402	4.25E-05	-0.65679	-0.299

图 4-3-16 美国城市化水平的二次多项式回归结果(局部)

2. 第二种建模途径——以城市化水平的变化率 $\Delta y/\Delta t$ 为因变量

整个建模和分析步骤与上一种途径一样，所不同的是改变了因变量。以 1790～1950 年的城市化水平 y_{t-1} 为自变量，以 1790～1960 年的城市化水平增长率 $\Delta y/\Delta t$ 为因变量，作出散点图，并且添加多项式的趋势线(图 4-3-17)。

在“添加趋势线”的类型中选择二阶“多项式”，在“选项”中选择显示公式和 R 平方值，同时要注意选择“设置截距(S)”为 0。确定之后，得到一个二阶多项式方程，或者抛物线方程

$$\frac{\Delta \hat{y}}{\Delta t}=0.032\ 32y_{t-1}-0.047\ 79y_{t-1}^2 \tag{4-3-16}$$

相关系数平方 $R^2=0.5694$。比较式(4-3-8)和式(4-3-16)可知

$$b=0.03232, b/c=0.04779$$

于是 $c=0.03232/0.04779=0.67629$。其他计算和处理与第一种途径完全一样,不再赘述。

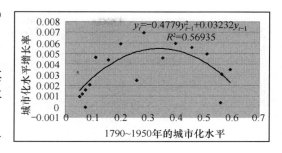

图 4-3-17 美国城市化水平增长率的抛物线拟合

可以看到,虽然两套模型拟合优度不一样,但参数估计结果完全等价。式(4-3-10)的变异系数为 0.0464,而式(4-3-16)的变异系数为 0.4293。前者的精度大于后者。不过,比较图 4-3-14 和图 4-3-17 可知,第一套模型拟合偏差和离差都比较小,第二套模型的拟合离差虽然较大,但偏差不大。事实上,两种途径在理论上等价,在经验上也可以相互替代。

4.3.4 Gamma 模型

【例 4-3-4】城市人口和相应用地密度的 Gamma 模型。前面讲到,城市人口密度的空间分布一般采用 Clark 的负指数模型刻画。如果城市用地很不均匀,可以考虑在模型引入一个表示城市用地密度的函数作为权函数。城市用地密度一般服从幂指数分布。因此,引入用地密度权函数之后,整个模型变成了 Gamma 模型

$$y=kx^{D-2}e^{-x/x_0} \qquad (4-3-17)$$

式中:x 为到城市中心地的距离;y 为人口密度;k 为比例系数;D 为刻画城市用地形态的维数;x_0 为反映城市特征半径的参数。在公式两边取对数得到线性形式

$$\ln y = \ln k + (D-2)\ln x - \frac{x}{x_0} \qquad (4-3-18)$$

这样,我们以距离和距离的对数为两个自变量,以人口密度对数为因变量,可以借助二元线性回归估计模型参数。不妨仍以 Boston 人口密度数据予以说明。

首先根据模型的表达形式对数据进行整理和预备。将距离和人口密度取自然对数,并且按照一定的规律排列,以便于回归设置中的数据调遣(图 4-3-18)。回归选项与普通的线性回归没有区别(图 4-3-19)。最后的结果如图 4-3-20 所示。

	A	B	C	D
1	距离x (mi)	距离对数lnx	密度y(人/mi²)	密度对数lny
2	0.5	-0.693	26300	10.177
3	1.5	0.405	25100	10.131
4	2.5	0.916	19900	9.898
5	3.5	1.253	15500	9.649
6	4.5	1.504	11500	9.350
7	5.5	1.705	9800	9.190
8	6.5	1.872	5200	8.556
9	7.5	2.015	4600	8.434
10	8.5	2.140	3200	8.071
11	9.5	2.251	2300	7.741
12	10.5	2.351	1700	7.438
13	11.5	2.442	1200	7.090
14	12.5	2.526	900	6.802
15	13.5	2.603	700	6.551
16	14.5	2.674	600	6.397
17	15.5	2.741	500	6.215

图 4-3-18 第二次变换后的 Boston 人口密度数据

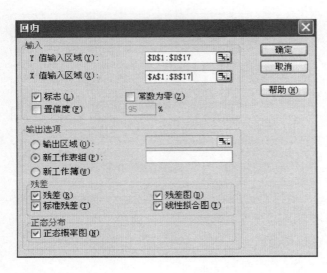

图 4-3-19　Boston 人口密度 Gamma
模型回归分析的选项设置

将线性回归给出的参数估计值赋予式(4-3-18)可得

$$\ln \hat{y} = 10.50811 + 0.13877\ln x - 0.3148x \quad (4\text{-}3\text{-}19)$$

比较式(4-3-18)和式(4-3-19)得知

$$D - 2 = 0.13877, \frac{1}{x_0} = 0.3148$$

从而

$$D = 2.13877, x_0 = 3.1665$$

由此判断城市的特征半径约为 3.1665 英里,或者 5.096km。模型系数 $k = \exp(10.50811) = 36611.0815$。于是 Gamma 模型可以表作

$$\hat{y} = 36611.0815 x^{2.1388} e^{-x/3.1665} \quad (4\text{-}3\text{-}20)$$

不过,回归系数 $D-2$ 的 t 值较低,或者 P 值较高,这个数值的置信度约为 90%。

SUMMARY OUTPUT					
回归统计					
Multiple	0.996872				
R Square	0.993754				
Adjusted	0.992794				
标准误差	0.118025				
观测值	16				
方差分析					
	df	SS	MS	F	gnificance F
回归分析	2	28.81377	14.40688	1034.246	4.69E-15
残差	13	0.181088	0.01393		
总计	15	28.99485			
	Coefficien	标准误差	t Stat	P-value	Lower 95%	Upper 95%
Intercept	10.50811	0.065368	160.7538	7.87E-23	10.36689	10.64932
距离x(英	-0.3158	0.015403	-20.5025	2.78E-11	-0.34908	-0.28253
距离对数1	0.138773	0.078042	1.778185	0.098757	-0.02983	0.307373

图 4-3-20　Boston 人口密度的 Gamma 模型回归结果(局部)

理论上,城市用地形态的维数 $D \leq 2$,当 $D = 2$ 时,结果返回负指数模型。但是,这里估计的结果却是 $D > 2$。这个数值不好解释。实际上,对于 Boston 人口密度而言,采用 Gamma 函数不太理想。不过,有些城市,如中国的杭州,其人口密度分布采用 Gamma 函数描述就令人满意。

4.4 常见实例——多变量的情形

4.4.1 Cobb-Douglas 生产函数

【例】 城市或者地区的供水-用水生产函数。人们一般认为,Cobb-Douglas 式生产函数主要用于经济学领域,这是一种误解。的确,生产函数最先由经济学家构建。但是,大量的研究表明,生产函数是自然与人文系统中广泛存在的一类反映系统输入-输出关系的先验形式。我们既可以用生产函数刻画社会经济系统的投入和产出关系,也可以用它描述环境和生态系统的输入和响应过程。当然,在人文和自然的交叉领域,这种模型也有很多的应用场合,不妨举例说明。

近年来,河南省各地市的用水来源主要是地表水和地下水,并且以地下水为主。其他方面的供水量小,可以不予考虑。用水部门可以概略地分为三个:农林渔业用水(简称农业用水)、工业用水和城乡生活环境综合用水(简称生活用水)。以 2004 年为例,只要将有关数据列表,各地市水的供给和需求关系就比较明确(表 4-4-1)。现在我们希望进一步了解,地表水和地下水供给上述三个部门的整体分配情况。这方面的信息从表格中不能直接看出,我们可以借助多元回归分析进行解析。

表 4-4-1 河南省流域、行政分区供用耗水统计表(2004 年) (单位:亿 m³)

市(地)名称	供水量			用水量		
	地表水 (x_1)	地下水 (x_2)	交叉 ($x_1 x_2$)	农林渔业 (y_1)	工业 (y_2)	城乡生活环境综合 (y_3)
郑州	4.245	9.520	40.412	6.426	3.816	3.524
开封	4.586	7.600	34.854	9.220	1.307	1.659
洛阳	4.716	8.480	39.992	5.316	4.758	3.122
平顶山	4.570	4.491	20.524	4.755	2.243	2.063
安阳	4.649	11.575	53.812	12.687	1.849	1.689
鹤壁	1.088	3.415	3.716	3.226	0.817	0.460
新乡	7.414	11.478	85.098	14.466	2.356	2.076
焦作	3.635	8.135	29.571	7.800	2.643	1.327
濮阳	6.512	4.794	31.219	8.150	1.676	1.480
许昌	3.357	4.528	15.200	3.780	2.391	1.715
漯河	0.569	3.715	2.114	2.124	1.085	1.074
三门峡	1.616	2.062	3.332	1.549	1.107	1.063
南阳	12.737	9.530	121.384	10.369	8.208	3.691
商丘	1.691	8.912	15.070	6.744	1.439	2.419
信阳	14.419	2.122	30.597	12.244	1.687	2.609
周口	2.297	10.660	24.486	8.314	1.390	3.253
驻马店	2.039	7.227	14.736	5.925	0.827	2.515
济源	1.214	1.059	1.286	1.450	0.569	0.252

资料来源:河南省 2004 年水资源公报(河南省水利网:http://www.hnsl.gov.cn)。

多次的试验和对比分析表明,河南省各个地区供水-用水关系满足 Cobb-Douglas 型生产函数,即有

$$y_j = a x_1^{b_1} x_2^{b_2} \tag{4-4-1}$$

上式两边取对数,可以转换为对数线性模型

$$\ln y_j = \ln a + b_1 \ln x_1 + b_2 \ln x_2 \tag{4-4-2}$$

式中:x_1 为地表水供水量;x_2 为地下水供水量;y_j 为某种部门的用水量($j=1,2,3$);a 为

比例系数；b 为幂指数。分别以地表水对数（$\ln x_1$）和地下水对数（$\ln x_2$）为两个自变量，以农业用水对数（$\ln y_1$）、工业用水对数（$\ln y_2$）和生活用水对数（$\ln y_3$）为因变量，逐次开展多元逐步回归分析，估计模型参数，即可得到我们需要的模型。

下面以农林渔业部门用水为例具体说明。首先整理数据，主要是各变量取对数（图4-4-1）。回归选项设置如图 4-4-2 所示，回归结果如图 4-4-3 所示。

根据参数估计值，农业用水的回归模型为

$$\ln \hat{y}_1 = 0.265 + 0.4868\ln x_1 + 0.5248\ln x_2 \tag{4-4-3}$$

相关系数平方 $R^2=0.833$。双对数关系的好处是无需计算标准化回归系数，我们可以直接通过常规回归系数判断供水量的分配比例问题。转换为幂次生产函数形式就是

$$\hat{y}_1 = 1.3035 x_1^{0.4868} x_2^{0.5248} \tag{4-4-4}$$

根据上面的模型，农业用水总体上以地下水为主。

	A	B	C	D	E	F	G
1	地区	地表水	地下水	农林渔业	地表水对数	地下水对数	农林渔业对数
2	郑州	4.245	9.520	6.426	1.446	2.253	1.860
3	开封	4.586	7.600	9.220	1.523	2.028	2.221
4	洛阳	4.716	8.480	5.316	1.551	2.138	1.671
5	平顶山	4.570	4.491	4.755	1.520	1.502	1.559
6	安阳	4.649	11.575	12.687	1.537	2.449	2.541
7	鹤壁	1.088	3.415	3.226	0.084	1.228	1.171
8	新乡	7.414	11.478	14.466	2.003	2.440	2.672
9	焦作	3.635	8.135	7.800	1.291	2.096	2.054
10	濮阳	6.512	4.794	8.150	1.874	1.567	2.098
11	许昌	3.357	4.528	3.780	1.211	1.510	1.330
12	漯河	0.569	3.715	2.124	-0.564	1.312	0.753
13	三门峡	1.616	2.062	1.549	0.480	0.724	0.438
14	南阳	12.737	9.530	10.369	2.545	2.254	2.339
15	商丘	1.691	8.912	6.744	0.525	2.187	1.909
16	信阳	14.419	2.122	12.244	2.669	0.752	2.505
17	周口	2.297	10.660	8.314	0.832	2.366	2.118
18	驻马店	2.039	7.227	5.925	0.712	1.978	1.779
19	济源	1.214	1.059	1.450	0.194	0.057	0.372

图 4-4-1　河南省城市供水农林用水的数据整理

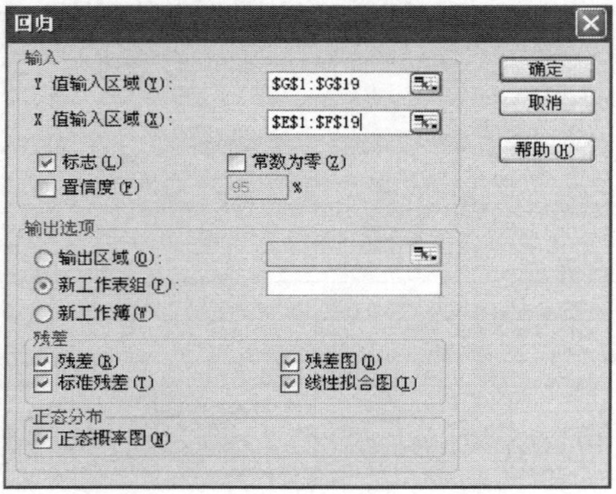

图 4-4-2　河南省城市供水农林用水的回归选项设置

类似地，不难建立工业用水和生活用水的生产函数模型。对于工业用水，回归模型为

$$\ln \hat{y}_2 = -0.5701 + 0.4342\ln x_1 + 0.3667\ln x_2 \tag{4-4-5}$$

相关系数平方 $R^2=0.598$。转换为二变量幂指数函数形式可得

$$\hat{y}_2 = 0.5655 x_1^{0.4342} x_2^{0.3667} \tag{4-4-6}$$

根据这个的模型，工业用水总体上以地表水为主。

对于生活用水，对数线性回归模型为

$$\ln \hat{y}_3 = -0.8901 + 0.3286\ln x_1$$

$$+ 0.5935\ln x_2 \tag{4-4-7}$$

相关系数平方 $R^2 = 0.652$。转换为生产函数形式便是

$$\hat{y}_2 = 0.4106 x_1^{0.3286} x_2^{0.5935} \tag{4-4-8}$$

根据这个模型，生活用水总体上也是以地下水为主。

SUMMARY OUTPUT						
回归统计						
Multiple	0.912675					
R Square	0.832975					
Adjusted	0.810705					
标准误差	0.301624					
观测值	18					
方差分析						
	df	SS	MS	F	gnificance F	
回归分析	2	6.805714	3.402857	37.40352	1.48E-06	
残差	15	1.364654	0.090977			
总计	17	8.170368				
	Coefficien	标准误差	t Stat	P-value	Lower 95%	Upper 95%
Intercept	0.265017	0.201286	1.31662	0.207729	-0.16401	0.694049
地表水对	0.48681	0.091405	5.325859	8.48E-05	0.291985	0.681635
地下水对	0.524759	0.113644	4.617561	0.000335	0.282532	0.766986

图 4-4-3　河南省城市供水农林用水的回归结果(局部)

最后特别强调，对于这类模型的建设，参数的统计量检验特别是 t 检验往往非常重要。如果回归系数的 P 值太高或者 t 统计量很低，模型一般存在先天缺陷。但是，对于表 4-4-1 所示的例子，DW 检验没有太大意义。原因是，这类数据与美国城市化水平之类的数据不同，城市化水平在时间上有固定的顺序，回归过程中不同年份的数据不允许打乱；这类数据与 Boston 人口密度数据也不一样，城市人口密度分布在空间上具有固定的顺序，回归过程中不同距离的数据也不允许打乱。可是，在表 4-4-1 中，不同的地区或者城市可以任意改变先后排列顺序，无论怎样改变样品的位置，模型参数估计结果都不会受到任何影响。

可是，DW 检验是依赖于样品排列顺序的。改变样品的先后顺序，模型从残差序列就会改变，从而 DW 值也会改变。在这种情况下，DW 统计量没有意义，故无需进行 DW 检验。

不过，如果我们不是借助不同地区的数据建立模型，而是基于某个地区的不同年份的数据开展多元回归分析，则 DW 检验就有意义了。

4.4.2　带有交叉变量的回归模型

如果一个问题存在两个以上的解释变量，而这些解释变量之间存在相互作用、系统耦合关系或者逻辑上的交叉关系，那就会出现非线性表达问题。换言之，只要系统中存在不可忽略的非线性，只要解释变量之间反映了某种相互依存关系或者相互作用机制，在线性回归过程中就要考虑变量交叉。变量交叉与回归分析中的非线性是一个问题的两个方面，不妨举例说明。

假定用两个自变量 x_1 和 x_2 解释一个因变量 y，在不存在变量交叉的情况下，我们有如下线性回归方程

$$y = a + b_1 x_1 + b_2 x_2 \tag{4-4-9}$$

如果考虑变量交叉，方程就包括代表相互作用的非线性项

$$y = a + b_1 x_1 + b_2 x_2 + c x_1 x_2 \tag{4-4-10}$$

式中：a 为截距；b、c 均为常系数；交叉项 x、y 意味着系统中存在某种耦合（coupling）和相互作用关系。

如果自变量更多，则会出现更多的交叉项。这类问题在回归分析的技术处理方面很简单，只需要将交叉项视为一个变量即可。问题在于，何时需要引入变量交叉，何时不引入交叉项？这类问题涉及诸多方面的知识，有兴趣者可以查阅相关的教材。

第 5 章　主成分分析

主成分分析、因子分析等在多元统计分析中属于协方差逼近技术。主要是从协方差矩阵出发,实现一种正交变换,从而将高维系统表示为低维系统,在此过程中可以揭示研究对象的许多性质和特征。主成分分析的结果可以用于回归分析、聚类分析、神经网络分析等。只要懂得线性代数中二次型化为标准型的原理,就很容易掌握主成分分析的原理,进而掌握因子分析的原理。在理解正交变换数学原理的基础上,我们可以借助 Excel 开展主成分分析。为了清楚地说明主成分的计算过程,不妨给出一个简单的计算实例。

【例】2000 年中国各地区的城、乡人口的主成分分析。这个例子只有两个变量($m=2$):城镇人口和乡村人口;31 个样品:中国的 31 个省、自治区和直辖市(未包括西藏和港、澳、台地区)($n=31$)。资料来自 2001 年《中国统计年鉴》,为 2000 年全国人口普查快速汇总的 11 月 1 日零时数。由于变量太少,这个例子仅仅具有教学意义——简单的实例更容易清楚地展示计算过程的细节。

5.1　计 算 步 骤

5.1.1　详细的计算过程

首先,录入数据,并对数据进行适当处理(图 5-1-1)。计算的详细过程如下。

1. 将原始数据绘成散点图

主成分分析原则上要求部分变量之间具有线性相关趋势。如果所有变量彼此之间不相关(即正交),就没有必要进行主成分分析,因为主成分分析的目的就是用正交的变量代替原来非正交的变量。如果原始变量之间为非线性关系,则有必要对数据进行线性转换,否则效果不佳。从图 5-1-2 可见,原始数据具有非线性相关趋势,可以近似匹配幂指数函数,且测定系数 $R^2=0.5157$,相应地,相关系数 $R=0.7181$(图 5-1-2a);取对数之后,点列具有明显的线性趋势[图 5-1-2(b)]。

2. 对数据进行标准化

标准化的数学公式为

$$x_{ij}^* = \frac{x_{ij} - \bar{x}_j}{\sigma_j} \tag{5-1-1}$$

我们将对对数变换后的数据开展主成分分析,因此只对取对数后的数据标准化。根据图 5-1-1 所示的数据排列,应该按列标准化,用 x_{ij} 代表取对数之后的数据,则

$$\bar{x}_j = \frac{1}{n}\sum_{i=1}^{n} x_{ij} \tag{5-1-2}$$

$$\sigma_j = \sqrt{\frac{1}{n-1}\sum_{i=1}^{n}(x_{ij}-\bar{x}_j)^2} = \sqrt{\mathrm{Var}(x_{ij})} \tag{5-1-3}$$

	A	B	C	D	E	F	G
1	地区	城镇人口	乡村人口	Ln(城镇人口)	Ln(乡村人口)	Ln(城镇人口)*	Ln(乡村人口)*
2	北京	1072	310	6.977	5.738	-0.03721	-1.61651
3	天津	721	280	6.580	5.636	-0.45598	-1.71228
4	河北	1759	4985	7.472	8.514	0.48572	0.99795
5	山西	1151	2146	7.048	7.671	0.03820	0.20425
6	内蒙古	1014	1362	6.922	7.217	-0.09545	-0.22395
7	辽宁	2299	1939	7.740	7.570	0.76828	0.10882
8	吉林	1355	1373	7.212	7.225	0.21064	-0.21651
9	黑龙江	1901	1788	7.550	7.489	0.56792	0.03221
10	上海	1478	196	7.299	5.277	0.30235	-2.05092
11	江苏	3086	4352	8.035	8.378	1.07907	0.87004
12	浙江	2277	2400	7.731	7.783	0.75822	0.30958
13	安徽	1665	4321	7.417	8.371	0.42767	0.86337
14	福建	1443	2028	7.274	7.615	0.27675	0.15103
15	江西	1146	2994	7.044	8.004	0.03362	0.51782
16	山东	3450	5629	8.146	8.636	1.19675	1.11232
17	河南	2147	7109	7.672	8.869	0.69637	1.33209
18	湖北	2424	3604	7.793	8.190	0.82445	0.69232
19	湖南	1916	4524	7.558	8.417	0.57599	0.90656
20	广东	4753	3889	8.467	8.266	1.53491	0.76409
21	广西	1264	3225	7.142	8.079	0.13677	0.58791
22	海南	316	471	5.755	6.156	-1.32712	-1.22315
23	重庆	1023	2067	6.930	7.634	-0.08620	0.16892
24	四川	2223	6106	7.707	8.717	0.73290	1.18892
25	贵州	841	2684	6.735	7.895	-0.29252	0.41478
26	云南	1002	3286	6.910	8.097	-0.10830	0.60552
27	西藏	50	212	3.904	5.358	-3.28036	-1.97375
28	陕西	1163	2442	7.059	7.801	0.04914	0.32593
29	甘肃	615	1947	6.422	7.574	-0.62302	0.11253
30	青海	180	338	5.193	5.823	-1.91962	-1.53644
31	宁夏	182	380	5.205	5.939	-1.90680	-1.42663
32	新疆	651	1274	6.479	7.150	-0.56316	-0.28682
33	Average	1502.155	2569.716	7.012	7.454	0	0
34	Stdev	1020.352	1868.747	0.948	1.062	1	1

图 5-1-1　原始数据和标准化数据及其均值、方差

城镇人口、乡村人口单位为万人

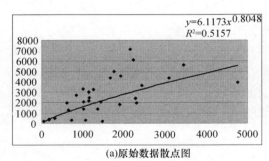

图 5-1-2　原始数据及其对数变换
　　　　结果的散点图

式中：$\bar{x}_j$ 和 σ_j 分别为第 j 列数据的均值和标准差；x_{ij} 为第 i 行（即第 i 个样品）、第 j 列（即第 j 个变量）的数据；$x_{ij}{}^*$ 为相应于 x_{ij} 的标准化数据；$n=31$ 为样品数目（图 5-1-1）。

对数据标准化的具体步骤如下：

（1）求出各列数据的均值。函数为 average，语法为：average（起始单元格：终止单元格）。如图 5-1-1 所示，在单元格 B33 中输入"＝AVERAGE(B2：B32)"，确定或回车，即得第一列数据的均值；然后点击单元格 B33 的右下角（光标的十字变细）右拖至 E33，便可自动生成第二、三、四列数据的均值。我们需要的两个均值为 $\bar{x}_1 = 7.012$，$\bar{x}_2 = 7.454$。

（2）求各列数据的标准差。函数为 stdev，语法同均值，计算公式相当于

$$\text{stdev}(x_j) = \sqrt{\text{Var}(x_j)} = \sqrt{\frac{1}{n-1}\sum_{i=1}^{n}(x_{ij}-\overline{x}_j)^2} \tag{5-1-4}$$

如图 5-1-1 所示,在单元格 B34 中输入"=STDEV(B2:B32)",确定或回车,可得第一列数据的标准差,右拖至 E34 生成第二、三、四列数据的标准差。我们需要的两个标准差数据为:$\text{stdev}(x_1)=0.948$;$\text{stdevp}(x_2)=1.062$。

(3) 标准化计算。如图 5-1-1 所示,在单元格 F2 中输入"=(D2-D\$33)/D\$34",回车可得 D 列第一个数据"6.977"的标准化数值 $-0.037\ 21$;按住单元格 F2 的右下角右拖至 G2,G2 出现 E 列第一个数据"5.738"的标准化数值 $-1.616\ 51$。然后,双击 G2 单元格的右下角,立即生成全部的标准化数据。注意,双击的时候要保证 F2 和 G2 两个单元格都被选中,并且鼠标光标为细小黑十字填充柄。此时或双击,或者抓住黑十字下拖。

顺便说明,如果希望按数组方式进行标准化,可以借助标准化函数 standardize。语法为 standardize(起始单元格:终止单元格,均值,标准差)。具体方法是:选中一个与原始数据列长相等的单元格区域,在等号后面根据语法输入函数,例如,在 F 数据区域 F2:F32 范围内输入公式"=STANDARDIZE(D2:D32,D33,D34)",同时按下"Ctrl+Shift+Enter"键确认,即可得到 D 列数据的全部标准化数值。不过这个方法并不一定比前面的逐步计算更为快速。

(4) 作标准化数据的散点图。以 F 列标准化数据为横坐标、G 列数据为纵坐标,作图(图 5-1-3)。可以看出,点列的总体趋势没有变化,两种数据的相关系数与标准化以前完全相同。但回归模型的截距近似为 0,即有 $a\rightarrow 0$,斜率等于相关系数,即有 $b=R=0.7181$。

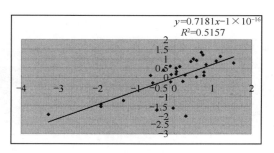

图 5-1-3 标准化数据的散点图

利用图 5-1-1 所示的数据验证标准化数据的相关系数和协方差,计算公式为

"=MMULT(TRANSPOSE(F2:F32),G2:G32)/30"

这个式子相当于

$$R = \text{Covar}(x_1,x_2) = \frac{1}{n-1}\sum_{i=1}^{n}x_{i1}^{*}x_{i2}^{*} = \frac{21.5429}{30} = 0.7181 \tag{5-1-5}$$

这个结果与借助相关系数函数 Correl 的计算结果一样。如果采用协方差函数 Covar 计算,则需要乘以 31/30,原因是,协方差函数是基于样品数 n 计算的,而此处的相关系数则是基于 $n-1$ 计算的。注意两种情况的区别。

3. 求标准化数据的相关系数矩阵或协方差矩阵

求相关系数矩阵的方法是:沿着"工具(T)"→"数据分析(D)"的路径打开"分析工具(A)"选项框(图 5-1-4),确定,弹出"相关系数"对话框(图 5-1-5),在"输入区域"中输入标准化数据范围,并以单元格 I1 为输出区域,具体操作方法类似于回归分析。确定,即会在输出区域给出相关系数。

系数矩阵仅仅给出下三角,即对角线以下部分。由于相关系数矩阵是对称矩阵,上三角的数值与下三角对应,故未给出[图 5-1-6(a)],可以通过"拷贝—转置—粘贴"的方式补充空白部分[图 5-1-6(b)]。当然,也可以逐个数据复制、粘贴。

求协方差的方法是在"分析工具"选项框中选择"协方差"(图 5-1-7),弹出"协方差"选项框(图 5-1-8),具体设置与"相关系数"类似,不赘述。结果如图 5-1-9 所示。可以看出,对于标准化数据而言,协方差矩阵与相关系数矩阵不完全一样。需要对计算结果乘以 $n/(n-1)$——每个数值乘以 31/30 之后,立即变成与相关系数矩阵一样。

不过,如果计算标准差的命令用 stdevp(总体标准差)而不是 stdev(样本标准差),则标准化的结果不同。那样的话,协方差矩阵将会与相关系数矩阵完全一样。

图 5-1-4 分析工具选项框   图 5-1-5 相关系数对话框

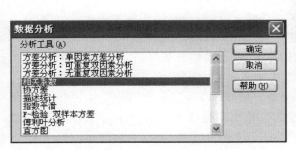

图 5-1-6 标准化数据的相关系数矩阵   图 5-1-7 在分析工具选项框中选择"协方差"

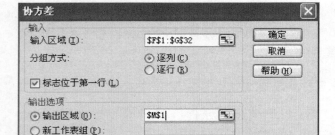

图 5-1-8 协方差选项框   图 5-1-9 标准化数据的协方差矩阵

4. 计算特征根

根据前面的计算结果(图 5-1-6),得到相关系数矩阵为

$$\boldsymbol{C} = \begin{bmatrix} 1 & 0.7181 \\ 0.7181 & 1 \end{bmatrix} \tag{5-1-6}$$

二阶单位矩阵为

$$\boldsymbol{I} = \begin{bmatrix} 1 & 0 \\ 0 & 1 \end{bmatrix} \tag{5-1-7}$$

借助线性代数求解特征根的公式 $\det(\lambda \boldsymbol{I} - \boldsymbol{C}) = 0$,我们有

$$\lambda \begin{vmatrix} 1 & 0 \\ 0 & 1 \end{vmatrix} - \begin{vmatrix} 1 & 0.7181 \\ 0.7181 & 1 \end{vmatrix} = \begin{vmatrix} \lambda - 1 & -0.7181 \\ -0.7181 & \lambda - 1 \end{vmatrix} = 0 \tag{5-1-8}$$

按照行列式化为代数式的规则可得

$$(\lambda - 1)^2 - 0.7181^2 = \lambda^2 - 2\lambda + 0.4843 = 0 \tag{5-1-9}$$

根据一元二次方程的求根公式,当 $b^2 - 4ac \geqslant 0$ 时,其根为

$$\lambda = \frac{-b \pm \sqrt{b^2 - 4ac}}{2a} \tag{5-1-10}$$

据此解得两实根 $\lambda_1 = 1.7181, \lambda_2 = 0.2819$。对于本例,显然有 $\lambda_1 = 1 + R, \lambda_2 = 1 - R$。这里 R 为两个变量的相关系数。

5. 求标准正交向量

将 λ_1 代入矩阵方程 $\lambda_1 \boldsymbol{I} - \boldsymbol{C}$ 得到

$$\lambda_1 \boldsymbol{I} - \boldsymbol{C} = 1.7181 \begin{bmatrix} 1 & 0 \\ 0 & 1 \end{bmatrix} - \begin{bmatrix} 1 & 0.7181 \\ 0.7181 & 1 \end{bmatrix} = \begin{bmatrix} 0.7181 & -0.7181 \\ -0.7181 & 0.7181 \end{bmatrix} \tag{5-1-11}$$

据此构造矩阵方程 $(\lambda_1 \boldsymbol{I} - \boldsymbol{C}) \boldsymbol{\Psi} = \boldsymbol{0}$,注意这里 $\boldsymbol{0}$ 表示零向量,于是

$$\begin{bmatrix} 0.7181 & -0.7181 \\ -0.7181 & 0.7181 \end{bmatrix} \begin{bmatrix} \psi_1 \\ \psi_2 \end{bmatrix} = \begin{bmatrix} 0 \\ 0 \end{bmatrix} \tag{5-1-12}$$

在系数矩阵 $\lambda_1 \boldsymbol{I} - \boldsymbol{C}$ 中,用第一行加第二行,化为

$$\begin{bmatrix} 0.7181 & -0.7181 \\ 0 & 0 \end{bmatrix} \begin{bmatrix} \psi_1 \\ \psi_2 \end{bmatrix} = \begin{bmatrix} 0 \\ 0 \end{bmatrix} \tag{5-1-13}$$

于是得 $\psi_1 = \psi_2$,采用最简单的情况,令 $\psi_1 = 1$,则有 $\psi_2 = 1$,可得基础解系

$$\boldsymbol{\xi}_1 = \begin{bmatrix} 1 \\ 1 \end{bmatrix} \tag{5-1-14}$$

借助单位化公式为

$$e_i = \frac{\psi_i}{\sqrt{\psi_1^2 + \psi_2^2}} \quad (i = 1, 2) \tag{5-1-15}$$

将基础解系单位化,便是

$$\boldsymbol{e}_1 = \begin{bmatrix} 0.7071 \\ 0.7071 \end{bmatrix} \tag{5-1-16}$$

完全类似,对于第二个特征根,容易算出

$$\lambda_2 \boldsymbol{I} - \boldsymbol{C} = 0.2819 \begin{bmatrix} 1 & 0 \\ 0 & 1 \end{bmatrix} - \begin{bmatrix} 1 & 0.7181 \\ 0.7181 & 1 \end{bmatrix} = \begin{bmatrix} -0.7181 & -0.7181 \\ -0.7181 & -0.7181 \end{bmatrix} \tag{5-1-17}$$

将结果代入矩阵方程$(\lambda_2 \boldsymbol{I} - \boldsymbol{C})\boldsymbol{\Psi} = 0$,得到

$$\begin{bmatrix} -0.7181 & -0.7181 \\ -0.7181 & -0.7181 \end{bmatrix} \begin{bmatrix} \psi_1 \\ \psi_2 \end{bmatrix} = \begin{bmatrix} 0 \\ 0 \end{bmatrix} \tag{5-1-18}$$

用系数矩阵的第二行减去第一行,化为

$$\begin{bmatrix} -0.7181 & -0.7181 \\ 0 & 0 \end{bmatrix} \begin{bmatrix} \psi_1 \\ \psi_2 \end{bmatrix} = \begin{bmatrix} 0 \\ 0 \end{bmatrix} \tag{5-1-19}$$

于是得到 $\psi_1 = -\psi_2$,取 $\psi_1 = 1$,则有 $\psi_2 = -1$,因此得基础解系为

$$\boldsymbol{\xi}_2 = \begin{bmatrix} 1 \\ -1 \end{bmatrix} \tag{5-1-20}$$

采用上述方法单位化为

$$\boldsymbol{e}_2 = \begin{bmatrix} 0.7071 \\ -0.7071 \end{bmatrix} \tag{5-1-21}$$

这里 e_1、e_2 便是标准正交向量。不难验证,二者的内积为

$$\boldsymbol{R} = \boldsymbol{e}_1^{\mathrm{T}} \boldsymbol{e}_2 = \begin{bmatrix} 0.7071 & 0.7071 \end{bmatrix} \begin{bmatrix} 0.7071 \\ -0.7071 \end{bmatrix} = 0.7071^2 - 0.7071^2 = 0 \tag{5-1-22}$$

内积为 0 是正交的充要条件,内积为零向量必定正交。

6. 求对角阵

首先基于单位化特征向量建立标准正交矩阵 $\boldsymbol{P}$,即有

$$\boldsymbol{P} = \begin{bmatrix} \boldsymbol{e}_1 & \boldsymbol{e}_2 \end{bmatrix} = \begin{bmatrix} 0.7071 & 0.7071 \\ 0.7071 & -0.7071 \end{bmatrix} \tag{5-1-23}$$

正交矩阵的一个特殊性质便是

$$\boldsymbol{P}^{\mathrm{T}} = \boldsymbol{P}^{-1} \tag{5-1-24}$$

即矩阵的转置等于矩阵的逆。借助矩阵求逆函数 minverse 容易验证上面的关系。根据 $\boldsymbol{\Lambda} = \boldsymbol{P}^{\mathrm{T}} \boldsymbol{C} \boldsymbol{P}$,可知

$$\begin{aligned} \boldsymbol{\Lambda} &= \begin{bmatrix} 0.7071 & 0.7071 \\ 0.7071 & -0.7071 \end{bmatrix} \begin{bmatrix} 1 & 0.7181 \\ 0.7181 & 1 \end{bmatrix} \begin{bmatrix} 0.7071 & 0.7071 \\ 0.7071 & -0.7071 \end{bmatrix} \\ &= \begin{bmatrix} 1.7181 & 0 \\ 0 & 0.2819 \end{bmatrix} \end{aligned} \tag{5-1-25}$$

这便是由特征根构成的对角阵。

下面说明一下利用 Excel 进行矩阵乘法运算的方法。矩阵乘法的命令为 mmult,语法是 mmult(矩阵 1 的单元格范围,矩阵 2 的单元格范围)。例如,用矩阵 $\boldsymbol{P}^{\mathrm{T}}$ 与矩阵 $\boldsymbol{C}$ 相乘,首先选择一个输出区域(如 G1:H2),然后输入"=mmult(A1:B2,C1:D2)",再按下"Ctrl+Shift+Enter"键(图 5-1-10),即可给出如表 5-1-1 所示的结果。

	A	B	C	D	E	F	G	H
1	0.7071068	0.7071068	1	0.7180974	0.7071068	0.7071068	=mmult(A1:B2,C1:D2)	
2	0.7071068	-0.707107	0.7180974	1	0.7071068	-0.707107		

图 5-1-10 矩阵乘法示例

再用乘得的结果与 $\boldsymbol{P}$ 阵相乘,便得对角矩阵(表 5-1-2)。

表 5-1-1　转置正交矩阵 P^T 与相关系数 C 矩阵的乘积 P^TC

1.214 878 3	1.214 878 3
0.199 335 3	−0.199 335

表 5-1-2　特征根构成的对角阵 P^TCP

1.718 097 4	0
0	0.281 902 6

如果希望上述计算一步到位,则可选定输出区域(如 C3:D4),然后输入"=mmult(mmult(A1:B2,C1:D2),E1:F2)"(图 5-1-11),同时按下"Ctrl+Shift+Enter"键即可。显然,对

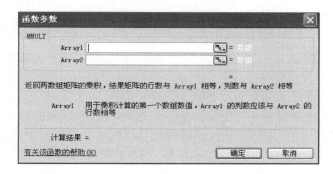

图 5-1-11　矩阵连乘的函数和语法

角矩阵对角线的数值恰是相关系数矩阵的特征值。

还有另一种途径。在数学函数库中调出矩阵乘法函数对话框(图 5-1-12),根据数据在工作表中的分布进行,如图 5-1-13 所示的设置,然后同时按下"Ctrl+Shift"键,回车,也得到同样的结果(图 5-1-14)。乘法函数对话框更为直观,便于初学者使用。

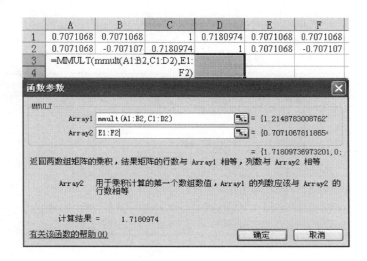

图 5-1-12　矩阵乘法函数 mmult 对话框

图 5-1-13　矩阵乘法函数 mmult 对话框的设置

至此，标准化的原始变量 x 与主成分 z 之间可以表作

$$\begin{bmatrix} x_1 & x_2 \end{bmatrix}\begin{bmatrix} 1 & 0.7181 \\ 0.7181 & 1 \end{bmatrix}\begin{bmatrix} x_1 \\ x_2 \end{bmatrix} = \begin{bmatrix} z_1 & z_2 \end{bmatrix}\begin{bmatrix} 1.7181 & 0 \\ 0 & 0.2819 \end{bmatrix}\begin{bmatrix} z_1 \\ z_2 \end{bmatrix} \tag{5-1-26}$$

显然 z_1 与 z_2 之间正交。

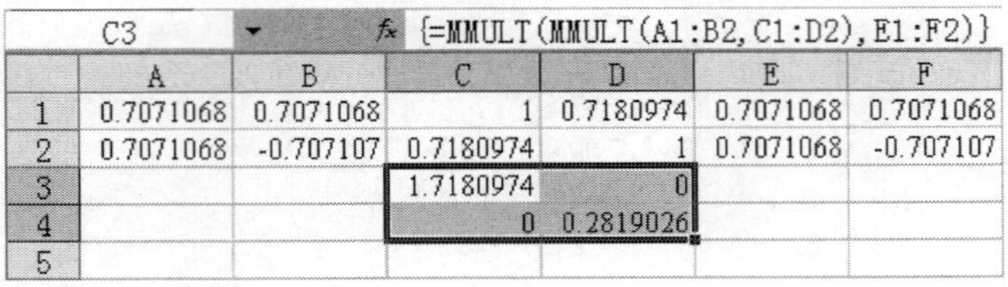

C3 fx {=MMULT(MMULT(A1:B2,C1:D2),E1:F2)}

	A	B	C	D	E	F
1	0.7071068	0.7071068	1	0.7180974	0.7071068	0.7071068
2	0.7071068	-0.707107	0.7180974	1	0.7071068	-0.707107
3			1.7180974	0		
4			0	0.2819026		
5						

图 5-1-14　乘法结果：对角矩阵

7. 根据特征根计算累计方差贡献率

现已求得第一特征根为 $\lambda_1=1.7181$，第二特征根为 $\lambda_2=0.2819$，二者之和刚好就是矩阵的维数，即有 $\lambda_1+\lambda_2=m=2$，这里 $m=2$ 为变量数目。比较图 5-1-6 中给出的相关系数矩阵 $\boldsymbol{C}$ 与图 5-1-14 中给出的对角矩阵 $\boldsymbol{D}$ 可以看出，$\mathrm{Tr.}(C)=1+1=2$，$\mathrm{Tr.}(D)=1.7181+0.2819=2$，即有 $\mathrm{Tr.}(C)=\mathrm{Tr.}(D)$，可见将相关系数亦即协方差矩阵转换为对角矩阵以后，矩阵的迹（trace，即对角线元素之和，数学符号为 Tr.）没有改变，这意味着将原始变量化为主成分以后，系统的信息量没有减少。现在问题是，如果我们只取一个主成分代表原来的两个变量，能反映原始变量的多少信息？这个问题可以借助相关系数矩阵的特征根来判断。利用 Excel 容易算出，第一特征根占特征根总和即矩阵维数的 85.28%，即有

$$\lambda_1 :1.7181,\ \lambda_1/m = 1.7181/2 = 85.905\%$$

$$\lambda_2 :0.2819,\ \lambda_2/m = 0.2819/m = 14.095\%$$

$$\lambda_1 + \lambda_2 :2,\ (\lambda_1 + \lambda_2)/m = 2/2 = 100\%$$

这表明，如果仅取第一个主成分，可以反映原来数据大约 86% 的信息。换言之，舍弃第二个主成分，原来数据的信息仅仅损失 14%，但分析变量的自由度却减少一个，整个分析将会显得更加简明（表 5-1-3）。后面我们将会看到，为什么特征根可以反映方差贡献。

表 5-1-3　特征根与方差贡献率

符号	特征根	累积值	百分比/%	累积百分比/%
λ_1	1.718 097 4	1.718 097 4	85.905	85.905
λ_2	0.281 902 6	2	14.095	100

8. 计算主成分载荷

根据公式 $\rho_j = \sqrt{\lambda_j}\boldsymbol{e}_j$，容易算出

$$\rho_1 = \sqrt{1.7181}\begin{bmatrix} 0.7071 \\ 0.7071 \end{bmatrix} = \begin{bmatrix} 0.9268 \\ 0.9268 \end{bmatrix} \tag{5-1-27}$$

$$\rho_2 = \sqrt{0.2819}\begin{bmatrix} 0.7071 \\ -0.7071 \end{bmatrix} = \begin{bmatrix} 0.3754 \\ -0.3754 \end{bmatrix} \tag{5-1-28}$$

由此可得载荷矩阵 A 如表 5-1-4 所示。

表 5-1-4 主成分载荷表

	第一主成分 z_1	第一主成分 z_2
ln(城镇人口) x_1	0.926 849	0.375 434 8
ln(城镇人口) x_2	0.926 849	−0.375 434 8

上面的计算过程写作矩阵形式便是

$$A = P\Lambda^{1/2} = \begin{bmatrix} e_{11} & e_{21} \\ e_{12} & e_{22} \end{bmatrix} \cdot \begin{bmatrix} \sqrt{\lambda_1} & 0 \\ 0 & \sqrt{\lambda_2} \end{bmatrix} \tag{5-1-29}$$

即

$$A = \begin{bmatrix} 0.7071 & 0.7071 \\ 0.7071 & -0.7071 \end{bmatrix} \cdot \begin{bmatrix} \sqrt{1.7181} & 0 \\ 0 & \sqrt{0.2819} \end{bmatrix} = \begin{bmatrix} 0.9268 & 0.3754 \\ 0.9268 & -0.3754 \end{bmatrix} \tag{5-1-30}$$

注意：矩阵的平方根实际上是基于数组的法则计算的。对于图 5-1-14 所示的数据，利用如下函数

"=MMULT(A1:B2,C3:D4^0.5)"

容易得到载荷矩阵。

9. 计算公因子方差和方差贡献

根据上述计算结果可以比较公因子方差和方差贡献。在考虑全部的两个主成分时，对应于 λ_1 和 λ_2 的公因子方差分别为

$$V_1 = \sum_j \rho_{ij}^2 = 0.9268^2 + 0.3754^2 = 1$$
$$V_2 = \sum_j \rho_{ij}^2 = 0.9268^2 + (-0.3754)^2 = 1$$

这是所谓初始公因子方差。如果提取一个主成分，则提取公因子方差为

$$V_1 = \sum_j \rho_{ij}^2 = 0.9268^2 = 0.859$$
$$V_2 = \sum_j \rho_{ij}^2 = 0.9268^2 = 0.859$$

对应于第一主成分 z_1 和第二主成分 z_2 的方差贡献分别为

$$CV_1 = \sum_i \rho_{ij} = 0.9268^2 + 0.9268^2 = 1.7181$$
$$CV_2 = \sum_i \rho_{ij} = 0.3754^2 + (-0.3754)^2 = 0.2189$$

借助平方和函数 sumsq 可以方便地进行计算。从结果可以看出（图 5-1-15）：第一，方差贡献等于对应主成分的特征根，即有

$$CV_j = \lambda_j \tag{5-1-31}$$

第二，公因子方差相等或彼此接近，即有

$$V_1 = V_2 \tag{5-1-32}$$

第三，公因子方差之和等于方差贡献之和，即有

$$\sum_i V_i = \sum_j CV_j = m = 2 \tag{5-1-33}$$

	提取全部主成分			提取1个主成分	
	第一主成分z_1	第二主成分z_2	公因子方差	第一主成分z_1	公因子方差
Ln(城镇人口)	0.9268	0.3754	1	0.9268	0.8590
Ln(乡村人口)	0.9268	-0.3754	1	0.9268	0.8590
方差贡献	1.7181	0.2819	2	1.7181	1.7181

图 5-1-15　公因子方差、方差贡献的计算结果及其与特征根的贡献

第一个规律是提示我们提取主成分数目的判据之一；第二个规律是我们判断提取主成分数目是否合适的判据之一，也是变量保留与舍弃的一个定量判据；第三个规律是我们判断提取主成分后是否损失信息的判据之一。去掉次要的主成分以后，上述规律理当仍然满足。这时如果第二个规律不满足，就意味着主成分的提取是不合适的，或者某些变量应该舍弃。此外，上述规律也是我们检验计算结果是否正确的判据之一。

10. 计算主成分得分

根据主成分与原始变量的关系，应有

$$Z = P^T X \tag{5-1-34}$$

或者

$$X = PZ \tag{5-1-35}$$

对于本例而言，式中

$$X = \begin{bmatrix} x_1 \\ x_2 \end{bmatrix}, \quad Z = \begin{bmatrix} z_1 \\ z_2 \end{bmatrix}, \quad P = \begin{bmatrix} e_1 & e_2 \end{bmatrix} = \begin{bmatrix} e_{11} & e_{21} \\ e_{12} & e_{22} \end{bmatrix} = \begin{bmatrix} 0.7071 & 0.7071 \\ 0.7071 & -0.7071 \end{bmatrix}$$

这里 $e_1 = [e_{11}\ e_{12}]^T$ 和 $e_2 = [e_{21}\ e_{22}]^T$ 为前面计算的单位化特征向量。于是有

$$\begin{bmatrix} z_1 \\ z_2 \end{bmatrix} = \begin{bmatrix} 0.7071 & 0.7071 \\ 0.7071 & -0.7071 \end{bmatrix} \begin{bmatrix} x_1 \\ x_2 \end{bmatrix} \tag{5-1-36}$$

化为代数形式便是

$$\begin{cases} z_1 = 0.7071 x_1 + 0.7071 x_2 \\ z_2 = 0.7071 x_1 - 0.7071 x_2 \end{cases} \tag{5-1-37}$$

式中：x 均为标准化数据。对 $Z = P^T X$ 进行转置，可得

$$Z^T = X^T P \tag{5-1-38}$$

根据这个式子，利用 Excel 计算主成分得分的步骤如下：

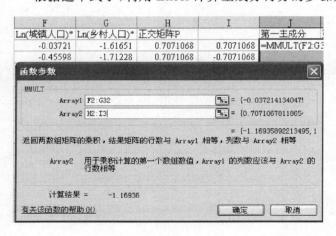

（1）将特征向量复制到标准化数据的附近，构成正交矩阵。

（2）选中一个与标准化数据占据范围一样大小的数值区域（如 H2:I26）。

（3）输入如下计算公式"=mmult(标准化数据的范围，正交矩阵的范围)"，在本例中就是"=MMULT(F2:G32,H2:I3)"（图5-1-16）。

（4）同时按下"Ctrl＋Shift＋Enter"键，立即得到主成分得分（图 5-1-17）。

图 5-1-16　计算特征向量的公式及语法

(5) 计算主成分得分的均值和方差,可以发现,均值为 0(由于误差之故,约等于 0),方差等于相关系数矩阵的特征根(图 5-1-17)。

F	G	H	I	J	K
Ln(城镇人口)*	Ln(乡村人口)*	正交矩阵P		第一主成分	第二主成分
-0.03721	-1.61651	0.7071068	0.7071068	-1.16936	1.11673
-0.45598	-1.71228	0.7071068	-0.7071068	-1.53320	0.88834
0.48572	0.99795			1.04911	-0.36220
0.03820	0.20425			0.17144	-0.11741
-0.09545	-0.22395			-0.22585	0.09087
0.76828	0.10882			0.62020	0.46630
0.21064	-0.21651			-0.00415	0.30204
0.56792	0.03221			0.42436	0.37881
0.30235	-2.05092			-1.23643	1.66401
1.07907	0.87004			1.37823	0.14781
0.75822	0.30958			0.75505	0.31724
0.42767	0.86337			0.91290	-0.30809
0.27675	0.15103			0.30249	0.08890
0.03362	0.51782			0.38993	-0.34238
1.19675	1.11232			1.63276	0.05970
0.69637	1.33209			1.43434	-0.44952
0.82445	0.69232			1.07252	0.09343
0.57599	0.90656			1.04832	-0.23375
1.53491	0.76409			1.62564	0.54505
0.13677	0.58791			0.51243	-0.31901
-1.32712	-1.22315			-1.80332	-0.07351
-0.08620	0.16892			0.05849	-0.18040
0.73290	1.18892			1.35893	-0.32246
-0.29252	0.41478			0.08645	-0.50013
-0.10830	0.60552			0.35158	-0.50474
-3.28036	-1.97375			-3.71522	-0.92391
0.04914	0.32593			0.26521	-0.19572
-0.62302	0.11253			-0.36097	-0.52011
-1.91962	-1.53644			-2.44380	-0.27095
-1.90680	-1.42663			-2.35709	-0.33954
-0.56316	-0.28682			-0.60102	-0.19540
0	0		Average	0	0
1	1		Var	1.71810	0.28190

图 5-1-17　计算主成分得分

5.1.2　主成分得分的标准化

最后,可以对主成分得分进行标准化。后面将会说明,标准化的主成分得分其实就是因子得分。现已知道,主成分得分的均值为 0。借助标准差函数 stdev 计算标准差,然后采用前述数据标准化的方法容易将主成分得分标准化(图 5-1-18)。

计算标准化得分可以利用成分得分系数矩阵。首先求载荷矩阵的逆矩阵。载荷矩阵为

$$A = \begin{bmatrix} 0.9268 & 0.3754 \\ 0.9268 & -0.3754 \end{bmatrix}$$

成分得分系数矩阵为 A 的逆矩阵,即有

$$A^{-1} = \begin{bmatrix} 0.5395 & 0.5395 \\ 1.3318 & -1.3318 \end{bmatrix}$$

计算时利用如下公式

$$G = P^{\mathrm{T}}C = \begin{bmatrix} 0.7071 & 0.7071 \\ 0.7071 & -0.7071 \end{bmatrix} \begin{bmatrix} 1 & 0.7181 \\ 0.7181 & 1 \end{bmatrix} = \begin{bmatrix} 1.2149 & 1.2149 \\ 0.1993 & -0.1993 \end{bmatrix} \quad (5\text{-}1\text{-}39)$$

第一主成分	第二主成分	正交矩阵P		第一主成分*	第二主成分*	地区
J	K	L	M	N	O	P
-1.16936	1.11673	0.7071068	0.7071068	-0.89212	2.10329	北京
-1.53320	0.88834	0.7071068	-0.7071068	-1.16970	1.67313	天津
1.04911	-0.36220			0.80038	-0.68218	河北
0.17144	-0.11741	载荷矩阵A		0.13079	-0.22114	山西
-0.22585	0.09087	0.9268488	0.3754348	-0.17230	0.17114	内蒙古
0.62020	0.46630	0.9268488	-0.3754348	0.47316	0.87825	辽宁
-0.00415	0.30204			-0.00317	0.56886	吉林
0.42436	0.37881	成分得分系数矩阵A^{-1}		0.32375	0.71345	黑龙江
-1.23643	1.66401	0.5394623	0.5394623	-0.94329	3.13406	上海
1.37823	0.14781	1.3317890	-1.3317890	1.05147	0.27839	江苏
0.75505	0.31724			0.57604	0.59750	浙江
0.91290	-0.30809	成分得分系数矩阵转置(A^{-1}		0.69647	-0.58026	安徽
0.30249	0.08890	0.5394623	1.3317890	0.23077	0.16744	福建
0.38993	-0.34238	0.5394623	-1.3317890	0.29749	-0.64485	江西
1.63276	0.05970			1.24566	0.11244	山东
1.43434	-0.44952			1.09428	-0.84664	河南
1.07252	0.09343			0.81824	0.17596	湖北
1.04832	-0.23375			0.79978	-0.44025	湖南
1.62564	0.54505			1.24022	1.02657	广东
0.51243	-0.31901			0.39094	-0.60083	广西
-1.80332	-0.07351			-1.37578	-0.13846	海南
0.05849	-0.18040			0.04462	-0.33977	重庆
1.35893	-0.32246			1.03675	-0.60733	四川
0.08645	-0.50013			0.06595	-0.94196	贵州
0.35158	-0.50474			0.26823	-0.95065	云南
-3.71522	-0.92391			-2.83440	-1.74013	西藏
0.26521	-0.19572			0.20233	-0.36862	陕西
-0.36097	-0.52011			-0.27539	-0.97960	甘肃
-2.44380	-0.27095			-1.86441	-0.51031	青海
-2.35709	-0.33954			-1.79826	-0.63949	宁夏
-0.60102	-0.19540			-0.45853	-0.36802	新疆
0	0			0	0	Average
1.31076	0.53095			1	1	Stdev

图 5-1-18　利用载荷矩阵或者标准化方法计算标准化的主成分得分

在如图 5-1-1 和图 5-1-18 所示的数据分布中，选定一个与标准化数据范围大小相同的单元格区域，输入公式"＝MMULT(F2:G32,L14:M15)"，同时按下"Ctrl＋Shift＋Enter"键，立即得到标准化主成分得分，结果与非标准化主成分得分的标准化结果完全一样。成分得分系数矩阵的数学意义后面还有具体的说明。

5.2　相关的验证工作

首先观察主成分的相关关系。分别以 z_1、z_2 为坐标轴，将主成分得分点列标绘于坐标图中，可以发现，点列分布没有任何趋势。回归结果表明，回归系数和相关系数均为零，即有 $a=0, b=0, R=0$（图 5-2-1）。

分别以 z_1^*、z_2^* 为坐标轴，将标准化主成分得分点列标绘于坐标图中，依然可见点列分布没有明显的趋势，图形与主成分得分给出的结果一样。几何图形上显示：主成分之间是正交的，即有 $\cos\theta=0$（试将图 5-2-1、图 5-2-2 与图 5-1-2、图 5-1-3 对比）。

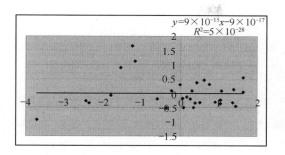
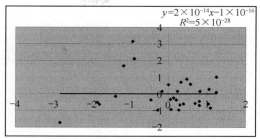

图 5-2-1 主成分得分的相关系数为零(未经标准化)　　图 5-2-2 主成分得分的相关系数为零(标准化)

然后可以验证因子载荷即为原始数据标准化值与主成分得分之间的相关系数,容易算出
$$\rho(x_1,z_1) = \text{correl}(x_1,z_1) = 0.9268,\ \rho(x_2,z_1) = \text{correl}(x_2,z_1) = 0.9268$$
$$\rho(x_1,z_2) = \text{correl}(x_1,z_2) = 0.3754,\ \rho(x_2,z_2) = \text{correl}(x_2,z_2) = -0.3754$$
原始变量与主成分得分的相关性可以图示为图 5-2-3 至图 5-2-6。将图中的测定系数开平方,即为相关系数。

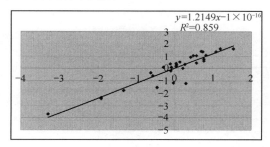

图 5-2-3 原始变量 x_1 与主成分 z_1 的关系及其回归方程　　图 5-2-4 原始变量 x_2 与主成分 z_1 的关系及其回归方程

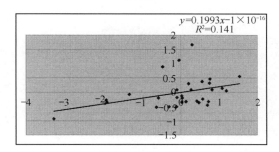
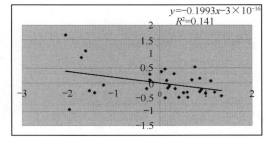

图 5-2-5 原始变量 x_1 与主成分 z_2 的关系及其回归方程　　图 5-2-6 原始变量 x_2 与主成分 z_2 的关系及其回归方程

回归方程为
$$z_1 = 1.2149x_1,\ z_1 = 1.2149x_2,\ z_2 = 0.1993x_1,\ z_2 = -0.1993x_2$$
方程的系数恰是以下矩阵的元素
$$\boldsymbol{G} = \boldsymbol{P}^\mathrm{T}\boldsymbol{C} = \begin{bmatrix} 0.7071 & 0.7071 \\ 0.7071 & -0.7071 \end{bmatrix}\begin{bmatrix} 1 & 0.7181 \\ 0.7181 & 1 \end{bmatrix} = \begin{bmatrix} 1.2149 & 1.2149 \\ 0.1993 & -0.1993 \end{bmatrix} \quad (5\text{-}2\text{-}1)$$
在图 5-1-10 所示的计算确定之后,即可得到这个矩阵。

5.3 主成分分析与因子分析的关系

5.3.1 主成分模型与公因子模型的转换

主成分模型和因子模型的理论区别在于,主成分模型不包括单因子,而完整的因子模型包括单因子。可是,由于理论意义的因子模型是一个封闭的方程,无法求解,故在实际计算过程中通常舍弃单因子,仅求公因子解。在这种情况下,因子模型与主成分模型在数学形式上没有本质的区别。因子分析与主成分分析的不同之处在于两个方面:其一,因子分析考虑坐标旋转,而主成分分析不考虑坐标旋转;其二,因子分析要求得分

	A	B	C	D	E	F	G
1	SUMMARY OUTPUT						
2							
3	回归统计						
4	Multiple R	1					
5	R Square	1					
6	Adjusted R	1					
7	标准误差	1.584E-16					
8	观测值	31					
9							
10	方差分析						
11		df	SS	MS	F	Significance F	
12	回归分析	2	30	15	5.976E+32	0	
13	残差	28	7.028E-31	2.51E-32			
14	总计	30	30				
15							
16		Coefficients	标准误差	t Stat	P-value	Lower 95%	Upper 95%
17	Intercept	-2.07E-17	2.846E-17	-0.728907	0.4721119	-7.9E-17	3.755E-17
18	第一主成分	0.7071068	2.207E-17	3.204E+16	0	0.7071068	0.7071068
19	第二主成分	0.7071068	5.448E-17	1.298E+16	0	0.7071068	0.7071068

(a) 以ln(城镇人口)的标准化结果为因变量

	A	B	C	D	E	F	G
1	SUMMARY OUTPUT						
2							
3	回归统计						
4	Multiple R	1					
5	R Square	1					
6	Adjusted R	1					
7	标准误差	1.476E-16					
8	观测值	31					
9							
10	方差分析						
11		df	SS	MS	F	Significance F	
12	回归分析	2	30	15	6.885E+32	0	
13	残差	28	6.101E-31	2.179E-32			
14	总计	30	30				
15							
16		Coefficients	标准误差	t Stat	P-value	Lower 95%	Upper 95%
17	Intercept	4.381E-17	2.651E-17	1.6523824	0.1096283	-1.05E-17	9.811E-17
18	第一主成分	0.7071068	2.056E-17	3.439E+16	0	0.7071068	0.7071068
19	第二主成分	-0.707107	5.076E-17	-1.39E+16	0	-0.707107	-0.707107

(b) 以ln(乡村人口)的标准化结果为因变量

图 5-3-1 以未经标准化的主成分得分为自变量的回归分析结果(局部)

标准化,而主成分分析不要求得分标准化。只要将主成分得分标准化,则主成分模型在形式上化为公因子模型。

以原始数据的标准化结果为因变量,以非未经标准化的主成分得分为自变量,进行二元线性回归(图 5-3-1),得到

$$x_1^* = 0.7071z_1 + 0.7071z_2 \tag{5-3-1}$$

$$x_2^* = 0.7071z_1 - 0.7071z_2 \tag{5-3-2}$$

假定从左到右为样品,自上而下为变量,表示为矩阵形式就是

$$\begin{bmatrix} x_1^* \\ x_2^* \end{bmatrix} = \begin{bmatrix} 0.7071 & 0.7071 \\ 0.7071 & -0.7071 \end{bmatrix} \cdot \begin{bmatrix} z_1 \\ z_2 \end{bmatrix} \tag{5-3-3}$$

这与前面的结果一致,简写为

$$\boldsymbol{X} = \boldsymbol{PZ} \tag{5-3-4}$$

这便是我们最初假设的主成分与原始数据标准化结果的转换关系。

现在,不妨将数据按照习惯排列:从左到右为变量,自上而下为样品,表示为矩阵形式就是

$$\begin{bmatrix} x_1^* \\ x_2^* \end{bmatrix} = \begin{bmatrix} 0.7071 & 0.7071 \\ 0.7071 & -0.7071 \end{bmatrix} \cdot \begin{bmatrix} z_1 \\ z_2 \end{bmatrix} \tag{5-3-5}$$

这个关系在 Excel 中容易验证。将上式简写为

$$\boldsymbol{X}^{\mathrm{T}} = \boldsymbol{Z}^{\mathrm{T}} \boldsymbol{P}^{\mathrm{T}} \tag{5-3-6}$$

在式子两端右边同时乘以 $\boldsymbol{P}$,得到 $\boldsymbol{X}^{\mathrm{T}}\boldsymbol{P} = \boldsymbol{Z}^{\mathrm{T}}$,前面图 5-1-17 反映的就是这种转换关系。注意,正交矩阵的转置等于该正交矩阵的逆。

如果利用原始数据(取对数后的城、乡人口)的标准化结果与主成分得分的标准化数值进行回归(图 5-3-2),得到

$$x_1^* = 0.9268z_1^* + 0.3754z_2^* \tag{5-3-7}$$

$$x_2^* = 0.9268z_1^* - 0.3754z_2^* \tag{5-3-8}$$

表示为矩阵形式就是

$$\begin{bmatrix} x_1^* \\ x_2^* \end{bmatrix} = \begin{bmatrix} 0.9268 & 0.3754 \\ 0.9268 & -0.3754 \end{bmatrix} \cdot \begin{bmatrix} z_1^* \\ z_2^* \end{bmatrix} \tag{5-3-9}$$

即

$$\boldsymbol{X} = \boldsymbol{A}^{\mathrm{T}} \boldsymbol{Z} \tag{5-3-10}$$

将上面的式子转置得到

$$\begin{bmatrix} x_1^* & x_2^* \end{bmatrix} = \begin{bmatrix} z_1^* & z_2^* \end{bmatrix} \cdot \begin{bmatrix} 0.9268 & 0.9268 \\ 0.3754 & -0.3754 \end{bmatrix} \tag{5-3-11}$$

即

$$\boldsymbol{X}^{\mathrm{T}} = \boldsymbol{Z}^{*\mathrm{T}} \boldsymbol{A} \tag{5-3-12}$$

这个式子实际上是一个"因子"方程式,$\boldsymbol{Z}^*$ 其实就是因子得分。根据上式,利用标准化主成分得分与载荷矩阵相乘,得到标准化的原始数据(图 5-3-3)。

(a) 以ln(城镇人口)的标准化结果为因变量

	A	B	C	D	E	F	G
1	SUMMARY OUTPUT						
2							
3	回归统计						
4	Multiple R	1					
5	R Square	1					
6	Adjusted R	1					
7	标准误差	1.599E-16					
8	观测值	31					
9							
10	方差分析						
11		df	SS	MS	F	Significance F	
12	回归分析	2	30	15	5.864E+32	0	
13	残差	28	7.162E-31	2.558E-32			
14	总计	30	30				
15							
16		Coefficients	标准误差	t Stat	P-value	Lower 95%	Upper 95%
17	Intercept	-1.12E-15	2.873E-17	-39.03336	5.854E-26	-1.18E-15	-1.06E-15
18	第一主成分	0.9268488	2.92E-17	3.174E+16	0	0.9268488	0.9268488
19	第二主成分	0.3754348	2.92E-17	1.286E+16	0	0.3754348	0.3754348

(a) 以ln(城镇人口)的标准化结果为因变量

(b) 以ln(乡村人口)的标准化结果为因变量

	A	B	C	D	E	F	G
1	SUMMARY OUTPUT						
2							
3	回归统计						
4	Multiple R	1					
5	R Square	1					
6	Adjusted R	1					
7	标准误差	1.358E-16					
8	观测值	31					
9							
10	方差分析						
11		df	SS	MS	F	Significance F	
12	回归分析	2	30	15	8.132E+32	0	
13	残差	28	5.165E-31	1.845E-32			
14	总计	30	30				
15							
16		Coefficients	标准误差	t Stat	P-value	Lower 95%	Upper 95%
17	Intercept	-1.01E-15	2.439E-17	-41.2889	1.246E-26	-1.06E-15	-9.57E-16
18	第一主成分	0.9268488	2.48E-17	3.738E+16	0	0.9268488	0.9268488
19	第二主成分	-0.375435	2.48E-17	-1.51E+16	0	-0.375435	-0.375435

(b) 以ln(乡村人口)的标准化结果为因变量

图 5-3-2 以标准化的主成分得分为自变量的回归分析结果(局部)

进一步地,将上式变形为

$$\begin{bmatrix} z_1^* & z_2^* \end{bmatrix} = \begin{bmatrix} x_1^* & x_2^* \end{bmatrix} \cdot \begin{bmatrix} 0.9268 & 0.9268 \\ 0.3754 & -0.3754 \end{bmatrix}^{-1}$$
$$= \begin{bmatrix} x_1^* & x_2^* \end{bmatrix} \cdot \begin{bmatrix} 0.5395 & 1.3318 \\ 0.5395 & -1.3318 \end{bmatrix}$$

(5-3-13)

即

$$\boldsymbol{Z}^{*\mathrm{T}} = \boldsymbol{X}^{\mathrm{T}} \boldsymbol{A}^{-1}$$

(5-3-14)

由此可将标准化的原始数据转换为标准化主成分得分。下面我们利用 Excel 对这个式子进行一次验证。载荷矩阵为

第一主成分*	第二主成分*	载荷矩阵A		Ln(城镇人口)*	Ln(乡村人口)*	地区
-0.89212	2.10329	0.9268488	0.9268488	-0.03721	-1.61651	北京
-1.16970	1.67313	0.3754348	-0.3754348	-0.45598	-1.71228	天津
0.80038	-0.68218			0.48572	0.99795	河北
0.13079	-0.22114			0.03820	0.20425	山西
-0.17230	0.17114			-0.09545	-0.22395	内蒙古
0.47316	0.87825			0.76828	0.10882	辽宁
-0.00317	0.56886			0.21064	-0.21651	吉林
0.32375	0.71345			0.56792	0.03221	黑龙江
-0.94329	3.13406			0.30235	-2.05092	上海
1.05147	0.27839			1.07907	0.87004	江苏
0.57604	0.59750			0.75822	0.30958	浙江
0.69647	-0.58026			0.42767	0.86337	安徽
0.23077	0.16744			0.27675	0.15103	福建
0.29749	-0.64485			0.03362	0.51782	江西
1.24566	0.11244			1.19675	1.11232	山东
1.09428	-0.84664			0.69637	1.33209	河南
0.81824	0.17596			0.82445	0.69232	湖北
0.79978	-0.44025			0.57599	0.90656	湖南
1.24022	1.02657			1.53491	0.76409	广东
0.39094	-0.60083			0.13677	0.58791	广西
-1.37578	-0.13846			-1.32712	-1.22315	海南
-0.04462	-0.33977			-0.08620	0.16892	重庆
1.03675	-0.60733			0.73290	1.18892	四川
0.06595	-0.94196			-0.29252	0.41478	贵州
0.26823	-0.95065			-0.10830	0.60552	云南
-2.83440	-1.74013			-3.28036	-1.97375	西藏
0.20233	-0.36862			0.04914	0.32593	陕西
-0.27539	-0.97960			-0.62302	0.11253	甘肃
-1.86441	-0.51031			-1.91962	-1.53644	青海
-1.79826	-0.63949			-1.90680	-1.42663	宁夏
-0.45853	-0.36802			-0.56316	-0.28682	新疆

图 5-3-3 标准化得分与转置的载荷矩阵相乘得到原始数据的标准化结果

$$\begin{bmatrix} 0.9268 & 0.3754 \\ 0.9268 & -0.3754 \end{bmatrix}$$

转置为

$$\begin{bmatrix} 0.9268 & 0.9268 \\ 0.3754 & -0.3754 \end{bmatrix}$$

再求逆得到

$$\begin{bmatrix} 0.5395 & 1.3318 \\ 0.5395 & -1.3318 \end{bmatrix}$$

由于矩阵变换具有性质$(A^T)^{-1}=(A^{-1})^T$,先求逆再转置,结果不变。这个矩阵在 SPSS 中称为"成分得分系数矩阵"(component score coefficient matrix),或者说 SPSS 的成分得分系数矩阵是因子载荷矩阵的逆矩阵——因子载荷矩阵是主成分矩阵的转置。

将原始数据的标准化结果 X^T 与载荷矩阵转置的逆矩阵相乘,立即得到标准化的主成分得分(图 5-3-4)。

Ln(城镇人口)*	Ln(乡村人口)*	载荷矩阵A		第一主成分*	第二主成分*	地区
-0.03721	-1.61651	0.9268488	0.3754348	-0.89212	2.10329	北京
-0.45598	-1.71228	0.9268488	-0.3754348	-1.16970	1.67313	天津
0.48572	0.99795			0.80038	-0.68218	河北
0.03820	0.20425	成分得分系数矩阵A⁻¹		0.13079	-0.22114	山西
-0.09545	-0.22395	0.5394623	0.5394623	-0.17230	0.17114	内蒙古
0.76828	0.10882	1.3317890	-1.3317890	0.47316	0.87825	辽宁
0.21064	-0.21651			-0.00317	0.56886	吉林
0.56792	0.03221	成分得分系数矩阵转置(A		0.32375	0.71345	黑龙江
0.30235	-2.05092	0.5394623	1.3317890	-0.94329	3.13406	上海
1.07907	0.87004	0.5394623	-1.3317890	1.05147	0.27839	江苏
0.75822	0.30958			0.57604	0.59750	浙江
0.42767	0.86337			0.69647	-0.58026	安徽
0.27675	0.15103			0.23077	0.16744	福建
0.03362	0.51782			0.29749	-0.64485	江西
1.19675	1.11232			1.24566	0.11244	山东
0.69637	1.33209			1.09428	-0.84664	河南
0.82445	0.69232			0.81824	0.17596	湖北
0.57599	0.90656			0.79978	-0.44025	湖南
1.53491	0.76409			1.24022	1.02657	广东
0.13677	0.58791			0.39094	-0.60083	广西
-1.32712	-1.22315			-1.37578	-0.13846	海南
-0.08620	0.16892			0.04462	-0.33977	重庆
0.73290	1.18892			1.03675	-0.60733	四川
-0.29252	0.41478			0.06595	-0.94196	贵州
-0.10830	0.60552			0.26823	-0.95065	云南
-3.28036	-1.97375			-2.83440	-1.74013	西藏
0.04914	0.32593			0.20233	-0.36862	陕西
-0.62302	0.11253			-0.27539	-0.97960	甘肃
-1.91962	-1.53644			-1.86441	-0.51031	青海
-1.90680	-1.42663			-1.79826	-0.63949	宁夏
-0.56316	-0.28682			-0.45853	-0.36802	新疆

图 5-3-4　标准化原始数据与转置并求逆的载荷矩阵相乘得到标准化的主成分得分

5.3.2　主成分-公因子模型变换的本质

那么，式(5-3-14)表示的转换关系的本质又是什么呢？说起来很简单，那就是将主成分得分标准化。这个过程容易通过简单的数学变换得以理解。前面给出

$$A = P\Lambda^{1/2} = \begin{bmatrix} e_{11} & e_{21} \\ e_{12} & e_{22} \end{bmatrix} \cdot \begin{bmatrix} \sqrt{\lambda_1} & 0 \\ 0 & \sqrt{\lambda_2} \end{bmatrix} \tag{5-3-15}$$

于是

$$A^{\mathrm{T}} = \sqrt{\Lambda}^{\mathrm{T}} P^{\mathrm{T}} \tag{5-3-16}$$

考虑到对角阵的性质

$$\sqrt{\Lambda}^{\mathrm{T}} = \sqrt{\Lambda} \tag{5-3-17}$$

以及正交矩阵的性质

$$P^{\mathrm{T}} = P^{-1} \tag{5-3-18}$$

我们有

$$Z^{*\mathrm{T}} = X^{*\mathrm{T}}(\sqrt{\Lambda}^{\mathrm{T}} P^{\mathrm{T}})^{-1} = X^{*\mathrm{T}} P (\sqrt{\Lambda}^{\mathrm{T}})^{-1} = Z^{\mathrm{T}} \sqrt{\Lambda}^{-1} \tag{5-3-19}$$

再次提示：上面用到矩阵变换的几个性质

$$(\boldsymbol{AB})^{\mathrm{T}} = \boldsymbol{B}^{\mathrm{T}}\boldsymbol{A}^{\mathrm{T}} ,\ (\boldsymbol{AB})^{-1} = \boldsymbol{B}^{-1}\boldsymbol{A}^{-1} ,\ (\boldsymbol{A}^{\mathrm{T}})^{-1} = (\boldsymbol{A}^{-1})^{\mathrm{T}}$$

由上面的变换可知，通过非标准化的主成分得分 $\boldsymbol{Z}$ 与特征值构成的对角阵的平方根的倒数 $\sqrt{\boldsymbol{\Lambda}}^{-1}$ 相乘可以得到标准化的主成分得分 $\boldsymbol{Z}^*$，而标准化的主成分得分实际上就是因子得分。用特征根构成的对角阵为

$$\begin{bmatrix} 1.7181 & 0 \\ 0 & 0.2819 \end{bmatrix}$$

这个矩阵的性质很特别，对矩阵求平方根，结果矩阵的每个元素刚好是原矩阵对应元素的平方根。即有

$$\boldsymbol{\Lambda}^{1/2} = \begin{bmatrix} \lambda_1 & 0 \\ 0 & \lambda_2 \end{bmatrix}^{1/2} = \begin{bmatrix} \sqrt{\lambda_1} & 0 \\ 0 & \sqrt{\lambda_2} \end{bmatrix} = \sqrt{\boldsymbol{\Lambda}} \qquad (5\text{-}3\text{-}20)$$

容易验算，特征根对角阵的平方根为

$$\begin{bmatrix} 1.3108 & 0 \\ 0 & 0.5309 \end{bmatrix}$$

这个矩阵的性质也很特别，对矩阵求逆，结果矩阵的元素刚好是上面矩阵对应元素的倒数。即有

X	Y	Z	AA	AB	AC	AD
第一主成分	第二主成分	特征根对角阵		因子得分1	因子得分2	地区
-1.16936	1.11673	1.7180974	0	-0.89212	2.10329	北京
-1.53320	0.88834	0	0.2819026	-1.16970	1.67313	天津
1.04911	-0.36220			0.80038	-0.68218	河北
0.17144	-0.11741	特征根对角阵的平方根		0.13079	-0.22114	山西
-0.22585	0.09087	1.3107621	0.00000	-0.17230	0.17114	内蒙古
0.62020	0.46630	0	0.5309450	0.47316	0.87825	辽宁
-0.00415	0.30204			-0.00317	0.56886	吉林
0.42436	0.37881	特征根对角阵平方根的逆		0.32375	0.71345	黑龙江
-1.23643	1.66401	0.7629149	0	-0.94329	3.13406	上海
1.37823	0.14781	0	1.8834341	1.05147	0.27839	江苏
0.75505	0.31724			0.57604	0.59750	浙江
0.91290	-0.30809			0.69647	-0.58026	安徽
0.30249	0.08890			0.23077	0.16744	福建
0.38993	-0.34238			0.29749	-0.64485	江西
1.63276	0.05970			1.24566	0.11244	山东
1.43434	-0.44952			1.09428	-0.84664	河南
1.07252	0.09343			0.81824	0.17596	湖北
1.04832	-0.23375			0.79978	-0.44025	湖南
1.62564	0.54505			1.24022	1.02657	广东
0.51243	-0.31901			0.39094	-0.60083	广西
-1.80332	-0.07351			-1.37578	-0.13846	海南
0.05849	-0.18040			0.04462	-0.33977	重庆
1.35893	-0.32246			1.03675	-0.60733	四川
0.08645	-0.50013			0.06595	-0.94196	贵州
0.35158	-0.50474			0.26823	-0.95065	云南
-3.71522	-0.92391			-2.83440	-1.74013	西藏
0.26521	-0.19572			0.20233	-0.36862	陕西
-0.36097	-0.52011			-0.27539	-0.97960	甘肃
-2.44380	-0.27095			-1.86441	-0.51031	青海
-2.35709	-0.33954			-1.79826	-0.63949	宁夏
-0.60102	-0.19540			-0.45853	-0.36802	新疆

图 5-3-5 由未经标准化的主成分得分与特征根平方根的对角阵的逆矩阵相乘得到因子得分

$$\sqrt{\boldsymbol{\Lambda}}^{-1} = \begin{bmatrix} \sqrt{\lambda_1} & 0 \\ 0 & \sqrt{\lambda_2} \end{bmatrix}^{-1} = \begin{bmatrix} 1/\sqrt{\lambda_1} & 0 \\ 0 & 1/\sqrt{\lambda_2} \end{bmatrix} \tag{5-3-21}$$

可见这个对角阵的性质与普通数的性质非常类似。容易验算，特征值对角阵平方根的逆矩阵为

$$\begin{bmatrix} 0.7629 & 0 \\ 0 & 1.8834 \end{bmatrix}$$

根据前面推导的结果 $\boldsymbol{Z}^{*\mathrm{T}} = \boldsymbol{Z}^{\mathrm{T}}(\boldsymbol{\Lambda}^{1/2})^{-1}$，用上面特征根平方根对角阵的逆矩阵右乘未经标准化的主成分得分，得到标准化的主成分得分，也就是所谓因子得分（图5-3-5）。

用上面特征根平方根对角阵的逆矩阵右乘以未经标准化的主成分得分，实际上就是：用第一列未经标准化的主成分得分除以第一个特征根的平方根，用第二列未经标准化的主成分得分除以第二个特征根的平方根。为什么用这个方法可以得到标准化的主成分得分呢？道理非常简单。主成分得分的平均值为 $\bar{z}=0$，方差为特征根 $\mathrm{Var}(z_{ij})=\lambda_j$，标准差为特征根的平方根 $\sigma_j=\lambda_j^{1/2}$。利用标准化公式对主成分得分标准化，便是

$$z_{ij}^* = \frac{z_{ij}-\bar{z}}{\sigma_j} = \frac{z_{ij}-0}{\sqrt{\lambda_j}} = \frac{z_{ij}}{\sqrt{\lambda_j}} \tag{5-3-22}$$

可见上述过程正是主成分得分的标准化过程。容易验证：用第一列未经标准化的主成分得分除以第一个特征根的平方根 $\lambda_1=1.310\,76$，用第二列未经标准化的主成分得分除以第二个特征根的平方根 $\lambda_2=0.530\,95$，立即得到标准化的主成分得分（图5-3-6）。

AD	AE	AF	AG	AH
地区	第一主成分	第二主成分	第一主成分*	第二主成分*
北京	-1.16936	1.11673	-0.89212	2.10329
天津	-1.53320	0.88834	-1.16970	1.67313
河北	1.04911	-0.36220	0.80038	-0.68218
山西	0.17144	-0.11741	0.13079	-0.22114
内蒙古	-0.22585	0.09087	-0.17230	0.17114
辽宁	0.62020	0.46630	0.47316	0.87825
吉林	-0.00415	0.30204	-0.00317	0.56886
黑龙江	0.42436	0.37881	0.32375	0.71345
上海	-1.23643	1.66401	-0.94329	3.13406
江苏	1.37823	0.14781	1.05147	0.27839
浙江	0.75505	0.31724	0.57604	0.59750
安徽	0.91290	-0.30809	0.69647	-0.58026
福建	0.30249	0.08890	0.23077	0.16744
江西	0.38993	-0.34238	0.29749	-0.64485
山东	1.63276	0.05970	1.24566	0.11244
河南	1.43434	-0.44952	1.09428	-0.84664
湖北	1.07252	0.09343	0.81824	0.17596
湖南	1.04832	-0.23375	0.79978	-0.44025
广东	1.62564	0.54505	1.24022	1.02657
广西	0.51243	-0.31901	0.39094	-0.60083
海南	-1.80332	-0.07351	-1.37578	-0.13846
重庆	0.05849	-0.18040	0.04462	-0.33977
四川	1.35893	-0.32246	1.03675	-0.60733
贵州	0.08645	-0.50013	0.06595	-0.94196
云南	0.35158	-0.50474	0.26823	-0.95065
西藏	-3.71522	-0.92391	-2.83440	-1.74013
陕西	0.26521	-0.19572	0.20233	-0.36862
甘肃	-0.36097	-0.52011	-0.27539	-0.97960
青海	-2.44380	-0.27095	-1.86641	-0.51031
宁夏	-2.35709	-0.33954	-1.79826	-0.63949
新疆	-0.60102	-0.19540	-0.45853	-0.36802
Average	0	0	0	0
Stdev	1.31076	0.53095	1	1
Var	1.71810	0.28190	1	1

图 5-3-6　未经标准化的主成分得分分别除以对应的特征根平方根得到标准化的主成分得分

第 6 章　系统聚类分析

聚类分析方法有多种,包括快速聚类、层次聚类、判别分析等。层次聚类是最常用的聚类分析方法,这种方法又叫系统聚类。如果基于样品对变量聚类,则称为 R 型聚类分析;如果基于变量对样品聚类,则称为 Q 型聚类分析。系统聚类在技术层面关键解决两个方面的问题:一是计算一种合适的距离;二是选择一种恰当的归类方法。根据距离远近关系,借助一定的方法,将变量(R 型)或者样品(Q 型)按照一定的类别层次梳理出一个明确的谱系。根据这个谱系,可以清楚看出变量或者样品的关系远近。下面借助实例说明如何利用 Excel 开展 Q 型系统聚类分析。R 型聚类与 Q 型聚类过程相似,可以依此类推。

【例】　日本福冈甜桔引种的区位选择问题。有人希望将日本福冈甜桔引种中国,候选地点为:合肥、武汉、长沙、桂林、温州、成都……我们知道,生物的生存依赖于一定的环境条件。从一个地方向另一个地方引进一种植物,需要对自然环境条件进行研究。如果环境条件不适宜,引种可能失败,或者产量不高、质量不好,白白浪费人力、物力和财力。原始数据来自贺仲雄等的《决策科学》。用于分析的变量有五个:年平均气温、年平均降水量、年日照时数、年极端最低温、一月平均气温。解决上述问题的方法有多种,聚类分析是其中之一。将日本福冈与中国的候选城市放在一起聚类,最先与福冈聚在一起的城市自然条件可能与福冈最为相似,从而可能是应该优先考虑的引种区位。

6.1　计算距离矩阵

6.1.1　一般距离矩阵

利用 SPSS 之类的统计分析软件开展层次聚类分析非常简单,关键在于整个过程都是一个"黑箱"。如何计算和选择距离,如何选择聚类方法,应用者未必清楚。借助 Excel 开展系统聚类分析是一件繁而不难的工作。在 Excel 里聚类,实际应用的价值不大,但是,这个过程可以帮助我们透彻了解系统聚类分析的各个环节。系统聚类的第一个关键问题是选择适当的距离。有些距离,如马氏距离、精度加权距离等,SPSS 之类的软件不能直接给出。但是,在 Excel 里可以明确这类距离的计算方法,以及选择距离应该注意的细节问题。

首先根据 Minkowski 距离即通常所谓闵氏距离设计一个计算一般距离的矩阵。从这个矩阵出发,可以演变出多种距离矩阵。设计的步骤如下。

第一步,录入并整理数据。

将福冈和中国的六个城市放在一起,然后将样品和变量按照一定的次序排列(图 6-1-1)。

第二步,设置参数。

	A	B	C	D	E	F
1	城市	年平均气温	年平均降雨量	年日照时数	年极端最低气温	一月份平均气温
2	福冈	16.2	1492.0	2000.0	-8.2	6.2
3	合肥	15.7	970.0	2209.0	-20.6	1.9
4	武汉	16.3	1260.0	2085.0	-17.3	2.8
5	长沙	17.2	1422.0	1726.0	-9.5	4.6
6	桂林	18.8	1874.0	1709.0	-4.9	8.0
7	温州	17.9	1698.0	1848.0	-4.5	7.5
8	成都	16.3	976.0	1239.0	-4.6	5.6

图 6-1-1　七个地点五种变量的数据

在单元格 G2 中输入 2，代表幂次（power）；在单元格 G3 中输入 2，用于求根（root）计算（图 6-1-2）。这两个参数都是临时性的，可以根据实际需要修改。

第三步，设计计算公式。

寻找一个合适的数值区域，如 H1:O8，事先排列好数据标签即各个城市的名称。在单元格 I2 中输入如下公式

"＝(ABS($B2-$B$2)^$G$2+ABS($C2-$C$2)^$G$2+ABS($D2-$D$2)^$G$2+ABS($E2-$E$2)^$G$2+ABS($F2-$F$2)^$G$2)^(1/$G$3)"

计算所有城市与福冈的欧氏距离。回车之后，得到福冈与自身的距离 0（图 6-1-2）。式中 ABS 为绝对值函数，采用 ABS 的目的是对表中的差值全部取绝对值。如果仅仅是计算欧氏距离，则没有必要引入 abs 函数。预先加入这个函数，便于后面计算绝对距离和盒子距离等。

图 6-1-2　设计距离计算公式（局部显示）

	G	H	I	合肥	武汉	长沙	桂林	温州	成都
1	参数		福冈						
2	2	福冈	0.000	562.439	247.272	282.810	480.235	256.043	919.451
3	2	合肥	562.439						
4		武汉	247.272						
5		长沙	282.810						
6		桂林	480.235						
7		温州	256.043						
8		成都	919.451						

图 6-1-3　计算所有城市与福冈的距离及其转置结果

将鼠标光标指向单元格 I2 的右下角，双击或者下拉，立即生成福冈与所有城市的欧氏距离（图 6-1-3）。再次将鼠标光标指向单元格 I2 的右下角，待其变为细小黑十字，右拖至单元格 O2，生成一系列的 0——福冈与福冈的距离。然后，依次对公式作如下修改。

在 J2 单元格中，将公式中的 $B$2、$C$2、$D$2、$E$2、$F$2 全部改成 $B$3、$C$3、$D$3、$E$3、$F$3；在 K2 单元格中，将公式中的 $B$2、$C$2、$D$2、$E$2、$F$2 全部改成 $B$4、$C$4、$D$4、$E$4、$F$4；在 L2 单元格中，将公式中的 $B$2、$C$2、$D$2、$E$2、$F$2 全部改成 $B$5、$C$5、$D$5、$E$5、$F$5；在 M2 单元格中，将公式中的 $B$2、$C$2、$D$2、$E$2、$F$2 全部改成 $B$6、$C$6、$D$6、$E$6、$F$6；在 N2 单元格中，将公式中的 $B$2、$C$2、$D$2、$E$2、$F$2 全部改成 $B$7、$C$7、$D$7、$E$7、$F$7；在 O2 单元格中，将公式中的 $B$2、$C$2、$D$2、$E$2、$F$2 全部改成 $B$8、$C$8、$D$8、$E$8、$F$8。

以 J2 单元格为例,修改后的公式用于计算所有城市与合肥的距离,即
"=(ABS($B2-$B$3)^$G$2+ABS($C2-$C$3)^$G$2+ABS($D2-$D$3)^$G$2+ABS($E2-$E$3)^$G$2+ABS($F2-$F$3)^$G$2)^(1/$G$3)"
再以 K2 单元格为例,修改后的公式用于计算所有城市与武汉的距离,即
"=(ABS($B2-$B$4)^$G$2+ABS($C2-$C$4)^$G$2+ABS($D2-$D$4)^$G$2+ABS($E2-$4$4)^$G$2+ABS($F2-$F$4)^$G$2)^(1/$G$3)"

其余情况依此类推。修改后的第一行代表所有其他城市与福冈的距离(图 6-1-3)。

	H	I	J	K	L	M	N	O
1		福冈	合肥	武汉	长沙	桂林	温州	成都
2	福冈	0.000	562.439	247.272	282.810	480.235	256.043	919.451
3	合肥	562.439	0.000	315.417	661.608	1033.203	812.773	970.158
4	武汉	247.272	315.417	0.000	393.941	720.110	498.198	892.492
5	长沙	282.810	661.608	393.941	0.000	452.359	301.818	660.387
6	桂林	480.235	1033.203	720.110	452.359	0.000	224.273	1013.566
7	温州	256.043	812.773	498.198	301.818	224.273	0.000	944.548
8	成都	919.451	970.158	892.492	660.387	1013.566	944.548	0.000

图 6-1-4 欧氏距离矩阵

选中区域 J2:O2,将鼠标光标指向 O2 单元格的右下角,双击或者下拉,生成完整的欧氏距离矩阵(图 6-1-4)。

	G	H	I	J	K	L	M	N	O
1	参数		福冈	合肥	武汉	长沙	桂林	温州	成都
2	2	福冈	0	316338	61143	79981	230626	65558	845390
3	1	合肥	316338	0	99488	437726	1067509	660600	941206
4		武汉	61143	99488	0	155190	518559	248201	796541
5		长沙	79981	437726	155190	0	204628	91094	436111
6		桂林	230626	1067509	518559	204628	0	50298	1027316
7		温州	65558	660600	248201	91094	50298	0	892171
8		成都	845390	941206	796541	436111	1027316	892171	0

图 6-1-5 欧氏距离平方矩阵

保持代表幂次的 G2 单元格的参数值 2 不变,将代表根次的 G3 单元格的数值改为 1,可以得到欧氏距离平方——欧氏距离平方也是一种距离(图 6-1-5)。

将代表幂次的 G2 单元格的参数值和代表根次的 G3 单元格的数值全部改为 1,立即得到绝对距离即 Hamming 距离矩阵。绝对距离通常称为 Manhattan 街区距离,即所谓 Block 距离(图 6-1-6)。

	G	H	I	J	K	L	M	N	O
1	参数		福冈	合肥	武汉	长沙	桂林	温州	成都
2	1	福冈	0.0	748.2	329.6	347.9	680.7	364.7	1281.3
3	1	合肥	748.2	0.0	418.8	950.3	1428.9	1112.9	996.3
4		武汉	329.6	418.8	0.0	531.5	1010.1	694.1	1145.5
5		长沙	347.9	950.3	531.5	0.0	478.6	406.6	939.8
6		桂林	680.7	1428.9	1010.1	478.6	0.0	316.8	1373.2
7		温州	364.7	1112.9	694.1	406.6	316.8	0.0	1334.6
8		成都	1281.3	996.3	1145.5	939.8	1373.2	1334.6	0.0

图 6-1-6 Block 距离矩阵

6.1.2 精度加权矩阵

为了消除变量的量纲影响,可以用原始数据各个变量的数值除以各自的抽样标准差,得到加权处理数据(图 6-1-7)。

保持前面图 6-1-1 至图 6-1-4 所示的各种设计及其分布格局不变,在另外一个工作表中对数据进行加权处理,即除以各个变量的抽样标准差(用函数 stdev 计算)。然后,将

	A	B	C	D	E	F
1	城市	年平均气温	年平均降雨量	年日照时数	年极端最低气温	一月份平均气温
2	福冈	14.638	4.352	6.259	-1.259	2.715
3	合肥	14.186	2.830	6.913	-3.163	0.832
4	武汉	14.729	3.676	6.525	-2.656	1.226
5	长沙	15.542	4.148	5.402	-1.459	2.014
6	桂林	16.988	5.467	5.348	-0.752	3.503
7	温州	16.174	4.953	5.783	-0.691	3.284
8	成都	14.729	2.847	3.877	-0.706	2.452

图 6-1-7 加权处理后的数据

图 6-1-7 所示的加权处理结果复制到图 6-1-1 所示的原始数据所在区域,替换全部原始数据。在 G2 和 G3 单元格数值都是 2 的情况下,立即生成精度加权距离(图 6-1-8)。实际上,如

	G	H	I	J	K	L	M	N	O
1	参数		福冈	合肥	武汉	长沙	桂林	温州	成都
2	2	福冈	0.000	3.181	2.169	1.457	2.910	1.896	2.885
3	2	合肥	3.181	0.000	1.254	3.188	5.495	4.676	4.262
4		武汉	2.169	1.254	0.000	2.050	4.302	3.517	3.606
5		长沙	1.457	3.188	2.050	0.000	2.559	1.843	2.331
6		桂林	2.910	5.495	4.302	2.559	0.000	1.080	3.903
7		温州	1.896	4.676	3.517	1.843	1.080	0.000	3.294
8		成都	2.885	4.262	3.606	2.331	3.903	3.294	0.000

图 6-1-8 精度加权距离矩阵

果将数据标准化——减去均值再除以抽样标准差,然后计算欧氏距离,得到的也是精度加权距离。所谓精度加权距离,其实就是基于消除量纲差异的标准化数据或者加权处理数据的欧氏距离。

6.1.3 马氏矩阵

	A	B	C	D	E	F	G
1	城市	主成分1	主成分2	主成分3	主成分4	主成分5	参数
2	福冈	0.01426	0.26244	2.01956	-0.60502	-0.59248	2
3	合肥	-1.56505	0.36188	-0.24571	1.32573	0.13635	2
4	武汉	-0.93471	0.51693	-0.46897	-0.85595	-0.54724	
5	长沙	0.08313	-0.11840	-0.82928	-1.47426	1.04080	
6	桂林	1.34680	0.68107	-0.87297	0.46850	-1.31051	
7	温州	0.91433	0.49031	0.43569	0.79398	1.56386	
8	成都	0.14125	-2.19423	-0.03832	0.34702	-0.29078	

图 6-1-9 从相关系数矩阵出发计算的全部主成分

对原始数据开展主成分分析,然后提前全部的 5 个主成分——注意最大主成分数目等于变量数目。用这 5 个主成分代替图 6-1-1 所示的原始数据(图 6-1-9 和图 6-1-10),其他处理方式不变,这样可以生成 Mahalanobis 距离,即通常所谓马氏距离。

有两种方法开展主成分分析:一是从相关系数矩阵出发,主成分得分如图 6-1-9 所示;二是从协方差矩阵出发,主成分得分如图 6-1-10 所示。不管从哪一种主成分得分出发,最后得

	A	B	C	D	E	F	G
1	城市	主成分1	主成分2	主成分3	主成分4	主成分5	参数
2	福冈	0.37856	-0.47792	1.50215	-0.77045	-1.28181	2
3	合肥	-1.04279	-1.35467	-0.09019	1.14315	0.42354	2
4	武汉	-0.25646	-0.84332	-0.96905	-0.62554	-0.53446	
5	长沙	0.06543	0.34170	-0.83166	-1.50732	0.93842	
6	桂林	1.36256	0.59176	-0.96982	1.10374	-0.78180	
7	温州	0.91125	0.08374	1.02662	0.36450	1.52252	
8	成都	-1.41855	1.65871	0.33195	0.29193	-0.28641	

图 6-1-10 从协方差矩阵出发计算的全部主成分

到的马氏距离都一样（图6-1-11）。

保持图6-1-1至图6-1-4所示的各种设计及其数据分布格局不变,利用SPSS软件计算主成分得分。然后,将图6-1-9或者图6-1-10所示的主

	G	H	I	J	K	L	M	N	O
1	参数		福冈	合肥	武汉	长沙	桂林	温州	成都
2	2	福冈	0.000	3.449	2.688	3.419	3.462	3.159	3.359
3	2	合肥	3.449	0.000	2.387	3.456	3.435	2.991	3.260
4		武汉	2.688	2.387	0.000	2.115	2.781	3.379	3.195
5		长沙	3.419	3.456	2.115	0.000	3.397	2.843	3.167
6		桂林	3.462	3.435	2.781	3.397	0.000	3.210	3.387
7		温州	3.159	2.991	3.379	2.843	3.210	0.000	3.416
8		成都	3.359	3.260	3.195	3.167	3.387	3.416	0.000

图6-1-11 马氏距离矩阵

成分得分复制到图6-1-1所示的数据分布区域,替换全部原始数据。在G2和G3单元格中设定参数值2,立即生成马氏距离(图6-1-11)。所谓马氏距离,其实就是基于主成分得分的欧氏距离。

6.1.4 自定义距离矩阵举例

	G	H	I	J	K	L	M	N	O
1	参数		福冈	合肥	武汉	长沙	桂林	温州	成都
2	2	福冈	0.000	68.137	39.396	43.085	61.325	40.322	94.555
3	3	合肥	68.137	0.000	46.337	75.928	102.201	87.092	98.000
4		武汉	39.396	46.337	0.000	53.739	80.340	62.845	92.698
5		长沙	43.085	75.928	53.739	0.000	58.928	44.995	75.834
6		桂林	61.325	102.201	80.340	58.928	0.000	36.913	100.902
7		温州	40.322	87.092	62.845	44.995	36.913	0.000	96.268
8		成都	94.555	98.000	92.698	75.834	100.902	96.268	0.000

图6-1-12 自定义距离矩阵之一(幂次为2,根次为3)

前面一开始就基于闵氏距离的定义设计了一般距离矩阵的计算方法。当取幂次和根次都为2的时候,得到欧氏距离矩阵;当取幂次和根次都为1的时候,得到绝对距离矩阵。如果取任意可行的幂次和根次,并且幂次和根次数值相等,则得到的结果统统属于闵氏距离。绝对距离和欧氏距离都是闵氏距离的特例。

当取任意幂次和根次,但幂次和根次未必相等的时候,结果属于自定义距离。所谓自定义距离,就是应用者根据自己的需要设计的距离。只要计算结果满足距离公理,理论上幂次

	G	H	I	J	K	L	M	N	O
1	参数		福冈	合肥	武汉	长沙	桂林	温州	成都
2	2	福冈	0.000	23.716	15.725	16.817	21.914	16.001	30.322
3	4	合肥	23.716	0.000	17.760	25.722	32.143	28.509	31.147
4		武汉	15.725	17.760	0.000	19.848	26.835	22.320	29.875
5		长沙	16.817	25.722	19.848	0.000	21.269	17.373	25.698
6		桂林	21.914	32.143	26.835	21.269	0.000	14.976	31.837
7		温州	16.001	28.509	22.320	17.373	14.976	0.000	30.734
8		成都	30.322	31.147	29.875	25.698	31.837	30.734	0.000

图6-1-13 自定义距离矩阵之二(幂次为2,根次为4)

和根次可以随意选取。下面是随便给出的两个自定义距离矩阵。第一个取幂次为2、根次为3(图6-1-12);第二个取幂次为2、根次为4(图6-1-13)。甚至,幂次和根次都可以取分数。

6.1.5 Chebychev 距离(盒子距离)

在闵氏距离计算公式中,如果取幂次和根次为无穷大,则可以得到所谓 Chebychev

距离,或者称为正方距离(square distance)、盒子距离(box distance)。不过,Excel 不能处理无穷大的问题。因此,有必要对前面的公式进行修改。将第 I 列的公式改作

"=MAX(ABS($B2-$B$2)^$G$2,ABS($C2-$C$2)^$G$2,ABS($D2-$D$2)^$G$2,ABS($E2-$E$2)^$G$2,ABS($F2-$F$2)^$G$2)^(1/$G$3)"

将第 J 列的公式改作

"=MAX(ABS($B2-$B$3)^$G$2,ABS($C2-$C$3)^$G$2,ABS($D2-$D$3)^$G$2,ABS($E2-$E$3)^$G$2,ABS($F2-$F$3)^$G$2)^(1/$G$3)"

	G	H	I	J	K	L	M	N	O
1	参数		福冈	合肥	武汉	长沙	桂林	温州	成都
2	1	福冈	0	522	232	274	382	206	761
3	1	合肥	522	0	290	483	904	728	970
4		武汉	232	290	0	359	614	438	846
5		长沙	274	483	359	0	452	276	487
6		桂林	382	904	614	452	0	176	898
7		温州	206	728	438	276	176	0	722
8		成都	761	970	846	487	898	722	0

图 6-1-14 基于原始数据的盒子距离矩阵

其余依此类推地修改,即可得到盒子距离(图 6-1-14)。

盒子距离首先要求计算变量之间的差值,并且取绝对值。然后,从中挑选一个数值最大的绝对值代表距离。这样一来,方差大的变量的信息必然更多地体现在距离矩阵之中。那些方差小的变量在计算过程中容易被忽略。为了解决这个问题,可以首先消除数据的量纲差异。像计算

	G	H	I	J	K	L	M	N	O
1	参数		福冈	合肥	武汉	长沙	桂林	温州	成都
2	1	福冈	0	1.904	1.489	0.904	2.349	1.536	2.382
3	1	合肥	1.904	0	0.846	1.704	2.801	2.472	3.036
4		武汉	1.489	0.846	0	1.198	2.277	2.058	2.648
5		长沙	0.904	1.704	1.198	0	1.489	1.270	1.524
6		桂林	2.349	2.801	2.277	1.489	0	0.813	2.620
7		温州	1.536	2.472	2.058	1.270	0.813	0	2.106
8		成都	2.382	3.036	2.648	1.524	2.620	2.106	0

图 6-1-15 基于加权处理数据的盒子距离矩阵

精度加权距离那样,用各个变量除以自己的标准差,然后采用消除量纲差距之后的数据计算盒子距离,可以更全面地反映原始数据的信息(图 6-1-15)。

6.1.6 相似系数矩阵及其对应的距离

图 6-1-16 计算相似系数矩阵的选项设置

相关系数、相似系数和夹角余弦三个概念,在不同教材中有较多的混淆。在本书中采用如下定义:变量之间的标准化协方差为相关系数,样品之间的标准化协方差为相似系数。

计算相似系数矩阵的方法非常简单,与前面多次讲到的计算相关系数的方法类似。沿着主菜单"工具(T)"→"数据分析(D)"的路径打开数据分析选项框,从"分析工具

(A)"中选择"相关系数",弹出相关系数对话框。根据图 6-1-1 所示的数据分布,进行如图 6-1-16 所示的选项设置。这里是要计算样品与样品之间的相似系数,故"分组方式"选择"逐行(R)";如果开展 R 型聚类分析,计算变量与变量之间的相关系数,则将"分组方式"改为"逐

	H	I	J	K	L	M	N	O
1		福冈	合肥	武汉	长沙	桂林	温州	成都
2	福冈	1						
3	合肥	0.9611	1					
4	武汉	0.9925	0.9876	1				
5	长沙	0.9981	0.9422	0.9831	1			
6	桂林	0.9700	0.8651	0.9331	0.9831	1		
7	温州	0.9914	0.9167	0.9680	0.9976	0.9935	1	
8	成都	0.9994	0.9514	0.9879	0.9996	0.9775	0.9952	1

图 6-1-17 相似系数矩阵的计算结果

	H	I	J	K	L	M	N	O
1		福冈	合肥	武汉	长沙	桂林	温州	成都
2	福冈	1	0.9611	0.9925	0.9981	0.9700	0.9914	0.9994
3	合肥	0.9611	1	0.9876	0.9422	0.8651	0.9167	0.9514
4	武汉	0.9925	0.9876	1	0.9831	0.9331	0.9680	0.9879
5	长沙	0.9981	0.9422	0.9831	1	0.9831	0.9976	0.9996
6	桂林	0.9700	0.8651	0.9331	0.9831	1	0.9935	0.9775
7	温州	0.9914	0.9167	0.9680	0.9976	0.9935	1	0.9952
8	成都	0.9994	0.9514	0.9879	0.9996	0.9775	0.9952	1
9								
10		福冈	合肥	武汉	长沙	桂林	温州	成都
11	福冈	0	0.0389	0.0075	0.0019	0.0300	0.0086	0.0006
12	合肥	0.0389	0	0.0124	0.0578	0.1349	0.0833	0.0486
13	武汉	0.0075	0.0124	0	0.0169	0.0669	0.0320	0.0121
14	长沙	0.0019	0.0578	0.0169	0	0.0169	0.0024	0.0004
15	桂林	0.0300	0.1349	0.0669	0.0169	0	0.0065	0.0225
16	温州	0.0086	0.0833	0.0320	0.0024	0.0065	0	0.0048
17	成都	0.0006	0.0486	0.0121	0.0004	0.0225	0.0048	0

图 6-1-18 相似系数矩阵转换为距离矩阵

列(C)"即可。

确定之后,得到相似系数矩阵的下三角部分(图 6-1-17)。根据对称性,容易将上三角部分补齐(图 6-1-18)。不过,在聚类分析过程中,只要得到下三角部分就可以了。相关系数矩阵不是距离矩阵,但容易转换为距离矩阵。只要采用 1 减去相关系数的绝对值即可。选定一个 7 行 7 列的区域,例如,根据图 6-1-17,选定区域 I11:O17,输入公式"= 1-abs(I2:O8)",同时按下 Ctrl + Shift 键,回车,立即得到一种基于相关系数的广义距离矩阵(图 6-1-18)。

6.1.7 夹角余弦矩阵及其对应的距离

夹角余弦的公式形态与相关系数相似。但是,由于 Excel 没有直接计算夹角余弦的功能,获取夹角余弦矩阵的过程相对复杂一些。根据图 6-1-1 所示的数据分布,按照如下步骤计算夹角余弦。

1. 计算各个样品平方和的平方根

在单元格 G2 中输入公式"= SUMSQ(B2:F2)^0.5"得到 2495.282;双击或者下拉 G2 单元格的右下角,得到全部城市对应的平方和的平方根(图 6-1-19)。

	A	B	C	D	E	F	G
1	城市	年平均气温	年平均降雨	年日照时数	年极端最低	一月份平均	Sumsq
2	福冈	16.2	1492.0	2000.0	-8.2	6.2	2495.282
3	合肥	15.7	970.0	2209.0	-20.6	1.9	2412.728
4	武汉	16.3	1260.0	2085.0	-17.3	2.8	2436.267
5	长沙	17.2	1422.0	1726.0	-9.5	4.6	2236.418
6	桂林	18.8	1874.0	1709.0	-4.9	8.0	2536.336
7	温州	17.9	1698.0	1848.0	-4.5	7.5	2509.722
8	成都	16.3	976.0	1239.0	-4.6	5.6	1577.344

图 6-1-19 各个城市对应的平方和的平方根

111

2. 设计夹角余弦计算公式

寻找一个合适的数值区域,如 H1:O8,事先排列好数据标签。在单元格 I2 中输入如下公式

"=($B2*$B$2+$C2*$C$2+$D2*$D$2+$E2*$E$2+
　　　　$F2*$F$2)/($G2*$G$2)"

G	H	I	J	K	L	M	N	O
Sumsq		福冈	合肥	武汉	长沙	桂林	温州	成都
2495.282	福冈	=($B2*$B$2+$C2*$C$2+$D2*$D$2+$E2*$E$2+$F2*$F$2)/($G2*$G$2)						
2412.728	合肥							
2436.267	武汉							
2236.418	长沙							
2536.336	桂林							
2509.722	温州							
1577.344	成都							

计算所有城市与福冈的夹角余弦。回车之后,得到福冈与自身的夹角余弦值1(图 6-1-20)。

双击或者下拉单元格 I2 的右下角,生成福冈与所有城市的夹角余弦值。再次将鼠标光标

图 6-1-20　计算所有城市与福冈的夹角余弦(局部显示)

指向单元格 I2 的右下角,待其变为细小黑十字,右拖至单元格 O2,生成一系列的数值1——福冈与福冈的夹角余弦。然后,依次对公式作如下修改。

在 J2 单元格中,将公式中的 $B$2、$C$2、$D$2、$E$2、$F$2 和 $G$2 全部改成 $B$3、$C$3、$D$3、$E$3、$F$3 和 $G$3;在 K2 单元格中,将公式中的 $B$2、$C$2、$D$2、$F$2、$E$2 和 $G$2 全部改成 $B$4、$C$4、$D$4、$F$4、$E$4 和 $G$4;……在 O2 单元格中,将公式中的 $B$2、$C$2、$D$2、$F$2、$E$2 和 $G$2 全部改成 $B$8、$C$8、$D$8、$E$8、$F$8 和 $G$8。

以 J2 单元格为例,修改后的公式用于计算所有城市与合肥的夹角余弦,即

"=($B2*$B$3+$C2*$C$3+$D2*$D$3+$E2*$E$3+
　　　　$F2*$F$3)/($G2*$G$3)"

其余情况依此类推。修改后的第一行代表所有其他城市与福冈的夹角余弦(图6-1-21)。

	H	I	J	K	L	M	N	O
1		福冈	合肥	武汉	长沙	桂林	温州	成都
2	福冈	1	0.9743	0.9953	0.9988	0.9819	0.9948	0.9996
3	合肥	0.9743	1	0.9916	0.9623	0.9140	0.9462	0.9680
4	武汉	0.9953	0.9916	1	0.9894	0.9589	0.9801	0.9924
5	长沙	0.9988	0.9623	0.9894	1	0.9899	0.9985	0.9998
6	桂林	0.9819	0.9140	0.9589	0.9899	1	0.9961	0.9865
7	温州	0.9948	0.9462	0.9801	0.9985	0.9961	1	0.9971
8	成都	0.9996	0.9680	0.9924	0.9998	0.9865	0.9971	1
9								
10		1:福冈	2:合肥	3:武汉	4:长沙	5:桂林	6:温州	7:成都
11	1:福冈	0.0000	0.0257	0.0047	0.0012	0.0181	0.0052	0.0004
12	2:合肥	0.0257	0.0000	0.0084	0.0377	0.0860	0.0538	0.0320
13	3:武汉	0.0047	0.0084	0.0000	0.0106	0.0411	0.0199	0.0076
14	4:长沙	0.0012	0.0377	0.0106	0.0000	0.0101	0.0015	0.0002
15	5:桂林	0.0181	0.0860	0.0411	0.0101	0.0000	0.0039	0.0135
16	6:温州	0.0052	0.0538	0.0199	0.0015	0.0039	0.0000	0.0029
17	7:成都	0.0004	0.0320	0.0076	0.0002	0.0135	0.0029	0.0000

图 6-1-21　夹角余弦矩阵及其转换的距离矩阵

选中区域 J2:O2,将鼠标光标指向 O2 单元格的右下角,双击或者下拉,生成完整的夹角余弦矩阵(图 6-1-4)。

3. 将夹角余弦矩阵转换为距离矩阵

选定一个 7 行 7 列的区域,不妨根据图 6-1-20 选定区域 I11:O17,输入公式"=1-abs(I2:O8)",同时按下 Ctrl+Shift 键、回车,得到一种基于夹角余弦的广义距离矩阵(图 6-1-21)。

6.2 聚 类 过 程

6.2.1 最短距离法

从前述任何一个距离矩阵出发,都可以进行样品聚类。在实际工作中,选择何种距离,需要根据研究对象的性质和分类研究的目标来决定。为简明起见,下面基于欧氏距离矩阵,利用最短距离法聚类。聚类过程既可以在 Excel 中完成,也可以在 Word 中完成。详细的步骤如下。

1. 样品逐步归类

(1) 计算样本之间两两距离,建立欧氏距离矩阵 D。这一步前面已经完成。由于对称性,可以只写出下三角部分。对样品进行编号,记为 1~7(表 6-2-1)。

表 6-2-1　最短距离法(1)

Case	1:福冈	2:合肥	3:武汉	4:长沙	5:桂林	6:温州	7:成都
1:福冈	0						
2:合肥	562.44	0					
3:武汉	247.27	315.42	0				
4:长沙	282.81	661.61	393.94	0			
5:桂林	480.24	1033.20	720.11	452.36	0		
6:温州	256.04	812.77	498.20	301.82	224.27	0	
7:成都	919.45	970.16	892.49	660.39	1013.57	944.55	0

(2) 找出非对角线元素的最小值,$d_{5,6}=224.27$,将第五个样品与第六个样品合并。首先合并第五列和第六列,当 1013.57 与 944.55 相遇的时候,保留较短距离 944.55。合并方法可以在 Excel 或者 Word 的表格中采用合并单元格的方式(表 6-2-2)。

表 6-2-2　最短距离法(2)

Case	1:福冈	2:合肥	3:武汉	4:长沙	5:桂林	6:温州	7:成都
1:福冈	0						
2:合肥	562.44	0					
3:武汉	247.27	315.42	0				
4:长沙	282.81	661.61	393.94	0			
5:桂林	480.24	1033.20	720.11	452.36	0		
6:温州	256.04	812.77	498.20	301.82	224.27	0	
7:成都	919.45	970.16	892.49	660.39	1013.57	944.55	0

然后合并第五行和第六行,原则依然是"两数相遇取其短"。当然,任何元素与对角线的元素相遇,保留对角线的元素。将合并的结果记为第八类(表 6-2-3)。

表 6-2-3　最短距离法(3)

Case	1:福冈	2:合肥	3:武汉	4:长沙	8:桂林,温州	7:成都
1:福冈	0					
2:合肥	562.44	0				
3:武汉	247.27	315.42	0			
4:长沙	282.81	661.61	393.94	0		
8:桂林,温州	256.04	812.77	498.20	301.82	0	
7:成都	919.45	970.16	892.49	660.39	944.55	0

(3) 在前述合并结果中找出对角线以外的最小距离,得到 $d_{1,3}=247.27$。这意味着第一个样品和第三个样品合并。重复上述合并过程即可。为了直观,首先将第三列剪贴到第一列的后面,相应地,将第三行剪贴到第一行的后面——这里排序不计算标志行、列(表 6-2-4)。

表 6-2-4　最短距离法(4)

Case	1:福冈	3:武汉	2:合肥	4:长沙	8:桂林,温州	7:成都
1:福冈	0					
3:武汉	247.27	0	(315.42)			
2:合肥	562.44		0			
4:长沙	282.81	393.94	661.61	0		
8:桂林,温州	256.04	498.20	812.77	301.82	0	
7:成都	919.45	892.49	970.16	660.39	944.55	0

将对角线以上的元素剪贴到对角线下对称的位置,然后合并列。为直观,不妨删去较大的数值(表 6-2-5)。

逐行按列合并单元格(表 6-2-6),逐列按行合并单元格(表 6-2-7),将合并结果记为第九类。

表 6-2-5　最短距离法(5)

Case	1:福冈	3:武汉	2:合肥	4:长沙	8:桂林,温州	7:成都
1:福冈	0					
3:武汉		0				
2:合肥		315.42	0			
4:长沙	282.81		661.61	0		
8:桂林,温州	256.04		812.77	301.82	0	
7:成都		892.49	970.16	660.39	944.55	0

表 6-2-6　最短距离法(6)

Case	1:福冈,3:武汉	2:合肥	4:长沙	8:桂林,温州	7:成都
1:福冈	0				
3:武汉	0				
2:合肥	315.42	0			
4:长沙	282.81	661.61	0		
8:桂林,温州	256.04	812.77	301.82	0	
7:成都	892.49	970.16	660.39	944.55	0

表 6-2-7　最短距离法(7)

Case	9:福冈,武汉	2:合肥	4:长沙	8:桂林,温州	7:成都
9:福冈,武汉	0				
2:合肥	315.42	0			
4:长沙	282.81	661.61	0		
8:桂林,温州	256.04	812.77	301.82	0	
7:成都	892.49	970.16	660.39	944.55	0

(4) 在第二次合并的结果中找到最小距离 $d_{8,9}=256.04$，重复前述合并过程。为了直观，首先将第八列剪贴到第九列后面，相应地，将第八行剪贴到第九行的后面(表 6-2-8)。

表 6-2-8　最短距离法(8)

Case	9:福冈,武汉	8:桂林,温州	2:合肥	4:长沙	7:成都
9:福冈,武汉	0				
8:桂林,温州	256.04	0	(812.77)	(301.82)	
2:合肥	315.42		0		
4:长沙	282.81		661.61	0	
7:成都	892.49	944.55	970.16	660.39	0

将出现在对角线以上的数据剪贴到对角线以下对应的单元格中，按照复制—选择粘贴—转置的程序执行即可(表 6-2-9)。

表 6-2-9　最短距离法(9)

Case	9:福冈,武汉	8:桂林,温州	2:合肥	4:长沙	7:成都
9:福冈,武汉	0				
8:桂林,温州	256.04	0			
2:合肥	315.42	812.77	0		
4:长沙	282.81	301.82	661.61	0	
7:成都	892.49	944.55	970.16	660.39	0

逐行按列合并单元格(表 6-2-10)，逐列按行合并单元格(表 6-2-11)，将合并结果记为第十类。

表 6-2-10　最短距离法(10)

Case	9:福冈,武汉	8:桂林,温州	2:合肥	4:长沙	7:成都
9:福冈,武汉	0				
8:桂林,温州	0				
2:合肥	315.42		0		
4:长沙	282.81		661.61	0	
7:成都	892.49		970.16	660.39	0

表 6-2-11　最短距离法(11)

Case	10:9:福冈,武汉　8:桂林,温州	2:合肥	4:长沙	7:成都
10:9:福冈,武汉				
8:桂林,温州	0			
2:合肥	315.42	0		
4:长沙	282.81	661.61	0	
7:成都	892.49	970.16	660.39	0

(5) 在第三次合并的结果中,找到最小距离 $d_{4,10}=282.81$,然后重复上述合并过程。首先将第四行第四列剪贴到第十行第十列之下或者之后(表 6-2-12)。将对角线以上的数据 661.61 剪贴到对角线以下对应的位置(表 6-2-13)。先合并列,再合并行,将结果记为第十一类(表 6-2-14)。

(6) 在第四步合并的结果中,找到最小距离 $d_{2,11}=315.42$,然后重复上述合并过程。先合并列,后合并行,将结果记为第十二类(表 6-2-15)。

(7) 最后一步合并,全体归并。将第七类成都合并到前述结果中,记为第十三类(表 6-2-16)。

表 6-2-12　最短距离法(12)

Case	10:9:福冈,武汉　8:桂林,温州	4:长沙	2:合肥	7:成都
10:9:福冈,武汉				
8:桂林,温州	0			
4:长沙	282.81	0	(661.61)	
2:合肥	315.42		0	
7:成都	892.49	660.39	970.16	0

表 6-2-13　最短距离法(13)

Case	10:9:福冈,武汉　8:桂林,温州	4:长沙	2:合肥	7:成都
10:9:福冈,武汉				
8:桂林,温州	0			
4:长沙	282.81	0		
2:合肥	315.42	661.61	0	
7:成都	892.49	660.39	970.16	0

表 6-2-14　最短距离法(14)

Case	11:10:9:福冈,武汉　8:桂林,温州　4:长沙	2:合肥	7:成都
11:10:9:福冈,武汉 8:桂林,温州 4:长沙	0		
2:合肥	315.42	0	
7:成都	660.39	970.16	0

表 6-2-15　最短距离法(15)

Case	12:11:10:9:福冈,武汉　8:桂林,温州　4:长沙　2:合肥	7:成都
12:11:10:9:福冈,武汉 8:桂林,温州 4:长沙 2:合肥	0	
7:成都	660.39	0

表 6-2-16　最短距离法(16)

Case	13:12:11:10:9:福冈,武汉　8:桂林,温州　4:长沙　2:合肥　7:成都
13:12:11:10:9:福冈,武汉 8:桂林,温州 4:长沙 2:合肥 7:成都	0

2. 聚类过程总结

总结前面的聚类过程,记录每一次合并的最小距离,以及每一个归并的样品,然后用表格表示出来(表 6-2-17)。

表 6-2-17　最小距离法聚类过程总结

步骤	最小距离	合并的样品
第一步	224.27	8:桂林,温州
第二步	247.27	9:福冈,武汉
第三步	256.04	10:桂林,温州;福冈,武汉
第三步	282.81	11:桂林,温州;福冈,武汉;长沙
第五步	315.42	12:桂林,温州;福冈,武汉;长沙;合肥
第六步	660.39	13:桂林,温州;福冈,武汉;长沙;合肥;成都

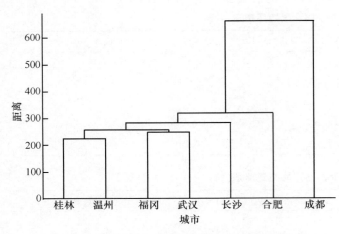

3. 画出聚类谱系图

根据上述总结的步骤可以绘出聚类结果的谱系图。在 Excel 里无法直接给出这种谱系图,可以借助 AutoCAD 等软件,采用蛮力法绘制。图 6-2-1 由 Matlab 给出。

不过,在 Excel 或者 Word 中可以手工绘出所谓冰柱图(icicle)。我们一共进行了六次合并,故每一个冰柱可以用六个 X 表示。成都最后与其他城市合并到一起,可以

图 6-2-1　基于欧氏距离和最短距离法的聚类谱系图

采用一个 X 将成都与其余城市分隔开来,成都代表一类,其余城市为另外一类。

在剩余的城市中,合肥最后与另外五个城市合并,可以采用两个 X 将合肥与其余五个城市分开。接下来,根据表 6-2-17 所示的归并过程,用三个 X 将长沙从其余五个城市中分列出来。

在剩余的四个城市中,桂林与温州最先合并,武汉与福冈其次合并。采用四个 X 将桂林、温州与武汉、福冈分开,然后采用五个 X 将武汉与福冈分开,六个 X 将桂林与温州分开。于是,一个冰柱图绘制成功(图 6-2-2)。在 Excel 或者 Word 中绘制冰柱图的过程,其实是一种制表的过程。

类别数目	样品(城市)													
	7. 成都		2. 合肥		4. 长沙		3. 武汉		1. 福冈		6. 温州		5. 桂林	
1	X	X	X	X	X	X	X	X	X	X	X	X	X	X
2	X		X	X	X	X	X	X	X	X	X	X	X	X
3	X		X		X	X	X	X	X	X	X	X	X	X
4	X		X		X		X	X	X	X	X	X	X	X
5	X		X		X		X		X	X	X	X	X	X
6	X		X		X		X		X		X	X	X	X

图 6-2-2　基于欧氏距离和最短距离法的聚类冰柱图(实际上是一个 Word 表格)

绘制冰柱图的原则大体如下:其一,最后归并的样品最先考虑,最先归并的样品最后考虑。其二,根据聚类过程表,自下而上考察,然后从左到右作图。

6.2.2　最长距离法

最长距离法与最短距离法的聚类分析起点一样,过程相似,唯一不同之处是两数相遇取其大,而不再是两数相遇取其小。当然,任何单元格的数据与对角线上的元素相遇,始终保留对角线上的元素(0)。

(1) 第一步合并。在距离矩阵中,找出非对角线元素的最小值,$d_{5,6}=224.27$,将第五个样品与第六个样品合并(表 6-2-18)。

表 6-2-18　最长距离法(1)

Case	1:福冈	2:合肥	3:武汉	4:长沙	5:桂林	6:温州	7:成都
1:福冈	0						
2:合肥	562.44	0					
3:武汉	247.27	315.42	0				
4:长沙	282.81	661.61	393.94	0			
5:桂林	480.24	1033.20	720.11	452.36	0		
6:温州	256.04	812.77	498.20	301.82	224.27	0	
7:成都	919.45	970.16	892.49	660.39	1013.57	944.55	0

首先合并第五列和第六列,当 1013.57 与 944.55 两数相遇的时候,保留较长距离 1013.57(表 6-2-19)。然后合并第五行和第六行,两数相遇,保留最长距离。将合并结果记为第八类(表 6-2-20)。

表 6-2-19　最长距离法(2)

Case	1:福冈	2:合肥	3:武汉	4:长沙	8:桂林,温州	7:成都
1:福冈	0					
2:合肥	562.44	0				
3:武汉	247.27	315.42	0			
4:长沙	282.81	661.61	393.94	0		
5:桂林	480.24	1033.20	720.11	452.36	0	
6:温州	256.04	812.77	498.20	301.82	0	
7:成都	919.45	970.16	892.49	660.39	1013.57	0

表 6-2-20　最长距离法(3)

Case	1:福冈	2:合肥	3:武汉	4:长沙	8:桂林,温州	7:成都
1:福冈	0					
2:合肥	562.44	0				
3:武汉	247.27	315.42	0			
4:长沙	282.81	661.61	393.94	0		
8:桂林,温州	480.24	1033.20	720.11	452.36	0	
7:成都	919.45	970.16	892.49	660.39	1013.57	0

(2) 第二步及其以后的合并。找到下一个最小的距离 $d_{1,3}=247.27$,据此合并福冈与武汉。后面的过程与最短距离法完全一样,只不过遵循"两数相遇取其大"的原则,每次合并都保留较长距离,对角线的元素例外。最后可得聚类谱系图(图 6-2-3)。可以看出,首先桂林与温州合并,其次武汉与福冈合并,再次长沙与武汉-福冈合并,再次合肥与武汉-福冈-长沙合并,再次成都与武汉-福冈-长沙-合肥合并,最后,桂

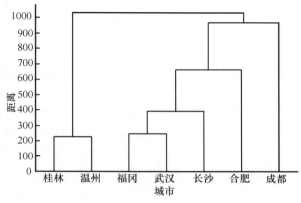

图 6-2-3　基于欧氏距离和最长距离法的聚类结果

林-温州与武汉-福冈-长沙-合肥合并,完成全部聚类过程。虽然最短距离法与最长距离法的聚类起点一样,处理方法相似,但因为样品合并时保留的数据不同,聚类过程和结果有很大差别。

根据聚类过程不难绘制样品分类冰柱图(图6-2-4)。比较基于最短距离法给出的冰柱图和最长距离法给出的冰柱图,容易看出两种方法导致的聚类过程的差别。

类别数目	样品(城市)												
	7.成都		2.合肥		4.长沙		3.武汉		1.福冈		6.温州		5.桂林
1	X	X	X	X	X	X	X	X	X	X	X	X	X
2	X	X	X	X	X	X	X	X	X		X	X	X
3	X		X	X	X		X	X	X		X	X	X
4	X		X		X		X	X	X		X	X	X
5	X		X		X		X	X	X		X		X
6	X		X		X			X	X		X		X

图 6-2-4 基于欧氏距离和最长距离法的聚类冰柱图(实际上是一个 Word 表格)

6.2.3 其他聚类方法

最短距离法和最长距离法是两种极端的方法。假定样品归类过程中,两个相遇的距离数据为 a 和 b,并且 $a<b$。利用最短距离法聚类,采用 $\min(a,b)=a$ 代表归类后的类簇与其他类点(一个样品)或者类簇(多个样品的合并结果)的距离;利用最长距离法聚类,采用 $\max(a,b)=b$ 代表归类后的类簇与其他类点或者类簇的距离。总之,聚类后类簇与其他类点或者类簇的距离采用了边界值的上限或者下限。那么,能否在 $a\sim b$ 中找到一个合适的数值代表聚类后的类簇与其他类点或者类簇的距离呢?当然可以。于是,先后产生了中间距离法、重心法、类平均法、可变类平均法、可变法以及离差平方和法等多种方法。不论怎样计量距离,归类的过程是一样的,每次都在距离矩阵中找到距离最小的样品优先归并,只不过两数相遇的时候,取值不同。采用相应的公式计算出 $a\sim b$ 的适当数值点,归并之后既不保留 a 也不保留 b,而是保留 $a\sim b$ 的数值点。这就是中间距离法、重心法等方法的实施要领。读者可以根据最短距离法和最长距离法聚类过程举一反三、触类旁通。

如果是 R 型聚类,即基于样品对变量聚类,我们可以将图 6-1-1 中的数据转置。其他处理过程一样。

6.3 聚类结果评价

从欧氏距离矩阵出发,无论采用最短距离法,还是采用最长距离法,所得聚类结果都是有问题的。我们的目标是解决福冈甜桔的引种问题,植物的引种非常关注极端气候条件——所谓木桶的短板。从原始数据可以看出,武汉、合肥的年极端最低气温很低,合肥和成都的年均降水量明显偏低。根据我们的研究目标,福冈与合肥、武汉最不应该优先聚为一类,其次不应该与成都优先聚类。但是,前面的聚类结果显示,福冈首先与武汉聚在一起了。要是这样,我们引种福冈甜桔区位选择的聚类分析就不成功了。

聚类效果不理想,可能的原因如下:其一,变量选择不适当。引入的变量不足(应该引入的没有引入)或者过度(不该引入的变量引了进来)。其二,变量量纲不一致。各个变量的数值单位不同,数据大小(位数)和符号(正负)相差较大。其三,变量之间存在相关性。数据之间存在较大的信息冗余。其四,采用的距离或者聚类方法不适当。不同的距离和方法有不同的优点和缺点,从而有各自的应用范围和功能局限。

就上述例子而言,总共有五个变量,没有太大的选择余地。无论变量选择适当与否,都已很难有效改进。至于变量之间的相关性,从表 6-3-1 可以看出,有些变量,如一月平均气温与年极端最低气温之间的相关系数的确较高。但是,就量纲而言,气温数据很不突出,变量相关可能不是主要原因。至于距离和方法选择的问题,可能是原因所在,但未必是根本原因。反复的试验表明,如果采用基于相关系数或者夹角余弦的距离矩阵,聚类效果比较符合实际。

表 6-3-1 变量之间的相关系数

项目	年平均气温	年平均降水量	年日照时数	年极端最低气温	一月平均气温
年平均气温	1				
年平均降水量	0.877	1			
年日照时数	−0.290	0.020	1		
年极端最低气温	0.646	0.562	−0.748	1	
一月平均气温	0.785	0.783	−0.494	0.931	1

从原始数据可以看到,最重要的影响因素可能是量纲问题。降水量、日照时数和各种气温之间单位不同,数值规模相差很大。其中年均降水量和年日照时数绝对值显得非常突出,有可能淹没了气温对聚类结果的影响。如果对数据进行标准化处理,然后采用欧氏距离和最短距离法聚类,结果比较符合实际。利用标准化数据计算的欧氏距离实际上是精度加权距离。如图 6-3-1 所示,成都单独划分为一个亚类,其余城市属于另一个亚类。在多数城市的亚类中,武汉与合肥属于一个亚亚类,温州、桂林、长沙、福冈属于另一个亚亚类。在长沙、桂林、温州、福冈亚亚类中,福冈与长沙属于一个小类,温州与桂林属于另一个小类。总之,福冈首先与长沙聚为一类,然后它们共同与桂林、温州聚为一类。这种结果与原始数据反映的特征比较一致,与其他分析方法,如模糊数学的相似优先比(参见贺仲雄等的《决策科学》)给出的结果也相互印证。

类别数目	样品(城市)												
	7. 成都		3. 武汉		2. 合肥		4. 长沙		1. 福冈		6. 温州		5. 桂林
1	X	X	X	X	X	X	X	X	X	X	X	X	X
2	X		X	X	X	X	X	X	X	X	X	X	X
3	X		X	X	X		X	X	X	X	X	X	X
4	X		X	X	X		X	X	X		X	X	X
5	X		X	X	X		X	X	X		X		X
6	X		X		X		X	X	X		X		X

图 6-3-1 基于精度加权距离和最短距离法的聚类冰柱图

如果采用马氏距离聚类,效果也不理想——福冈优先与合肥归为一类,这是不符合实际情况的。究其原因,可能在于,马氏距离是采用全部主成分为变量,基于欧氏距离聚类。一些次要的主成分没有反映数据特征的有效信息,反而引起一些噪声,干扰了正常的聚类效果。如果提取特征根大于1的两个主成分,以这两个主成分为变量,采用欧氏距离聚类,则无论借助最短距离法,还是采用类平均法,结果都与图 6-3-1 所示的聚类相似(图 6-3-2)。

类别数目	7.成都		3.武汉		2.合肥		6.温州		5.桂林		4.长沙		1.福冈
1	X	X	X	X	X	X	X	X	X	X	X	X	X
2	X		X	X	X	X	X	X	X	X	X	X	X
3	X		X	X	X		X	X	X	X	X	X	X
4	X		X	X	X		X		X	X	X	X	X
5	X		X		X		X		X		X	X	X
6	X		X		X		X		X		X		X

图 6-3-2　基于两个标准化主成分、欧氏距离和最短距离法/类平均法的聚类冰柱图

在数据标准化之前,采用基于相似系数或者夹角余弦的距离矩阵聚类,结果较好。原因在于,数据量纲对相似系数和夹角余弦影响很小。相似系数是标准化的协方差,在利用标准差对协方差进行标准化的过程中,数据的量纲影响已经被消除。夹角余弦公式与相似系数有相似的构型,量纲的消除方式与相似系数大体一样。

第 7 章　距离判别分析

判别分析属于广义的聚类分析,主要用于判断样品所属类别。它是在一批样品已经明确分类的前提下,对一些后续得来的、类别归属不详的样品进行归类。判别分析有多种方法,包括距离判别法、Fisher 判别法、Bayes 判别法、逐步判别法等。其中最为基本的是距离判别法,该方法是基于马氏距离发展出来的归类方法。下面以距离判别法为例说明线性判别分析的基本思路和大致过程。这个例子的数据来源于联合国开发计划署(UNDP)发表的《2000 年人类发展报告》(1998 年的数据)。

【例】　国家分类与判别。UNDP 的人类发展报告采用出生时预期寿命、成人识字率、人均 GDP 等指标将全世界的国家分为三类:高人类发展水平、中等人类发展水平和低人类发展水平。为了简明起见,不妨分析其中两类国家:第一类为高人类发展水平(抽取 6 个国家作为训练样品),第二类为中等人类发展水平(抽取 8 个国家作为训练样品)。另外从第一类和第二类国家中抽取四个国家作为待判样品。指标选用三个:出生时预期寿命、成人识字率和人均 GDP。由于样本较小且变量不多,便于在 Excel 上进行分步计算。而且分类结果均为已知,便于我们对判别分析的效果进行验证。

7.1　数据的预处理

第一步,录入并整理数据。

将样品和变量按照一定的次序排列,并且进行初步分类(图 7-1-1)。

	A	B	C	D	E	F
1	类别	序号	国家名称	出生时预期寿命	成人识字率	人均GDP
2	第一类	1	加拿大	79.1	99.0	23582
3	第一类	2	美国	76.8	99.0	29605
4	第一类	3	日本	80.0	99.0	23257
5	第一类	4	瑞士	78.7	99.0	25512
6	第一类	5	阿根廷	73.1	96.7	12013
7	第一类	6	阿联酋	75.0	74.6	17719
8	第二类	7	古巴	75.8	96.4	3967
9	第二类	8	俄罗斯联邦	66.7	99.5	6460
10	第二类	9	保加利亚	71.3	98.2	4809
11	第二类	10	哥伦比亚	70.7	91.2	6006
12	第二类	11	格鲁吉亚	72.9	99.0	3353
13	第二类	12	巴拉圭	69.8	92.8	4288
14	第二类	13	南非	69.4	77.8	4036
15	第二类	14	埃及	66.7	53.7	3041
16	待判样品	15	瑞典	78.7	99.0	20659
17	待判样品	16	希腊	78.2	96.9	13943
18	待判样品	17	罗马尼亚	70.2	97.9	5648
19	待判样品	18	中国	68.0	82.8	3105

图 7-1-1　两类国家和三种变量及其初步分类结果

出生时预期寿命单位为岁;成人识字率单位为%;人均 GDP 单位为美元。本章相关项目单位与此表同

第二步,数据的分类汇总。

为了方便后面的判别分析,我们需要进行一些基本的计算,包括每一类别中各个变量的平均值。可以采用平均函数"average"计算,这里介绍分类汇总的方法。对于本例,由于非常简单,"分类汇总"未必有什么优势。但是,当数据量很大时,分类汇总可能要方便许多。

(1) 选中需要进行分类汇总的数据范围。对于我们的例子,只需要选中已经分类的国家及其相关的标志(图 7-1-2)。对于待判别的国家,可以不选。选中也没有什么关系,但计算结果没有用处。

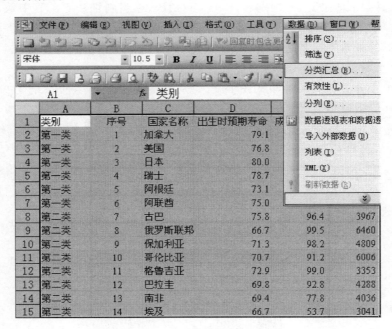

图 7-1-2 选中需要分类汇总的数据区域

图 7-1-3 分类汇总选项框的设置

(2) 调出分类汇总选项框。在主菜单中,沿着"数据(D)→分类汇总(B)"的路径(图 7-1-2),打开"分类汇总(B)"选项框(图 7-1-3)。

(3) 分类选项设置。在分类汇总选项框中进行如下设置(图 7-1-3):①在"分类字段(A)"一栏选择"类别";②在"汇总方式(U)"一栏选择"平均值";③在"选定汇总项(D)"一栏选择"出生时预期寿命、成人识字率和人均 GDP";④最后选中"汇总结果显示在数据下方(S)"。

(4) 获取分类汇总结果。确定之后,立即得到分类汇总的结果(图 7-1-4)。后面需要用到平均值。为了识别方便,可以将平均值字体加粗。

	A	B	C	D	E	F
1	类别	序号	国家名称	出生时预期寿命	成人识字率	人均GDP
2	第一类	1	加拿大	79.1	99.0	23582
3	第一类	2	美国	76.8	99.0	29605
4	第一类	3	日本	80.0	99.0	23257
5	第一类	4	瑞士	78.7	99.0	25512
6	第一类	5	阿根廷	73.1	96.7	12013
7	第一类	6	阿联酋	75.0	74.6	17719
8	第一类 平均值			77.117	94.550	21948
9	第二类	7	古巴	75.8	96.4	3967
10	第二类	8	俄罗斯联邦	66.7	99.5	6460
11	第二类	9	保加利亚	71.3	98.2	4809
12	第二类	10	哥伦比亚	70.7	91.2	6006
13	第二类	11	格鲁吉亚	72.9	99.0	3353
14	第二类	12	巴拉圭	69.8	92.8	4288
15	第二类	13	南非	69.4	77.8	4036
16	第二类	14	埃及	66.7	53.7	3041
17	第二类 平均值			70.413	88.575	4495
18	总计平均值			73.286	91.136	11975
19	待判样品	15	瑞典	78.7	99.0	20659
20	待判样品	16	希腊	78.2	96.9	13943
21	待判样品	17	罗马尼亚	70.2	97.9	5648
22	待判样品	18	中国	68.0	82.8	3105

图 7-1-4 分类汇总的结果

7.2 计算过程

7.2.1 构造判别函数

1. 计算样本均值

这一步我们通过分类汇总已经完成。现在,从分类汇总中提出平均值,表示为列向量,包括第一组的均值、第二组的均值和两组总计的均值

$$\overline{X}^{(1)} = \begin{bmatrix} 77.117 \\ 94.550 \\ 21\,948 \end{bmatrix}, \overline{X}^{(2)} = \begin{bmatrix} 70.413 \\ 88.575 \\ 4495 \end{bmatrix}, \overline{X}^{(1)+(2)} = \begin{bmatrix} 73.286 \\ 91.136 \\ 11\,974.857 \end{bmatrix}$$

第一个样本和第二个样本的均值之差以及两个均值的均值为

$$\overline{X}^{(1)} - \overline{X}^{(2)} = \begin{bmatrix} 77.117 \\ 94.550 \\ 21\,948 \end{bmatrix} - \begin{bmatrix} 70.413 \\ 88.575 \\ 4495 \end{bmatrix} = \begin{bmatrix} 6.704 \\ 5.975 \\ 17\,453 \end{bmatrix}, \overline{X} = \frac{1}{2}\left[\overline{X}^{(1)} + \overline{X}^{(2)}\right] = \begin{bmatrix} 73.765 \\ 91.563 \\ 13\,221.5 \end{bmatrix}$$

全部结果见表 7-2-1,可以放在 Excel 中的某个位置备用。

表 7-2-1 均值的计算结果

变量	第一组的均值	第二组的均值	均值之差	均值的均值	总计平均值
出生时预期寿命/岁	77.117	70.413	6.704	73.765	73.286
成人识字率/%	94.550	88.575	5.975	91.563	91.136
人均 GDP/美元	21 948.000	4 495.000	17 453.000	13 221.500	11 974.857

2. 计算样本协方差

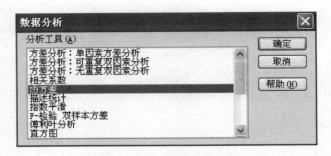

图 7-2-1　在"数据分析"中选择"协方差"

Excel 计算协方差的命令为 Covar。为了方便，我们可以从"数据分析"工具箱中调用协方差分析工具。在主菜单中，沿着"工具(T)→数据分析(D)"的路径(图 7-1-2)，打开"协方差"选项框(图 7-2-1)。

首先计算第一组即高人类发展水平组的变量之间的协方差矩阵。根据图 7-1-1 所示的数据分步区域，在"协方差"分析选项框中进入如下设置(图 7-2-2)。

输入区域包括数据标志，故选中"标志位于第一行(L)"。

输出区域可以任选一个空白区，由于我们的例子是 $m=3$ 个变量，故数据区域需要 4×4 的单元格

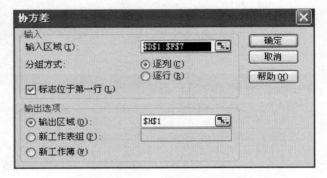

图 7-2-2　第一组数据的协方差计算

范围。当然，也可以将结果输出到新的工作表组或者新的工作薄，然后根据需要剪贴回来。

确定之后，得到结果如下。这是一个下三角矩阵[表 7-2-2(a)]，容易根据对称性将矩阵填满，得到完整的协方差矩阵 Cov1[表 7-2-2(b)]。

表 7-2-2(a)　第一组协方差的计算结果(下三角矩阵)

项目	出生时预期寿命/岁	成人识字率/%	人均 GDP/美元
出生时预期寿命/岁	5.911		
成人识字率/%	10.148	80.306	
人均 GDP/美元	9 848.383	21 006.350	32 050 641.333

表 7-2-2(b)　第一组协方差的计算结果(完整矩阵)

项目	出生时预期寿命/岁	成人识字率/%	人均 GDP/美元
出生时预期寿命/岁	5.911	10.148	9 848.383
成人识字率/%	10.148	80.306	21 006.350
人均 GDP/美元	9 848.383	21 006.350	32 050 641.333

与 SPSS 等软件不同，Excel 计算协方差采用如下公式

$$\mathrm{cov}(x,y) = \frac{1}{n}\sum_{i=1}^{n}(x_i - \bar{x})(y_i - \bar{y}) \tag{7-2-1}$$

我们计算马氏距离将利用平均结果，故需要将协方差转换为交叉乘积和(sum of cross products)，即

$$S_{xy} = n\text{cov}(x,y) = \sum_{i=1}^{n}(x_i - \bar{x})(y_i - \bar{y}) \quad (7\text{-}2\text{-}2)$$

在 Excel 中,这个计算过程只需要利用常数与矩阵的乘法就可以方便地实现。第一组数据的样品数为 $n_1=6$,用矩阵乘以 6 即可。具体操作方法如下:根据变量个数 $m=3$,选中一个 3×3 的单元格范围,输入公式"$=\text{I2:K4}*6$",这里 I2:K4 表示协方差在工作表组中的位置(图 7-2-3)。按住"Ctrl+Shift"键,同时按回车(Enter),立即得到结果。

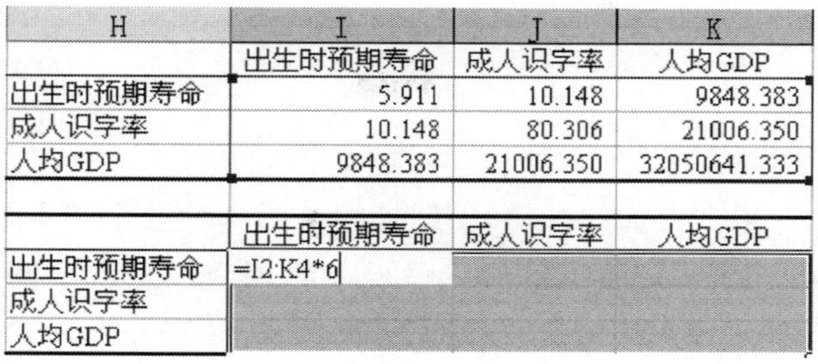

图 7-2-3 将协方差还原为交叉乘积和

需要注意的是,矩阵运算始终要选中与矩阵维数一致的单元格范围,并且同时按下"Ctrl+Shift+Enter"键。交叉乘积和的计算结果见表 7-2-3。将表中的交叉乘积和表示为矩阵便是

$$\boldsymbol{S}_1 = \begin{bmatrix} 35.468 & 60.885 & 59\,090.3 \\ 60.885 & 481.835 & 126\,038.1 \\ 59\,090.3 & 126\,038.1 & 192\,303\,848.0 \end{bmatrix}$$

表 7-2-3 第一组交叉乘积和的计算结果

项目	出生时预期寿命/岁	成人识字率/%	人均 GDP/美元
出生时预期寿命/岁	35.468	60.885	59 090.3
成人识字率/%	60.885	481.835	126 038.1
人均 GDP/美元	59 090.3	126 038.1	192 303 848.0

用同样的方法计算第二组即中等人类发展水平组的变量协方差矩阵 Cov2,见表 7-2-4。第二组样品数为 $n_2=8$。用 8 乘以协方差矩阵得到交叉乘积和矩阵 $\boldsymbol{S}_2$,结果见表 7-2-5。将表中的数据表示为公式就是

$$\boldsymbol{S}_2 = \begin{bmatrix} 65.049 & 174.623 & -6277.8 \\ 174.623 & 1738.015 & 67\,198.7 \\ -6277.8 & 67\,198.7 & 10\,193\,536.0 \end{bmatrix}$$

表 7-2-4 第二组协方差的计算结果(完整矩阵)

项目	出生时预期寿命/岁	成人识字率/%	人均 GDP/美元
出生时预期寿命/岁	8.131	21.828	−784.725
成人识字率/%	21.828	217.377	8 399.838
人均 GDP/美元	−784.725	8 399.838	1 274 192.000

表 7-2-5 第二组交叉乘积和的计算结果（完整矩阵）

项目	出生时预期寿命/岁	成人识字率/%	人均GDP/美元
出生时预期寿命/岁	65.049	174.623	−6 277.8
成人识字率/%	174.623	1 739.015	67 198.7
人均GDP/美元	−6 277.8	67 198.7	10 193 536.0

根据上面的结果，借助式(7-2-3)估计两个样本数据的共同协方差矩阵(pooled within-group matrix)，实际上是第一组抽样协方差矩阵与第二组抽样协方差矩阵的加权平均值

$$\hat{\Sigma} = \frac{1}{n_1 + n_2 - 2}(S_1 + S_2) = \frac{1}{12}(S_1 + S_2) \tag{7-2-3}$$

在Excel的工作表中选中一个3×3的单元格范围，用矩阵 S_1 和 S_2 相加，同时按下"Ctrl+Shift+Enter"键，然后再用矩阵乘以1/(6+8−2)即可。计算结果见表7-2-6。将表中的数值表示为矩阵公式就是

$$\hat{\Sigma} = \begin{bmatrix} 8.376 & 19.626 & 4401.042 \\ 19.626 & 185.071 & 16\,103.067 \\ 4401.042 & 16\,103.067 & 16\,874\,782.0 \end{bmatrix}$$

表 7-2-6 两个样本共同协方差的估计值

项目	出生时预期寿命/岁	成人识字率/%	人均GDP/美元
出生时预期寿命/岁	8.376	19.626	4 401.042
成人识字率/%	19.626	185.071	16 103.067
人均GDP/美元	4 401.042	16 103.067	16 874 782.000

接下来借助求逆命令minverse计算共同协方差的逆矩阵。选择一个3×3的单元格范围，输入公式"=minverse(数据范围)"，回车即可。数据见表7-2-7。将表7-2-5的数值表示为矩阵公式就是

$$\hat{\Sigma}^{-1} = \begin{bmatrix} 0.171\,631\,980\,4 & -0.015\,601\,084\,4 & -0.000\,029\,875\,0 \\ -0.015\,601\,084\,4 & 0.007\,310\,721\,1 & -0.000\,002\,907\,5 \\ -0.000\,029\,875\,0 & -0.000\,002\,907\,5 & 0.000\,000\,069\,8 \end{bmatrix}$$

表 7-2-7 两组共同协方差矩阵的逆矩阵

项目	出生时预期寿命/岁	成人识字率/%	人均GDP/美元
出生时预期寿命/岁	0.171 631 980 4	−0.015 601 084 4	−0.000 029 875 0
成人识字率/%	−0.015 601 084 4	0.007 310 721 1	−0.000 002 907 5
人均GDP/美元	−0.000 029 875 0	−0.000 002 907 5	0.000 000 069 8

3. 构造线性判别函数

首先计算系数向量。引用前面的计算结果，判别系数公式为

$$\boldsymbol{a}=\hat{\sum}^{-1}\left[\overline{\boldsymbol{X}}^{(1)}-\overline{\boldsymbol{X}}^{(2)}\right]$$

$$=\begin{bmatrix}0.171\,631\,980\,4 & -0.015\,601\,084\,4 & -0.000\,029\,875\,0\\ -0.015\,601\,084\,4 & 0.007\,310\,721\,1 & -0.000\,002\,907\,5\\ -0.000\,029\,875\,0 & -0.000\,002\,907\,5 & 0.000\,000\,069\,8\end{bmatrix}\begin{bmatrix}6.704\\ 5.975\\ 17\,453\end{bmatrix} \quad (7\text{-}2\text{-}4)$$

$$=\begin{bmatrix}0.536\,024\\ -0.111\,656\\ 0.001\,001\end{bmatrix}$$

软件操作方法是借助矩阵乘法函数 mmult 进行运算。用共同协方差矩阵的逆矩阵乘以平均值的差值向量。在 Excel 中，选取一个3×1 的单元格范围，输入公式“＝mmult(逆矩阵数据范围，均值差向量数据范围)”，然后按照矩阵计算的方式确定。如图 7-2-4 所示，根据平均协方差的分布区域和均值之差的分布区域，输入公式“＝MMULT(I33：K35，L33：L35)”，同时按下“Ctrl＋Shift＋Enter”键即可。

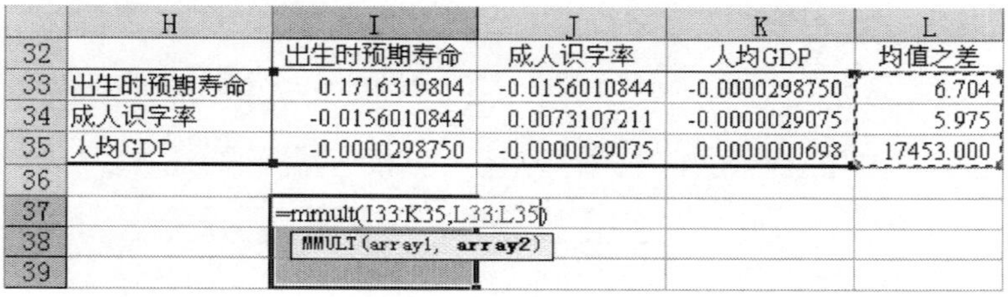

	H	I	J	K	L
32		出生时预期寿命	成人识字率	人均GDP	均值之差
33	出生时预期寿命	0.1716319804	-0.0156010844	-0.0000298750	6.704
34	成人识字率	-0.0156010844	0.0073107211	-0.0000029075	5.975
35	人均GDP	-0.0000298750	-0.0000029075	0.0000000698	17453.000
36					
37		=mmult(I33:K35,L33:L35)			
38		MMULT(array1, array2)			
39					

图 7-2-4　共同协方差的逆矩阵与均值差向量相乘

线性判别函数可以表作

$$W(X)=\boldsymbol{a}'(\boldsymbol{X}-\overline{\boldsymbol{X}})=\boldsymbol{a}'\boldsymbol{X}-\boldsymbol{a}'\{\frac{1}{2}[\overline{\boldsymbol{X}}^{(1)}+\overline{\boldsymbol{X}}^{(2)}]\}\approx\boldsymbol{a}'\boldsymbol{X}-\boldsymbol{a}'\overline{\boldsymbol{X}}^{(1)+(2)} \quad (7\text{-}2\text{-}5)$$

式中：$\boldsymbol{a}'$为判别系数向量 $\boldsymbol{a}$ 的转置；$\boldsymbol{X}=[x_1\ x_2\ x_3]$为变量向量构成的矩阵。根据距离判别函数的推导过程，判别函数的常数应该为

$$\boldsymbol{a}'\overline{\boldsymbol{X}}=\boldsymbol{a}'\{\frac{1}{2}[\overline{\boldsymbol{X}}^{(1)}+\overline{\boldsymbol{X}}^{(2)}]\}=\begin{bmatrix}0.536 & -0.112 & 0.001\end{bmatrix}\begin{bmatrix}73.765\\ 91.563\\ 13\,221.5\end{bmatrix}=42.551$$

利用矩阵乘积函数 mmult，容易算出上面的数值。但是，在实际中，常数值取

$$\boldsymbol{a}'\overline{\boldsymbol{X}}^{(1)+(2)}=\begin{bmatrix}0.536 & -0.112 & 0.001\end{bmatrix}\begin{bmatrix}73.286\\ 91.136\\ 11\,974.857\end{bmatrix}=41.094$$

也就是说，在估计模型常数的时候，我们采用总计平均值代替了两个样本均值的均值。于是线性判别函数便是

$$W(X)=0.536\boldsymbol{x}_1-0.112\boldsymbol{x}_2+0.001\boldsymbol{x}_3-41.094 \quad (7\text{-}2\text{-}6)$$

式中：$\boldsymbol{x}_1$ 为出生时预期寿命向量；$\boldsymbol{x}_2$ 为成人识字率向量；$\boldsymbol{x}_3$ 为人均 GDP 向量。线性判别函数在形式上就是一个线性回归模型，其中常数项相当于截距，判别系数就是斜率。

7.2.2 计算样本判别得分

在 Excel 中,有四种途径计算判别得分值(discriminant score):一是数值计算;二是数组运算;三是向量计算;四是矩阵计算。

1. 数值运算

当变量不多的时候,采用数值计算很方便。以加拿大为例,将其出生时预期寿命79.1岁、成人识字率99%、人均 GDP23 582 美元的数值代入公式

$$W(x_i) = 0.536x_{i1} - 0.112x_{i2} + 0.001x_{i3} - 41.094 \tag{7-2-7}$$

得到

$$W(x_i) = 0.536 \times 79.1 - 0.112 \times 99 + 0.001 \times 23\ 582 - 41.094 = 13.857$$

将原始数据和参数值按照图 7-2-5 所示的区域位置排列,根据上述计算公式,在 G2 单元格中输入算式

"=\$D\$20*D2+\$E\$20*E2+\$F\$20*F2-\$D\$21"

	A	B	C	D	E	F	G	H	I	J
1	类别	序号	国家名称	出生时预期寿命	成人识字率	人均GDP	判别值			
2	第一类	1	加拿大	79.1	99.0	23582	=$D$20*D2+$E$20*E2+$F$20*F2-$D$21			
3	第一类	2	美国	76.8	99.0	29605				
4	第一类	3	日本	80.0	99.0	23257				
5	第一类	4	瑞士	78.7	99.0	25512				
6	第一类	5	阿根廷	73.1	96.7	12013				
7	第一类	6	阿联酋	75.0	74.6	17719				
8	第二类	7	古巴	75.8	96.4	3967				
9	第二类	8	俄罗斯联邦	66.7	99.5	6460				
10	第二类	9	保加利亚	71.3	98.2	4809				
11	第二类	10	哥伦比亚	70.7	91.2	6006				
12	第二类	11	格鲁吉亚	72.9	99.0	3353				
13	第二类	12	巴拉圭	69.8	92.8	4288				
14	第二类	13	南非	69.4	77.8	4036				
15	第二类	14	埃及	66.7	53.7	3041				
16	待判样品	15	瑞典	78.7	99.0	20659				
17	待判样品	16	希腊	78.2	96.9	13943				
18	待判样品	17	罗马尼亚	70.2	97.9	5648				
19	待判样品	18	中国	68.0	82.8	3105				
20	参数区		a'	0.536	-0.112	0.001				
21			$a'\bar{X}$	41.094						

图 7-2-5 用数值的方式计算判别得分值

回车得到 13.857。将鼠标指针指向 G2 单元格右下方成黑十字填充柄,双击,或者向下拖拽至 G19,得到全部结果(图 7-2-6)。

不考虑待判样品,第一组判别值之和与第二组判别值之和的绝对值相等,但符号相反。换言之,两组判别值的总和等于 0。在 Excel 中很容易验证这一结论。

	A	B	C	D	E	F	G
1	类别	序号	国家名称	出生时预期寿命	成人识字率	人均GDP	判别值
2	第一类	1	加拿大	79.1	99.0	23582	13.857
3	第一类	2	美国	76.8	99.0	29605	18.654
4	第一类	3	日本	80.0	99.0	23257	14.015
5	第一类	4	瑞士	78.7	99.0	25512	15.575
6	第一类	5	阿根廷	73.1	96.7	12013	-0.683
7	第一类	6	阿联酋	75.0	74.6	17719	8.515
8	第二类	7	古巴	75.8	96.4	3967	-7.256
9	第二类	8	俄罗斯联邦	66.7	99.5	6460	-9.984
10	第二类	9	保加利亚	71.3	98.2	4809	-9.026
11	第二类	10	哥伦比亚	70.7	91.2	6006	-7.368
12	第二类	11	格鲁吉亚	72.9	99.0	3353	-9.715
13	第二类	12	巴拉圭	69.8	92.8	4288	-9.749
14	第二类	13	南非	69.4	77.8	4036	-8.541
15	第二类	14	埃及	66.7	53.7	3041	-8.293
16	待判样品	15	瑞典	78.7	99.0	20659	10.717
17	待判样品	16	希腊	78.2	96.9	13943	3.961
18	待判样品	17	罗马尼亚	70.2	97.9	5648	-8.743
19	待判样品	18	中国	68.0	82.8	3105	-10.781
20	参数区		a'	0.536	-0.112	0.001	
21			$a'\bar{X}$	41.094			

图 7-2-6 判别值的数值或数组计算结果

2. 数组运算

数组运算比数值运算方便，关键是利用数组乘积函数 sumproduct，这个命令可以将各个数组对应的元素相乘并加和（图 7-2-7）。假定图 7-2-5 所示的数据分布格局不变，在 G2 单元格中输入公式

"＝SUMPRODUCT(D20:F20,D2:F2)－\$D\$21"

回车即可得到 13.857，余下的步骤和结果与上例完全一样——用双击或者拖拽向下拷贝命令，得到全部数值（图 7-2-6）。

	A	B	C	D	E	F	G	H	I	J
1	类别	序号	国家名称	出生时预期寿命	成人识字率	人均GDP	判别值			
2	第一类	1	加拿大	79.1	99.0	23582	=SUMPRODUCT(\$D\$20:\$F\$20,D2:F2)-\$D\$21			
3	第一类	2	美国	76.8	99.0	29605				
4	第一类	3	日本	80.0	99.0	23257				
5	第一类	4	瑞士	78.7	99.0	25512				
6	第一类	5	阿根廷	73.1	96.7	12013				
7	第一类	6	阿联酋	75.0	74.6	17719				
8	第二类	7	古巴	75.8	96.4	3967				
9	第二类	8	俄罗斯联邦	66.7	99.5	6460				
10	第二类	9	保加利亚	71.3	98.2	4809				
11	第二类	10	哥伦比亚	70.7	91.2	6006				
12	第二类	11	格鲁吉亚	72.9	99.0	3353				
13	第二类	12	巴拉圭	69.8	92.8	4288				
14	第二类	13	南非	69.4	77.8	4036				
15	第二类	14	埃及	66.7	53.7	3041				
16	待判样品	15	瑞典	78.7	99.0	20659				
17	待判样品	16	希腊	78.2	96.9	13943				
18	待判样品	17	罗马尼亚	70.2	97.9	5648				
19	待判样品	18	中国	68.0	82.8	3105				
20	参数区		a'	0.536	-0.112	0.001				
21			$a'\bar{X}$	41.094						

图 7-2-7 用数组乘运算的方式计算判别值

3. 向量运算

向量运算是直接应用式(7-2-6),即
$$W(X) = 0.536x_1 - 0.112x_2 + 0.001x_3 - 41.094$$
假定数据分布区域如图 7-2-5 所示不变,选中单元格范围 G2:G19(图 7-2-8),然后输入算式
"＝D20＊D2:D19＋E20＊E2:E19＋F20＊F2:F19－D21"
同时按下"Ctrl＋Shift＋Enter"键即可得到全部结果(图 7-2-9)。

	A	B	C	D	E	F	G	H	I	J
1	类别	序号	国家名称	出生时预期寿命	成人识字率	人均GDP	判别值			
2	第一类	1	加拿大	79.1	99.0	23582	=D20*D2:D19+E20*E2:E19+F20*F2:F19-D21			
3	第一类	2	美国	76.8	99.0	29605				
4	第一类	3	日本	80.0	99.0	23257				
5	第一类	4	瑞士	78.7	99.0	25512				
6	第一类	5	阿根廷	73.1	96.7	12013				
7	第一类	6	阿联酋	75.0	74.6	17719				
8	第二类	7	古巴	75.8	96.4	3967				
9	第二类	8	俄罗斯联邦	66.7	99.5	6460				
10	第二类	9	保加利亚	71.3	98.2	4809				
11	第二类	10	哥伦比亚	70.7	91.2	6006				
12	第二类	11	格鲁吉亚	72.9	99.0	3353				
13	第二类	12	巴拉圭	69.8	92.8	4288				
14	第二类	13	南非	69.4	77.8	4036				
15	第二类	14	埃及	66.7	53.7	3041				
16	待判样品	15	瑞典	78.7	99.0	20659				
17	待判样品	16	希腊	78.2	96.9	13943				
18	待判样品	17	罗马尼亚	70.2	97.9	5648				
19	待判样品	18	中国	68.0	82.8	3105				
20	参数区		a'	0.536	-0.112	0.001				
21			$a'\bar{X}$	41.094						

图 7-2-8 用数值与向量的混合运算方式计算判别值

	A	B	C	D	E	F	G
1	类别	序号	国家名称	出生时预期寿命	成人识字率	人均GDP	判别值
2	第一类	1	加拿大	79.1	99.0	23582	13.857
3	第一类	2	美国	76.8	99.0	29605	18.654
4	第一类	3	日本	80.0	99.0	23257	14.015
5	第一类	4	瑞士	78.7	99.0	25512	15.575
6	第一类	5	阿根廷	73.1	96.7	12013	-0.683
7	第一类	6	阿联酋	75.0	74.6	17719	8.515
8	第二类	7	古巴	75.8	96.4	3967	-7.256
9	第二类	8	俄罗斯联邦	66.7	99.5	6460	-9.984
10	第二类	9	保加利亚	71.3	98.2	4809	-9.026
11	第二类	10	哥伦比亚	70.7	91.2	6006	-7.368
12	第二类	11	格鲁吉亚	72.9	99.0	3353	-9.715
13	第二类	12	巴拉圭	69.8	92.8	4288	-9.749
14	第二类	13	南非	69.4	77.8	4036	-8.541
15	第二类	14	埃及	66.7	53.7	3041	-8.293
16	待判样品	15	瑞典	78.7	99.0	20659	10.717
17	待判样品	16	希腊	78.2	96.9	13943	3.961
18	待判样品	17	罗马尼亚	70.2	97.9	5648	-8.743
19	待判样品	18	中国	68.0	82.8	3105	-10.781
20	参数区		a'	0.536	-0.112	0.001	
21			$a'\bar{X}$	41.094			

图 7-2-9 判别值的向量或矩阵计算结果

4. 矩阵运算

假定数据分布区域如图 7-2-5 所示不变,选中单元格范围 G2:G19(图 7-2-10),输入算式

"=MMULT(D2:F19,TRANSPOSE(D20:F20))−D21"

同时按下"Ctrl+Shift+Enter"键即可得到全部结果(图 7-2-9)。式中用到矩阵转置命令 transpose。如果事先将向量 a' 转置,则无需采用这个命令。

	A	B	C	D	E	F	G	H	I	J
1	类别	序号	国家名称	出生时预期寿命	成人识字率	人均GDP	判别值			
2	第一类	1	加拿大	79.1	99.0	23582	=mmult(D2:F19,transpose(D20:F20))-D21			
3	第一类	2	美国	76.8	99.0	29605				
4	第一类	3	日本	80.0	99.0	23257				
5	第一类	4	瑞士	78.7	99.0	25512				
6	第一类	5	阿根廷	73.1	96.7	12013				
7	第一类	6	阿联酋	75.0	74.6	17719				
8	第一类	7	古巴	75.8	96.4	3967				
9	第二类	8	俄罗斯联邦	66.7	99.5	6460				
10	第二类	9	保加利亚	71.3	98.2	4809				
11	第二类	10	哥伦比亚	70.7	91.2	6006				
12	第二类	11	格鲁吉亚	72.9	99.0	3353				
13	第二类	12	巴拉圭	69.8	92.8	4288				
14	第二类	13	南非	69.4	77.8	4036				
15	第二类	14	埃及	66.7	53.7	3041				
16	待判样品	15	瑞典	78.7	99.0	20659				
17	待判样品	16	希腊	78.2	96.9	13943				
18	待判样品	17	罗马尼亚	70.2	97.9	5648				
19	待判样品	18	中国	68.0	82.8	3105				
20	参数区		a'	0.536	−0.112	0.001				
21			$a'\bar{X}$	41.094						

图 7-2-10 用矩阵乘法运算的方式计算判别值

7.2.3 数值的规范化处理

判别函数和判别值的规范化并非必要步骤。有了上小节的计算结果,我们已经可以对待判样品进行归类。规范化处理的目的之一是使数值更直观。当然,我们这里有一个特殊的目的,就是为了便于读者借助 SPSS 验证计算结果。反过来,我们可以通过 Excel 的逐步计算加深理解 SPSS 的判别分析原理。统计分析软件 SPSS 的判别分析结果都经过规范化处理。

将第一组平均值即样本 1 的均值代入判别函数式(7-2-7),得到第一组的重心值

$$W(1) = 0.536 \times 77.117 - 0.112 \times 94.550 + 0.001 \times 21948 - 41.094 = 11.656$$

这个数值等于第一组判别值的均值。将第二组的平均值即样本 2 的均值代入判别函数给出第二组的重心值

$$W(2) = 0.536 \times 70.413 - 0.112 \times 88.575 + 0.001 \times 4495 - 41.094 = -8.742$$

这个数值等于第二组判别值的均值。将两组的总计平均值代入判别函数式得到

$$W(0) = 0.536 \times 73.286 - 0.112 \times 91.136 + 0.001 \times 11\,974.857 - 41.094 = 0$$

这个数值等于全体判别值之和。也就是说,我们将两个样本总和的重心位置(centroid)定

义为 0(图 7-2-11)。由两组重心值可以计算一个规范化系数

$$C = \sqrt{|W(1)| + |W(2)|} = (|11.656| + |-8.742|)^{1/2} = 4.516 \quad (7-2-8)$$

于是两个组的规范化重心值分别是

$$w(1) = \frac{W(1)}{C} = \frac{11.656}{4.516} = 2.581, \quad w(2) = \frac{W(2)}{C} = \frac{-8.742}{4.516} = -1.936$$

用规范化系数除以判别函数的常系数,可以得到规范化判别函数(canonical discriminant function),即

$$W(x_i) = \frac{1}{4.516}(0.536x_{i1} - 0.112x_{i2} + 0.001x_{i3} - 41.094) \quad (7-2-9)$$
$$= 0.11868x_{i1} - 0.02472x_{i2} + 0.00022x_{i3} - 9.09902$$

类别	序号	国家名称	出生时预期寿命	成人识字率	人均GDP	判别值	规范化判别值
第一类	1	加拿大	79.1	99.0	23582	13.857	3.068
第一类	2	美国	76.8	99.0	29605	18.654	4.130
第一类	3	日本	80.0	99.0	23257	14.015	3.103
第一类	4	瑞士	78.7	99.0	25512	15.575	3.449
第一类	5	阿根廷	73.1	96.7	12013	-0.683	-0.151
第一类	6	阿联酋	75.0	74.6	17719	8.515	1.885
第一类 平均值			77.117	94.550	21948	11.656	2.581
第二类	7	古巴	75.8	96.4	3967	-7.256	-1.607
第二类	8	俄罗斯联邦	66.7	99.5	6460	-9.984	-2.211
第二类	9	保加利亚	71.3	98.2	4809	-9.026	-1.999
第二类	10	哥伦比亚	70.7	91.2	6006	-7.368	-1.631
第二类	11	格鲁吉亚	72.9	99.0	3353	-9.715	-2.151
第二类	12	巴拉圭	69.8	92.8	4288	-9.749	-2.159
第二类	13	南非	69.4	77.8	4036	-8.541	-1.891
第二类	14	埃及	66.7	53.7	3041	-8.293	-1.836
第二类 平均值			70.413	88.575	4495	-8.742	-1.936
总计平均值			73.286	91.136	11975	0.000	0.000
待判样品	15	瑞典	78.7	99.0	20659	10.717	2.373
待判样品	16	希腊	78.2	96.9	13943	3.961	0.877
待判样品	17	罗马尼亚	70.2	97.9	5648	-8.743	-1.936
待判样品	18	中国	68.0	82.8	3105	-10.781	-2.387

图 7-2-11 判别值的规范化处理结果

借助规范化判别函数计算各个样品的判别值,得到规范化判别值。当然,利用规范化系数去除前面计算的、未经规范化处理的判别得分,同样可以得到规范化判别得分(图 7-2-11)。第一组的规范化判别值的平均值为 2.581,第二组的规范化判别值的平均值为 -1.936。可见,无论数据是否经过规范处理,各组平均值的判别值,等于各组判别值的平均值。

7.3 判别函数检验

7.3.1 样本显著性差异的 F 检验

判别检验主要是 F 检验,用以判断两组之间的差异是否显著。如果第一组和第二组之间没有显著性差异,则分类无效,从而判别函数也就没有效果。道理其实也很简单,判别分析的前提是聚类分析,聚类分析的前提是不同样本之间存在显著性差异。如果第一个样本(高发展水平)和第二个样本(中发展水平)之间没有明确的差别,则无法保证分类是有效的。以不明确的分类作为训练样本开展判别分析,结果当然令人难以置信。F 值的计算公式为

$$F = \frac{(n_1 + n_2 - 2) - m + 1}{(n_1 + n_2 - 2)m} T^2 \quad (7-3-1)$$

其中

$$T^2 = (n_1 + n_2 - 2)\left\{\sqrt{\frac{n_1 n_2}{n_1 + n_2}}[\bar{X}^{(1)} - \bar{X}^{(2)}]'S^{-1}\sqrt{\frac{n_1 n_2}{n_1 + n_2}}[\bar{X}^{(1)} - \bar{X}^{(2)}]\right\}$$
(7-3-2)

式中：$n_1 = 6$ 为第一类的样品数；$n_2 = 8$ 为第二类的样品数；$m = 3$ 为变量数；X 为两组均值向量；S^{-1} 为两个样本的交叉乘积和矩阵的逆矩阵。

根据前面的计算结果，两个样本的交叉乘积和矩阵定义为

$$S = S_1 + S_2$$

$$= \begin{bmatrix} 35.468 & 60.885 & 59\,090.3 \\ 60.885 & 481.835 & 126\,038.1 \\ 59\,090.3 & 126\,038.1 & 192\,303\,848.0 \end{bmatrix} + \begin{bmatrix} 65.049 & 174.623 & -6277.8 \\ 174.623 & 1738.015 & 67\,198.7 \\ -6277.8 & 67\,198.7 & 10\,193\,536.0 \end{bmatrix}$$

$$= \begin{bmatrix} 100.517 & 235.508 & 52\,812.5 \\ 235.508 & 2220.850 & 193\,236.8 \\ 52\,812.5 & 193\,236.8 & 202\,497\,384.0 \end{bmatrix}$$

利用 Excel 的矩阵求逆函数 minverse 容易计算 S 矩阵的逆矩阵

$$S^{-1} = \begin{bmatrix} 0.014\,302\,665\,0 & -0.001\,300\,090\,4 & -0.000\,002\,489\,6 \\ -0.001\,300\,090\,4 & 0.000\,609\,226\,8 & -0.000\,000\,242\,3 \\ -0.000\,002\,489\,6 & -0.000\,000\,242\,3 & 0.000\,000\,005\,8 \end{bmatrix}$$

两组均值之差向量前面已经给出

$$\bar{X}^{(1)} - \bar{X}^{(2)} = \begin{bmatrix} 6.704 \\ 5.975 \\ 17\,453 \end{bmatrix}$$

将上面的矩阵、向量和有关数值代入式(7-3-2)得到 $T^2 = 69.933$，将 T^2 值代入式(7-3-1)得到 $F = 19.426$。

查表得到在显著性水平 $\alpha = 0.05$ 时 F 值的临界值 F_α 为

$$F_\alpha(m, n_1 + n_2 - m - 1) = F_\alpha(3, 10) = 3.708$$

在 Excel 的任意单元格输入公式"=FINV(0.05,3,6+8-3-1)"，回车，即可得到这个临界值。可见 F 值大于临界值

$$F = 19.426 > F_{0.05} = 3.708$$

因此，在 $\alpha = 0.05$ 的水平下，两组之间的差异显著，判别函数有效。

7.3.2 等方差性检验

判别分析的基本假设之一，是不同组的协方差矩阵(Σ)相等。对于二分类，理论上要求如下关系成立

$$\sum\nolimits^{(1)} = \sum\nolimits^{(2)} \tag{7-3-3}$$

但是，对于实际问题，两个协方差矩阵的估计值一般不相等，即有

$$\hat{\sum}\nolimits^{(1)} \neq \hat{\sum}\nolimits^{(2)} \tag{7-3-4}$$

这个不等关系可能是由于抽样的随机误差引起的，也可能是两个协方差矩阵本质上就不相同。如果协方差矩阵的不相等是由抽样的随机误差引起，则在一定显著性水平下可以视为相等，故可采用线性判别函数。但是，如果协方差矩阵的不相等是由系统内在性质决定，则误差不可忽略，不能采用线性判别函数，而应该采用二次判别函数之类的非线性判别函数。

借助卡方分布可以检验协方差矩阵的等协方差性质。原假设是两组协方差矩阵相等，对立假设是不等。如果计算的卡方值大于某个显著性水平下的临界值，则在一定置信度下否定原假设，不宜采用线性判别函数。否则，当卡方值小于临界值时，接受原假设，协方差矩阵在该显著性水平下可以视为相等，因而可以采用线性判别函数。卡方统计量的计算公式为

$$\chi_0^2 = L \cdot M = [1 + (\frac{1}{n_1-1} + \frac{1}{n_2-1} - \frac{1}{n_1+n_2-2}) \\ \frac{2m^2+3m-1}{6(m+1)}] \ln \frac{|\hat{\sum}|^{n_1+n_2-2}}{|\hat{\sum}^{(1)}|^{n_1-1} |\hat{\sum}^{(2)}|^{n_2-1}} \tag{7-3-5}$$

理论上可以证明，这个函数服从自由度为 $m(m+1)/2$ 的 χ^2 分布。

如前所述，对于我们的例子，$n_1=6$ 为第一类的样品数，$n_2=8$ 为第二类的样品数，$m=3$ 为变量数。代入公式可得

$$L = 1 + (\frac{1}{n_1-1} + \frac{1}{n_2-1} - \frac{1}{n_1+n_2-2}) \frac{2m^2+3m-1}{6(m+1)}$$

$$= 1 + (\frac{1}{5} + \frac{1}{7} - \frac{1}{12}) \frac{2\times 3^2 + 3\times 3 - 1}{6\times 4} = 1.281$$

现在的问题是，公式中的另外一部分

$$M = \ln \frac{|\hat{\sum}|^{n_1+n_2-2}}{|\hat{\sum}^{(1)}|^{n_1-1} |\hat{\sum}^{(2)}|^{n_2-1}} \\ = (n_1+n_2-2)\ln|\hat{\sum}| - (n_1-1)\ln|\hat{\sum}^{(1)}| - (n_2-1)\ln|\hat{\sum}^{(2)}| \tag{7-3-6}$$

怎样计算。实际上，式(7-3-6)给出的 M 值在 SPSS 中称为 Box's M 统计量，用于检测协方差矩阵是否具有相等性。

Excel 给出的协方差矩阵是总体协方差，为了计算卡方值，需要将它们转换为抽样协方差矩阵。第一组的抽样协方差矩阵为

$$\hat{\sum}^{(1)} = \frac{1}{n_1-1}\mathbf{S}_1 = \frac{1}{5}\begin{bmatrix} 35.468 & 60.885 & 59\,090.3 \\ 60.885 & 481.835 & 126\,038.1 \\ 59\,090.3 & 126\,038.1 & 192\,303\,848.0 \end{bmatrix}$$

第二组的抽样协方差矩阵为

$$\hat{\sum}^{(2)} = \frac{1}{n_2-1}\mathbf{S}_2 = \frac{1}{7}\begin{bmatrix} 65.049 & 174.623 & -6277.8 \\ 174.623 & 1738.015 & 67\,198.7 \\ -6277.8 & 67\,198.7 & 10\,193\,536.0 \end{bmatrix}$$

两组共同的协方差矩阵即所谓组内矩阵前面已经给出

$$\hat{\Sigma} = \frac{1}{n_1 + n_2 - 2}(\boldsymbol{S}_1 + \boldsymbol{S}_2) = \begin{bmatrix} 8.376 & 19.626 & 4401.042 \\ 19.626 & 185.071 & 16\ 103.067 \\ 4401.042 & 16\ 103.067 & 16\ 874\ 782.0 \end{bmatrix}$$

利用行列式求值函数 mdeterm 很容易在 Excel 里计算出三个协方差矩阵的行列式

$$\left|\hat{\Sigma}^{(1)}\right| = 9\ 877\ 117\ 068.409$$

$$\left|\hat{\Sigma}^{(2)}\right| = 969\ 860\ 010.334$$

$$\left|\hat{\Sigma}\right| = 16\ 685\ 242\ 480.017$$

取对数得到

$$\ln\left|\hat{\Sigma}^{(1)}\right| = 23.013,\ \ln\left|\hat{\Sigma}^{(2)}\right| = 20.692,$$

$$\ln\left|\hat{\Sigma}\right| = 23.538$$

于是

$$M = 12 \times 23.538 - 5 \times 23.013 - 7 \times 20.692 = 22.537$$

这样,卡方值等于

$$\chi_0^2 = 1.281 \times 22.537 = 28.874$$

取显著性水平 $\alpha = 0.05$,自由度为 $df = 3 \times (3+1)/2 = 6$。利用卡方临界值查询函数 chiinv 可以在 Excel 里很方便地调查临界值。在任意单元格输入公式"=CHIINV(0.05,3*(3+1)/2)",回车,立即得到 12.592,即

$$\chi_{0.05,6}^2 = 12.592$$

由于 $\chi_0^2 > 12.592$,故否定原假设,两个协方差矩阵不相等。因此,对于本例,线性判别函数不够理想。最好采用非线性判别函数进行判别分析。

7.4 样品的判别与归类

有了上述判别值的计算结果,就不难对待判样品进行归类分析。非常明显,第一类国家,除了阿根廷外,判别值都是正值(大于 0);第二类国家判别值均为负值(小于 0)。在待判样品中,有两个国家——瑞典和希腊的判别值大于 0,与第一类国家的判别值接近,应该归入高等人类发展水平国家一类;另外有两个国家——罗马尼亚和中国的判别值小于 0,与第二类国家的判别值接近,归为中等人类

类别	序号	国家名称	判别得分	规范化判别得分	原始类别	预测类别
第一类	1	加拿大	13.857	3.068	1	1
第一类	2	美国	18.654	4.130	1	1
第一类	3	日本	14.015	3.103	1	1
第一类	4	瑞士	15.575	3.449	1	1
第一类	5	阿根廷	-0.683	-0.151	1	2
第一类	6	阿联酋	8.515	1.885	1	1
第二类	7	古巴	-7.256	-1.607	2	2
第二类	8	俄罗斯联邦	-9.984	-2.211	2	2
第二类	9	保加利亚	-9.026	-1.999	2	2
第二类	10	哥伦比亚	-7.368	-1.631	2	2
第二类	11	格鲁吉亚	-9.715	-2.151	2	2
第二类	12	巴拉圭	-9.749	-2.159	2	2
第二类	13	南非	-8.541	-1.891	2	2
第二类	14	埃及	-8.293	-1.836	2	2
待判样品	15	瑞典	10.717	2.373	0	2
待判样品	16	希腊	3.961	0.877	0	2
待判样品	17	罗马尼亚	-8.743	-1.936	0	1
待判样品	18	中国	-10.781	-2.387	0	1

图 7-4-1 基于判别得分的样品归类

发展水平国家一类。对照 UNDP 的《2000 年人类发展报告》可知，判别结果完全正确。

如果用 1 代表第一类，2 代表第二类，0 代表待判类，则判别结果是：瑞典、希腊的预测类别为 1，罗马尼亚和中国的预测类别为 2（图 7-4-1）。

计算结果表明，第一类中的阿根廷的判别值小于 0，这种现象如何解释呢？有两种可能：其一是联合国的国家分类不完全准确，UNDP 对阿根廷归类有误；其二是判别分析变量不全，体现阿根廷优势的变量没有选入。解决的办法是将 UNDP 用于分类的全部变量都采纳进来，然后计算判别值。如果计算结果仍然小于 0，则可以初步判断，阿根廷的归类有误，否则，属于变量不全的问题。当然，要得出准确的结论，需要开展更多的分析。

通过上面的计算过程，我们可以对判别分析形成一种概略的印象，同时建立一种分析的体验。要想深入理解判别分析，必须研读有关判别分析的数学原理，并且经常进行实际操作练习。不言而喻，对于大样本的判别问题，利用 Excel 计算是非常烦琐的，需要利用 SPSS 等统计分析软件的判别分析功能开展工作。

7.5 利用回归分析建立判别函数

	A	B	C	D	E	F
1	类别	序号	国家名称	出生时预期寿命	成人识字率	人均GDP
2	第一类	1	加拿大	79.1	99.0	23582.0
3	第一类	2	美国	76.8	99.0	29605.0
4	第一类	3	日本	80.0	99.0	23257.0
5	第一类	4	瑞士	78.7	99.0	25512.0
6	第一类	5	阿根廷	73.1	96.7	12013.0
7	第一类	6	阿联酋	75.0	74.6	17719.0
8	第二类	7	古巴	75.8	96.4	3967.0
9	第二类	8	俄罗斯联邦	66.7	99.5	6460.0
10	第二类	9	保加利亚	71.3	98.2	4809.0
11	第二类	10	哥伦比亚	70.7	91.2	6006.0
12	第二类	11	格鲁吉亚	72.9	99.0	3353.0
13	第二类	12	巴拉圭	69.8	92.8	4288.0
14	第二类	13	南非	69.4	77.8	4036.0
15	第二类	14	埃及	66.7	53.7	3041.0
16	第一类	15	第一组平均	77.1	94.6	21948.0
17	第二类	16	第二组平均	70.4	88.6	4495.0
18			总计平均值	73.3	91.1	11974.9

图 7-5-1 重新整理好的数据

判别函数的得分实际上是第一个样本的平均值到两个样本总计平均值的马氏距离平方与第二个样本的平均值到总计平均值的马氏距离平方的差值。这个距离可以由各个变量乘以确定的系数然后减去一个常数生成。判别函数式在形式上就是一个多元线性回归方程式。自变量都是已知数，因变量可以通过马氏距离平方差计算。只要算出马氏距离平方差，就可以基于最小二乘法通过多元线性回归确定判别函数的系数及其常数。

第一步，整理数据，并且计算平均值。如图 7-5-1 所示，在 D16 单元格输入公式"=AVERAGE(D2:D7)"，回车得到第一组样品第一个变量的均值 77.1；点击 D16 单元格的右下角右拖到 F16 单元格，得到第一个样本的全部均值。在 D17 单元格输入公式"=AVERAGE(D8:D15)"，回车得到第二组样品第一个变量的均值 70.4；点击 D17 单元格的右下角右拖到 F17 单元格，得到第二个样本的全部均值。在 D18 单元格输入公式"=AVERAGE(D2:D15)"，回车得到第二个样本总计的第一个变量的均值 73.3；点击 D18 单元格的右下角右拖到 F18 单元格，得到全部总计平均值。

其实,如果完成了图 7-1-4 所示的分类汇总工作,直接整理分类汇总数据即可。

第二步,计算共同协方差矩阵及其逆矩阵。首先分别算出第一个样本的协方差(表 7-2-2)和第二个样本的协方差(表 7-2-4),然后用第一数组乘以 $n_1=6$ 加上第二数组乘以

	H	I	J	K
1	共同协方差	出生时预期寿命	成人识字率	人均GDP
2	出生时预期寿命	8.376	19.626	4401.042
3	成人识字率	19.626	185.071	16103.067
4	人均GDP	4401.042	16103.067	16874782.000
5				
6	逆矩阵	出生时预期寿命	成人识字率	人均GDP
7	出生时预期寿命	0.1716319804	-0.0156010844	-0.0000298750
8	成人识字率	-0.0156010844	0.0073107211	-0.0000029075
9	人均GDP	-0.0000298750	-0.0000029075	0.0000000698

图 7-5-2　两组数据的共同协方差矩阵及其逆矩阵

$n_2=8$,再除以 $n_1+n_2-2=12$,结果如表 7-2-6 所示。将表 7-2-6 中的数据复制到图 7-5-2 所示的位置,然后借助矩阵求逆函数 minverse 计算其逆矩阵。

第三步,计算马氏距离矩阵,分如下几个步骤完成。

首先,用原始数据减去总体平均值。在图 7-5-1 所示的数据下面,选定一个 $(n_1+n_2+2)\times 3=16\times 3$ 的区域。然后,在 D20 单元格输入公式"=D2-D$18",回车,得到第一个差值 5.81(图 7-5-3)。点击 D20 单元格右下角右拉到 F20

	A	B	C	D	E	F
1	类别	序号	国家名称	出生时预期寿命	成人识字率	人均GDP
2	第一类	1	加拿大	79.1	99.0	23582.0
3	第一类	2	美国	76.8	99.0	29605.0
4	第一类	3	日本	80.0	99.0	23257.0
5	第一类	4	瑞士	78.7	99.0	25512.0
6	第一类	5	阿根廷	73.1	96.7	12013.0
7	第一类	6	阿联酋	75.0	74.6	17719.0
8	第二类	7	古巴	75.8	96.4	3967.0
9	第二类	8	俄罗斯联邦	66.7	99.5	6460.0
10	第二类	9	保加利亚	71.3	98.2	4809.0
11	第二类	10	哥伦比亚	70.7	91.2	6006.0
12	第二类	11	格鲁吉亚	72.9	99.0	3353.0
13	第二类	12	巴拉圭	69.8	92.8	4288.0
14	第二类	13	南非	69.4	77.8	4036.0
15	第二类	14	埃及	66.7	53.7	3041.0
16	第一类	15	第一组平均	77.1	94.6	21948.0
17	第二类	16	第二组平均	70.4	88.6	4495.0
18			总计平均值	73.3	91.1	11974.9
19			国家名称	出生时预期寿命	成人识字率	人均GDP
20		1	加拿大	=D2-D$18		
21		2	美国			

图 7-5-3　计算原始数据与总计平均值的差值矩阵

单元格。然后,选中区域 D20:F20,点击区域的右下角下拉到第 35 行,于是在区域 D20:F35 出现全部的原始数据与总计平均值的差值,它们构成一个总计离差矩阵(图 7-5-4)。

	A	B	C	D	E	F
19			国家名称	出生时预期寿命	成人识字率	人均GDP
20		1	加拿大	5.81	7.86	11607.14
21		2	美国	3.51	7.86	17630.14
22		3	日本	6.71	7.86	11282.14
23		4	瑞士	5.41	7.86	13537.14
24		5	阿根廷	-0.19	5.56	38.14
25		6	阿联酋	1.71	-16.54	5744.14
26		7	古巴	2.51	5.26	-8007.86
27		8	俄罗斯联邦	-6.59	8.36	-5514.86
28		9	保加利亚	-1.99	7.06	-7165.86
29		10	哥伦比亚	-2.59	0.06	-5968.86
30		11	格鲁吉亚	-0.39	7.86	-8621.86
31		12	巴拉圭	-3.49	1.66	-7686.86
32		13	南非	-3.89	-13.34	-7938.86
33		14	埃及	-6.59	-37.44	-8933.86
34		15	第一组平均	3.83	3.41	9973.14
35		16	第二组平均	-2.87	-2.56	-7479.86

图 7-5-4　总计离差矩阵的计算结果

	A	B	C	D	E	F
37			国家名称	出生时预期寿命	成人识字率	人均GDP
38		1	加拿大	=mmult(D20:F35,I7:K9)		
39		2	美国	MMULT(array1, **array2**)		
40		3	日本			
41		4	瑞士			
42		5	阿根廷			
43		6	阿联酋			
44		7	古巴			
45		8	俄罗斯联邦			
46		9	保加利亚			
47		10	哥伦比亚			
48		11	格鲁吉亚			
49		12	巴拉圭			
50		13	南非			
51		14	埃及			
52		15	第一组平均			
53		16	第二组平均			

图 7-5-5　计算总计离差矩阵与协方差逆矩阵的乘积

其次，用总计离差矩阵乘以共同协方差矩阵的逆矩阵。注意到图 7-5-2 和图 7-5-4 所示的数据分布。再次选取一个 $16×3$ 的区域，输入公式"＝MMULT（D20：F35，I7：K9）"（图 7-5-5），同时按下"Ctrl＋Shift＋Enter"键，得到第一个矩阵乘积（图 7-5-6）。

最后，计算各个样品到总计平均位置的马氏距离。根据图 7-5-4 和图 7-5-6 所示的数据分布，并考虑 14 个样品

外加两组平均值，选定一个 $(n_1+n_2+2)×(n_1+n_2+2)=16×16$ 的区域，输入计算公式"＝MMULT（D38：F53，TRANSPOSE（D20：F35））"（图 7-5-7），同时按下"Ctrl＋Shift＋Enter"键，得到第二个矩阵乘积，这个乘积就是我们需要的马氏距离矩阵（图 7-5-8）。

在 AF2 单元格输入公式"＝AVERAGE（N2：S2）"，回车得到 7.919，双击或者下拉 AF2 单元格右下角，生成第一

	A	B	C	D	E	F
37			国家名称	出生时预期寿命	成人识字率	人均GDP
38		1	加拿大	0.528463	-0.066964	0.000614
39		2	美国	-0.046228	-0.048593	0.001103
40		3	日本	0.692641	-0.080060	0.000564
41		4	瑞士	0.402151	-0.066335	0.000761
42		5	阿根廷	-0.119823	0.043465	-0.000004
43		6	阿联酋	0.380595	-0.164334	0.000398
44		7	古巴	0.588638	0.022543	-0.000650
45		8	俄罗斯联邦	-1.096055	0.179928	-0.000213
46		9	保加利亚	-0.236943	0.103459	-0.000462
47		10	哥伦比亚	-0.266475	0.058165	-0.000340
48		11	格鲁吉亚	0.068686	0.088580	-0.000613
49		12	巴拉圭	-0.394580	0.088898	-0.000437
50		13	南非	-0.221688	-0.013790	-0.000399
51		14	埃及	-0.279382	-0.144962	-0.000318
52		15	第一组平均	0.306300	-0.063803	0.000572
53		16	第二组平均	-0.229725	0.047853	-0.000429

图 7-5-6　总计离差矩阵与共同协方差逆矩阵的乘积结果

	M	N	O	P	Q
1		加拿大	美国	日本	瑞士
2	加拿大	=mmult(D38:F53,transpose(D20:F35))			
3	美国				
4	日本				
5	瑞士				
6	阿根廷				
7	阿联酋				
8	古巴				
9	俄罗斯联邦				
10	保加利亚				
11	哥伦比亚				
12	格鲁吉亚				
13	巴拉圭				
14	南非				
15	埃及				
16	第一组平均				
17	第二组平均				

图 7-5-7　计算马氏距离矩阵（局部显示）

组的全部平均值；在 AG2 单元格输入公式"＝AVERAGE（T2：AA2）"，回车得到 -5.939，双击或者下拉 AG2 单元格右下角，生成第二组的全部平均值。对比可知，AF 列的结果与 AB 列的数值一样，AG 列的结果与 AC 列的数值一样。由此可知，一个组中各样品平均值到总计平均值的马氏距离，其实就是该组中各个样品到总计平均值的马氏距离的平均。

第四步，计算训练样品的判别得分，并将其规范化。用第一组的平均值减去第二组对应的平均值，就可以得到各个样品的判别函数得分值。在 AD2 单元格中输入公式

	M	N	O	Z	AA	AB	AC
1		加拿大	美国	南非	埃及	第一组平均	第二组平均
2	加拿大	9.67181	12.15395	-6.03423	-6.45810	7.91854	-5.93891
3	美国	12.15395	18.90479	-7.93041	-7.73217	10.65927	-7.99445
4	日本	9.94790	11.75381	-6.10392	-6.60612	8.00831	-6.00623
5	瑞士	10.64528	14.30160	-6.71655	-6.96051	8.90000	-6.67500
6	阿根廷	-0.44733	-0.21972	-0.05080	-0.76686	-0.39009	0.29256
7	阿联酋	5.53964	7.06116	-2.44668	0.09019	4.86582	-3.64937
8	古巴	-3.93995	-9.20623	2.56900	1.08272	-4.14632	3.10974
9	俄罗斯联邦	-7.42606	-6.18594	3.54771	2.38238	-5.70542	4.27907
10	保加利亚	-5.92165	-8.15679	3.20541	1.81106	-5.15789	3.86842
11	哥伦比亚	-5.03513	-6.46838	2.95678	2.61251	-4.21035	3.15776
12	格鲁吉亚	-6.02354	-9.87587	3.42132	1.71141	-5.55170	4.16377
13	巴拉圭	-6.67259	-8.39980	3.82054	3.17872	-5.57082	4.17811
14	南非	-6.03423	-7.93041	4.21673	5.54510	-4.88043	3.66032
15	埃及	-6.45810	-7.73217	5.54510	10.10966	-4.73893	3.55420
16	第一组平均	7.91854	10.65927	-4.88043	-4.73893	6.66031	-4.99523
17	第二组平均	-5.93891	-7.99445	3.66032	3.55420	-4.99523	3.74642

图 7-5-8　马氏距离矩阵的计算结果(局部显示,其中 P～Y 列隐藏)

"＝AB2－AC2",回车,得到第一个差值;双击 AD2 单元格右下角,生成全部的判别得分值。第一组平均值得分的绝对值与第二组平均值得分的绝对值之和为 20.397,开平方根得到 4.516。用各个样品的判别得分值除以 4.516,得到规范化的判别得分值。采用公式计算,即在 AE2 单元格输入公

	M	N	AB	AC	AD	AE
1		加拿大	第一组平均	第二组平均	两组均值之差	规范化判别值
2	加拿大	9.67181	7.91854	-5.93891	13.857	3.068
3	美国	12.15395	10.65927	-7.99445	18.654	4.130
4	日本	9.94790	8.00831	-6.00623	14.015	3.103
5	瑞士	10.64528	8.90000	-6.67500	15.575	3.449
6	阿根廷	-0.44733	-0.39009	0.29256	-0.683	-0.151
7	阿联酋	5.53964	4.86582	-3.64937	8.515	1.885
8	古巴	-3.93995	-4.14632	3.10974	-7.256	-1.607
9	俄罗斯联邦	-7.42606	-5.70542	4.27907	-9.984	-2.211
10	保加利亚	-5.92165	-5.15789	3.86842	-9.026	-1.999
11	哥伦比亚	-5.03513	-4.21035	3.15776	-7.368	-1.631
12	格鲁吉亚	-6.02354	-5.55170	4.16377	-9.715	-2.151
13	巴拉圭	-6.67259	-5.57082	4.17811	-9.749	-2.159
14	南非	-6.03423	-4.88043	3.66032	-8.541	-1.891
15	埃及	-6.45810	-4.73893	3.55420	-8.293	-1.836
16	第一组平均	7.91854	6.66031	-4.99523	11.656	2.581
17	第二组平均	-5.93891	-4.99523	3.74642	-8.742	-1.936

图 7-5-9　训练样品的判别得分及其规范化结果

式"＝AD2/(ABS(\$AD\$16)＋ABS(\$AD\$17))^0.5",回车,得到 3.068。双击 AE2 单元格右下角,生成全部的规范化得分值(图 7-5-9)。

　　第五步,借助回归分析计算判别函数系数。为了方便起见,再次整理数据的排列,然后开展多元线性回归分析。根据图 7-5-10 所示的数据分布,回归选项设置如图 7-5-11 所示。这就是说,以出生时预期寿命、成人识字率和人均 GDP 为自变量,以规范化判别得分为因变量,建立线性回归模型。确定之后,输出回归分析结果如图 7-5-12 所示。

　　根据回归分析输出结果,建立规范化判别函数为

$$y_i = 0.11869x_{i1} - 0.02472x_{i2} + 0.00022x_{i3} - 9.09902$$

如果采用未经规范化的判别得分(图 7-5-12 中的 AD 列)——两组马氏距离的均值之差为因变量进行回归(图 7-5-13),则基于输出结果可以建立未经规范化的判别函数式

$$y_i = 0.53602x_{i1} - 0.11166x_{i2} + 0.001x_{i3} - 41.09413$$

所有的结果与前面给出的都一样。至于其他的判别分析过程,就不再赘述了。

	C	D	E	F	AD	AE
1	国家名称	出生时预期寿命	成人识字率	人均GDP	两组均值之差	规范化判别值
2	加拿大	79.1	99.0	23582.0	13.857	3.068
3	美国	76.8	99.0	29605.0	18.654	4.130
4	日本	80.0	99.0	23257.0	14.015	3.103
5	瑞士	78.7	99.0	25512.0	15.575	3.449
6	阿根廷	73.1	96.7	12013.0	-0.683	-0.151
7	阿联酋	75.0	74.6	17719.0	8.515	1.885
8	古巴	75.8	96.4	3967.0	-7.256	-1.607
9	俄罗斯联邦	66.7	99.5	6460.0	-9.984	-2.211
10	保加利亚	71.3	98.2	4809.0	-9.026	-1.999
11	哥伦比亚	70.7	91.2	6006.0	-7.368	-1.631
12	格鲁吉亚	72.9	99.0	3353.0	-9.715	-2.151
13	巴拉圭	69.8	92.8	4288.0	-9.749	-2.159
14	南非	69.4	77.8	4036.0	-8.541	-1.891
15	埃及	66.7	53.7	3041.0	-8.293	-1.836

图 7-5-10　计算结果的整理（隐藏暂时不需要的列）

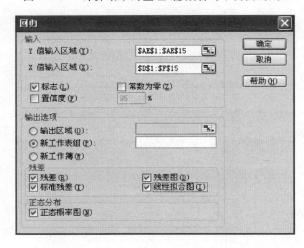

图 7-5-11　基于规范化判别得分的回归分析选项

```
SUMMARY OUTPUT

        回归统计
Multiple         1
R Square         1
Adjusted         1
标准误差     3.3E-16
观测值           14

方差分析
              df        SS         MS          F      gnificance F
回归分析        3    81.93324   27.31108    2.5E+32    1.1E-159
残差           10   1.09E-30   1.09E-31
总计           13   81.93324

           Coefficien  标准误差    t Stat    P-value   Lower 95% Upper 95%
Intercept  -9.09902   2.44E-15   -3.7E+15   4.8E-152  -9.09902  -9.09902
出生时预     0.118686  3.81E-17   3.12E+15   2.9E-151  0.118686  0.118686
成人识字    -0.02472   7.86E-18   -3.1E+15   2.6E-151  -0.02472  -0.02472
人均GDP     0.000222  1.59E-20   1.39E+16   9E-158    0.000222  0.000222
```

图 7-5-12　基于规范化判别得分的回归分析结果

基于非规范化判别得分的回归分析结果

SUMMARY OUTPUT

回归统计

Multiple	1
R Square	1
Adjusted	1
标准误差	2.31E-15
观测值	14

方差分析

	df	SS	MS	F	gnificance F
回归分析	3	1671.208	557.0695	1.05E+32	8.9E-158
残差	10	5.32E-29	5.32E-30		
总计	13	1671.208			

	Coefficien	标准误差	t Stat	P-value	Lower 95%	Upper 95%
Intercept	-41.0941	1.7E-14	-2.4E+15	3.7E-150	-41.0941	-41.0941
出生时预	0.536024	2.66E-16	2.01E+15	2.2E-149	0.536024	0.536024
成人识字	-0.11166	5.49E-17	-2E+15	2E-149	-0.11166	-0.11166
人均GDP	0.001001	1.11E-19	9E+15	7.1E-156	0.001001	0.001001

图 7-5-13 基于非规范化判别得分的回归分析结果

7.6 判别分析与因子分析的关系

判别分析与因子分析(主成分分析)虽然是不同的多元统计分析方法,但它们之间存在一定的数学关系。一方面,二者都是协方差逼近技术;另一方面,判别分析和因子分析有时可以从不同的角度处理类似的问题。判别分析用于样品归类,而因子分析也具有一定程度的分类功能。下

	AH	AI	AJ	AK	AL	AM
1	国家名称	因子1	因子2	因子3	规范化判别值	判别得分/因子1得分
2	加拿大	1.18453	0.25201	0.58834	3.06830	2.590
3	美国	1.80754	0.00216	-1.32433	4.13029	2.285
4	日本	1.15091	0.27102	1.03782	3.10308	2.696
5	瑞士	1.38416	0.17435	0.12585	3.44860	2.491
6	阿根廷	-0.01217	0.46478	-0.30010	-0.15115	12.420
7	阿联酋	0.57805	-1.59698	0.54568	1.88542	3.262
8	古巴	-0.84445	0.77073	2.10011	-1.60663	1.903
9	俄罗斯联邦	-0.58658	0.86936	-2.44546	-2.21076	3.769
10	保加利亚	-0.75736	0.85706	-0.10031	-1.99859	2.639
11	哥伦比亚	-0.63354	0.21911	-0.27898	-1.63144	2.575
12	格鲁吉亚	-0.90796	0.99201	0.79768	-2.15119	2.369
13	巴拉圭	-0.81125	0.41353	-0.48850	-2.15860	2.661
14	南非	-0.83732	-0.83799	-0.06159	-1.89108	2.258
15	埃及	-0.94024	-2.84054	-0.20705	-1.83625	1.953
16	第一组平均	1.01550	-0.06803	0.10288	2.58076	2.541
17	第二组平均	-0.78984	0.05742	-0.09204	-1.93557	2.451

图 7-6-1 原始数据的因子得分与判别得分的比较

面,以出生时预期寿命、成人识字率和人均 GDP 为变量,以图 7-5-1 所示的 14 个国家和两组平均值为样品(共计 16 个样本,不考虑总计平均值),计算因子得分。之所以将平均值作为样品,是因为判别分析将两组平均值作为特别的样品对待了。本例因子分析的要求如下:其一,原始数据不经标准化处理;其二,从协方差矩阵出发,而不是相关系数矩阵出发;其三,输出全部的因子得分——我们有三个变量,共有三个因子。计算结果如图 7-6-1 所示。

可以看到,第一公因子与判别得分值之间具有良好的对应关系:第一,数值符号完全一致——正对正,负对负;其二,除了阿根廷有些特殊之外,其余样品的判别得分值与相应的第一公因子得分值的比值接近于常数,大约为 2.5。以第一公因子得分为自变量,以规

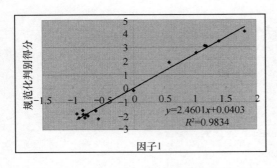

图 7-6-2 第一公因子与判别得分的相关图

范化判别得分为因变量,建立一元线性相关图,结果显示二者高度相关——相关系数为 0.992 左右(图 7-6-2)。

因子分析的特征根折线图(scree plot)表明,原始数据的信息主要反映在第一公因子中,第二和第三公因子的方差贡献很小,可以忽略不计。换言之,第一公因子的方差贡献接近 100%。以三个公因子为自变量,以规范化判别得分为因变量,进行多元线性回归,结果显示,第二和第三公因子对判别得分的影响为 0,只有第一公因子对判别得分有不可忽略的影响(图 7-6-3)。图 7-6-2 所示的一元线性回归与图 7-6-3 所示的多元回归结论一致。多元回归分析排除了第二和第三公因子与判别得分的相关关系。

判别分析表明,在第一组的六个国家中,有五个国家的判别得分为正值,属于同一类型的国家(高人类发展水平),但阿根廷例外;在第二组的八个国家中,判别得分全部为负值,属于另外一种类型的国家(中等人类发展水平),这一组没有例外。

因子分析表明,在第一组的六个国家中,有五个国家的第一公因子得分为正值,属于同一类型的国家,但阿根廷例外;在第二组的八个国家中,第一公因子得分全部为负值,属于另外一种类型的国家,这一组没有例外。

SUMMARY OUTPUT					
回归统计					
Multiple	1				
R Square	1				
Adjusted	1				
标准误差	0.001036				
观测值	16				
方差分析					
	df	SS	MS	F	gnificance F
回归分析	3	92.31394	30.77131	28674313	2.16E-41
残差	12	1.29E-05	1.07E-06		
总计	15	92.31396			
	Coefficien	标准误差	t Stat	P-value	Lower 95% Upper 95%
Intercept	0.040327	0.000259	155.7162	3.31E-21	0.039763 0.040892
因子1	2.460084	0.000267	9197.482	1.84E-42	2.459501 2.460667
因子2	0	0.000267		1	-0.00058 0.000583
因子3	0	0.000267		1	-0.00058 0.000583

图 7-6-3 因子得分与判断得分的回归分析结果

因子分析和判别分析的结论相辅相成:第一组有五个国家属于高人类发展水平,第二组的八个国家全部属于中等人类发展水平。总体看来,第一组的阿根廷判给第二组更为合适,近似为中等人类发展水平的国家。

通过这个例子可以看到,回归分析、因子分析、聚类分析和判别分析在应用方面具有一定的功能联系。在实践中,可以将它们巧妙结合,灵活运用。只有这样,才能更为有效地解决复杂的地理数据分析问题。

第 8 章 自相关分析

自相关分析可以看作是相关分析方法的一种推广,但它有许多自身的特殊规则。尽管如此,常规的相关分析技术对我们理解时间序列或者空间序列的自相关分析非常有用。自相关分析主要借助于自相关函数和偏自相关函数,这两种函数分别是自相关系数和偏自相关系数的集合。自相关系数的计算公式及其检验统计量都非常简单,我们可以借助 Excel 非常方便地计算自相关函数。偏自相关函数的计算过程相对麻烦一些。只要知道自相关分析的计算方法,有关过程可以比较轻易地推广到互相关的计算领域。

【例】 某海域海平面年平均高度变化。海平面的年均高度变化可能是随机的,也可能具有趋势性,当然,还可能具有某种周期性或者季节性。数据来源于苏宏宇等编著的《MathCAD 2000 数据处理应用与实例》。原始数据可能是实际观测结果,也可能是笔者为教学需要而"人造"的数据。不过,对于我们的方法性教学而言,这个数据的具体来源不是那么重要。我们要说明的是自相关函数的计算过程及其分析方法。

8.1 自相关系数

8.1.1 快速计算和绘图

首先,录入时间序列数据。限于页面篇幅,这里只展示部分数据(图 8-1-1)。

自相关系数(ACF)计算的一般过程如下。

第一步,利用原始数据绘制折线图。

借助原始数据绘制反映时间序列变化特征的折线图(图 8-1-2)。从图中可以看到,海平面年平均高度变化具有某种周期特征。至于周期是否真的存在,周期长度是多少,需要进一步的分析才能确定。

第二步,对数据进行标准化。

在主成分分析一章,曾经给出数据标准化的公式

$$x_j^* = \frac{x_{ij} - \bar{x}_j}{\sigma_j} \qquad (8\text{-}1\text{-}1)$$

其中

$$\bar{x}_j = \frac{1}{n}\sum_{i=1}^{n} x_{ij} \qquad (8\text{-}1\text{-}2)$$

	A	B
1	时序	海面高度
2	1	5.0
3	2	11.0
4	3	16.0
5	4	23.0
6	5	36.0
7	6	58.0
8	7	29.0
9	8	20.0
10	9	10.0
11	10	8.0
12	11	3.0
13	12	0.0
14	13	0.0
15	14	2.0
16	15	11.0
17	16	27.0
18	17	47.0
19	18	63.0
20	19	60.0

	A	B
82	81	84.8
83	82	68.1
84	83	38.5
85	84	22.8
86	85	10.1
87	86	24.1
88	87	82.8
89	88	132.0
90	89	130.8
91	90	118.1
92	91	89.9
93	92	66.6
94	93	60.0
95	94	46.8
96	95	41.0
97	96	21.0
98	97	16.0
99	98	6.4
100	99	4.1
101	100	6.7

图 8-1-1 某海域海面平均高度时间序列
(此图为"剪断"排列)
海面高度单位为 m,本章相关项目单位与此表同

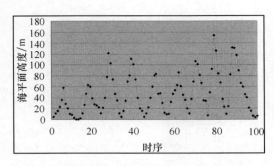

和

$$\sigma_j = \sqrt{\frac{1}{n-1}\sum_{i=1}^{n}(x_{ij}-\bar{x}_j)^2} \quad (8\text{-}1\text{-}3)$$
$$= \sqrt{\mathrm{Var}(x_{ij})}$$

分别为第 j 列数据的均值和标准差；x_{ij} 为第 i 行（即第 i 个样品）、第 j 列（即第 j 个变量）的数据；x_{ij}^* 为相应于 x_{ij} 的标准化数据，$n=100$ 为样品数目（图 8-1-1）。

图 8-1-2 某海域海面平均高度变化折线图(100 年)

不妨选择第 C 列作为标准化数据的区域，标准化结果用 Z 作为标志。根据图 8-1-3 所示的数据排列，在 C1 单元格中输入 Z 代表标准化数据，在单元格 C2 中输入如下公式

"=(B2-average($B$2:$B$101))/stdev($B$2:$B$101)"

回车，得到第一个数据的标准化结果—1.140 88。用鼠标指针指向 C2 单元格的右下角形成黑十字的填充柄，双击，或者向下拖拽到 C101，生成全部的标准化数据（图 8-1-3）。

第三步，计算自相关系数。

在 D1 单元格中输入 Lag 表示时滞。在 D2 输入 1，D3 中输入 2。然后，同时选中 D2:D3，鼠标指针指向右下角成黑十字填充柄，下拖，生成时滞参数 1、2、3、……一般而言，生成 $n/4$ 个或者 $\sqrt{n}$ 个。生成多少没有关系，需要的时候后面还可以补加。不妨生成 $n/4=25$ 个（图 8-1-3）。

	A	B	C	D	E	F	G
1	时序	海面高度	Z	Lag	ACF	SE	Box-Ljung
2	1	5	-1.14088	1	0.80538	0.2	66.829
3	2	11	-0.97403	2	0.43528	0.2	86.549
4	3	16	-0.83499	3	0.03233	0.2	86.659
5	4	23	-0.64033	4	-0.25965	0.2	93.822
6	5	36	-0.27881	5	-0.38659	0.2	109.869
7	6	58	0.33298	6	-0.32330	0.2	121.210
8	7	29	-0.47347	7	-0.10218	0.2	122.355
9	8	20	-0.72375	8	0.18865	0.2	126.301
10	9	10	-1.00184	9	0.43158	0.2	147.179
11	10	8	-1.05746	10	0.51061	0.2	176.728
12	11	3	-1.19650	11	0.43942	0.2	198.857
13	12	0	-1.27993	12	0.24909	0.2	206.049
14	13	0	-1.27993	13	0.02708	0.2	206.135
15	14	2	-1.22431	14	-0.16505	0.2	209.366
16	15	11	-0.97403	15	-0.27812	0.2	218.648
17	16	27	-0.52909	16	-0.28174	0.2	228.287
18	17	47	0.02970	17	-0.19181	0.2	232.808
19	18	63	0.47203	18	-0.06407	0.2	233.319
20	19	60	0.38860	19	0.06126	0.2	233.791
21	20	39	-0.19538	20	0.14307	0.2	236.401
22	21	28	-0.50128	21	0.17239	0.2	240.238
23	22	26	-0.55690	22	0.14839	0.2	243.117
24	23	22	-0.66813	23	0.03695	0.2	243.298
25	24	11	-0.97403	24	-0.10266	0.2	244.713
26	25	21	-0.69594	25	-0.21687	0.2	251.109

图 8-1-3 某海域海面平均高度时间序列的自相关系数及其检验统计量（局部）

接下来,在 E1 单元格输入 ACF 表示自相关系数。在 E2 单元格输入如下公式
"=SUMPRODUCT(OFFSET($C$2:$C$101,D2,0,100-D2),OFFSET
($C$2:$C$101,0,0,100-D2))/(100-1)"

回车,得到第一个自相关系数 0.805 38(对应于时滞等于 1 的情况)。用鼠标指针指向 E2 单元格的右下角形成黑十字填充柄,双击,或者向下拖拽到 E26,生成全部时滞对应的自相关系数(图 8-1-3)。

如果觉得自相关系数序列不够长,同时选中单元格 D25:D26 右下角下拖,补充时滞;然后用鼠标指针指向 E26 单元格的右下角形成黑十字填充柄,双击,或者向下拖拽,生成更多的自相关系数。更简单地,同时选中单元格 D26:E26,然后用鼠标指针指向 E26 单元格的右下角形成黑十字填充柄,下拖即可。

说明两点:其一,在计算自相关系数的公式中,$C$2:$C$101 表示标准化时间序列的单元格范围,D2 表示第一个时滞参数所在,100 为样品数目。其二,数据标准化采用样本标准差函数(stdev);如果采样总体标准差函数(stdevp)对数据标准化,则标准化公式为

"=(B2-AVERAGE($B$2:$B$101))/STDEVP($B$2:$B$101)"

相应地,计算自相关函数的公式为

"=SUMPRODUCT(OFFSET($C$2:$C$101,D2,0,100-D2)
OFFSET($C$2:$C$101,0,0,100-D2))/100"

在我们这个问题里,采用哪种标准差——总体标准差抑或样本标准差——对数据标准化没有实质性的意义,标准化仅仅是为了计算过程的方便。不过,如果考虑自相关系数的统计学意义,最好采用抽样标准差进行数据标准化。

第四步,计算标准误差的约略估计值。

自相关系数的方差近似为 $1/n$,标准差为 $1/\sqrt{n}$。在正态分布条件下,取 ± 2 倍的标准误差将得到一个近似 95% 的置信区间。有人将

$$s = \pm 1.96\sqrt{n} \approx \pm 2/\sqrt{n} \tag{8-1-4}$$

称为二倍标准差的"约略估计值"。在实际工作中,在样本自相关图中标上"2 倍的标准误差带",便于根据图形信息判断自相关系数的变化规律。

在 F1 单元格中输入 SE 表示二倍的标准误差。在 F2 中输入公式 "=2/SQRT(100)",计算二倍标准差的估计值。回车之后得到第一个数据 0.2,按照前面的方法,双击或者下拖得到全部结果(图 8-1-3)。

第五步,计算 Q 统计量。

在 G1 单元格中输入 Box-Ljung 表示修正后的 Q 统计量。在 G2 单元格中输入如下公式

"=100*(100+2)*(E2^2)/(100-D2)"

回车得到第一个统计量 66.829(对应于第一个自相关系数)。在 G3 单元格中输入公式

"=100*(100+2)*(E3^2)/(100-D3)+G2"

	A	B	C	D	E	F	G
1	Lag	ACF	PSE	NSE	PACF	PSE	NSE
2	1	0.80538	0.2	-0.2	0.80538	0.2	-0.2
3	2	0.43528	0.2	-0.2	-0.60723	0.2	-0.2
4	3	0.03233	0.2	-0.2	-0.18962	0.2	-0.2
5	4	-0.25965	0.2	-0.2	0.05805	0.2	-0.2
6	5	-0.38659	0.2	-0.2	-0.00437	0.2	-0.2
7	6	-0.32330	0.2	-0.2	0.15276	0.2	-0.2
8	7	-0.10218	0.2	-0.2	0.21250	0.2	-0.2
9	8	0.18865	0.2	-0.2	0.15067	0.2	-0.2
10	9	0.43158	0.2	-0.2	0.06609	0.2	-0.2
11	10	0.51061	0.2	-0.2	-0.11514	0.2	-0.2
12	11	0.43942	0.2	-0.2	0.11575	0.2	-0.2
13	12	0.24909	0.2	-0.2	-0.01942	0.2	-0.2
14	13	0.02708	0.2	-0.2	0.02484	0.2	-0.2
15	14	-0.16505	0.2	-0.2	-0.02798	0.2	-0.2
16	15	-0.27812	0.2	-0.2	-0.09635	0.2	-0.2
17	16	-0.28174	0.2	-0.2	-0.02985	0.2	-0.2
18	17	-0.19181	0.2	-0.2	-0.07105	0.2	-0.2
19	18	-0.06407	0.2	-0.2	-0.10426	0.2	-0.2
20	19	0.06126	0.2	-0.2	0.04807	0.2	-0.2
21	20	0.14307	0.2	-0.2	-0.03746	0.2	-0.2
22	21	0.17239	0.2	-0.2	0.05654	0.2	-0.2
23	22	0.14839	0.2	-0.2	0.01598	0.2	-0.2
24	23	0.03695	0.2	-0.2	-0.24368	0.2	-0.2
25	24	-0.10266	0.2	-0.2	0.04823	0.2	-0.2
26	25	-0.21687	0.2	-0.2	0.00211	0.2	-0.2

图 8-1-4　某海域海面平均高度时间序列的(偏)自相关系数及其正负二倍标准误差

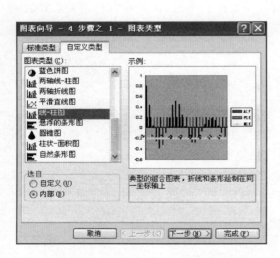

图 8-1-5　图表向导-自定义类型-线柱图

回车得到第二个统计量 86.5489(对应于第一、二个自相关系数)。

接下来,用鼠标指针指向 G3 单元格的右下角形成黑十字填充柄,双击,或者向下拖拽,得到全部的 Q 统计量(图8-1-3)。

第六步,绘制 ACF 图。

首先给出正负约略估计值,以便给出二倍的标准误差带(图 8-1-4)。PSE 代表正的二倍标准差,NSE 代表负的二倍标准差。

然后,临时去掉时滞标志 Lag,并选中数据,在图表向导的自定义类型中选择线柱图(图 8-1-5)。点击"完成(F)"确定,得到线柱图"草图"(图 8-1-6)。

为了图形结构的清晰、明确,可以对线柱图进行适当编辑,使之变成带有二倍标准误差带的自相关函数柱形图。选中二倍标准误差即约略估计值代表的线、柱,添加趋势线,标准误差代表的线、柱,按右键弹出"数据系列格式"选项框,消除或者隐藏数据系列格式,但保留趋势线,于是得到初步编辑的自相关系数双线-柱形图(图 8-1-7)。

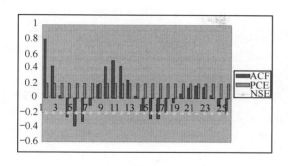
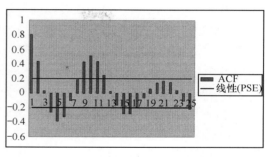

图 8-1-6 线柱图的初始图形　　　　图 8-1-7 初步编辑的双线柱形图

利用 Excel 的各种图形编辑功能,对线柱图进行进一步的编辑,可以得到更为标准化的自相关系数线柱图:柱代表自相关系数,线代表二倍的标准误差带(图 8-1-8)。

8.1.2 蛮力计算过程

上述计算自相关系数的过程对于 Excel 来说,应该算是比较便捷的。但是,

图 8-1-8 编辑完成的自相关系数双线柱形图

由于某些函数如 sumproduct、offset 的使用大家未必熟悉,因此不便于理解自相关系数的计算细节。为了有助于大家理解有关过程的细节内容,下面给出更为烦琐但便于掌握的计算方法。

自相关系数的计算公式要用到如下公式

$$R_k = \frac{\sum_{t=1}^{n-k}(x_t - \bar{x})(x_{t+k} - \bar{x})}{\sum_{t=1}^{n}(x_t - \bar{x})^2} = \frac{\sum_{t=k+1}^{n}(x_t - \bar{x})(x_{t-k} - \bar{x})}{\sum_{t=1}^{n}(x_t - \bar{x})^2} \tag{8-1-5}$$

式中:t 为时序;k 为时滞;x_t 为第 t 个变量。变量的均值定义为

$$\bar{x} = \frac{1}{n}\sum_{t=1}^{n} x_t \tag{8-1-6}$$

利用这些公式,可以逐个算出自相关系数,由它们形成自相关函数图。

第一步,根据时滞思想,将原始数据重新排列。当时滞(lag)等于 1 时,去掉前一个数值;当时滞等于 2 时,去掉前两位数值(图 8-1-9)。其余依此类推。

第二步,计算平均值。根据图 8-1-9 所示的数据排列,计算时滞为 0 时的平均值,即全部 100 个数据的平均值。在 B102 单元格中输入公式"=AVERAGE(B2:B101)",回车得到均值 46.026。以后的计算,均值始终采用这个数值(图 8-1-9B 列)。

第三步,计算离差平方和。在 C2 单元格中输入离差平方公式"=(B2-$B$102)^2",回车得到 1683.133;通过双击或者下拉(方法如前),得到全部结果;在 C103 单元格中输

入公式"=SUM(C2:C101)",或者借助自动求和图标,对离差平方差值加和,得到离差平方和 128 018.052。这个数值也可以利用方差函数 var 或者 varp 计算,如在 B104 中输入公式"=99*VAR(B2:B101)"或者"=100*VARP(B2:B101)",同样得到 128 018.052(图 8-1-9C 列)。

注意原始序列数据(即图 8-1-9B 列对应的"海面高度")及其均值 46.026、离差平方和 128 018.052 在整个计算中是关键,后面的自相关系数都要用到。

第四步,计算时滞为 1 的自相关系数。当时滞等于 1 时(Lag=1),去掉了第一位数据 5,数值从 D3 单元格的 11 开始。在 E3 单元格中输入公式"=(B2-$B$102)*(D3-$B$102)",回车得到 1436.977;通过双击或者下拉得到全部数值。在 E103 单元格中输入公式"=SUM(E3:E101)",或者借助自动求和图标,对平方差值加和,得到 103 102.994。在 E104 中输入公式"=E103/C103",即用 103 102.994 除以 128 018.052,得到第一个自相关系数 R_1=0.805 379(图 8-1-9D、E 列)。

第五步,计算时滞为 2 的自相关系数。当时滞等于 2 时(Lag=2),去掉了第一位数据 5 和第二位数据 11,数值从 F4 单元格的 16 开始。在 G4 单元格中输入公式"=(B2-$B$102)*(F4-$B$102)",回车得到 1231.847;通过双击或者下拉得到全部数值。在 G103 单元格中输入公式"=SUM(G4:G101)",或者借助自动求和图标,对平方差值加和,得到 55 723.284。在 G104 中输入公式"=G103/C103",即用 55 723.284 除以 128 018.052,得到第二个自相关系数 R_2=0.435 28(图 8-1-9F、G 列)。

按照这种办法一直计算下去,可以得到全部的自相关系数。显然,这是一种"蛮力"计算方法,工作量很大。但是,参照自相关系数公式进行这种蛮力计算,有助于我们掌握自相关函数的数理结构和自相关系数的计算过程。

	A	B	C	D	E	F	G
1	时序	海面高度	Var	Lag1	Cov1	Lag2	Cov2
2	1	5.0	1683.133				
3	2	11.0	1226.821	11.0	1436.977		
4	3	16.0	901.561	16.0	1051.691	16.0	1231.847
5	4	23.0	530.197	23.0	691.379	23.0	806.509
6	5	36.0	100.521	36.0	230.859	36.0	301.041
7	6	58.0	143.377	58.0	-120.051	58.0	-275.713
8	7	29.0	289.885	29.0	-203.869	29.0	170.703
9	8	20.0	677.353	20.0	443.119	20.0	-311.635
10	9	10.0	1297.873	10.0	937.613	10.0	613.379
11	10	8.0	1445.977	8.0	1369.925	8.0	989.665
91	90	118.1	5194.661	118.1	6110.001	118.1	6196.490
92	91	89.9	1924.928	89.9	3162.175	89.9	3719.374
93	92	66.6	423.289	66.6	902.664	66.6	1482.850
94	93	60.0	195.273	60.0	287.501	60.0	613.095
95	94	46.8	0.599	46.8	10.816	46.8	15.924
96	95	41.0	25.261	41.0	-3.890	41.0	-70.233
97	96	21.0	626.301	21.0	125.781	21.0	-19.370
98	97	16.0	901.561	16.0	751.431	16.0	150.911
99	98	6.4	1570.220	6.4	1189.810	6.4	991.689
100	99	4.1	1757.789	4.1	1661.360	4.1	1258.870
101	100	6.7	1546.534	6.7	1648.782	6.7	1558.332
102	Average	46.026					
103			Varsum	128018.052	Cov1sum	103102.994	Cov2sum	55723.284
104					R_1	0.80538	R_2	0.43528

图 8-1-9 基于时滞的数据重排和计算(前两位,限于空间,图形"腰部"省略)

8.2 偏自相关系数

8.2.1 原理和公式

在 Excel 中，计算偏自相关系数，目前看来只能用蛮力算法逐步解决。计算偏自相关系数可在自相关系数的基础上，借助 Yule-Walker 方程之一的矩阵形式进行。Yule-Walker 给出的自相关系数与偏自相关系数的矩阵关系为

$$\begin{bmatrix} R_1 \\ R_2 \\ \vdots \\ R_m \end{bmatrix} = \begin{bmatrix} 1 & R_1 & \cdots & R_{m-1} \\ R_1 & 1 & \cdots & R_{m-2} \\ \vdots & \vdots & \vdots & \vdots \\ R_{m-1} & R_{m-2} & \cdots & 1 \end{bmatrix} \cdot \begin{bmatrix} P_1 \\ P_2 \\ \vdots \\ P_m \end{bmatrix} \quad (8\text{-}2\text{-}1)$$

式中：R_k 为第 k 个自相关系数（$k=1,2,\cdots,m$）；P_m 为第 m 个偏自相关系数（$m=1,2,\cdots$）。需要注意的是，在方程中，R_1、R_2、$\cdots$、R_m 都是自相关系数；至于 P_k，则只有最后一个数值 P_m 才是偏自相关系数，其余的 P_1、P_2 等（$k=1,2,\cdots,m-1$）都不是偏自相关系数。正因为如此，计算偏自相关系数的过程才非常烦琐。

8.2.2 计算步骤

首先计算偏自相关系数序列值。当时滞等于 1 时，在 Yule-Walker 方程中取 $m=1$，于是方程变为

$$[R_1] = [1] \cdot [P_1] = [P_1] \quad (8\text{-}2\text{-}2)$$

从而 $P_1=R_1=0.805\,38$，即此时偏自相关系数等于自相关系数。

当时滞等于 2 时，在 Yule-Walker 方程中取 $m=2$，于是方程变为

$$\begin{bmatrix} R_1 \\ R_2 \end{bmatrix} = \begin{bmatrix} 1 & R_1 \\ R_1 & 1 \end{bmatrix} \cdot \begin{bmatrix} P_1 \\ P_2 \end{bmatrix} \quad (8\text{-}2\text{-}3)$$

在两边同乘以自相关系数对称矩阵的逆矩阵，得到

$$\begin{bmatrix} P_1 \\ P_2 \end{bmatrix} = \begin{bmatrix} 1 & R_1 \\ R_1 & 1 \end{bmatrix}^{-1} \cdot \begin{bmatrix} R_1 \\ R_2 \end{bmatrix} \quad (8\text{-}2\text{-}4)$$

利用这种关系，不难计算 $m=2$ 时的偏自相关系数。具体说明如下。

首先建立自相关系数向量

$$\begin{bmatrix} R_1 \\ R_2 \end{bmatrix} = \begin{bmatrix} 0.805\,38 \\ 0.435\,28 \end{bmatrix}$$

然后建设自相关系数对称矩阵

$$\begin{bmatrix} 1 & R_1 \\ R_1 & 1 \end{bmatrix} = \begin{bmatrix} 1 & 0.805\,38 \\ 0.805\,38 & 1 \end{bmatrix}$$

接下来计算自相关系数矩阵的逆矩阵。如图 8-2-1 所示，自相关系数矩阵分布于 E2:F3 区域之中，利用矩阵求逆函数 minverse，在 E5:F6 单元格中输入公式"＝MINVERSE

(E2:F3)",同时按下"Ctrl+Shift+Enter"键得到逆矩阵,如图 8-2-1 所示。

$$\begin{bmatrix} 1 & R_1 \\ R_1 & 1 \end{bmatrix}^{-1} = \begin{bmatrix} 2.846\ 04 & -2.292\ 14 \\ -2.292\ 14 & 2.846\ 04 \end{bmatrix}$$

最后,计算偏自相关系数所在的向量。如图 8-2-1 所示,一阶自相关系数矩阵分布于 E5:F6 区域之中,利用矩阵乘法函数 mmult,在 G2:G3 单元格中输入公式"=MMULT(E5:F6,D2:D3)",同时按下"Ctrl+Shift+Enter"键,得到一个数值向量。这个过程相当于如下计算

$$\begin{bmatrix} P_1 \\ P_2 \end{bmatrix} = \begin{bmatrix} 1 & R_1 \\ R_1 & 1 \end{bmatrix}^{-1} \begin{bmatrix} R_1 \\ R_2 \end{bmatrix} = \begin{bmatrix} 2.846\ 04 & -2.292\ 14 \\ -2.292\ 14 & 2.846\ 04 \end{bmatrix} \begin{bmatrix} 0.805\ 38 \\ 0.435\ 28 \end{bmatrix} = \begin{bmatrix} 1.294\ 43 \\ -0.607\ 23 \end{bmatrix}$$

其中 P_2 对应的 $-0.607\ 23$ 就是时滞等于 2 时的偏自相关系数,即有 $P_2=-0.607\ 23$。

	A	B	C	D	E	F	G
1	Lag	ACF	PACF	R	R-Matrix		P
2	1	0.80538	0.80538	0.80538	1	0.80538	1.29442
3	2	0.43528	-0.60723	0.43528	0.80538	1	-0.60723
4	3	0.03233			R-Minverse		
5	4	-0.25965			2.84604	-2.29214	
6	5	-0.38659			-2.29214	2.84604	
7	6	-0.32330					
8	7	-0.10218					
9	8	0.18865					
10	9	0.43158					

图 8-2-1 在自相关系数的基础上计算偏自相关系数($m=2$)

当时滞等于 3 时,在 Yule-Walker 方程中取 $m=3$,于是方程变为

$$\begin{bmatrix} R_1 \\ R_2 \\ R_3 \end{bmatrix} = \begin{bmatrix} 1 & R_1 & R_2 \\ R_1 & 1 & R_1 \\ R_2 & R_1 & 1 \end{bmatrix} \cdot \begin{bmatrix} P_1 \\ P_2 \\ P_3 \end{bmatrix} \tag{8-2-5}$$

在两边同乘以自相关系数对称矩阵的逆矩阵,得到

$$\begin{bmatrix} P_1 \\ P_2 \\ P_3 \end{bmatrix} = \begin{bmatrix} 1 & R_1 & R_2 \\ R_1 & 1 & R_1 \\ R_2 & R_1 & 1 \end{bmatrix}^{-1} \cdot \begin{bmatrix} R_1 \\ R_2 \\ R_3 \end{bmatrix} \tag{8-2-6}$$

利用这种关系,容易算出 $m=3$ 时的偏自相关系数。

首先建立自相关系数向量

$$\begin{bmatrix} R_1 \\ R_2 \\ R_3 \end{bmatrix} = \begin{bmatrix} 0.805\ 38 \\ 0.435\ 28 \\ 0.032\ 33 \end{bmatrix}$$

然后建设自相关系数对称矩阵

$$\begin{bmatrix} 1 & R_1 & R_2 \\ R_1 & 1 & R_1 \\ R_2 & R_1 & 1 \end{bmatrix} = \begin{bmatrix} 1 & 0.805\ 38 & 0.435\ 28 \\ 0.805\ 38 & 1 & 0.805\ 38 \\ 0.435\ 28 & 0.805\ 38 & 1 \end{bmatrix}$$

接下来计算自相关系数矩阵的逆矩阵,方法如前所述,结果为

$$\begin{bmatrix} 1 & R_1 & R_2 \\ R_1 & 1 & R_1 \\ R_2 & R_1 & 1 \end{bmatrix}^{-1} = \begin{bmatrix} 4.508\,38 & -5.835\,76 & 2.737\,60 \\ -5.835\,76 & 10.399\,99 & -5.835\,76 \\ 2.737\,60 & -5.835\,76 & 4.508\,38 \end{bmatrix}$$

计算偏自相关系数所在的向量

$$\begin{bmatrix} P_1 \\ P_2 \\ P_3 \end{bmatrix} = \begin{bmatrix} 4.508\,38 & -5.835\,76 & 2.737\,60 \\ -5.835\,76 & 10.399\,99 & -5.835\,76 \\ 2.737\,601 & -5.835\,76 & 4.508\,38 \end{bmatrix} \cdot \begin{bmatrix} 0.805\,38 \\ 0.435\,28 \\ 0.032\,33 \end{bmatrix} = \begin{bmatrix} 1.179\,28 \\ -0.361\,78 \\ -0.189\,62 \end{bmatrix}$$

其中 P_3 对应的 $-0.189\,62$ 就是时滞等于 3 时的偏自相关系数,即有 $P_3 = -0.189\,62$。整个计算过程与结果如图 8-2-2 所示。

用这种方法一直计算下去,就可以得到全部的偏自相关系数。需要特别提醒的是,在每一次得到的结果之中,只有最后一个数据,即对应于 P_m 的数据,才是我们寻求的偏自相关系数。其他参数的含义后面将会看到,暂时不予理会。

对于偏自相关系数,不用再次计算 Q 统计量并进行检验,约略估计值也与自相关系数相同,直接采用前面的计算结果即可。

为了直观起见,取得足够的自相关系数值之后,也有必要绘制 PACF 双线柱形图。将计算的全部结果依序排列,二倍的标准误差与自相关系数完全一样(图 8-1-4)。借助图表向导中自定义类型的线柱图功能,可以比较方便地绘制 PACF 随时滞变化的柱形图(图 8-2-3)。

	I	J	K	L	M
1	R		R-Matrix		P
2	0.80538	1	0.80538	0.43528	1.17928
3	0.43528	0.80538	1	0.80538	-0.36178
4	0.03233	0.43528	0.80538	1	-0.18962
5			R-Minverse		
6		4.50838	-5.83576	2.73760	
7		-5.83576	10.39999	-5.83576	
8		2.73760	-5.83576	4.50838	

图 8-2-2 在自相关系数的基础上计算偏自相关系数($m=3$)

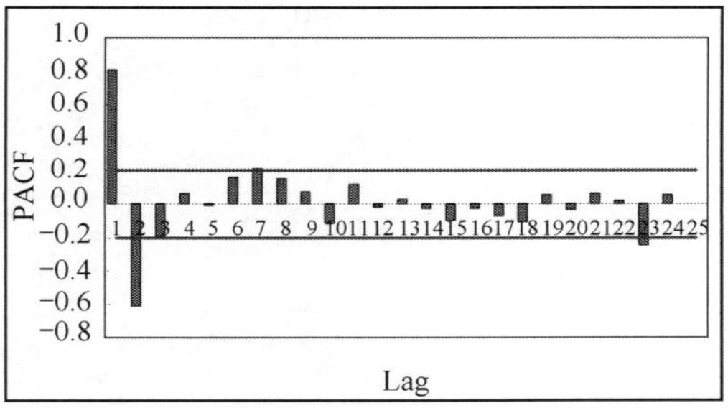

图 8-2-3 编辑完成的偏自相关系数双线柱形图

8.3 偏自相关系数与自回归系数

实际上,偏自相关系数就是自回归模型中相应的回归系数。为了借助自回归对偏相关系数进行估计,首先需要根据时滞思想对数据进行错位重排(图 8-3-1)。

第一步,考虑时滞为 1 时的情况(Lag=1),零时滞无需考察。以"海面高度"或者 Lag=0 标签下的数据序列为因变量,以 Lag=1 标签下的数据序列为自变量,回归选项设置如图 8-3-2 所示。

	A	B	C	D	E	F
1	时序	海面高度	Lag=0	Lag=1	Lag=2	Lag=3
2	1	5.0	5.0	11.0	16.0	23.0
3	2	11.0	11.0	16.0	23.0	36.0
4	3	16.0	16.0	23.0	36.0	58.0
5	4	23.0	23.0	36.0	58.0	29.0
6	5	36.0	36.0	58.0	29.0	20.0
7	6	58.0	58.0	29.0	20.0	10.0
8	7	29.0	29.0	20.0	10.0	8.0
9	8	20.0	20.0	10.0	8.0	3.0
10	9	10.0	10.0	8.0	3.0	0.0
91	90	118.1	118.1	89.9	66.6	60.0
92	91	89.9	89.9	66.6	60.0	46.8
93	92	66.6	66.6	60.0	46.8	41.0
94	93	60.0	60.0	46.8	41.0	21.0
95	94	46.8	46.8	41.0	21.0	16.0
96	95	41.0	41.0	21.0	16.0	6.4
97	96	21.0	21.0	16.0	6.4	4.1
98	97	16.0	16.0	6.4	4.1	6.7
99	98	6.4	6.4	4.1	6.7	
100	99	4.1	4.1	6.7		
101	100	6.7	6.7			

图 8-3-1　基于时滞的数据"错位"重排（前 3 位，限于空间，图形"腰部"省略）

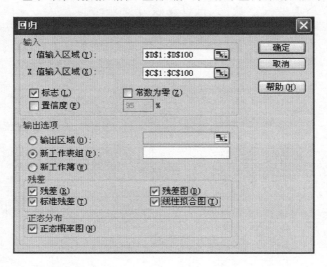

图 8-3-2　一次时滞的自回归选项设置（Lag=1）

回归结果为 Lag=0 变量（时滞为 1）对应的回归系数为 0.815 20（表 8-3-1）。将此结果与前面计算的 $P_1=0.805\ 38$ 相比，二者比较接近。

表 8-3-1　一阶时滞的自回归结果

项目	Coefficients	标准误差	t Stat	P-value	ACF 值
Intercept	8.596 24	3.439 72	2.499 11	0.014 13	
Lag=0	0.815 20	0.058 71	13.884 89	0.000 00	$P_1=0.805\ 38$

第二步,考虑时滞为2时的情况(Lag=2)。以"海面高度"或者Lag=0标签下的数据序列为因变量,以Lag=1和Lag=2标签下的数据序列为自变量,进行二元线性回归,回归选项设置如图8-3-3所示。回归结果为:Lag=0变量(时滞为2)对应的回归系数为-0.63782。将此结果与前面计算的$P_2=-0.60723$相比,二者比较接近。不仅如此,此时 Lag=1 对应的回归系数 1.33313与前面$P_1=1.29443$也比较接近(表8-3-2)。

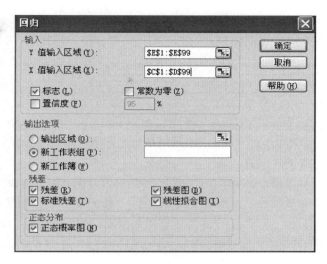

图 8-3-3　二次时滞的自回归选项设置(Lag=2)

表 8-3-2　二阶时滞的自回归结果

项目	Coefficients	标准误差	t Stat	P-value	ACF 值
Intercept	14.235 73	2.797 59	5.088 57	0.000 00	
Lag=1	1.333 13	0.079 08	16.858 96	0.000 00	$P_1=1.294\ 43$
Lag=0	−0.637 82	0.079 10	−8.063 56	0.000 00	$P_2=-0.607\ 23$

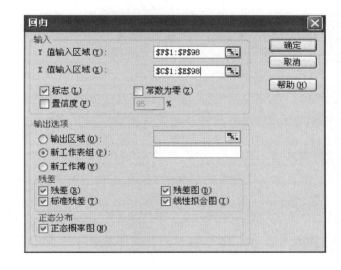

图 8-3-4　三次时滞的自回归选项设置(Lag=3)

第三步,考虑时滞为3时的情况(Lag=3)。以"海面高度"或者Lag=0标签下的数据序列为因变量,以 Lag=1、Lag=2 和Lag=3标签下的数据序列为自变量,进行三元线性回归,回归选项设置如图8-3-4所示。回归结果为:Lag=0变量对应的回归系数为-0.16555。将此结果与前面计算的$P_3=-0.18962$相比,二者比较接近。不仅如此,此时 Lag=1 对应的系数-0.42071与前面的$P_2=-0.36178$接近,Lag=2 对应的回归系数 1.22705与前面的$P_1=1.17928$3也相差不远(表8-3-3)。

表 8-3-3　二次时滞的自回归结果

项目	Coefficients	标准误差	t Stat	P-value	ACF 值
Intercept	16.903 34	3.184 59	5.307 85	0.000 00	
Lag=2	1.227 05	0.102 23	12.002 28	0.000 00	$P_1=1.179\ 28$
Lag=1	−0.420 71	0.157 22	−2.675 84	0.008 81	$P_2=-0.361\ 78$
Lag=0	−0.165 55	0.102 30	−1.618 21	0.109 00	$P_3=-0.189\ 62$

对于更多时滞数的自回归,处理方法完全类似,依此类推即可。从理论上讲,自回归系数是对应于偏相关系数的。上述结果只是比较接近,而并不完全相等。原因在于两个方面。

其一,计算公式的结构差别。计算偏自相关的公式与计算回归系数的公式有一些微妙的不同,正如计算相关系数的公式与计算自相关系数的公式不同一样。不过,这个差别是因为计算处理技巧引起的,不是必然存在的差异。

其二,样本路径不够长,且实际序列并不平稳。在理论上,当样本足够大时,偏自相关系数才会完全等同于自回归系数。现实中观测的时间序列一般很难满足这种条件,因此二者的关系在经验上只能是近似。

回归系数的大小反映某个自变量对因变量影响的程度,偏自相关系数等于"最后"时滞变量的回归系数这个事实有助于我们理解偏自相关系数的意义与用途。当某个时滞数如 Lag=m 对应的偏自相关系数突然降低到与 0 没有显著差别的时候,就意味着系统自相关的最大时滞数为 Max(Lag)=$m-1$。这为我们利用偏自相关系数判断系统的最大时滞提供了分析依据。

8.4 自相关分析

8.4.1 自相关函数的基本检验

借助自相关函数、偏自相关函数及其变化柱形图以及有关的统计量,可以开展时间序列或者空间序列的自相关分析。首先,需要通过自相关函数判断时间序列的基本性质。具体说来,就是时间序列是否属于随机序列。如果不是随机序列,是否属于周期序列或者某种特定的趋势序列。为此,有必要计算卡方临界值,或者将 Q 统计量转换为代表显著性水平(sig.)的 P 值。

理论上可以证明,Q 统计量服从卡方(χ^2)分布。因此,可以借助卡方分布的临界值分析 Q 统计量。利用 Excel 的卡方检验函数 chiinv 很容易计算卡方检验值。语法为:"chiinv(显著性水平,自由度)",即"chiinv(α,m)",这里 m 为时滞数——对于自相关函数,自由度等于时滞(df=m)。如图 8-4-1 所示,取显著性水平 $\alpha=0.05$,在 H2 单元格输入"=CHIINV(0.05,D2)",回车,得到第一个卡方临界值 3.841。双击 H2 单元格的右下角,或者点击 H2 单元格右下角下拉,可得全部卡方临界值。如果 Q 统计量全部小于卡方临界值,则时间序列属于随机序列,我们看到的某种规律如周期变动可能属于假象;反之,如果 Q 统计量全部大于卡方临界值,则时间序列不属于随机序列,我们研究的对象可能具有周期性或者趋势性,或者属于某种平稳序列(表 8-4-1)。

	A	B	C	D	E	F	G	H	I
1	时序	海面高度	Z	Lag	ACF	SE	Box-Ljung	卡方值	P值
2	1	5	-1.14088	1	0.80538	0.2	66.829	=CHIINV(0.05,D2)	
3	2	11	-0.97403	2	0.43528	0.2	86.549		

图 8-4-1 计算卡方临界值

表 8-4-1　随机性、平稳性、周期性和趋势性判据的对比

序列属性	统计性质	自相关系数	Q 统计量 Box-Ljung 统计量	P 值	典型例证
随机性	零均值、常方差、序列无关	小于二倍标准误差	小于卡方临界值	大于 0.05	白噪声
平稳性	均值为常数、方差有限，自相关系数仅与时滞有关	除了前面几个数值外，大多小于二倍标准误差	大于卡方临界值	小于 0.05	MA 过程
周期性	均值、方差、自相关系数周期变动	周期性突破二倍标准误差线	大于卡方临界值	小于 0.05	正弦波动序列
趋势性	均值、方差随时变动，自相关系数逐渐衰减	多数大于二倍标准误差	大于卡方临界值	小于 0.05	指数增长序列

注：为了与二倍的标准误差对应，检测标准一律取 $\alpha=0.05$ 的显著性水平。

一个等价的检验方法是将 Q 统计量全部转换为代表显著性水平的 P 值。在 Excel 中，利用卡方分布函数 chidist 容易实现这种转换。

	C	D	E	F	G	H	I	J
1	Z	Lag	ACF	SE	Box-Ljung	卡方值	P值	
2	-1.14088	1	0.80538	0.2	66.829	3.841	=CHIDIST(G2,D2)	
3	-0.97403	2	0.43528	0.2	86.549	5.991		

图 8-4-2　将 Q 统计量转换为 P 值(sig. 值)

该函数的语法为："chidist(卡方值，自由度)"，亦即"chidist(Q 统计量，时滞)"。如图 8-4-2 所示，在 I2 单元格输入"＝CHIINV(0.05，D2)"，回车，得到第一个 P 值 2.961×10^{-16}。双击 I2 单元格的右下角，或者点击 I2 单元格右下角下拉，可得全部 P 值(图 8-4-3)。显

	A	B	C	D	E	F	G	H	I
1	时序	海面高度	Z	Lag	ACF	SE	Box-Ljung	卡方值	P值
2	1	5	-1.14088	1	0.80538	0.2	66.829	3.841	2.961E-16
3	2	11	-0.97403	2	0.43528	0.2	86.549	5.991	1.607E-19
4	3	16	-0.83499	3	0.03233	0.2	86.659	7.815	1.143E-18
5	4	23	-0.64033	4	-0.25965	0.2	93.822	9.488	2.029E-19
6	5	36	-0.27881	5	-0.38659	0.2	109.869	11.070	4.368E-22
7	6	58	0.33298	6	-0.32330	0.2	121.210	12.592	9.074E-24
8	7	29	-0.47347	7	-0.10218	0.2	122.355	14.067	2.475E-23
9	8	20	-0.72375	8	0.18865	0.2	126.301	15.507	1.651E-23
10	9	10	-1.00184	9	0.43158	0.2	147.179	16.919	3.385E-27
11	10	8	-1.05746	10	0.51061	0.2	176.728	18.307	1.119E-32
12	11	3	-1.19650	11	0.43942	0.2	198.857	19.675	1.284E-36
13	12	0	-1.27993	12	0.24909	0.2	206.049	21.026	1.836E-37
14	13	0	-1.27993	13	0.02708	0.2	206.135	22.362	7.498E-37
15	14	2	-1.22431	14	-0.16505	0.2	209.366	23.685	6.669E-37
16	15	11	-0.97403	15	-0.27812	0.2	218.648	24.996	3.366E-38
17	16	27	-0.52909	16	-0.28174	0.2	228.287	26.296	1.429E-39
18	17	47	0.02709	17	-0.19181	0.2	232.808	27.587	6.647E-40
19	18	63	0.47203	18	-0.06407	0.2	233.319	28.869	1.977E-39
20	19	60	0.38860	19	0.06126	0.2	233.791	30.144	5.822E-39
21	20	39	-0.19538	20	0.14307	0.2	236.401	31.410	6.224E-39
22	21	28	-0.50128	21	0.17239	0.2	240.238	32.671	3.719E-39
23	22	26	-0.55690	22	0.14839	0.2	243.117	33.924	3.410E-39
24	23	22	-0.66813	23	0.03695	0.2	243.298	35.172	1.060E-38
25	24	11	-0.97403	24	-0.10266	0.2	244.713	36.415	1.839E-38
26	25	21	-0.69594	25	-0.21687	0.2	251.109	37.652	3.267E-39

图 8-4-3　卡方临界值和 Q 统计量对应的 P 值计算结果

著性水平 $\alpha=0.05$。如果全部的 P 值大于 0.05，则我们有 95% 的把握相信，时间序列属于随机序列；反之，如果全部的 P 值小于 0.05，则我们有 95% 的把握相信，时间序列不属于随机序列，而是周期序列、趋势序列或者平稳序列。

可以看到，对于海平面高度变化的时间序列而言，全部自相关系数的 Q 统计量大于卡方临界值，全部 Q 统计量转换的 P 值远远小于 0.05，甚至远远小于 0.01。因此，我们有 99% 以上的把握相信，海平面时间序列不是随机序列，而是具有某种规律。

8.4.2 自相关和偏自相关函数分析

既然海平面高度变化不是随机的，则有可能具有周期性，因为原始序列的散点图是波动变化的(图 8-1-2)。从前面的自相关系数图即 ACF 随时滞变化的柱形图可以看出如下问题(图 8-1-8)。

第一，自相关系数在坐标图上呈波动衰减趋势，每隔 $T=11$ 年左右出现一个峰值和谷值，这些峰值或者谷值周期性地突破二倍的标准误差带。

第二，有相当多处的 ACF 值为 $\pm 1.96/\sqrt{100}=0.196$。

第三，第一个谷值对应的时滞为 5，第二个谷值对应的时滞数为 16，二者之差为 11；第一个峰值对应的时滞为 10，第二个峰值对应的时滞为 21，二者之差为 11。

至此，可以初步判断，海平面高度变化的时间序列存在一个 11 年左右的波动周期。

如果时间序列是单周期的，则自相关函数应该每隔一段距离尖峰突起，而不是波动衰减变化。自相关函数图的波动衰减特征暗示时间序列具有双重周期。另外一个周期不是十分明确，可能与第一个周期重叠，故 22 年的周期可能性很大。进一步的研究发现，海平面高度与太阳黑子活动有关，而太阳黑子具有 11 年和 22 年两个周期。因此，海平面高度的双周期可能是叠加在一起的。借助功率谱分析可以进一步证明 11 年周期的判断。

从偏自相关系数图即 PACF 随时滞变化的柱形图可以看出如下问题(图 8-2-3)。

第一，偏自相关系数在坐标图上突然衰减，当 Lag=3 时，PACF 值为 $\pm 1.96/\sqrt{100}=0.196$，即与 0 没有显著差异。

第二，第一个偏自相关系数是正值，第二个为负值。只有这两个偏自相关系数突破二倍的标准误差带，其余数值基本上都在二倍标准误差带之内。

在这种情况下，可以判定海面高度自相关程度不是很强，某一年的数值对第三年的影响不显著，对第三年以后的影响更微弱。上一年的数值对后两年的影响是正负交变的，交变影响容易导致周期变动。如果利用海平面时间序列开展自回归分析，则建立二阶自回归模型比较合适。其实，比较表 8-3-1、表 8-3-2 和表 8-3-3 可以初步判断，海平面高度变化是一种二阶自回归过程。

第 9 章　自回归分析

自回归分析是线性回归分析的一种推广,但有许多自身的数学规则。掌握了线性回归分析技术和自相关分析技巧之后,就不难学习自回归分析方法了。虽然自回归分析有一些特有的算法,但常规的最小二乘法可以作为自回归模型参数估计的经典框架。利用 Excel 建设多种形式的自回归过程比较麻烦。但是,在要求不是十分精确的情况下,借助 Excel 的多元回归分析功能可以对自回归模型参数进行相对有效的快速估计,有时效果会相当良好。而且,当时间序列存在自相关的情况下,即便基于回归分析的 AR(p) 模型参数不是非常精确,其预测结果也会超过单纯的趋势预测。

【例】　中国人口的增长预测。下面以中国大陆 1949～2000 年的人口时间序列数据为例,说明自回归模型的建设思路。原始数据来源于国家统计局的《中国统计年鉴》网站。不同年份的数据口径有所调整,这里采用的是 2004 年的数据。

9.1　样本数据的初步分析

第一步,录入并整理时间序列数据,将其按照滞后格局错位排列。注意第一列(A)的时间(年份)仅与第二列(B)的人口序列对应(图 9-1-1)。在不考虑预测的情况下,年份的作用可以暂时忽略。

第二步,对序列数据 P_t 进行线性和自相关考察。

(1) 将原始数据绘成散点图并添加趋势线。借助原始数据绘制反映时间样本数据变化特征的散点图(图 9-1-2)。从图中可以看到,中国大陆人口的变化具有线性上升趋势。添加趋势线。可得如下估计模型

	A	B	C	D	E	F
1	年份t	人口P_t	P_{t-1}	P_{t-2}	P_{t-3}	P_{t-4}
2	1949	54167				
3	1950	55196	54167			
4	1951	56300	55196	54167		
5	1952	57482	56300	55196	54167	
6	1953	58796	57482	56300	55196	54167
7	1954	60266	58796	57482	56300	55196
8	1955	61465	60266	58796	57482	56300
9	1956	62828	61465	60266	58796	57482
10	1957	64653	62828	61465	60266	58796
44	1991	115823	114333	112704	111026	109300
45	1992	117171	115823	114333	112704	111026
46	1993	118517	117171	115823	114333	112704
47	1994	119850	118517	117171	115823	114333
48	1995	121121	119850	118517	117171	115823
49	1996	122389	121121	119850	118517	117171
50	1997	123626	122389	121121	119850	118517
51	1998	124761	123626	122389	121121	119850
52	1999	125786	124761	123626	122389	121121
53	2000	126743	125786	124761	123626	122389

图 9-1-1　中国大陆人口时间序列的样本数据(局部,腰部数据省略)
人口单位为万人,本章相关项目单位与此表同

$$P(t) = 1507.53t - 2\,886\,604.015 + u_t$$

式中:u_t 为残差;测定系数 $R^2 = 0.9951$。具有趋势性就否定了序列的平稳性。不过单纯的自回归不要求序列平稳。我们关心的是序列是否存在自相关。

(2) 残差及其自相关分析。基于这个线性模型的残差序列不是随机的,其变化具有某种持续性(图 9-1-3)。进一步的计算表明,DW=0.118 168,非常之低,这意味着序列存在正自相关。

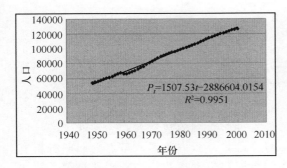

图 9-1-2 中国大陆人口序列其
线性趋势(1949~2000 年)

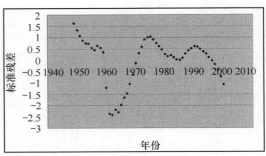

图 9-1-3 中国大陆人口序列其线性
模型的残差变化(1949~2000 年)

借助自相关分析过程,计算残差序列自相关函数和偏自相关函数系列,发现残差的确存在自相关。前四阶自相关系数和前二阶偏自相关系数与 0 有显著性差异(图 9-1-4)。这暗示原始的时间序列可能存在二阶自相关。

但是,单凭时间序列样本数据的残差自相关函数是无法准确判定时间序列自身的自相关情况的。自身的情况需要对其自身进行检测。

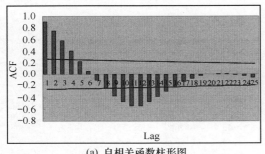

(a) 自相关函数柱形图

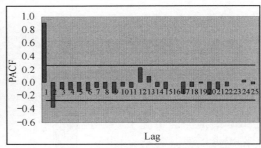

(b) 偏自相关函数柱形图

图 9-1-4 中国大陆人口序列线性模型残差的自相关函数图

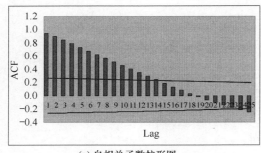

(a) 自相关函数柱形图

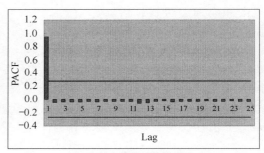

(b) 偏自相关函数柱形图

图 9-1-5 中国大陆人口序列的自相关函数图

（3）时间序列样本数据的自相关分析。计算时间序列的自相关函数和偏自相关函数，并利用系数值绘制出图谱，发现中国人口增长显然存在自相关，但偏自相关函数图在一次滞后处明确截尾（图9-1-5）。这表明人口增长的自相关阶次不是很高，两年以前的人口规模主要是通过一年前的规模发生影响。换言之，有些作用是间接的，而不是直接的：第 $t-2$ 年的人口规模主要是通过 $t-1$ 年的规模影响第 t 年的情况，而第 $t-2$ 年的人口规模对第 t 年的人口影响较弱或者没有明确影响。这个判断涉及自相关阶次 p 的确定，因此十分重要。仅仅根据偏自相关函数图无法断言。将偏自相关图和残差偏自相关图结合起来，可以判断本例的自相关阶次大约为 $p=2$。究竟如何，还需要进一步的分析与评价。

9.2 自回归模型的回归估计

9.2.1 一阶自回归模型

既然时间序列存在相关，而且阶数也大致明确，就可以进一步借助线性回归技术估计 AR 过程的模型参数。为了准确判断，我们从 AR(1) 开始，到 AR(4) 结束，从中挑选可取的模型。首先考察一阶自回归模型。

第一步，模型的初步估计。以 P_{t-1} 为横轴，以 P_t 为纵轴，绘制自相关的散点图，并添加趋势线，可以得到如下 AR(1) 模型

$$P_t = 1334.757 + 1.001 P_{t-1} + u_t$$

测定系数 $R^2 = 0.9994$（图9-2-1）。

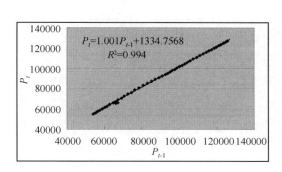

图 9-2-1　中国大陆人口序列的一阶自回归模型估计

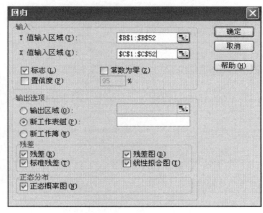

图 9-2-2　一阶自回归选项设置

第二步，详细的回归分析。在图9-1-1所示的工作表中，删除1949年所在的第二行。然后，从主菜单出发，沿着"工具（T）→数据分析（T）→分析工具（A）"的路径，打开回归分析选项框，以 P_{t-1} 为自变量，以 P_t 为因变量，根据图9-1-1所示的数据分布特征，进行如图9-2-2所示的选项设置。

SUMMARY OUTPUT						
回归统计						
Multiple	0.999704					
R Square	0.999408					
Adjusted	0.999396					
标准误差	554.5823					
观测值	51					
方差分析						
	df	SS	MS	F	gnificance F	
回归分析	1	2.54E+10	2.54E+10	82666.59	9.63E-81	
残差	49	15070516	307561.6			
总计	50	2.54E+10				
	Coefficien	标准误差	t Stat	P-value	Lower 95%	Upper 95%
Intercept	1334.757	320.4272	4.165554	0.000126	690.8342	1978.679
P_{t-1}	1.000989	0.003481	287.518	9.63E-81	0.993993	1.007985

图 9-2-3　中国大陆人口序列的一阶自回归结果(局部)

确定以后得到一阶自回归的最小二乘估计结果。各种统计量的含义与一般回归分析没有本质性的分别(图 9-2-3)。容易算出，模型残差序列的 DW 值为 0.727。

9.2.2　高阶自回归模型

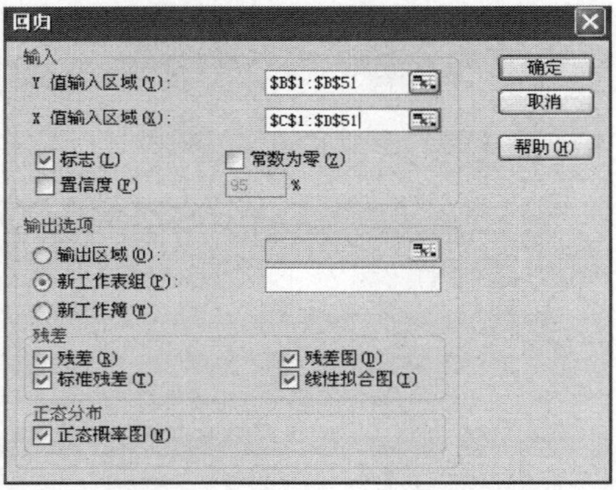

图 9-2-4　二阶自回归选项设置

单纯给出一阶自回归结果，我们无法判断该模型是否最佳。实际上一阶自回归模型存在残差序列相关问题。接下来进行二阶、三阶、四阶自回归分析。在图 9-2-1 所示的工作表中，删除 1949 年、1950 年所在的两行。然后，以 P_{t-1} 和 P_{t-2} 为自变量，以 P_t 为因变量，进行如图 9-2-4 所示的回归选项设置——注意图 9-2-4 与图 9-2-2 的微妙差别。

确定以后得到二阶自回归的最小二乘估计结果(图 9-2-5)。根据回归结果可以估计 AR(2)模型为

$$P_t = 611.938 + 1.637 P_{t-1} - 0.639 P_{t-2} + u_t$$

测定系数 $R^2 = 0.9996$(图 9-2-4)。DW 值约为 1.722。相对于前面的 AR(1)模型，这个 AR(2)模型似乎更好。主要比较如下几个方面。

其一，比较校正(adjusted)测定系数。自变量数目不同，从而自由度不同，一般的测定系数已经不再可比，但校正测定系数是在修正自由度影响之后得到的结果，因而具有可比性。比较图 9-2-5 与图 9-2-3 可见，校正测定系数由 0.9994 上升到 0.9996，拟合效果变好了。

其二，比较回归统计的标准误差。比较图 9-2-5 与图 9-2-3 可见，标准误差由 554.582

下降到 435.722,这从另外一个角度反映拟合效果变好了。

其三,考察模型参数对应的 t 统计量或者 P 值。P 值都小于 0.05,可见二阶自回归的模型参数值都可以达到 95% 以上的置信度。

其四,比较残差序列的 DW 值。DW 值由 0.7272 上升到 1.722,数值更加接近于 2。这暗示,模型的内在结构缺陷更少一些。

此外,对于一阶自回归,其回归系数等于偏自相关系数,从而等于自相关系数(注意这里自相关系数不等于而是小于模型拟合的相关系数——计算公式不同)。但是,AR(1)模型的系数大于 1,有些失常,这意味着一阶自回归不能准确地反映系统的信息。当一阶自回归模型的回归系数大于 1 的时候,暗示着某种非线性增长。在这种情况下,采用多元线性模型近似一元非线性模型,可以得到更好的效果。

SUMMARY OUTPUT					
回归统计					
Multiple	0.999815				
R Square	0.999631				
Adjusted	0.999615				
标准误差	435.7216				
观测值	50				
方差分析					
	df	SS	MS	F	gnificance F
回归分析	2	2.41E+10	1.21E+10	63586.59	2.17E-81
残差	47	8923107	189853.3		
总计	49	2.42E+10			
	Coefficien	标准误差	t Stat	P-value	Lower 95% Upper 95%
Intercept	611.9385	294.4232	2.078432	0.043155	19.63541 1204.242
P_{t-1}	1.637469	0.113265	14.45696	6.4E-19	1.409609 1.865329
P_{t-2}	-0.63853	0.1135	-5.62583	9.87E-07	-0.86686 -0.4102

图 9-2-5 中国大陆人口序列的二阶自回归结果(局部)

有必要讨论的是前述参数估计过程中,常数是否设为 0。标准的自回归模型没有常数项,从这个意义上讲,在图 9-2-2 和图 9-2-4 中理当选中"常数为零"。然而,我们在上面的两次模型估计中都没有选中此项,从而模型的回归结果中都保留一个"截距"。这又如何理解?事实情况是,只有当原始时间序列具有 0 均值的时候,模型才不需要常数项。但我们的数据不是零均值序列,也未曾经过标准化,因此保留常数是必要的。以二阶自回归为例,如果采用中心化数据,我们拟合的模型为

$$x_t - \mu = \varphi_1(x_{t-1} - \mu) + \varphi_2(x_{t-2} - \mu) + u_t \tag{9-2-1}$$

式中:μ 为均值,一个序列减去均值为中心化序列。上面的模型经过整理便是

$$x_t = (1 - \varphi_1 - \varphi_2)\mu + \varphi_1 x_{t-1} + \varphi_2 x_{t-2} + u_t \tag{9-2-2}$$

理论上的截距为 $\mu(1-\varphi_1-\varphi_2)$。由于 $\varphi_1 = 1 - \varphi_2$,从而截距为 0。当然,我们估计的模型参数有一些误差。

完全类似于一阶自回归和二阶自回归,我们可以逐步开展三阶自回归和四阶自回归乃至更高阶数的自回归分析。问题在于,自回归阶数即 p 究竟取多少合适?比较不同阶数模型的回归统计结果可以得到启示。从校正 R 平方值看,二阶自回归模型的效果最好;但从回归的标准误差看,三阶自回归模型的效果最好(表 9-2-1)。然而,当阶数大于 2 时,回归系数的 t 统计量不能达标,或者说 P 值大于 0.05,从而置信度小于 95%(图9-2-6、图 9-2-7)。

如果将置信度降至 85% 以上,可以接受三阶自回归模型;如果将置信度降至 65% 以下,可以接受四阶自回归模型;如果希望选取置信度达到 95% 以上的模型并且精度良好,则只能采用二阶自回归模型。这个结果也与前面时间序列样本数据及其残差的自相关分析结论大体一致。这也从一个角度表明残差分析在 AR(p) 模型建设过程中的重要作用。

表 9-2-1　不同阶数自回归模型的回归统计量比较

统计量	常规回归	一阶自回归	二阶自回归	三阶自回归	四阶自回归
Multiple R	0.997 551 7	0.999 703 8	0.999 815 3	0.999 814 8	0.999 808 4
R Square	0.995 109 4	0.999 407 6	0.999 630 6	0.999 629 7	0.999 616 8
Adjusted R Square	0.995 011 6	0.999 395 5	0.999 614 8	0.999 605 0	0.999 581 1
标准误差	1617.554 1	554.582 3	435.721 6	434.046 0	439.445 1
DW 值	0.118 1	0.726 5	1.721 8	1.936 0	1.986 8
观测值	52	51	50	49	48

注：作为参照，表中给出了常规回归统计量，即以时间虚拟变量为自变量、人口为因变量的一元线性回归统计量。

```
SUMMARY OUTPUT

     回归统计
Multiple  0.999815
R Square  0.99963
Adjusted  0.999605
标准误差   434.046
观测值     49

方差分析
           df        SS         MS         F      gnificance F
回归分析     3    2.29E+10   7.63E+09   40492.02   3.37E-77
残差        45    8477817    188395.9
总计        48    2.29E+10

          Coefficien 标准误差  t Stat   P-value  Lower 95% Upper 95%
Intercept  705.3301   307.723  2.292094 0.026631  85.54425  1325.116
P_{t-1}    1.773372   0.145581 12.18133 7.59E-16  1.480157  2.066588
P_{t-2}   -0.99627    0.263328 -3.78339 0.000454 -1.52664  -0.4659
P_{t-3}    0.222209   0.146567 1.516092 0.13649  -0.07299   0.517411
```

图 9-2-6　中国大陆人口序列的三阶自回归结果（局部）

```
SUMMARY OUTPUT

     回归统计
Multiple  0.999808
R Square  0.999617
Adjusted  0.999581
标准误差   439.4451
观测值     48

方差分析
           df        SS         MS         F      gnificance F
回归分析     4    2.17E+10   5.41E+09   28039.79   7.88E-73
残差        43    8303817    193112
总计        47    2.17E+10

          Coefficien 标准误差  t Stat    P-value  Lower 95% Upper 95%
Intercept  664.1921   330.2185 2.011371  0.050581 -1.75699  1330.141
P_{t-1}    1.802916   0.151329 11.91385  3.28E-15  1.497731  2.108101
P_{t-2}   -1.13318    0.305693 -3.70692  0.000596 -1.74967  -0.51669
P_{t-3}    0.468145   0.306163 1.52907   0.133571 -0.14929  1.085581
P_{t-4}   -0.13908    0.152422 -0.91248  0.366606 -0.44647  0.168307
```

图 9-2-7　中国大陆人口序列的四阶自回归结果（局部）

9.2.3 自回归模型的基本检验

在有关统计分析软件如 SPSS 等中,可以提供专门的自回归检验统计量。Excel 不具备专门的自回归分析功能,因此基本的检验过程需要逐步计算完成。下面以二阶自回归即 AR(2)过程为例,简要说明。

首先,图形分析——观察模型拟合图及其相关的残差图。Excel 自动给出了一系列的曲线拟合图(line fit plot)以及残差分布图。但是,那是根据多元线性回归方式得到的结果,其线性拟合图实则以 P_{t-k} 为横轴、以 P_t 的计算值为纵轴的坐标图上添加的平滑的趋势线。残差图也是以 P_{t-k} 为横轴标绘的。我们现在需要的是以时间虚拟变量为横轴的坐标图。在 Excel 中,绘制这种坐标图相当方便。

第一步,数据预备。将回归结果"残差输出(residual output)"中的预测值及其残差序列剪贴到原始数据及其错位排列结果的旁边,并且根据数值对应关系进行适当调整(图 9-2-8)。选中 A、B 和 F 三列数据,利用"图表向导"不难得到原始数据与预测结果的"拟合"关系(图 9-2-9)。可以看到,基于 AR(2)模型的计算值可以较好地追踪原始序列的变化轨迹。

	A	B	C	D	E	F	G
1	年份t	人口P_t	P_{t-1}	P_{t-2}	观测值	预测人口P_t	残差
2	1949	54167					
3	1950	55196	54167				
4	1951	56300	55196	54167	1	56406.34	-106.34
5	1952	57482	56300	55196	2	57557.06	-75.06
6	1953	58796	57482	56300	3	58787.61	8.39
7	1954	60266	58796	57482	4	60184.50	81.50
8	1955	61465	60266	58796	5	61752.55	-287.55
9	1956	62828	61465	60266	6	62777.23	50.77
10	1957	64653	62828	61465	7	64243.50	409.50
44	1991	115823	114333	112704	41	115863.63	-40.63
45	1992	117171	115823	114333	42	117263.29	-92.29
46	1993	118517	117171	115823	43	118519.19	-2.19
47	1994	119850	118517	117171	44	119862.48	-12.48
48	1995	121121	119850	118517	45	121185.76	-64.76
49	1996	122389	121121	119850	46	122415.82	-26.82
50	1997	123626	122389	121121	47	123680.56	-54.56
51	1998	124761	123626	122389	48	124896.45	-135.45
52	1999	125786	124761	123626	49	125965.12	-179.12
53	2000	126743	125786	124761	50	126918.79	-175.79

图 9-2-8 原始数据序列、预测值和残差(局部结果)

第二步,绘图。以时间虚拟变量为横轴,以残差为纵轴绘制残差变化特征图。结果显示,残差的变化是没有趋势的,即可能不存在自相关(图 9-2-10)。

然后,计算分析——残差自相关分析。上述图形分析仅仅是一种直观的估计,需要进一步的计算给予支持。借助图 9-2-8 所示的残差序列计算 DW 值,得到 DW=1.722(从回归结果的 residual output 中可以找到残差序列)。显著性水平为 $\alpha=0.05$、回归自由度为 $m=2$、剩余自由度为 df=50-1=49 时,DW 统计量临界值的上限和下限分别是 $d_l<1.462$、$d_u<1.628$。因此可以初步判断,残差序列不相关。

进一步地,借助上一章讲述的自相关分析方法,对残差序列进行自相关分析,发现残差变化果然具有随机性质(表 9-2-2)。在有效范围内($m<T/4$)的自相关系数和偏自相关系数都在二倍的标准误差带内,或者说绝对值小于 $2/(n-p)^{\frac{1}{2}}=2/50^{\frac{1}{2}}=0.283$——更精确地说,小于 $1.96/50^{\frac{1}{2}}=0.277$。在 0.05 的显著性水平下,所有的 Q 统计量都小于卡方临界值,或者说,所有的 P 值都大于 0.05,这正是随机序列的统计特征之一。

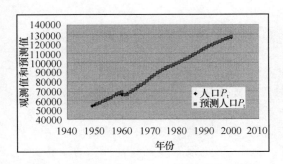
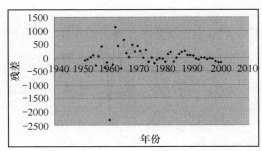

图 9-2-9　原始数据序列及其 AR(2)模型预测值的拟合效果

图 9-2-10　中国大陆人口序列二阶自回归的残差变化特征

表 9-2-2　残差序列的自相关函数(ACF)分析和偏自相关函数(PACF)分析结果

Lag	自相关					偏自相关	
	ACF 值	标准误差	Box-Ljung 统计量			PACF 值	标准误差
			Q 值	自由度	P 值		
1	0.137	0.137	0.992	1	0.319	0.137	0.141
2	−0.200	0.136	3.159	2	0.206	−0.223	0.141
3	−0.046	0.134	3.276	3	0.351	0.019	0.141
4	0.045	0.133	3.389	4	0.495	0.005	0.141
5	−0.012	0.132	3.397	5	0.639	−0.029	0.141
6	0.011	0.130	3.405	6	0.757	0.032	0.141
7	−0.074	0.129	3.735	7	0.810	−0.096	0.141
8	−0.026	0.127	3.777	8	0.877	0.010	0.141
9	−0.031	0.126	3.840	9	0.922	−0.065	0.141
10	−0.187	0.124	6.109	10	0.806	−0.198	0.141
11	−0.079	0.122	6.523	11	0.836	−0.031	0.141
12	−0.045	0.121	6.664	12	0.879	−0.133	0.141
13	−0.089	0.119	7.217	13	0.891	−0.107	0.141
14	0.011	0.118	7.225	14	0.926	0.001	0.141
15	−0.026	0.116	7.275	15	0.950	−0.114	0.141
16	0.106	0.114	8.137	16	0.945	0.144	0.141

　　根据残差序列的自相关和偏自相关函数绘出柱形图,并且添加二倍的标准误差带,可以直观地显示其变化的随机性质,结果都在二倍的标准误差带之间变动(图 9-2-11)。
　　一个更为便捷的方法是,绘制残差自回归图,建立一阶残差自回归模型。以滞后一期(对应于 1949～1999 年)的残差 u_{t-1} 为横轴,以当前期(对应于 1950～2000 年)残差 u_t 为纵轴,画出散点图(图 9-2-12)。观测散点是否具有某种变化趋势,越是没有趋势,效果越好。

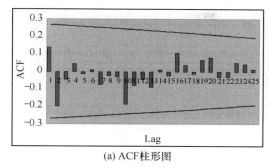 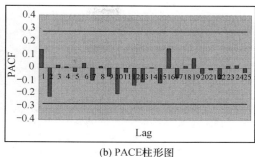

(a) ACF柱形图　　　　　　　　　　　(b) PACE柱形图

图 9-2-11　中国大陆人口序列二阶自回归的残差相关函数图

然后,添加趋势线。如果能够建立线性自回归模型,则表明存在自相关。如果残差自回归的效果很差,那就意味着残差序列相关性不大,从而原始的 AR(2)模型效果就好。计算结果显示,自回归的相关系数 $R=0.137$ 左右,而显著性水平为 $\alpha=0.05$、剩余自由度为 $df=50-1=49$ 时,相关系数的临界值 $R_{0.05,49}=0.276$。因此,我们有 95% 的把握相信,残差序列的自相关性是不显著的。

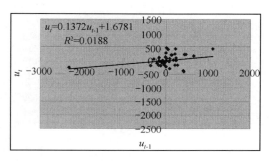

图 9-2-12　中国大陆人口序列 AR(2)过程的残差自回归图

9.2.4　预测结果及其比较分析

下面我们借助二阶自回归模型进行预测分析。将模型改写为
$$\hat{P}_t = 611.939 + 1.637 P_{t-1} - 0.639 P_{t-2}$$
并且将参数剪贴到原始数据序列附近,根据图 9-2-13(a)所示的数据分布,在 E4 单元格中键入公式"=＄G＄3＋＄G＄4＊B3＋＄G＄5＊B2",回车得到 56 406.343[图 9-2-13(b)]。然后,将鼠标指向 E4 单元格的右下角,待其变成细黑十字形的填充柄,双击或者下拉,得到 1951～2000 年的计算值(图 9-2-14)。与图 9-2-8 所示的结果对比可知,这些计算值正是 Excel 自动给出的"预测值"。

点击对应于 2000 年的 E53 单元格右下角下拉一格至 E54,得到 2001 年的预测值 127 831.3 万,这一年的实际值为 127 627 万;在单元格 E55 中键入计算公式"=＄G＄3＋＄G＄4＊E54＋＄G＄5＊B53",回车得到 2002 年的预测值 129 002.42 万,这一年的实际值为 128 453 万。在 E56 单元格中键入公式"=＄G＄3＋＄G＄4＊E55＋＄G＄5＊E54",回车得到 2003 年的预测值;点击 E56 单元格的右下角下拉,可以得到此后多年份的预测值(图 9-2-14)。

比较这几个计算公式可见,我们逐步采用计算值代替了观测值进行计算——我们假定 2001 年及其以后没有观测值可以依赖,由此显示模型的预测效果。

	A	B	C	D	E	F	G
1	年份t	人口P_t	P_{t-1}	P_{t-2}	预测值	参数	
2	1949	54167					Coefficients
3	1950	55196	54167			Intercept	611.93848
4	1951	56300	55196	54167		P_{t-1}	1.6374694
5	1952	57482	56300	55196		P_{t-2}	-0.638532
6	1953	58796	57482	56300			
7	1954	60266	58796	57482			
8	1955	61465	60266	58796			
9	1956	62828	61465	60266			
10	1957	64653	62828	61465			

(a) 将参数值复制到原始数据序列附近

	A	B	C	D	E	F	G
1	年份t	人口P_t	P_{t-1}	P_{t-2}	预测值	参数	
2	1949	54167					Coefficients
3	1950	55196	54167			Intercept	611.93848
4	1951	56300	55196	54167	=$G$3+$G$4*B3+$G$5*B2		
5	1952	57482	56300	55196		P_{t-2}	-0.638532
6	1953	58796	57482	56300			
7	1954	60266	58796	57482			
8	1955	61465	60266	58796			
9	1956	62828	61465	60266			
10	1957	64653	62828	61465			

(b) 根据AR(2)模型键入计算公式

图 9-2-13　在原始数据序列附近给出计算公式

	A	B	C	D	E	F	G
1	年份t	人口P_t	P_{t-1}	P_{t-2}	预测值	参数	
2	1949	54167					Coefficients
3	1950	55196	54167			Intercept	611.93848
4	1951	56300	55196	54167	56406.34	P_{t-1}	1.6374694
5	1952	57482	56300	55196	57557.06	P_{t-2}	-0.638532
6	1953	58796	57482	56300	58787.61		
7	1954	60266	58796	57482	60184.50		
8	1955	61465	60266	58796	61752.55		
9	1956	62828	61465	60266	62777.23		
10	1957	64653	62828	61465	64243.50		
53	2000	126743	125786	124761	126918.79		
54	2001	**127627**			127831.35		
55	2002	**128453**			129002.42		
56	2003	**129227**			130225.06		
57	2004				131479.34		
58	2005				132752.47		
59	2006				134036.31		
60	2007				135325.60		
61	2008				136617.02		
62	2009				137908.41		
63	2010				139198.42		

图 9-2-14　中国人口增长的二阶自回归预测结果之一(2001～2010 年)

AR(2)模型的预测精度如何？这也需要通过比较进行判断。比较如下模型的预测结果。一是常规线性回归模型

$$\hat{P}(t) = 1507.53t - 2\,886\,604.015$$

二是一阶自回归模型

$$\hat{P}_t = 1334.757 + 1.001P_{t-1}$$

三是二阶自回归模型

$$\hat{P}_t = 611.938 + 1.637P_{t-1} - 0.639P_{t-2}$$

四是三阶自回归模型

$$\hat{P}_t = 705.33 + 1.773P_{t-1} - 0.996P_{t-2} + 0.222P_{t-3}$$

五是四阶自回归模型

$$\hat{P}_t = 664.192 + 1.803P_{t-1} - 1.133P_{t-2} + 0.468P_{t-3} - 0.139P_{t-4}$$

根据上述模型，容易计算不同年份的预测值。由于2001～2003年的中国人口数据是已知的，不妨比较这三个年份的预测结果。利用下式计算误差平方和

$$S = (P_{t+1} - \hat{P}_{t+1})^2 + (P_{t+2} - \hat{P}_{t+2})^2 + (P_{t+3} - \hat{P}_{t+3})^2 \tag{9-2-3}$$

式中：S 为误差平方和；P 为实际值；$\hat{P}$ 为预测值。误差平方和越小，预测的精度也就越好。比较发现，从最近三个年份预测结果的误差平方和看来，二阶自回归模型即 AR(2) 过程的精度最高（表 9-2-3）。如果将表 9-2-3 中的误差平方和与表 9-2-1 中的标准误差对比，可以综合地评估各个模型的精度。

表 9-2-3 基于不同回归模型的预测结果的比较

年份	实际值	线性	一阶	二阶	三阶	四阶
2001	127 627	129 963.45	128 203.09	127 831.35	127 873.72	127 845.26
2002	128 453	131 470.98	129 664.63	129 002.42	129 153.25	129 070.08
2003	129 227	132 978.51	131 127.61	130 225.06	130 508.47	130 334.72
误差平方和	0	28 640 991.38	5 412 241.93	1 339 750.95	2 193 380.16	1 655 472.88
精度排序	—	5	4	1	3	2

9.3 数据的平稳化及其自回归模型

9.3.1 数据平稳化

在一定条件下，自回归过程 AR(p) 与移动平均过程 MA(q) 是可以互相转换的，前提条件是时间序列平稳。但我们的样本数据明显是不平稳的（图 9-1-4、图 9-1-5）。现在我们关心的是，能否将非平稳的数据转换为近似平稳的数据，如何转换？如果利用转换结果可以建立自回归模型，则其可以等价地表示为移动平均过程。最常用的数据转换方法是差分。原序列的一阶差分可以表作

$$y_t^{(1)} = \nabla x_t = x_t - x_{t-1} \tag{9-3-1}$$

二阶差分表作

$$\begin{aligned} y_t^{(2)} &= \nabla^2 x_t = \nabla y_t^{(1)} = \nabla \nabla x_t \\ &= x_t - x_{t-1} - (x_{t-1} - x_{t-2}) = x_t - 2x_{t-1} + x_{t-2} \end{aligned} \tag{9-3-2}$$

式中：∇ 为差分算子，差分的阶数称为单整。我们暂时不考虑高阶差分。一般来说，二阶

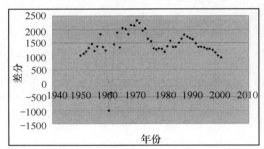

(a) 键入一阶差分公式

(b) 得到一阶差分结果

图 9-3-1　原始数据序列的一阶差分

差分也就够了。在 Excel 中进行差分运算非常方便。根据图 9-3-1(a)所示的中国人口数据排列位置,在 D3 单元格中键入公式"＝C3－C2",回车得到1029[图 9-3-1(b)]。用鼠标指针指向 D3 单元格的右下角形成黑十字的填充柄,双击,或者向下拖拽,很快得到全部差分数据。

一阶差分序列的散点图如图 9-3-2所示,此图显示的曲线变化特征类似于一元线性回归的残差图。

对差分结果进行自相关分析,发现自相关函数呈现阻尼衰减趋势,其中一阶自相关系数高突出于二倍标准误差带之外,与 0 有显著性差异,其余则位于二倍标准误差带之内,与 0 没有显著性差异。偏自相关系数则具有明确的截尾特征,其中一阶偏自相关系数突出于二倍标准误差带之外,与 0 有显著性差异,其余亦位于二倍标准误差带之内,与 0 没有显著性差异(图 9-3-3)。这种自相关函数图是一阶自回归的典型特征。

图 9-3-2　一阶差分序列的变化曲线图

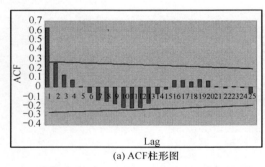

(a) ACF柱形图

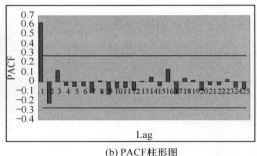

(b) PACF柱形图

图 9-3-3　中国大陆人口序列一阶差分的自相关函数图

9.3.2　差分自回归

首先,复制差分数据并进行错位粘贴,以便进行自回归分析(图 9-3-4)。

类似于原始序列的自回归分析,首先可以对差分的一阶自回归结果进行初步估计。以 y_{t-1} 为横轴,以 y_t 为纵轴,绘制坐标图并且添加趋势线,得到如下模型

$$y_t = 522.184 + 0.634 y_{t-1} + u_t$$

	A	B	C	D	E	F
1	年份t	人口P_t	P_t	$y_t=P_t-P_{t-1}$	y_t	y_{t-1}
2	1949	54167	54167			
3	1950	55196	55196	1029	1029	
4	1951	56300	56300	1104	1104	1029
5	1952	57482	57482	1182	1182	1104
6	1953	58796	58796	1314	1314	1182
7	1954	60266	60266	1470	1470	1314
8	1955	61465	61465	1199	1199	1470
9	1956	62828	62828	1363	1363	1199
10	1957	64653	64653	1825	1825	1363
44	1991	115823	115823	1490	1490	1629
45	1992	117171	117171	1348	1348	1490
46	1993	118517	118517	1346	1346	1348
47	1994	119850	119850	1333	1333	1346
48	1995	121121	121121	1271	1271	1333
49	1996	122389	122389	1268	1268	1271
50	1997	123626	123626	1237	1237	1268
51	1998	124761	124761	1135	1135	1237
52	1999	125786	125786	1025	1025	1135
53	2000	126743	126743	957	957	1025

图 9-3-4　原始序列的一阶差分结果及其错位排列(局部)

测定系数 $R^2=0.401$(图 9-3-5)。显然,1959~1961 年中国三年的人口灾难影响了模型的精度。

借助数据分析工具对模型参数及其检验统计量进行更为全面的计算。根据图 9-3-4 所示的数据分布,回归选项设置如图 9-3-6 所示。考虑到差分序列的均值并不为 0,因此依旧不选"常数为零"一项。确定之后得到回归结果(图 9-3-7)。可以看到,各种统计量都可以达到要求。

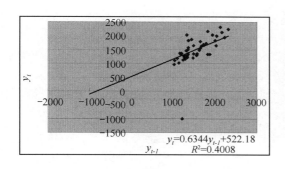

图 9-3-5　一阶差分序列的一阶自回归模型估计

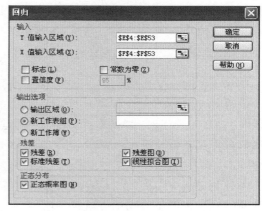

图 9-3-6　一阶差分序列的自回归选项设置

根据我们的差分运算,应有
$$y_t = P_t - P_{t-1}, \ y_{t-1} = P_{t-1} - P_{t-2}$$
将上述关系代入模型
$$y_t = 522.184 + 0.634 y_{t-1} + u_t$$

得到

$$P_t - P_{t-1} = 522.184 + 0.634(P_{t-1} - P_{t-2}) + u_t$$

整理可得

$$P_t = 522.184 + 1.634P_{t-1} - 0.634P_{t-2} + u_t$$

这个结果与前面基于原始序列建立的模型

$$P_t = 611.939 + 1.637P_{t-1} - 0.639P_{t-2} + u_t$$

相当接近。如果我们采用的是经过中心化的数据,即所有的变量减去了平均值,则有模型的截距为

$$(1 - \hat{\varphi}_1 - \hat{\varphi}_2)\hat{\mu} = (1 - 1.634 + 0.634) \times 90\,014 = 0$$

	A	B	C	D	E	F	G
1	SUMMARY OUTPUT						
2							
3	回归统计						
4	Multiple	0.633095					
5	R Square	0.400809					
6	Adjusted	0.388326					
7	标准误差	431.8102					
8	观测值	50					
9							
10	方差分析						
11		df	SS	MS	F	nificance F	
12	回归分析	1	5986861	5986861	32.10801	8.07E-07	
13	残差	48	8950081	186460			
14	总计	49	14936943				
15							
16		Coefficien	标准误差	t Stat	P-value	Lower 95%	Upper 95%
17	Intercept	522.1841	171.6094	3.042864	0.003794	177.1402	867.228
18	X Variabl	0.634438	0.111965	5.666393	8.07E-07	0.409317	0.859558

图 9-3-7 差分序列的一阶自回归模型参数估计结果

9.3.3 检验与预测

检验与预测的方法与前面的结果一样,首先比较回归统计量。可以看到,由于三年灾害时期(1959~1961年)的数据异常,一阶差分序列的自回归效果受到较大的影响,模型的拟合优度较低。模型残差的 DW 值约为 1.712,与二阶自回归模型的 DW 统计量非常接近。

预测方法与前面的二阶自回归方法完全类似。不过,预测之前需要将差分一阶自回归模型转换为原始数据的二阶自回归模型。这个工作上面已经完成。用新的模型参数估计值代替图 9-2-14 所示的模型参数估计值,容易给出另外一套预测值(图 9-3-8)。从预测效果看来,如果比较预测的标准误差,则以一阶差分自回归模型为最小(表 9-3-1)。这意味着,就 1949~2000 年的历史数据拟合而言,一次差分自回归模型的效果堪称第一。

就 2001~2003 年三个年份的实际预测结果而言,差分模型的预报精度仅次于二阶自回归模型,较之于确定性回归模型、一阶自回归模型和三阶自回归模型的预测效果要好很多(表 9-3-2 和图 9-3-8)。

表 9-3-1　不同阶数自回归模型与一阶差分自回归模型的回归统计量比较

统计量	常规回归	一阶自回归	二阶自回归	三阶自回归	四阶自回归	差分自回归
Multiple R	0.997 551 7	0.999 703 8	0.999 815 3	0.999 814 8	0.999 808 4	0.633 094 8
R Square	0.995 109 4	0.999 407 6	0.999 630 6	0.999 629 7	0.999 616 8	0.400 809 0
Adjusted R^2	0.995 011 6	0.999 395 5	0.999 614 8	0.999 605 0	0.999 581 1	0.388 325 9
标准误差	1 617.554 1	554.582 3	435.721 6	434.046 0	439.445 1	431.810 2
DW 值	0.118 1	0.726 5	1.721 8	1.936 0	1.986 8	1.712 4
观测值	52	51	50	49	48	50

表 9-3-2　基于差分的 AR(2) 模型与其他模型预测结果的比较

年份	实际值	线性	一阶	二阶	三阶	四阶	差分
2001	127 627	129 963.45	128 203.09	127 831.35	127 873.72	127 845.26	127 872.34
2002	128 453	131 470.98	129 664.63	129 002.42	129 153.25	129 070.08	129 111.02
2003	129 227	132 978.51	131 127.61	130 225.06	130 508.47	128 946.78	130 419.07
误差平方和	0	28 641 111.58	5 412 241.93	1 339 750.95	2 193 380.16	506 943.07	1 914 219.10
精度排序	—	6	5	2	4	1	3

	A	B	C	D	E	F	G
1	年份t	人口P_t	P_{t-1}	P_{t-2}	预测值	参数	
2	1949	54167					Coefficients
3	1950	55196	54167			Intercept	522.18412
4	1951	56300	55196	54167	56371.02	P_{t-1}	1.6344377
5	1952	57482	56300	55196	57522.60	P_{t-2}	-0.634438
6	1953	58796	57482	56300	58754.09		
7	1954	60266	58796	57482	60151.84		
8	1955	61465	60266	58796	61720.81		
9	1956	62828	61465	60266	62747.87		
10	1957	64653	62828	61465	64214.92		
53	2000	126743	125786	124761	126958.48		
54	2001	**127627**			127872.34		
55	2002	**128453**			129111.02		
56	2003	**129227**			130419.07		
57	2004				131771.13		
58	2005				133151.11		
59	2006				134548.81		
60	2007				135957.75		
61	2008				137373.81		
62	2009				138794.40		
63	2010				140217.86		

图 9-3-8　中国人口增长的二阶自回归预测结果之二(2001~2010 年)

综合上述分析可知,预测模型的最大时间滞后应该取 $p=2$,否则模型参数的质量没有保证(置信度低),即便最近年份的预测效果较好,远期预报的结果将会大大偏离实际。与二阶自回归对应,如果选择差分序列拟合,则单整为 1,即一次差分就够了。至于一次差分模型和二阶自回归模型究竟哪一个更为可取,要看综合效果。由于差分序列对原始数据的异常值远较非差分序列敏感,可以想到非差分序列的二阶自回归模型结果更为可靠一些。由此可见,如果不考虑非线性过程的影响,基于原始数据序列的二阶自回归模型是我们预测中国大陆人口增长的可取工具。

第 10 章 周期图分析

计算周期强度并绘制周期图的过程,实质上就是功率谱分析的过程。通常功率谱分析采用的是快速傅里叶变换(FFT),而周期图的计算过程则是基于最小二乘思想。就谱分析而言,周期图的计算结果更为准确。但是,当时间序列的样本路径很长时,周期图的计算就会非常麻烦。FFT 由于添加 0 数据引起了一些误差,数据越少误差越大。因此,FFT 不适用于少量数据的周期判断。当序列足够长时,FFT 的误差就会很小,而其变换过程非常适宜于编程计算。可见,FFT 的应用对象是较长的序列,而周期图则适合于较短的时间序列。更为重要的是,周期图的计算有助于我们从回归分析的角度理解 Fourier 变换的数学原理。下面以河流断面平均流量为例给予说明。

【例】 某河流断面月平均流量的周期图分析。原始数据来源于陈俊合等编著的《工程水资源计算》。我们先采用 12 个月的数据计算周期图,然后采用 24 个月的数据进行验证分析。

10.1 时间序列的周期图

10.1.1 基本原理和计算公式

为了说明周期图方法在周期识别中的作用,我们实际上采用了一个显而易见的例子:河流径流量的变化周期。由于河流流量受气候的影响,可想而知,水流变化一定具有 12 个月的周期。也许某些河流的水量变化还有其他周期,但是,12 个月的周期肯定是最为明确和突出的。我们采用一个"不言而喻"的例子主要是为了印证分析的效果。

【例 10-1-1】 某水文观测站测得一条河流从 1979 年 6 月到 1980 年 5 月共计 12 个月的断面平均流量。试判断该河流的径流量变化是否具有周期性,周期长度大约为多少?

假定将时间序列 x_t 展开为傅里叶级数,则可表示为

$$x_t = \sum_{i=1}^{k}(a_i\cos2\pi f_i t + b_i\sin2\pi f_i t) + \varepsilon_t \tag{10-1-1}$$

式中:f_i 为频率;t 为时间序号;k 为周期分量的个数,即主周期(基波)及其谐波的个数;ε_t 为残差(白噪声序列)。当频率 f_i 给定时,上式可被视为多元线性回归模型。借助多元回归分析理论可以证明,当 $k \neq N/2$ 时,待定系数 a_i、b_i 的最小二乘估计为

$$\hat{a}_i = \frac{2}{N}\sum_{t=1}^{N}x_t\cos2\pi f_i t \tag{10-1-2}$$

$$\hat{b}_i = \frac{2}{N}\sum_{t=1}^{N}x_t\sin2\pi f_i t \tag{10-1-3}$$

式中:N 为观测值的个数。如果 N 为偶数,则当 $i=0$ 或者 $i=N/2$ 时,参数 a_i 的估计公式应该改为

$$\hat{a}_i^* = \frac{1}{N}\sum_{t=1}^{N} x_t \cos 2\pi f_i t \qquad (10\text{-}1\text{-}4)$$

时间序列的周期图可以定义为

$$I(f_i) = \frac{N}{2}(a_i^2 + b_i^2) \qquad (10\text{-}1\text{-}5)$$

式中：$I(f_i)$ 为频率 f_i 处的强度（$i=0,1,2,\cdots,N-1$），可以证明 $I(f_i)/2$ 便是谱密度。以 f_i 为横轴，以 $I(f_i)$ 为纵轴，绘制时间序列的周期图，可以在最大值处找到时间序列的周期。对于本例，$N=12$，$t=1,2,\cdots,N$，$f_i=i/N$。下面借助 Excel，利用上述公式，计算有关参数并分析时间序列的周期特性。首先说明，在理论上，时序编号应该采用 $t=0,1,\cdots,N-1$。我们采用 $t=1,2,\cdots,N$ 进行编号更为直观，因为序号可以直接与月份对应。容易验证，基于两种编号的最终结果完全一样。

10.1.2 计 算 步 骤

1. 录入数据，并将数据标准化或中心化

中心化与标准化的区别在于，只需将原始数据减去序列的平均值，而不必再除以标准差。不难想到，中心化的数据均值为 0，但方差与原始数据相同。对于我们的问题，在 D2 单元格中输入公式"=C2-AVERAGE($C$2:$C$13)"，回车，得到第一个中心化数据 21.142。双击 D2 单元格的右下角，立即生成全部中心化的数值（图 10-1-1）。

	A	B	C	D	E	F
1	月份	月份序号t	径流量x_t	中心化x_t^*	周期序号i	频率f_i
2	6	1	190.0	21.142	1	0
3	7	2	248.0	79.142	2	0.0833333
4	8	3	553.0	384.142	3	0.1666667
5	9	4	286.0	117.142	4	0.25
6	10	5	204.0	35.142	5	0.3333333
7	11	6	106.0	-62.858	6	0.4166667
8	12	7	65.4	-103.458	7	0.5
9	1	8	46.9	-121.958	8	0.5833333
10	2	9	33.8	-135.058	9	0.6666667
11	3	10	51.8	-117.058	10	0.75
12	4	11	78.4	-90.458	11	0.8333333
13	5	12	163.0	-5.858	12	0.9166667

图 10-1-1　录入的数据及其中心化结果
（1979 年 6 月至 1980 年 5 月）
径流量单位为 m³/s，本章相关项目单位与此表同

2. 计算三角函数值

为了借助傅里叶级数表达式计算参数 a_i、b_i，首先需要计算正弦值和余弦值。取 $i=0,1,2,\cdots,11$，则频率为 $f_i=i/N=0,1/12,2/12,\cdots,11/12$（图 10-1-1）。为了很好地体现对称性，不妨补上最后一个频率 $f_N=1$。

接下来，调整数据的区域分布，将频率复制到单元格 A3:A15 中，将中心化的数据转置，然后粘贴于第一行的单元格 B1:M1 中，月份的序号 $t=1,2,\cdots,12$ 写在单元格 B2:M2 中（与中心化数据对齐）。

在 B3 单元格中输入公式"=COS(2*PI()*B$2*$A3)"，回车得到 1；按住单元格的右下角右拉至 M3 单元格，得到 $f=0$，$t=1\sim12$ 的全部余弦值。然后同时选中 B3:M3 单元格，待到光标变成细小黑十字，双击 M3 单元格右下角，可以得到全部的余弦值，它们分布于 B3:M15 区域中（图 10-1-2）。

在上面的计算中，只要将公式中的"COS"换成"SIN"，即可得到正弦值，不过为了计算过程清楚明白、不致混淆，最好在另外一个区域给出计算结果（图 10-1-3）。

	A	B	C	D	E	F	G	H	I	J	K	L	M
1	中心化x_i'	21.142	79.142	384.142	117.142	35.142	-62.858	-103.458	-121.958	-135.058	-117.058	-90.458	-5.858
2	频率f_i	1	2	3	4	5	6	7	8	9	10	11	12
3	0	1	1	1	1	1	1	1	1	1	1	1	1
4	0.083333	0.866	0.5	0	-0.5	-0.866	-1	-0.866	-0.5	0	0.5	0.866	1
5	0.166667	0.5	-0.5	-1	-0.5	0.5	1	0.5	-0.5	-1	-0.5	0.5	1
6	0.25	0	-1	0	1	0	-1	0	1	0	-1	0	1
7	0.333333	-0.5	-0.5	1	-0.5	-0.5	1	-0.5	-0.5	1	-0.5	-0.5	1
8	0.416667	-0.866	0.5	0	-0.5	0.866	-1	0.866	-0.5	0	0.5	-0.866	1
9	0.5	-1	1	-1	1	-1	1	-1	1	-1	1	-1	1
10	0.583333	-0.866	0.5	0	-0.5	0.866	-1	0.866	-0.5	0	0.5	-0.866	1
11	0.666667	-0.5	-0.5	1	-0.5	-0.5	1	-0.5	-0.5	1	-0.5	-0.5	1
12	0.75	0	-1.0	0	1.0	0	-1	0	1	0	-1	0	1
13	0.833333	0.5	-0.5	-1	-0.5	0.5	1	0.5	-0.5	-1	-0.5	0.5	1
14	0.916667	0.866	0.5	0	-0.5	-0.866	-1	-0.866	-0.5	0	0.5	0.866	1
15	1	1	1	1	1	1	1	1	1	1	1	1	1
16	频率f_i												
17	0	21.142	79.142	384.142	117.142	35.142	-62.858	-103.458	-121.958	-135.058	-117.058	-90.458	-5.858
18	0.083333	18.309	39.571	0.000	-58.571	-30.434	62.858	89.598	60.979	0.000	-58.529	-78.339	-5.858
19	0.166667	10.571	-39.571	-384.142	-58.571	17.571	-62.858	-51.729	60.979	135.058	58.529	-45.229	-5.858
20	0.25	0.000	-79.142	0.000	117.142	0.000	62.858	0.000	-121.958	0.000	117.058	0.000	-5.858
21	0.333333	-10.571	-39.571	384.142	-58.571	-17.571	-62.858	51.729	60.979	-135.058	58.529	45.229	-5.858
22	0.416667	-18.309	39.571	0.000	-58.571	30.434	62.858	-89.598	60.979	0.000	-58.529	78.339	-5.858
23	0.5	-21.142	79.142	-384.142	117.142	-35.142	-62.858	103.458	-121.958	135.058	-117.058	90.458	-5.858
24	0.583333	-18.309	39.571	0.000	-58.571	30.434	62.858	-89.598	60.979	0.000	-58.529	78.339	-5.858
25	0.666667	-10.571	-39.571	384.142	-58.571	-17.571	-62.858	51.729	60.979	-135.058	58.529	45.229	-5.858
26	0.75	0.000	-79.142	0.000	117.142	0.000	62.858	0.000	-121.958	0.000	117.058	0.000	-5.858
27	0.833333	10.571	-39.571	-384.142	-58.571	17.571	-62.858	-51.729	60.979	135.058	58.529	-45.229	-5.858
28	0.916667	18.309	39.571	0.000	-58.571	-30.434	62.858	89.598	60.979	0.000	-58.529	-78.339	-5.858
29	1	21.142	79.142	384.142	117.142	35.142	-62.858	-103.458	-121.958	-135.058	-117.058	-90.458	-5.858

图 10-1-2　计算余弦值的表格

	A	B	C	D	E	F	G	H	I	J	K	L	M
1	中心化x_i'	21.142	79.142	384.142	117.142	35.142	-62.858	-103.458	-121.958	-135.058	-117.058	-90.458	-5.858
2	频率f_i	1	2	3	4	5	6	7	8	9	10	11	12
3	0	0	0	0	0	0	0	0	0	0	0	0	0
4	0.083333	0.5	0.866	1	0.866	0.5	0	-0.5	-0.866	-1	-0.866	-0.5	0
5	0.166667	0.866	0.866	0	-0.866	-0.866	0	0.866	0.866	0	-0.866	-0.866	0
6	0.25	1	0	-1	0	1	0	-1	0	1	0	-1	0
7	0.333333	0.866	-0.866	0	0.866	-0.866	0	0.866	-0.866	0	0.866	-0.866	0
8	0.416667	0.5	-0.866	1	-0.866	0.5	0	-0.5	0.866	-1	0.866	-0.5	0
9	0.5	0	0	0	0	0	0	0	0	0	0	0	0
10	0.583333	-0.5	0.866	-1	0.866	-0.5	0	0.5	-0.866	1	-0.866	0.5	0
11	0.666667	-0.866	0.866	0	-0.866	0.866	0	-0.866	0.866	0	-0.866	0.866	0
12	0.75	-1	0	1	0	-1	0	1	0	-1	0	1	0
13	0.833333	-0.866	-0.866	0	0.866	0.866	0	-0.866	-0.866	0	0.866	0.866	0
14	0.916667	-0.5	-0.866	-1	-0.866	-0.5	0	0.5	0.866	1	0.866	0.5	0
15	1	0	0	0	0	0	0	0	0	0	0	0	0
16	频率f_i												
17	0	0.000	0.000	0.000	0.000	0.000	0.000	0.000	0.000	0.000	0.000	0.000	0.000
18	0.083333	10.571	68.539	384.142	101.448	17.571	0.000	51.729	105.619	135.058	101.375	45.229	0.000
19	0.166667	18.309	68.539	0.000	-101.448	-30.434	0.000	-89.598	-105.619	0.000	101.375	78.339	0.000
20	0.25	21.142	0.000	-384.142	0.000	35.142	0.000	103.458	0.000	-135.058	0.000	90.458	0.000
21	0.333333	18.309	-68.539	0.000	101.448	-30.434	0.000	-89.598	105.619	0.000	-101.375	78.339	0.000
22	0.416667	10.571	-68.539	384.142	-101.448	17.571	0.000	51.729	-105.619	135.058	-101.375	45.229	0.000
23	0.5	0.000	0.000	0.000	0.000	0.000	0.000	0.000	0.000	0.000	0.000	0.000	0.000
24	0.583333	-10.571	68.539	-384.142	101.448	-17.571	0.000	-51.729	105.619	-135.058	101.375	-45.229	0.000
25	0.666667	-18.309	68.539	0.000	-101.448	30.434	0.000	89.598	-105.619	0.000	101.375	-78.339	0.000
26	0.75	-21.142	0.000	384.142	0.000	-35.142	0.000	-103.458	0.000	135.058	0.000	-90.458	0.000
27	0.833333	-18.309	-68.539	0.000	101.448	30.434	0.000	89.598	105.619	0.000	-101.375	-78.339	0.000
28	0.916667	-10.571	-68.539	-384.142	-101.448	-17.571	0.000	-51.729	-105.619	-135.058	-101.375	-45.229	0.000
29	1	0.000	0.000	0.000	0.000	0.000	0.000	0.000	0.000	0.000	0.000	0.000	0.000

图 10-1-3　计算正弦值的表格

前述计算过程为按行计算,也可以改为按列计算。在 B3 单元格中输入公式"＝COS(2 * PI() * B$2 * $A3)",回车得到 1;按住单元格的右下角下拉至 A15 单元格,得到 $f=i/12$、$t=1$ 时的全部余弦值。然后同时选中 B3:B15 区域,按住区域右下角右拖至区域 M3:M15。这样得到全部余弦值。将公式改为"＝SIN(2 * PI() * B$2 * $A3)",重复上述操作,可以得到全部正弦值。

3. 计算参数 a_i、b_i

利用中心化的数据(仍然表作 x_t)计算参数 a_i、b_i。首先算出 $x_t\cos2\pi f_i t$ 和 $x_t\sin2\pi f_i t$。在 B17 单元格中输入公式"＝B$1 * B3",回车得到 21.142;按住单元格的右下角右拉至 M17 单元格,得到 $f=0/12$、$t=1\sim12$ 的全部 $x_t\cos2\pi f_i t$ 值。然后,选中 B17:M17 区域,将光标指向区域右下角,待其变为细小填充柄,双击 M17 单元格右下角,立即生成全部 $f=0\sim1$、$t=1\sim12$ 的 $x_t\cos2\pi f_i t$ 值(图 10-1-2)。接下来,按行求和。第一行之和为 0(显示的结果近似为 0);第二行之和为 39.584……各行之和乘以 $2/N=1/6$,即得 a_i 值。不过,有一个例外,那就是 $i=N/2=6$ 时。对于 a_6 值,计算公式为 $-222.9/12$,而不是 $-222.9/6$(图 10-1-4)。

采用类似的方法不难算出 b_i 值。首先计算 $x_t\sin2\pi f_i t$ 值,方法与计算 $x_t\cos2\pi f_i t$ 值一样,不同之处是基于正弦值计算,而不是基于余弦值计算(图 10-1-3)。完成之后,按行求和;各行之和乘以 $2/N=1/6$,得到 b_i 值。当然,与 a_i 不同,对于 b_i 值,没有例外的情况。

4. 计算周期强度

利用周期图公式,容易算出周期强度 $I(f_i)$ 值。例如,对于 $i=1$ 的情况,我们有

$$I(f_1) = \frac{N}{2}(a_1^2 + b_1^2) = 6 \times (6.597^2 + 170.213^2) = 174\,096.914$$

其余依此类推(图 10-1-4)。用周期强度值除以 2,即可得到功率谱密度值。

5. 绘制时间序列周期图

利用图 10-1-4 中的数据,以频率为横坐标,以频率强度为纵坐标,容易画出周期图(图 10-1-5)。可以看到,这个坐标图是左右对称的。因此,上面的计算不必完全进行,只要计算前面一半,即给出频率 $f=0\sim0.5$ 的对应数值即可。

	N	O	P	Q	R
16	Sum_Xcos	a_i	Sum_Xsin	b_i	$I(f_i)$
17	0.000	0.000	0.000	0.000	0.000
18	39.584	6.597	864.663	170.213	174096.914
19	-365.250	-60.875	286.048	-10.089	22845.345
20	90.100	15.017	-90.100	-44.833	13413.168
21	270.550	45.092	-241.188	2.295	12231.152
22	41.316	6.886	-252.163	44.553	12194.423
23	-222.900	-18.575	0.000	0.000	2070.184
24	41.316	6.886	252.163	-44.553	12194.423
25	270.550	45.092	241.188	-2.295	12231.152
26	90.100	15.017	90.100	44.833	13413.168
27	-365.250	-60.875	-286.048	10.089	22845.345
28	39.584	6.597	-864.663	-170.213	174096.914
29	0.000	0.000	0.000	0.000	0.000

图 10-1-4 计算待定系数和周期强度

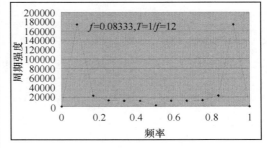

图 10-1-5 某河流径流量的周期图(1979 年 6 月至 1980 年 5 月)

6. 周期识别

关键是寻找频率的极值点或突变点。在本例中,非常明显,在 $f_1 = 1/12 = 0.08333$ 处,周期强度突然增加(陡增),该频率对应的周期长度为 $T = 1/f_1 = 12$。因此,可以判断,时间序列可能存在一个 12 个月的周期,即 1 年的周期。

10.1.3 改变月份编号后的计算结果

我们前面给出的月份编号是从 1 开始到 12 结束。我们知道,月份的编号代表时序,即周期图系数计算公式中的 t 值。改变时序编号,对周期图的系数(实际上就是傅里叶系数)自然产生影响。但是,不会影响最终的周期图计算。现在,让我们试验一下,将月份编号改为从 0 开始到 11 结束。也就是说,用 $t = 0, 1, \cdots, 11$ 代替前面的 $t = 1, 2, \cdots, 12$。

在图 10-1-2 所示的工作表中改变月份序号,余弦值立即跟着改变,相应的 $x_t \cos 2\pi f_i t$ 值全部变化,从而系数 a_i 值也发生了变化(图 10-1-6)。

	A	B	C	D	E	F	G	H	I	J	K	L	M
1	中心化 x_t	21.142	79.142	384.142	117.142	35.142	-62.858	-103.458	-121.958	-135.058	-117.058	-90.458	-5.858
2	频率 f_i	0	1	2	3	4	5	6	7	8	9	10	11
3	0	1	1	1	1	1	1	1	1	1	1	1	1
4	0.083333	1.000	0.9	1	0.0	-0.500	-1	-1.000	-0.9	-1	0.0	0.500	1
5	0.166667	1.0	0.5	-1	-1.0	-0.5	0	1.0	0.5	0	-1.0	-0.5	0
6	0.25	1	0	1	0	1	0	-1	0	1	0	-1	0
7	0.333333	1.0	-0.5	-1	1.0	-0.5	-1	1.0	-0.5	-1	1.0	-0.5	-1
8	0.416667	1.000	-0.9	1	0.0	-0.500	1	-1.000	0.9	-1	0.0	0.500	-1
9	0.5	1	-1	1	-1	1	-1	1	-1	1	-1	1	-1
10	0.583333	1.000	-0.9	1	0.0	-0.500	1	-1.000	0.9	-1	0.0	0.500	-1
11	0.666667	1.0	-0.5	0	1.0	-0.5	0	1.0	-0.5	0	1.0	-0.5	0
12	0.75	1	0.0	-1	0.0	1	0	-1	0.0	1	0	-1	0
13	0.833333	1.0	0.5	-1	-1.0	-0.5	0	1.0	0.5	-1	-1.0	-0.5	-1
14	0.916667	1.000	0.9	1	0.0	-0.500	-1	-1.000	-0.9	0	0.0	0.500	1
15		1	1	1	1	1	1	1	1	1	1	1	1
16	频率 f_i												
17	0	21.142	79.142	384.142	117.142	35.142	-62.858	-103.458	-121.958	-135.058	-117.058	-90.458	-5.858
18	0.083333	21.142	68.539	192.071	0.000	-17.571	54.437	103.458	105.619	67.529	0.000	-45.229	-5.073
19	0.166667	21.142	39.571	-192.071	-117.142	-17.571	-31.429	-103.458	-60.979	67.529	117.058	45.229	-2.929
20	0.25	21.142	0.000	-384.142	0.000	35.142	0.000	103.458	0.000	-135.058	0.000	90.458	0.000
21	0.333333	21.142	-39.571	-192.071	117.142	-17.571	31.429	-103.458	60.979	67.529	-117.058	45.229	2.929
22	0.416667	21.142	-68.539	192.071	0.000	-17.571	-54.437	-103.458	-105.619	67.529	0.000	-45.229	5.073
23	0.5	21.142	-79.142	384.142	-117.142	35.142	62.858	-103.458	121.958	-135.058	117.058	-90.458	5.858
24	0.583333	21.142	-68.539	192.071	0.000	-17.571	-54.437	-103.458	-105.619	67.529	0.000	-45.229	5.073
25	0.666667	21.142	-39.571	-192.071	117.142	-17.571	31.429	-103.458	60.979	67.529	-117.058	45.229	2.929
26	0.75	21.142	0.000	-384.142	0.000	35.142	0.000	103.458	0.000	-135.058	0.000	90.458	0.000
27	0.833333	21.142	39.571	-192.071	-117.142	-17.571	-31.429	-60.979	117.058	67.529	117.058	45.229	-2.929
28	0.916667	21.142	68.539	192.071	0.000	-17.571	54.437	103.458	105.619	67.529	0.000	-45.229	-5.073
29	1	21.142	79.142	384.142	117.142	35.142	-62.858	-103.458	-121.958	-135.058	-117.058	-90.458	-5.858

图 10-1-6 改变月份编号后的余弦值计算表格

在图 10-1-3 所示的工作表中改变月份序号,正弦值随即跟着改变,相应的 $x_t \sin 2\pi f_i t$ 值跟着变化。不言而喻,系数 b_i 值也改变了(图 10-1-7)。

但是,周期图没有发生任何变化。也就是说,虽然 a_i 值和 b_i 值都改变了,但它们的平方和却保持不变(图 10-1-8)。

进一步地,如果我们将月份编号改为 $t = 2, 3, \cdots, 13$,或者改为 $t = -1, 0, 1, \cdots, 10$,最

	A	B	C	D	E	F	G	H	I	J	K	L	M
1	中心化 x_t^*		21.142	79.142	384.142	117.142	35.142	-62.858	-103.458	-121.958	-135.058	-117.058	-90.458	-5.858
2	频率 f_i	0	1	2	3	4	5	6	7	8	9	10	11
3	0	0	0	0	0	0	0	0	0	0	0	0	0
4	0.083333	0.0	0.500	1	1.000	0.9	1	0.0	-0.500	-1	-1.000	-0.9	-1
5	0.166667	0.000	0.866	1	0.000	-0.866	-1	0.000	0.866	1	0.000	-0.866	-1
6	0.25	0	1	0	-1	0	1	0	-1	0	1	0	-1
7	0.333333	0.000	0.866	-1	0.000	0.866	-1	0.000	0.866	-1	0.000	0.866	-1
8	0.416667	0.0	0.500	-1	1.000	-0.9	1	0.0	-0.500	1	-1.000	0.9	0
9	0.5	0	0	0	0	0	0	0	0	0	0	0	0
10	0.583333	0.0	-0.500	1	-1.000	0.9	-1	0.0	0.500	-1	1.000	-0.9	1
11	0.666667	0.000	-0.866	1	0.000	-0.866	1	0.000	-0.866	1	0.000	-0.866	1
12	0.75	0	-1	0	1	0	-1	0	1	0	-1	0	1
13	0.833333	0.000	-0.866	-1	0.000	0.866	1	0.000	-0.866	-1	0.000	0.866	1
14	0.916667	0.0	-0.500	-1	-1.000	-0.9	1	0.0	0.500	1	1.000	0.9	1
15	1	0	0	0	0	0	0	0	0	0	0	0	0
16	频率 f_i												
17	0	0.000	0.000	0.000	0.000	0.000	0.000	0.000	0.000	0.000	0.000	0.000	0.000
18	0.083333	0.000	39.571	332.676	117.142	30.434	-31.429	0.000	60.979	116.964	117.058	78.339	2.929
19	0.166667	0.000	68.539	332.676	0.000	-30.434	54.437	0.000	-105.619	-116.964	0.000	78.339	5.073
20	0.25	0.000	79.142	0.000	-117.142	0.000	-62.858	0.000	121.958	0.000	-117.058	0.000	5.858
21	0.333333	0.000	68.539	-332.676	0.000	30.434	54.437	0.000	-105.619	116.964	0.000	-78.339	5.073
22	0.416667	0.000	39.571	-332.676	117.142	-30.434	-31.429	0.000	60.979	-116.964	117.058	0.000	2.929
23	0.5	0.000	0.000	0.000	0.000	0.000	0.000	0.000	0.000	0.000	0.000	0.000	0.000
24	0.583333	0.000	-39.571	332.676	-117.142	30.434	31.429	0.000	-60.979	116.964	-117.058	78.339	-2.929
25	0.666667	0.000	-68.539	332.676	0.000	-30.434	-54.437	0.000	105.619	-116.964	0.000	78.339	-5.073
26	0.75	0.000	-79.142	0.000	117.142	0.000	62.858	0.000	-121.958	0.000	117.058	0.000	-5.858
27	0.833333	0.000	-68.539	-332.676	0.000	30.434	-54.437	0.000	105.619	116.964	0.000	-78.339	-5.073
28	0.916667	0.000	-39.571	-332.676	-117.142	-30.434	31.429	0.000	-60.979	-116.964	117.058	-78.339	-2.929
29	1	0.000	0.000	0.000	0.000	0.000	0.000	0.000	0.000	0.000	0.000	0.000	0.000

图 10-1-7 改变月份编号后的正弦值计算表格

终的周期图始终不变。一言以蔽之,周期图在时序变化方面具有平移不变性。

了解周期图的上述性质,有助于我们理解周期图与功率谱之间的关系,进而理解功率谱分析的技术本质。借助周期图在时序方面的平移不变性,我们可以从周期图出发,推导出傅里叶变换和功率谱分析的有关计算公式。另外,我们可以从线性回归分析的角度理解周期图,因而也就可以从线性回归分析的角度理解功率谱分析。

	N	O	P	Q	R
16	Sum_Xcos	a_i	Sum_Xsin	b_i	$I(f_i)$
17	0.000	0.000	0.000	0.000	0.000
18	544.921	90.820	864.663	144.111	174096.914
19	-235.050	-39.175	286.048	47.675	22845.345
20	-269.000	-44.833	-90.100	-15.017	13413.168
21	-123.350	-20.558	-241.188	-40.198	12231.152
22	97.879	16.313	-252.163	-42.027	12194.423
23	222.900	18.575	0.000	0.000	2070.184
24	97.879	16.313	252.163	42.027	12194.423
25	-123.350	-20.558	241.188	40.198	12231.152
26	-269.000	-44.833	90.100	15.017	13413.168
27	-235.050	-39.175	-286.048	-47.675	22845.345
28	544.921	90.820	-864.663	-144.111	174096.914
29	0.000	0.000	0.000	0.000	0.000

图 10-1-8 改变月份编号后的周期图系数值和周期强度

10.2 周期图分析的相关例证

10.2.1 案例对照

为了简明起见,我们采用的时间序列仅仅具有 12 个月,也就是说,样本路径的长度仅为 $N=12$。可是,最后计算的周期长度也是 12 个月。我们采用很短的序列估计一个相对较长的周期值,这样的计算结果是否可靠? 为了说明周期图分析的准确性,我们不妨给出一个相关的佐证。

	B	C	D	E	F
1	月份序号t	径流量x_t	中心化x_t^*	周期序号i	频率f_i
2	1	149.0	39.546	1	0
3	2	278.0	168.546	2	0.0416667
4	3	168.0	58.546	3	0.0833333
5	4	176.0	66.546	4	0.125
6	5	122.0	12.546	5	0.1666667
7	6	72.0	-37.454	6	0.2083333
8	7	50.0	-59.454	7	0.25
9	8	43.6	-65.854	8	0.2916667
10	9	28.0	-81.454	9	0.3333333
11	10	41.4	-68.054	10	0.375
12	11	56.0	-53.454	11	0.4166667
13	12	65.0	-44.454	12	0.4583333
14	13	152.0	42.546	13	0.5
15	14	229.0	119.546	14	0.5416667
16	15	323.0	213.546	15	0.5833333
17	16	144.0	34.546	16	0.625
18	17	191.0	81.546	17	0.6666667
19	18	84.0	-25.454	18	0.7083333
20	19	35.8	-73.654	19	0.75
21	20	29.4	-80.054	20	0.7916667
22	21	25.1	-84.354	21	0.8333333
23	22	25.1	-84.354	22	0.875
24	23	50.0	-59.454	23	0.9166667
25	24	89.5	-19.954	24	0.9583333

图 10-2-1　录入的数据及其中心化结果
（1961 年 6 月至 1963 年 5 月）

【例 10-2-1】 为了证明上述判断，我们借助同一条河流连续两年的平均月径流量（1961 年 6 月至 1963 年 5 月）展开进一步的分析。数据来源相同，原始数据如图 10-2-1 所示。

将原始数据绘成时间序列变化图，可以初步估计具有 12 个月变化的周期，但不能肯定（图 10-2-2）。要想确认 12 个月的周期存在，我们利用这 24 个月的数据再做一次周期分析。

仿照上例给出的计算步骤，计算参数 a_i、b_i，进而计算频率强度（图 10-2-3）。然后绘制时间序列的周期图（图 10-2-4）。注意这里，$N=24$，根据对称性，计算前面一半的数值。也就是说，我们只需处理频率为 0～0.5，其余的不必计算。

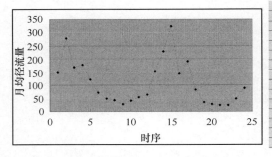

图 10-2-2　径流量的月变化图（1961 年 6 月至 1963 年 5 月）

	BF	BG	BH	BI	BJ	BK
15	频率f_i	Sum_Xcos	a_i	Sum_Xsin	b_i	$I(f_i)$
16	0	0.000	0.000	0.000	0.000	0.000
17	0.0416667	-80.160	-6.680	-99.047	-8.254	1352.995
18	0.0833333	95.851	7.988	1244.392	103.699	129808.342
19	0.125	170.819	14.235	10.620	0.885	2441.006
20	0.1666667	-313.950	-26.163	139.690	11.641	9839.822
21	0.2083333	34.039	2.837	76.905	6.409	589.419
22	0.25	-182.000	-15.167	-15.700	-1.308	2780.874
23	0.2916667	-23.877	-1.990	115.626	9.635	1161.619
24	0.3333333	-31.550	-2.629	-195.462	-16.288	3266.731
25	0.38	-157.419	-13.118	-143.989	-11.999	3792.599
26	0.4166667	81.649	6.804	53.608	4.467	795.022
27	0.4583333	203.598	16.967	-220.368	-18.364	7501.178
28	0.5	-72.900	-3.038	0.000	0.000	110.717

图 10-2-3　周期图系数和周期强度的计算结果

从图 10-2-3 中可以看出，周期强度的最大值（极值点）对应于频率 $f_1=1/12=0.08333$，故时间序列的周期长度判断为 $T=1/f_1=12$。这与用 12 个月的数据进行估计的结果是一致的。由于本例的时间序列比上例的时间序列增加了 1 倍，故判断结果更加令人放心。由此可见，利用周期图法侦测时间序列的隐含周期是有效的，也是准确和可靠的。但是，当样本路径较长时，这种计算非常麻烦。

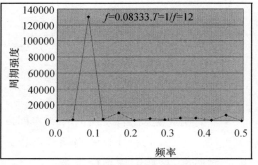

图 10-2-4　某河流径流量的周期图（1961 年 6 月至 1963 年 5 月）

10.2.2 方法对照

作为方法的对照,下面对例 10-1-1 的数据进行常规的功率谱分析。根据快速傅里叶变换(FFT)的要求,将样本路径延长到 2^n 个,这里 n 为正整数($1,2,3,\cdots$)。我们的样本路径长度为 $N=12$,它不是 2 的某个 n 次方。因此,在中心化的数据后加上 4 个 0,这样新的样本路径长度为 $N'=12+4=16=2^4$ 个,这便符合 FFT 的需要。对延长后的中心化数据进行傅里叶变换,结果如图 10-2-5 所示。

	A	B	C	D	E	F	G
1	月份序号t	径流量x_t	中心化x_t^*	周期序号i	频率f_i	FFT	谱密度
2	1	190.0	21.142	1	0	0	0.000
3	2	248.0	79.142	2	0.0625	930.0138446	63156.786
4	3	553.0	384.142	3	0.125	-296.348675	26492.516
5	4	286.0	117.142	4	0.1875	-302.505754	10372.994
6	5	204.0	35.142	5	0.25	-269+90.1i	5029.938
7	6	106.0	-62.858	6	0.3125	-202.592180	4629.109
8	7	65.4	-103.458	7	0.375	-1.76799081	2877.941
9	8	46.9	-121.958	8	0.4375	199.8840902	5348.763
10	9	33.8	-135.058	9	0.5	222.9	3105.276
11	10	51.8	-117.058	10	0.5625	199.8840902	5348.763
12	11	78.4	-90.458	11	0.625	-1.76799081	2877.941
13	12	163.0	-5.858	12	0.6875	-202.592180	4629.109
14			0.000	13	0.75	-269-90.1i	5029.938
15			0.000	14	0.8125	-302.505754	10372.994
16			0.000	15	0.875	-296.348675	26492.516
17			0.000	16	0.9375	930.0138446	63156.786

图 10-2-5　例 10-1-1 数据的傅里叶变换结果

借助上面的结果,容易绘制频谱图。注意,对于 FFT,频率不再等于 $f=i/12$,而是等于 $f=i/16$。一般地,线频率 f_i 可以表作

$$f_i = i/T = i/N \quad (i=0,1,2,\cdots,N-1) \tag{10-2-1}$$

显然 $f_0=0/16=0$, $f_1=1/16=0.0625$, $f_2=2/16=0.125$, $\cdots$, $f_{15}=15/16=0.9375$。如果补上最后一个频率数值 $f_{16}=1$ 及其对应的功率谱密度 0,则可画出完全对称的谱图。由于频谱图是左右对称的,在实际工作中,通常只画出左半边(图 10-2-6)。

从图 10-2-6 可以看出,功率最大点对应的频率是 $f_1=0.0625$,该频率对应的周期长度为 16。可见,在时间序列较短的情况下借助 FFT 寻找时间序列的周期不如

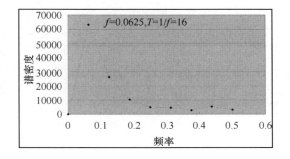

图 10-2-6　频谱图的左半边(1979~1980 年)

周期图准确。原因在于,FFT 将时间序列人为地延长了,因此,频谱序列与周期长度不再完全对应。当时间序列足够长的时候,分析结果才接近周期的真值。

	A	B	C	D	E	F	G
1	月份序号t	径流量x_t	中心化x_t	周期序号i	频率f_i	FFT	谱密度
2	1	149.0	39.546	1	0	0	0.000
3	2	278.0	168.546	2	0.03125	175.697209	2008.846
4	3	168.0	58.546	3	0.0625	875.211791	31196.515
5	4	176.0	66.546	4	0.09375	-135.552842	32022.804
6	5	122.0	12.546	5	0.125	128.296969	915.377
7	6	72.0	-37.454	6	0.15625	98.3772036	3831.895
8	7	50.0	-59.454	7	0.1875	-184.362200	1218.764
9	8	43.6	-65.854	8	0.21875	121.439134	726.679
10	9	28.0	-81.454	9	0.25	-15.7000000	1042.828
11	10	41.4	-68.054	10	0.28125	-19.1752816	59.816
12	11	56.0	-53.454	11	0.3125	65.0634777	2212.611
13	12	65.0	-44.454	12	0.34375	-98.2157768	309.870
14	13	152.0	42.546	13	0.375	9.50303038	1422.224
15	14	229.0	119.546	14	0.40625	-186.345383	1127.255
16	15	323.0	213.546	15	0.4375	54.2702641	918.989
17	16	144.0	34.546	16	0.46875	-292.224262	2678.008
18	17	191.0	81.546	17	0.5	72.9	166.075
19	18	84.0	-25.454	18	0.53125	-292.224262	2678.008
20	19	35.8	-73.654	19	0.5625	54.2702641	918.989
21	20	29.4	-80.054	20	0.59375	-186.345383	1127.255
22	21	25.1	-84.354	21	0.625	9.50303038	1422.224
23	22	25.1	-84.354	22	0.65625	-98.2157768	309.870
24	23	50.0	-59.454	23	0.6875	65.0634777	2212.611
25	24	89.5	-19.954	24	0.71875	-19.1752816	59.816
26			0.000	25	0.75	-15.6999999	1042.828
27			0.000	26	0.78125	121.439134	726.679
28			0.000	27	0.8125	-184.362200	1218.764
29			0.000	28	0.84375	98.3772036	3831.895
30			0.000	29	0.875	128.296969	915.377
31			0.000	30	0.90625	-135.552842	32022.804
32			0.000	31	0.9375	875.211791	31196.515
33			0.000	32	0.96875	175.697209	2008.846

图 10-2-7 例 10-2-1 数据的傅里叶变换结果

接下来对例 10-2-1 的数据进行傅里叶变换。由于 $N=24$,我们取 $T=32=2^5$。也就是说,对于中心化的数据,要在后面添加 8 个 0 作为补充点数。基于 FFT 的变换结果如图 10-2-7 所示。

根据计算结果画出频谱图,可以看出,频率密度的极值点对应的频率为 0.093 75,相应的周期 $T=10.667$;在极值点附近存在一个次最大点,但相对于其他数值却显然又是突变点,该点对应的频率为 0.0625,相应的周期为 16(图 10-2-8)。故可断定,该时间序列的周期为 10~16。实际的周期长度为 12,可见结论是符合实际的。

采用另外一条河流 1956 年 1 月至 1977 年 4 月共计 256 个月的河流径流量数据开展功率谱分析,频谱图如图 10-2-9 所示。谱密度最大的点对应的频率值为 0.082 031,其倒数为 $T=12.19≈12$。这个数值已经非常接近于 12 了。可见,样本路径越长,计算的河流径流量年际变化周期长度越是准确。

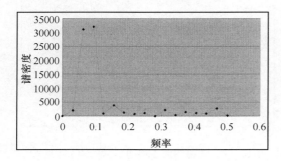 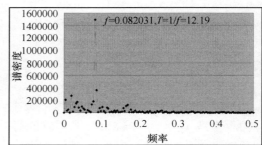

图 10-2-8 频谱图的左半边(1961~1963 年)　　图 10-2-9 另外一条河流的频谱图(1956 年 1 至 1977 年 4 月)

10.3 多元回归的验证

我们在前面说过,周期函数的傅里叶展开式可以看作一个多元线性回归模型,参数计算公式是对傅里叶展开式中待定参数的普通最小二乘(OLS)估计。下面用例 10-1-1 的结果验证这种判断。将图 10-1-2、图 10-1-3 中计算出的正弦值 SIN、余弦值 COS 和中心化的径流量 x_t 集中在一起,经复制→选择性粘贴→转置,可将数据重新排列,如图 10-3-1 所示。需要特别注意的是,我们的频率编号从 1 开始到 12 结束。因此,我们复制的余弦值和正弦值必须对应于 1～12 的频率,舍弃第一行。如果我们将图10-1-2和图 10-1-3 中的周期编号改为从 0 开始到 11 结束,则我们复制的正弦值和余弦值必须对应于0～11 的频率。那样的话,就得舍弃最后一行。

	A	B	C	D	E	F	G	H	I	J	K	L	M
1	中心化x_t^*	COS1	COS2	COS3	COS4	COS5	COS6	SIN1	SIN2	SIN3	SIN4	SIN5	SIN6
2	21.142	0.866	0.500	0.000	-0.500	-0.866	-1.000	0.500	0.866	1.000	0.866	0.500	0.000
3	79.142	0.500	-0.500	-1.000	-0.500	0.500	1.000	0.866	0.866	0.000	-0.866	-0.866	0.000
4	384.142	0.000	-1.000	0.000	1.000	0.000	-1.000	1.000	0.000	-1.000	0.000	1.000	0.000
5	117.142	-0.500	-0.500	1.000	-0.500	-0.500	1.000	0.866	-0.866	0.000	0.866	-0.866	0.000
6	35.142	-0.866	0.500	-0.500	0.866	-0.866	-1.000	0.500	-0.866	1.000	-0.866	0.500	0.000
7	-62.858	-1.000	1.000	-1.000	1.000	-1.000	1.000	0.000	0.000	0.000	0.000	0.000	0.000
8	-103.458	-0.866	0.500	0.500	0.866	0.866	-1.000	-0.500	-1.000	-0.866	-0.500	0.000
9	-121.958	-0.500	-0.500	1.000	-0.500	0.500	1.000	-0.866	0.866	0.000	-0.866	0.866	0.000
10	-135.058	0.000	-1.000	0.000	1.000	0.000	-1.000	-1.000	0.000	1.000	0.000	-1.000	0.000
11	-117.058	0.500	-0.500	-1.000	-0.500	0.500	1.000	-0.866	-0.866	0.000	0.866	0.866	0.000
12	-90.458	0.866	0.500	0.000	-0.500	-0.866	-1.000	-0.500	-0.866	-1.000	-0.866	-0.500	0.000
13	-5.858	1.000	1.000	1.000	1.000	1.000	1.000	0.000	0.000	0.000	0.000	0.000	0.000

图 10-3-1 重新排列的数据(舍弃第一行)

若以正弦值、余弦值为自变量,以中心化的径流量为因变量进行多元回归,Excel 拒绝给出结果,并弹出如下对话框显示拒绝计算的原因(图 10-3-2)。

图 10-3-2 Excel 拒绝给出回归结果

问题在于行数与列数不能相同,而本例中自变量数 m 和样品数 n 都是 12,这就是问题所在($m=n$)。考虑到最后一个变量的全部数值为 0,不妨剔除最后一个变量 SIN6。由于傅里叶展开式不含常数项,在回归分析选项框中强制"常数为零(Z)"(图 10-3-3)。其实,不选"常数为 0",回归系数基本一样,但检验统计量有所差别。

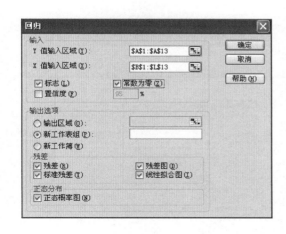

图 10-3-3 多元回归选项

确定以后,Excel 给出的多元回归结果如图 10-3-4 所示。这是一种完美拟合(perfect fit),相关系数为 1,标准误差为 0,F 值和 t 值接近于无穷大,P 值为 0。

进一步可以算出,DW 值为 2.125,接近于 2。理论上,DW 统计量应该为 2。数值的偏差是由于计算误差引起的。将回归结果与前面直接计算的系数值进行比较,发现除了 SIN6 的系数没有给出以外,其余的结果基本一样(图 10-3-5)。至于 SIN6 对应的回归系数,可以想到,其数值理当为 0。原因是,变量的数值全部为 0,其影响自然为 0。一个自变量对因变量没有影响,其回归系数也就是 0。

SUMMARY OUTPUT					
回归统计					
Multiple	1				
R Square	1				
Adjusted	0				
标准误差	1.08E-13				
观测值	12				
方差分析					
	df	SS	MS	F	gnificance F
回归分析	11	238921.4	21720.12	1.86E+30	#NUM!
残差	1	1.17E-26	1.17E-26		
总计	12	238921.4			

	Coefficien	标准误差	t Stat	P-value	Lower 95%	Upper 95%
Intercept	0	#N/A	#N/A	#N/A	#N/A	#N/A
COS1	6.597329	4.41E-14	1.49E+14	4.26E-15	6.597329	6.597329
COS2	-60.875	4.41E-14	-1.4E+15	4.62E-16	-60.875	-60.875
COS3	15.01667	4.41E-14	3.4E+14	1.87E-15	15.01667	15.01667
COS4	45.09167	4.41E-14	1.02E+15	6.23E-16	45.09167	45.09167
COS5	6.886004	4.41E-14	1.56E+14	4.08E-15	6.886004	6.886004
COS6	-18.575	3.12E-14	-6E+14	1.07E-15	-18.575	-18.575
SIN1	170.2135	4.41E-14	3.86E+15	1.65E-16	170.2135	170.2135
SIN2	-10.0892	4.41E-14	-2.3E+14	2.79E-15	-10.0892	-10.0892
SIN3	-44.8333	4.41E-14	-1E+15	6.27E-16	-44.8333	-44.8333
SIN4	2.294967	4.41E-14	5.2E+13	1.22E-14	2.294967	2.294967
SIN5	44.55319	4.41E-14	1.01E+15	6.31E-16	44.55319	44.55319

RESIDUAL OUTPUT				PROBABILITY OUTPUT	
观测值	预测 中心化	残差	标准残差	百分比排位	中心化xt*
1	21.14167	-6.4E-14	-0.94781	4.166667	-135.058
2	79.14167	-9.9E-14	-1.47437	12.5	-121.958
3	384.1417	0	0	20.83333	-117.058
4	117.1417	1.42E-13	2.106236	29.16667	-103.458
5	35.14167	-5.7E-14	-0.84249	37.5	-90.4583
6	-62.8583	7.82E-14	1.15843	45.83333	-62.8583
7	-103.458	-1.4E-14	-0.21062	54.16667	-5.85833
8	-121.958	-9.9E-14	-1.47437	62.5	21.14167
9	-135.058	0	0	70.83333	35.14167
10	-117.058	-1.4E-14	-0.21062	79.16667	79.14167
11	-90.4583	0	0	87.5	117.1417
12	-5.85833	-2.8E-14	-0.42125	95.83333	384.1417

图 10-3-4　多元线性回归的结果

序号	a_i	COS	b_i	SIN
1	6.597	6.597	170.213	170.213
2	-60.875	-60.875	-10.089	-10.089
3	15.017	15.017	-44.833	-44.833
4	45.092	45.092	2.295	2.295
5	6.886	6.886	44.553	44.553
6	-18.575	-18.575	0.000	0.000

图 10-3-5　回归系数与直接计算结果的比较

第 11 章 时空序列的谱分析（自谱）

谱分析是非常重要的时间序列和空间序列分析方法。在时间序列分析中，这种方法称为功率谱分析；在空间序列分析中，该方法称为波谱分析。谱分析是寻找周期、节律或趋势从而发现自然规律的有效工具，其原理似乎复杂，实际上不难理解。在 Excel 中，借助快速傅里叶变换（FFT）即可对时间序列进行功率谱分析，或者对空间系列进行波谱分析。谱分析有两个方面的作用：对于周期变化的数据，主要用于侦测系统隐含的周期或者节律行为；对于非周期的数据，主要用于揭示系统演化过程的自相关特征。下面借助两个实例说明如何利用 Excel 进行傅里叶变换和谱分析。

【例】 第一个例子：北京市月平均气温变化，属于自然地理学领域，旨在说明借助 FFT 寻找周期的基本方法；第二个例子：杭州市人口密度的空间分布，属于人文地理学领域，旨在说明借助 FFT 进行空间自相关分析的常规思路。第一个例子的数据来源于《中国统计年鉴》，第二个例子的数据来源于冯健的《转型期中国城市内部空间重构》。

11.1 周期数据的频谱分析

首先以北京市月气温变化的时间序列为例，说明 FFT 的计算方法。现有北京市 1996～2004 年 9 年 108 个月的数据。可以想象，气温具有年际周期变动规律，即理当存在一个 12 个月的周期。不妨利用频谱关系揭示周期长度，看看上述猜想是否成立，同时验证谱分析在揭示周期规律方面的有效性和可靠性。

11.1.1 数据预备工作

1. 录入数据

在 Excel 中录入数据，为了清晰起见，可以将年份和月份列出，也可以不列。不过，作为预备，可以将时序给出。我们一共有 108 个月份，故时序可以从 0 排到 107（图 11-1-1）。

从散点图可以看出，北京市月气温变化具有周期波动特征（图 11-1-2）。数一数散点变化规律，就可以发现气温的变化周期为 12 个月。

	A	B	C	D
1	年份	月份	时序	平均气温
2	1996	1月	0	-2.2
3		2月	1	-0.4
4		3月	2	6.2
5		4月	3	14.3
6		5月	4	21.6
7		6月	5	25.4
8		7月	6	25.5
9		8月	7	23.9
10		9月	8	20.7
11		10月	9	12.8
12		11月	10	4.2
13		12月	11	0.9
98	2004	1月	96	-2.3
99		2月	97	2.9
100		3月	98	7.8
101		4月	99	16.3
102		5月	100	20.5
103		6月	101	24.9
104		7月	102	26
105		8月	103	24.9
106		9月	104	21.2
107		10月	105	14
108		11月	106	6.4
109		12月	107	-0.5

图 11-1-1 北京市月平均气温（局部：首尾部分）
平均气温单位为℃。本章相关项目单位与此相同

2. 中心化处理

从散点图还可以看出,数据变化的规律是周期性和平稳性的叠加(图 11-1-2)。平稳数据对应于一个水平"趋势",而水平趋势对应于一个无穷大"周期",这个"周期"没有实际意义,但对真实周期的检测会带来不利影响。为了避免这种影响,有必要对数据进行中心化处理。中心化就是用各个数据减去整个样本路径的平均值。根

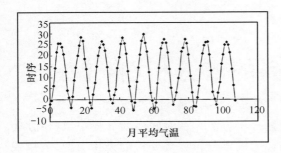

图 11-1-2 北京市月平均气温的周期波动特征

据我们的数据分布位置,利用 Excel 的平均值函数 average,在 E2 单元格中输入公式"=D2-AVERAGE($D$2:$D$109)",回车,得到第一个数据的中心化结果。然后将光标指向 E2 单元格的右下角,待其变成细小黑十字填充柄,双击或者下拉至 E109,得到全部中心化结果(图11-1-3)。

3. 补充数据

由于傅里叶变换(FT)一般是借助快速傅里叶变换(fast Fourier transform,FFT)算法,而这种算法的技术过程涉及对称处理,故数据序列的长度必须是 2^k($k=1,2,3,\cdots$)。如果数据序列长度不是 2^k,就要对数据进行补充或者裁减。现在数据长度是 108,介于 $2^6=64$ 和 $2^7=128$ 之间,而 108 与 128 更近一些,即 $128-108<108-64$,如果裁减数据,就会损失较多的信息。因此,采用补充数据的方式。

补充的方法非常简单,在数据序列后面加 0,直到序列长度为 $128=2^7$ 为止(图11-1-3)。当然,延续到 $256=2^8$ 也可以,总之必须是 2 的整数倍。不过,补充的 0 数值越多,变换结果的误差也就越大。本例添加 20 个 0 即可满足需要。

	A	B	C	D	E
1	年份	月份	时序	平均气温	中心化数据
2	1996	1月	0	-2.2	-15.205
3		2月	1	-0.4	-13.405
4		3月	2	6.2	-6.805
5		4月	3	14.3	1.295
6		5月	4	21.6	8.595
7		6月	5	25.4	12.395
8		7月	6	25.5	12.495
9		8月	7	23.9	10.895
10		9月	8	20.7	7.695
11		10月	9	12.8	-0.205
12		11月	10	4.2	-8.805
13		12月	11	0.9	-12.105
107		10月	105	14	0.995
108		11月	106	6.4	-6.605
109		12月	107	-0.5	-13.505
110			108		0
111			109		0
112			110		0
113			111		0
114			112		0
115			113		0
116			114		0
117			115		0
118			116		0
119			117		0
120			118		0
121			119		0
122			120		0
123			121		0
124			122		0
125			123		0
126			124		0
127			125		0
128			126		0
129			127		0

图 11-1-3 中心化和补充 0 之后的时间序列
(局部:首尾部分)

11.1.2 频谱计算和周期分析

1. 傅里叶变换的选项设置

从主菜单出发,沿着"工具(T)→数据分析(D)"的路径打开数据分析复选框(图 11-1-4)。在数据分析选项框中选择傅里叶分析(Fourier analysis)(图 11-1-5)。

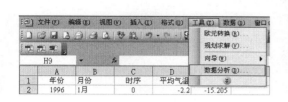

图 11-1-4　数据分析(data analysis)的路径　　　　图 11-1-5　数据分析的傅里叶分析

根据图 11-1-3 的数据分布范围,在傅里叶分析对话框中进行如下设置:在输入区域中输入数据序列的单元格范围"＄E＄1:＄E＄129",注意我们是对添加 0 后的中心化数据展开分析;选中"标志位于第一行(L)",因为我们选中了 E1 单元格为数据标志;将输出区域设为"＄F＄2"或者"＄F＄2:＄F＄129"[图 11-1-6(a)]。注意:如果"输入区域"设为"＄E＄2:＄E＄129",则不选"标志位于第一行(L)"[图 11-1-6(b)]。

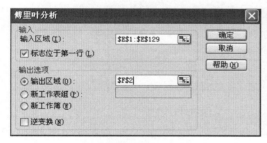

(a) 选中标志　　　　　　　　　　　　　　(b) 不选中标志

图 11-1-6　北京市月平均气温的傅里叶分析

2. 输出 FFT 结果

选项设置完毕以后,点击"确定(OK)",立即得到 FFT 结果(图 11-1-7)。显然,变换结果都是复数。

3. 计算谱密度

Excel 不能自动计算谱密度,这需要我们利用有关函数进行计算。计算公式为

$$P(f) = \frac{1}{T}|F(f)|^2 = \frac{1}{T}(a^2 + b^2)$$

式中:a 为复数的实部(real part);b 为复数的虚部(imaginary part);T 为样本路径长度。

C	D	E	F
时序	平均气温	中心化数据	FFT
0	-2.2	-15.205	0
1	-0.4	-13.405	-6.12000573099506+6.61110577265077i
2	6.2	-6.805	-15.1487429261268+0.333521261460934i
3	14.3	1.295	-30.7708411396237-11.3858001966986i
4	21.6	8.595	6.48979125750489-38.8238354749042i
5	25.4	12.395	14.5508604262311-2.60258179539314i
6	25.5	12.495	-7.46749098696902-6.93838778905575i
7	23.9	10.895	-1.50092361766914+7.73022665100936i
8	20.7	7.695	-59.9465547364929-47.3886384631233i
9	12.8	-0.205	-46.7824607653167-145.496983840638i
10	4.2	-8.805	92.4784982325488-421.168611520371i
11	0.9	-12.105	-490.815946285876+521.537880901923i
115		0	-8.75450296930886-8.37102006248864i
116		0	-56.4059105513418-6.28990278682578i
117		0	-490.815946285879-521.537880901921i
118		0	92.4784982325506+421.168611520371i
119		0	-46.7824607653162+145.496983840638i
120		0	-59.9465547364928+47.3886384631234i
121		0	-1.50092361766935-7.73022665100966i
122		0	-7.46749098696893+6.93838778905787i
123		0	14.5508604262312+2.60258179539275i
124		0	6.48979125750499+38.8238354749042i
125		0	-30.7708411396237+11.3858001966984i
126		0	-15.1487429261268-0.333521261460645i
127		0	-6.12000573099506-6.61110577265093i

图 11-1-7　北京市月平均气温的 FFT 结果（局部）

在我们这里实则补充 0 后的数据序列长度。对于本例，$T=128$。注意复数的平方是一个复数与其共轭（conjugate）复数的乘积，若 $F(f)=a+bj$，则 $|F(f)|^2=(a+bj)\times(a-bj)=a^2+b^2$。这样，根据图 11-1-7 中的 FFT 结果，我们有

$$(0^2+0^2)/128=0$$
$$[(-6.120\,005\,730\,995\,06)^2+6.611\,105\,772\,650\,77^2]/128=0.634\,071\,8$$

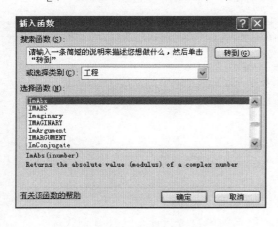

图 11-1-8　模数计算函数

其余依此类推。

显然，这样计算非常烦琐。一个简单的办法是调用 Excel 的模数（modulus）计算函数 ImAbs，方法是沿着"插入（I）—函数（F）"路径（或者直接点击图标 f_x）调出"插入函数"选项框，在函数"或选择类别"中找"工程"类，在工程类中容易找到 ImAbs 函数（图 11-1-8）。

在调出模数计算函数 ImAbs 之前，选中结果输出单元格 G2；调出函数 ImAbs 之后，在文本框中输入第一个 FFT 结果所在位置 F2。确定以后，弹出一个选项框，选中第一个 FFT 结果，确定，得到 0（图 11-1-9）。我们知道，复数的模数计算公式为

$$M=(a^2+b^2)^{1/2}$$

对于第一个 FFT 结果,由于虚部为 0,模数就是其自身,即

$$(0^2+0^2)^{1/2}=0$$

更简便的办法是,在 G2 单元格中输入公式"=IMABS(F2)",回车即可得到结果。

但对于后面真正的复数,计算就简单了。点击第一个模数所在的单元格 G2 的右下角,待其变成黑十字的填充柄,双击或者下拉,立即得到全部模数(图 11-1-10)。

最后,用模数的二次方除以数据序列长度 $T=128$,立即得到全部谱密度结果(图 11-1-10)。具体方法是,在 H2 单元格中输入公式"=G2^2/128",回车,得到第一个谱密度。点击第一个谱密度所在的单元格 H2 的右下角,待其变成细小黑十字,双击或者下拉,得到全部谱密度。一种更为简捷的办法是,输入公式"=IMABS(F2)^2/128",就可以直接基于 FFT 结果算出第一个谱密度。

4. 绘制频谱图并估计周期长度

频谱分析目前主要用于两个方面:一是侦测系统变化的某种周期或者节律,据此寻找因果关系(解释)或者进行某种发展预测(应用);二是寻找周期以外的某些规律,据此对系统的时空结构特征进行解释。

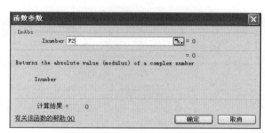

C	D	E	F	G	H
时序	平均气温	中心化数据	FFT	Imabs	P(f)
0	-2.2	-15.205	0	0	0
1	-0.4	-13.405	-6.1200057	9.009	0.634
2	6.2	-6.805	-15.1487429	15.152	1.794
3	14.3	1.295	-30.7708411	32.810	8.410
4	21.6	8.595	6.48979125	39.363	12.105
5	25.4	12.395	14.5508604	14.782	1.707
6	25.5	12.495	-7.46749098	10.193	0.812
7	23.9	10.895	-1.50092361	7.875	0.484
8	20.7	7.695	-59.9465547	76.415	45.619
9	12.8	-0.205	-46.7824607	152.833	182.484
10	4.2	-8.805	92.4784982	431.202	1452.619
11	0.9	-12.105	-490.81594	716.172	4007.047

图 11-1-9 计算模数

图 11-1-10 北京市月平均气温的谱密度(局部)

不论目标是什么,都必须借助频谱图(频率-谱密度图)进行分析和解释。下面第一步就是绘制频谱图。首先要计算频率,线频或角频都可以,因为二者相差常数倍(2π)。一个简单的办法是,用 0 到 $T=128$ 的自然数列除以 $T=128$。首先在谱密度 $P(f)$ 前面插入一列,这一列用 H 表示,谱密度所在的列退到后面用 I 表示(图 11-1-11)。在 H2 中输入公式"=C2/128",得到第一个频率值 0,然后双击或者下拉该单元格的右下角,得到全部

C	D	E	F	G	H	I
时序	平均气温	中心化数据	FFT	Imabs	f	P(f)
0	-2.2	-15.205	0	0	0	0
1	-0.4	-13.405	-6.1200057	9.009	0.0078125	0.634
2	6.2	-6.805	-15.1487429	15.152	0.015625	1.794
3	14.3	1.295	-30.7708411	32.810	0.0234375	8.410
4	21.6	8.595	6.48979125	39.363	0.03125	12.105
5	25.4	12.395	14.5508604	14.782	0.0390625	1.707
6	25.5	12.495	-7.46749098	10.193	0.046875	0.812
7	23.9	10.895	-1.50092361	7.875	0.0546875	0.484
8	20.7	7.695	-59.9465547	76.415	0.0625	45.619
9	12.8	-0.205	-46.7824607	152.833	0.0703125	182.484
10	4.2	-8.805	92.4784982	431.202	0.078125	1452.619
11	0.9	-12.105	-490.81594	716.172	0.0859375	4007.047
55	25.7	12.695	-12.6810164	15.268	0.4296875	1.821
56	21.8	8.795	-5.4375617	12.718	0.4375	1.264
57	12.6	-0.405	-2.96834718	9.903	0.4453125	0.766
58	3	-10.005	0.50625999	6.363	0.453125	0.316
59	-0.6	-13.605	6.61211829	13.465	0.4609375	1.417
60	-5.4	-18.405	-21.7771839	25.336	0.46875	5.015
61	-1.5	-14.505	-16.8288382	21.408	0.4765625	3.581
62	7.3	-5.705	8.43430913	9.326	0.484375	0.679
63	14.4	1.395	-13.8122676	19.577	0.4921875	2.994
64	23.1	10.095	-8.9000000	8.900	0.5	0.619

图 11-1-11 以对称点($f=0.5$)为界截取序列的前面一半

频率值。

如果采用的频率变化范围是 0~1,则绘制的频谱图是对称的(图 11-1-12)。实际上,另一半是多余的。因此,我们可以以对称点 $f=0.5$ 为界,截取前面一半的数据,在 Excel 上绘制频谱图(图 11-1-13)。

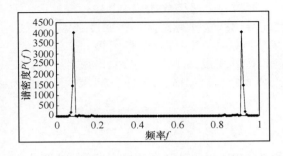

图 11-1-12　对称的频谱图(基于完整的数据序列)

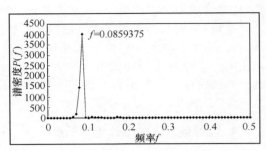

图 11-1-13　频谱图的左边一半

图 11-1-13 是常用的频谱图形式,如果存在周期,则在尖峰突出的最大点可以找到相应的频率。可以发现,在 $f=0.0859375$ 处有一个尖峰突起的周期点。取倒数得到

$$T_1 = \frac{1}{f_1} = 1/0.0859375 = 11.63636 \approx 12$$

可见北京市月平均气温的变化的确存在一个 12 个月的周期。但是,由于 FFT 加 0 计算的近似性,计算的周期长度与实际值有所误差。当序列长度足够大、频率足够密集时,计算结果就会逼近周期长度的真值。

5. 结果检验

在任意单元格输入公式"=MAX(I2:I66)/SUM(I2:I66)",就可以得到 Fisher 检验的统计量 $g_1=0.6635$。取显著性水平 $\alpha=0.05$、周期序号数 $r=1$,查调和分析的 Fisher 统计表可知

$$g_\alpha(s,r) = g_{0.05}(50,1) = 0.13135$$

本例 $s=N/2=128/2=64>50$,而 $g_{0.05}(64,1)<g_{0.05}(50,1)$,因此必有 $g_1>g_{0.05}(64,1)$,检验通过,我们至少有 95% 的把握相信,第一个周期成立。

在图 11-1-13 中还可以看到,在谱密度的峰值附近还有一个很突出的点,对应的频率为 0.078125,其倒数为 12.8。这个点的 Fisher 统计量为 $g_2=0.2405$。取显著性水平 $\alpha=0.05$、周期序号数 $r=2$,查调和分析表可知

$$g_\alpha(s,r) = g_{0.05}(50,2) = 0.09244$$

由于 $g_{0.05}(64,2)<g_{0.05}(50,2)$,因此必有 $g_2>g_{0.05}(64,2)$,12.8 作为第二周期检验也可以通过。那么,这是不是说北京市的月平均气温存在 11.6 和 12.8 两个周期呢? 不是。大量类似例证的经验表明,这两个点指示的其实是同一个周期:$T=12$ 个月。当序列长度足够大、频率足够密集的时候,这两个点就会合二为一。

11.2 空间数据的波谱分析

以杭州市 2000 年人口分布密度为例说明这个问题。原始数据根据 2000 年人口普查的街道数据经环带(rings)平均计算得到结果(数据由北京大学冯健博士处理)。下面的变换实质上是一种空间自相关的分析过程。

11.2.1 数据预备工作

1. 录入数据

在 Excel 中录入数据,不赘述(图 11-2-1)。

2. 补充数据

如前所述,根据 FFT 的递阶计算原理,数据序列的长度必须是 2^k($k=1,2,3,\cdots$)。如果数据序列长度不是 2^k,就必须对数据进行补充或者裁减。现在数据长度是 26,介于 $2^4=16$ 和 $2^5=32$ 之间,而 26 与 32 更近一些($32-26<26-16$),如果裁减数据,就会损失许多信息。因此,采用补充 0 数据的方式:在数据序列后面加 0,直到序列长度为 $32=2^5$ 为止。本例补充 $32-26=6$ 个 0,就可以将序列延伸到 32 位(图 11-2-1)。

	A	B	C
1	序号	距离	人口密度
2	0	0.3	28184
3	1	0.9	26821
4	2	1.5	24621
5	3	2.1	23176
6	4	2.7	18910
7	5	3.3	19601
8	6	3.9	16945
9	7	4.5	10829
10	8	5.1	7282
23	21	12.9	1465
24	22	13.5	1278
25	23	14.1	1033
26	24	14.7	958
27	25	15.3	882
28	26		0
29	27		0
30	28		0
31	29		0
32	30		0
33	31		0

图 11-2-1 城市人口密度序列及其添加的 0 数据(局部)

距离单位为 km,人口密度单位为人/km²。本章相关项目单位与此表同

11.2.2 波谱计算和空间自相关分析

1. 傅里叶变换的选项设置

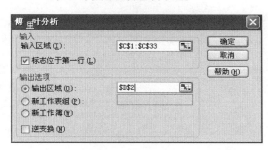

图 11-2-2 城市人口密度的傅里叶分析选项

沿着"工具(T)→数据分析(D)"的路径打开数据分析复选框(图 11-1-2)。在数据分析选项框中选择傅里叶分析(图 11-1-5)。

根据图 11-2-1 所示的数据分布格局,在傅里叶分析对话框中进行如下设置:在输入区域中输入数据序列的单元格范围"＄Y＄C＄1:＄C＄33";选中"标志位于第一行(L)";将输出区域设为"＄D＄2"或者"＄D＄2:＄D＄33"(图 11-2-2)。如果"输入区域"设为"＄C＄2:＄C＄33",则不选"标志位于第一行(L)"。

	A	B	C	D
1	序号	距离	人口密度	FFT
2	0	0.3	28184	218700
3	1	0.9	26821	104461.043307604-103399.157049017i
4	2	1.5	24621	37685.5172874646-89512.5550237558i
5	3	2.1	23176	14197.7563542901-55505.2463130986i
6	4	2.7	18910	11894.1628457735-29642.2636842655i
7	5	3.3	19601	18939.0822973028-20821.0935663794i
8	6	3.9	16945	20635.8990389072-23005.4831845977i
9	7	4.5	10829	14489.7466422067-23931.5632786447i
10	8	5.1	7282	9835.99999999999-16680i
11	9	5.7	6200	11918.596558637-7586.1107379567i
12	10	6.3	5644	16112.5823557385-5044.20706068759i
13	11	6.9	4297	17112.90578849-7101.36060055149i
14	12	7.5	3806	16597.8371542264-7622.26368426553i
15	13	8.1	3153	15868.0486836225-7045.31919740807i
16	14	8.7	2683	13454.0013178896-5175.27889984571i
17	15	9.3	2354	12260.8203678466-1721.51035846621i
18	16	9.9	2028	12260

图 11-2-3 杭州城市人口密度的波谱密度(局部)

2. 输出 FFT 结果

选项设置完毕以后,点击"确定"按钮,立即得到 FFT 结果。根据对称性,图 11-2-3 给出前面一半数值。

作为预备,接下来不妨先计算"频率"。在空间分析中,频率实际上对应于波数。波数就是从 0 到 $T-1=31$ 的自然数列,用波数除以 $T=32$ 即可得到频率。根据图 11-2-1 所示的数据分布,在 E2 单元格中输入公式"=A2/32",回车,得到第一个频率 0。然后将光标指向 E2 单元格的右下角,待其变成细小黑十字填充柄,双击或者下拉至 E33,得到全部频率值(图 11-2-4)。

3. 计算波谱密度

调用 Excel 的模数计算函数 ImAbs,方法如前所述(图 11-1-8、图 11-1-9)。最简便的方法是,在 F2 单元格中输入计算公式"=IMABS(D2)^2/32",回车之后,得到第一个谱密度值 1 494 677 812.5。点击第一个谱密度所在的单元格 F2 的右下角下拉,或者双击,得到全部谱密度值(图 11-2-4)。图 11-2-4 中以对称点($f=0.5$)为界,从完整的数据序列中截取前面一半。

4. 波谱分析

波谱分析如同功率谱分析一样,目前主要用于两个方面:一是侦测系统变化的某种节律,据此寻找因果关系(解释)或者进行某种发展预测(应用);二是寻找节律以外的某些规律,据此对系统的时空结构特征进行解释。

B	C	D	E	F
距离	人口密度	FFT	f	$P(f)$
0.3	28184	218700	0	1494677812.5
0.9	26821	104461.043307604-103399.157049017i	0.03125	675109226.5
1.5	24621	37685.5172874646-89512.5550237558i	0.0625	294771741.3
2.1	23176	14197.7563542901-55505.2463130986i	0.09375	102575270.4
2.7	18910	11894.1628457735-29642.2636842655i	0.125	31879215.8
3.3	19601	18939.0822973028-20821.0935663794i	0.15625	24756461.7
3.9	16945	20635.8990389072-23005.4831845977i	0.1875	29846643.3
4.5	10829	14489.7466422067-23931.5632786447i	0.21875	24458515.0
5.1	7282	9835.99999999999-16680i	0.25	11717790.5
5.7	6200	11918.596558637-7586.1107379567i	0.28125	6237563.1
6.3	5644	16112.5823557385-5044.20706068759i	0.3125	8908104.2
6.9	4297	17112.90578849-7101.36060055149i	0.34375	10727527.1
7.5	3806	16597.8371542264-7622.26368426553i	0.375	10424596.9
8.1	3153	15868.0486836225-7045.31919740807i	0.40625	9419734.1
8.7	2683	13454.0013178896-5175.27889984571i	0.4375	6493552.0
9.3	2354	12260.8203678466-1721.51035846621i	0.46875	4790353.6
9.9	2028	12260	0.5	4697112.5

图 11-2-4 城市人口密度的波谱密度及其对应的频率(局部)

上面基于杭州市人口密度数据的 FFT,实际上是一种空间自相关分析过程,属于 FT 的第二类应用。这种过程不以寻找周期为目标,实际上也不存在任何周期。

为了进一步的分析,有必要绘制波谱图。以对称点 $f=0.5$ 为界,截取前面一半的数据,在 Excel 上绘图(图11-2-5)。这是常用的波谱图形式,如果存在节律或者周期,则在尖峰突出的最大点可以找到。这个图中是没有明确显示任何节律的,但并不意味着没有重要信息。

在理论上,如果人口密度分布服从负指数模型,则其波数与谱密度之间应该满足如下关系

$$P(f) \propto f^{-2}$$

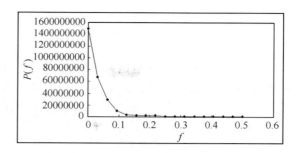

图 11-2-5　杭州市人口空间分布密度的波谱图(常用形式)

为了检验这种推断,不妨用下式进行拟合

$$P(f) \propto f^{-\beta}$$

这正是 β 噪声(β-noise)表达式。

为了拟合幂指数模型,去掉 0 频率点即波数为 0 的点,采用 $f=1/32$ 到 $f=16/32$ 范围内的数据建立谱密度与频率或者波数之间的关系(图 11-2-6)。

模型拟合结果

$$P(f) = 1\,280\,516.7439 f^{-1.7983}$$

测定系数 $R^2=0.9494$(图 11-2-7)。

将图 11-2-7 转换成对数刻度,拟合效果就尤其明确(图 11-2-8)。显然,$\beta=1.7983 \neq 2$。

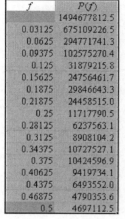

图 11-2-6　用于建立波谱关系的数据

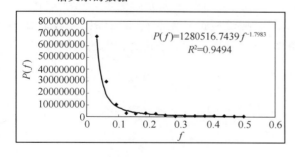

图 11-2-7　波谱图的模型拟合结果(去掉 0 频点)

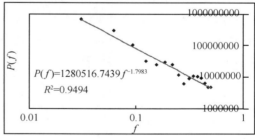

图 11-2-8　双对数空间频谱图(波谱图)

利用模型及其参数,我们可以对杭州市人口分布特征及其变化进行系统分析。但是,深入的分析仅仅借助一个参数是不够的。实际上,β 指数还蕴涵有很多信息。对于 $d=1$ 维的数据序列,我们有如下关系

$$\beta = 5 - 2D$$
$$D = 2 - H$$

式中:D 为自仿射记录(幅谱)曲线的分维(fractal dimension);H 为 Hurst 指数。显然

$$\beta = 5 - 2(2-H) = 2H + 1$$

或者

$$H = \frac{\beta-1}{2}$$

根据这种关系,可以将波谱指数转换成 Hurst 指数。考虑"粒子"(如城市中的人口)的分数布朗运动(fractional brown motion,FBM),Hurst 指数可由如下空间自相关函数定义

$$R(r) = \frac{\langle -x(-r)x(r) \rangle}{\langle x(r)^2 \rangle} = 2^{2H-1} - 1$$

式中:$x(\cdot)$为粒子空间运动的坐标。对于标准化数据,上式为一个坐标点的左右两个对称点的相关系数。显然,当 $H=0.5$ 时,$R(r)=0$,此时间隔的粒子无关;当 $H>0.5$ 时,$R(r)>0$,此时粒子空间长程正相关;当 $H<0.5$ 时,$R(r)<0$,此时粒子空间长程负相关。从杭州市不同年份人口密度分布的变化情况看来,β 趋近于 2,H 趋近于 0.5。这暗示,人口的空间分布由长程相关趋向于长程无关。当 $\beta=2$ 时,$H=0.5$,此时每一个粒子仅仅影响紧邻(immediate neighborhood)的粒子,这就是复杂性科学的局域性(locality)问题。

令人感到意外的是人口空间作用的负相关。从图 11-2-7、图 11-2-8 可以看到,H 指数小于 0.5,这暗示人口的空间影响为长程负作用:一个地方的人口越多,就会对一定尺度内邻近区域的人口形成越大的抑制作用;反过来,一个地方的人口分布越少,就会对邻近区域的人口增长形成越大的促进作用。因此,即便在均质化地理背景和均衡化基础设施条件下,城市人口分布曲线也必然是非连续的或者不平滑的,平滑的人口分布只能是统计平均结果。上述结论与通常的地理假设是大相径庭的:近年来地理学家在进行系统演化模拟——特别是元胞自动机(cellular automata,CA)模拟时,大多有意、无意地假设人口活动具有长程作用(action-at-a-distance),而且是空间长程正相关的。然而,杭州市的计算结果明确显示,人口的空间分布具有长程作用,但却显示两种特征:一是长程负向相关,二是长期弱化趋势。一言以蔽之:空间中的一个点对邻近区位的一个点是负效应的,但这种负效应长期看来逐渐淡化,或者说作用距离随着城市的发展而不断缩短。我们知道,长程作用的弱化以至消失就是所谓空间的局域化过程,可见对于发展成熟的城市,理当具有局域性或者准局域性质。

第 12 章 功率谱分析（实例）

周期识别是频谱分析既基本又重要的内容。识别技术不太复杂,只要将 FFT 结果描成出时间序列频谱图,在图中找到最大尖峰突起点对应的频率,根据频率(f)与周期长度(T)的倒数关系 $f=1/T$,立即可以算出周期的长度。有时候最大点是 0 频点,则次大点、三大点也代表相应的周期。0 频点的最大值对应于无穷大"周期",这个"周期"没有实用价值。只要对数据进行中心化处理,就可以在频谱图消除无穷大周期的影响。为了比较全面地介绍谱分析方法的应用,下面采用模拟时间序列进行说明。采用模拟序列的原因是：该序列是我们自己构造的,其周期长度我们心中有数,频谱分析是否准确可以一目了然。

12.1 实例分析 1

模拟一个时间序列(T),其结构是随机序列(R)加周期序列(P),即有

$$T = R + P$$

首先,生成随机数序列 x_t。序列长度确定为 $N = 2^8 = 256$ 个。当然,序列长度可以随意设定,不必为 256。取 256 位是为了 FFT 的方便,你可以选择 32 位、128 位……总之最好是 2^k 位才够简便(k 为自然数),否则还要加 0 补足长度。

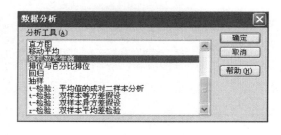

图 12-1-1 从"数据分析"中选择"随机数发生器"

沿着主菜单中"工具(T)"→"数据分析(D)"的路径打开"数据分析(D)"选项框,从中选择"随机数发生器"（图 12-1-1)。

点击"确定"按钮,弹出"随机数发生器"复选框。变量个数选 1；随机数个数根据预定,设为 256 位；分布选"正态",当然也可以选其他；平均值取 0,标准差取 1,这是标准化的随机数。当然也可以根据自己的需要设置；随机数基数可取 1；输出区域,为方便计,就选在序号数旁边——以 B2 单元格为起始位置（图 12-1-2)。

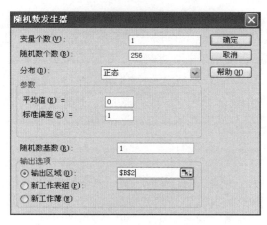

图 12-1-2 随机数发生器的选项和设置
（正态选项）

点击"确定"按钮,立即生成 256 位正态分布的随机数列 x_t ($t=0,1,2,\cdots,255$),结果如图 12-1-3 所示。

作散点连线图,可以看出,随机数的变化特征没有规律可循(图 12-1-4)。

	A	B
1	序号	随机数
2	0	-3.02301
3	1	0.16007
4	2	-0.86578
5	3	0.87326
6	4	0.21472
7	5	-0.05047
8	6	-0.38453
9	7	1.25888
10	8	0.92624

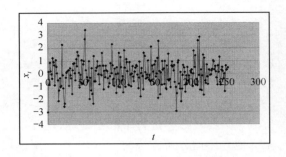

图 12-1-3　生成的随机数(部分)　　　　图 12-1-4　模拟的随机序列图式

A	B	C	D	E
序号	随机数	FFT	f	$P(f)$
0	-3.02301	-0.518258502779645	0	0.001049
1	0.16007	-4.76897352648228-6.317767774485197i	0.0039063	0.244755
2	-0.86578	1.5867232492103+8.19036574970524i	0.0078125	0.271874
3	0.87326	-13.1182177264296+21.2596261868337i	0.0117188	2.437732
4	0.21472	-12.1853712617247+5.34313598766477i	0.015625	0.691533
5	-0.05047	18.6132142935052+5.53012376462123i	0.0195313	1.472789
6	-0.38453	19.0640674726617+0.750957035719672i	0.0234375	1.421885
7	1.25888	3.68396659000435-9.93629407582407i	0.0273438	0.438678
8	0.92624	-21.1731517098042-14.8731096487825i	0.03125	2.615280
9	0.66384	-5.78470851606815-8.01781855456883i	0.0351563	0.381829
10	-0.93806	6.24887981291876-5.49140702537286i	0.0390625	0.270328

图 12-1-5　随机序列的 FFT 变换结果(局部)

从"数据分析"工具箱中调出傅里叶分析工具,对随机序列进行 FFT,方法见上一章,结果分布于 C 列。然后利用函数 ImAbs 计算模数和谱密度。首先利用公式"序号/256"计算频率,然后在 E2 单元格中输入公式"=IMABS(C2)^2/256"计算谱密度。双击或者下拉 E2 单元格的右下角,得到全部谱密度值(图 12-1-5)。

利用上面的计算结果作出频谱图——以频率为横坐标,以谱密度为纵坐标,作散点图并添加连线,发现有各种各样的周期,以致没有一个突出的周期(图 12-1-6)。根据数据分布的区域范围,在任意单元格输入公式"=MAX(E2:E130)/SUM(E2:E130)"计算 Fisher 统计量,结果为 0.042 021 5,查调和分析的 Fisher 统计表,在显著性水平取 $\alpha=0.05$ 时,一周期 Fisher 临界值为 $g_{0.05}(128,1)\approx 0.059\,92$,检验不通过。这表明这个随机序列没有真正的周期变动可言。

下面,让我们生成一个周期序列。例如,按照 123 456 712 345 67……的秩序循环成数,周期显然为 7。然后将这个序列中心化,即减去平均值,结果用 y_t 表示。中心化的目的有两个:其一,随机序列的最大值和最小值分别是 3.427 和 -3.023。中心化使得周期数据的变化幅度不超过这个极值范围,以便随机数真正地"淹没"周期数。其二,中心化消除一个水平趋势,避免频谱中出现没有意义的无穷大"周期"。可以看到,中心化的周期数据以 7 为周期变动(图 12-1-7)。然后,生成最终的模拟序列,方法是将随机数与对应的中心化的周期数两两叠加得到 $z_t=x_t+y_t$(图 12-1-8)。从叠加结果中无法判断周期的大小(图 12-1-9)。

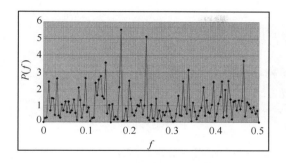

图 12-1-6 随机序列的频谱图具有各种周期(局部)　　　图 12-1-7 周期数变化曲线

	D	E	F	G	H
1	f	$P(f)$	周期数	中心化	叠加结果
2	0	0.001049	1	-2.97656	-5.99958
3	0.0039063	0.244755	2	-1.97656	-1.81650
4	0.0078125	0.271874	3	-0.97656	-1.84235
5	0.0117188	2.437732	4	0.02344	0.89670
6	0.015625	0.691533	5	1.02344	1.23816
7	0.0195313	1.472789	6	2.02344	1.97297
8	0.0234375	1.421885	7	3.02344	2.63890
9	0.0273438	0.438678	1	-2.97656	-1.71769
10	0.03125	2.615280	2	-1.97656	-1.05032
11	0.0351563	0.381829	3	-0.97656	-0.31272
12	0.0390625	0.270328	4	0.02344	-0.91462
13	0.0429688	1.052327	5	1.02344	2.09902
14	0.046875	0.693326	6	2.02344	2.57829
15	0.0507813	1.249939	7	3.02344	3.05737

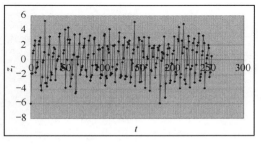

图 12-1-8 随机数与周期数相加的结果　　　图 12-1-9 叠加结果的变化图式

对叠加序列进行 FFT，方法同上；并且计算谱密度，结果如图 12-1-10 所示。利用前述方法作出频谱图，寻找最大谱密度点。

频谱图显示，最大的谱密度点对应的频率为 $f=0.14453125$，其倒数为 $T=1/f=6.9189189≈7$，故这个序

	E	F	G	H	I	J	K
1	$P(f)$	周期数	中心化	叠加结果	FFT	f	$P(f)$
2	0.001049	1	-2.97656	-5.99958	-0.51825850	0	0
3	0.244755	2	-1.97656	-1.81650	-10.7719876	0.0039063	0.614066
4	0.271874	3	-0.97656	-1.84235	-4.42536003	0.0078125	0.326093
5	2.437732	4	0.02344	0.89670	-19.1455054	0.0117188	3.148488
6	0.691533	5	1.02344	1.23816	-18.2341346	0.015625	1.394334
7	1.472789	6	2.02344	1.97297	12.5365093	0.0195313	0.712797
8	1.421885	7	3.02344	2.63890	12.9526972	0.0234375	0.655446
9	0.438678	1	-2.97656	-1.71769	-2.46912012	0.0273438	0.466566
10	2.615280	2	-1.97656	-1.05032	-27.3754108	0.03125	3.889382

图 12-1-10 对叠加序列的 FFT 结果

列隐含着一个长度为 7 的周期(图 12-1-11)。

根据数据分别的区域位置，在任意单元格输入公式"＝MAX(K2:K130)/SUM(K2:K130)"——这个公式覆盖的数据范围对应于频率 0～0.5 的区间，计算 Fisher 统计量，结果为 0.337419，查调和分析的 Fisher 统计表可知，在显著性水平取 $α=0.05$ 时检验通过。

图 12-1-11 叠加结果的频谱图式(局部放大)

12.2 实例分析2

模拟一个时间序列(T),其结构是随机序列(R)乘以周期序列(P),即
$$T = R \times P$$
分下面两种情况讨论。

12.2.1 基于正态分布的随机数

A 序号	B 随机数	C 周期数	D 中心化	E 乘积结果	F FFT	G f	H $P(f)$
0	-3.02301	1	-2.97656	8.99819	29.33833077	0	3
1	0.16007	2	-1.97656	-0.31638	20.99368512	0.00390625	3.296420
2	-0.86578	3	-0.97656	0.84549	-9.24105735	0.0078125	0.083442
3	0.87326	4	0.02344	0.02047	-18.82497541	0.01171875	1.404896
4	0.21472	5	1.02344	0.21976	18.82255060	0.015625	3.134866
5	-0.05047	6	2.02344	-0.10213	11.11936696	0.01953125	2.406474
6	-0.38453	7	3.02344	-1.16262	-42.7868109	0.0234375	8.871412
7	1.25888	1	-2.97656	-3.74713	-8.95860233.	0.02734375	0.790974
8	0.92624	2	-1.97656	-1.83078	-29.86817951	0.03125	8.285481
9	0.66384	3	-0.97656	-0.64828	-15.4499422	0.03515625	2.323228
10	-0.93806	4	0.02344	-0.02199	10.10034142	0.0390625	3.931429

图 12-2-1 正态随机数与周期数的乘积结果及其FFT(局部)

为简便计,我们不妨利用第一个例子中生成的随机序列 x_t 与周期序列 y_t 两两相乘(即同一行对应的数值相乘),得到另一个模拟序列 $z_t = x_t \cdot y_t$(图 12-2-1)。从这种结果中我们依然无法判断周期是否存在(图 12-2-2)。

对乘积结果进行 FFT (图12-2-1),然后作出频谱图(图12-2-3)。结果表明,最大谱密度点对应的频率为 $f = 0.171\,875$, $T = 1/f = 5.224\,489\,8 \approx 6$,显然这不是我们要找的周期。计算的 Fisher 统计量为 $0.058\,164\,8$,不能通过 $\alpha = 0.05$ 时的检验。这表明,对于两个序列相乘,其周期可能被破坏或者真的被"淹没"。

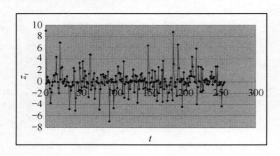 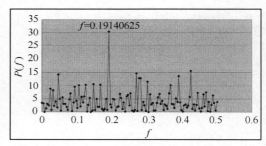

图 12-2-2 正态随机数与周期数乘积的变化图式　　图 12-2-3 正态随机数与周期数乘积结果的频谱图(不能有效显示周期)

12.2.2 基于均匀分布的随机数

但是,如果更换一种均匀分布的随机数,情况就不一样。从数据分析工具箱中调出随机数发生器,将图 12-1-2 所示的"正态"分布选项改为"均匀"分布选项,参数范围为 0~5(图 12-2-4)。这样生成一组新的随机数代替原来的随机数,数值范围为 $0.006\,26 \sim 4.998\,47$。

用这一组随机数与前述中心化的周期数两两相乘,得到一个复合序列 $z_t = x_m \cdot y_t$。从这个序列里我们依然看不到周期的存在(图 12-2-5)。

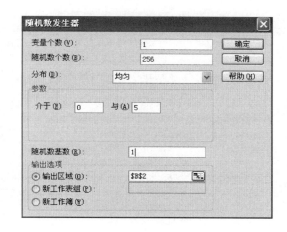

图 12-2-4　随机数发生器的选项和设置(均匀选项)　　图 12-2-5　均匀随机数与周期数乘积的变化图式

对乘积结果进行 FFT(图 12-2-6),然后作出频谱图。结果表明,最大的谱密度点对应的频率为 $f=0.14453125$,其倒数为 $T=1/f=6.9189189 \approx 7$,这正是序列隐含的一个长度为 7 的周期(图 12-2-7)。计算的 Fisher 统计量为 0.2725518,可以通过显著性水平 $\alpha=0.05$ 时的检验。这表明,对于两个序列相乘,其周期是否被破坏或者被"淹没"取决于随机数的分布特征。

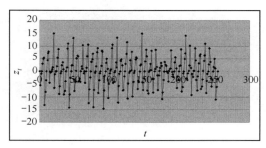

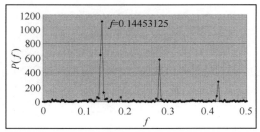

图 12-2-6　均匀随机数与周期数的乘积结果
　　　　　　及其 FFT(局部)
　　　　　　　　　　　　　图 12-2-7　均匀随机数与周期数乘积结果的
　　　　　　　　　　　　　　　　　　频谱图(可以显示周期)

12.3　实例分析 3

余弦函数——典型的周期函数。

由于时间序列分析的一个基本思路就是假设现实中复杂多变的时间序列为多种周期的正弦、余弦波动曲线构成的谐波。利用功率谱分析寻找周期的要领就是将波动幅度最大的周期曲线分离出来。在物理学中,振动幅度是与能量大小有关的概念,功是能量转化的量度,而在单位时间中,做功就是功率。

下面利用余弦函数

$$y_t = \cos(t)$$

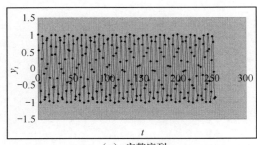

(a) 完整序列

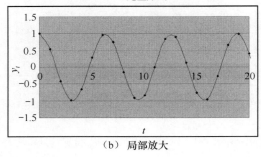

(b) 局部放大

图 12-3-1 基于余弦函数的周期函数曲线

生成一个 256 位的周期序列（$t=0,1,2,\cdots,255$）。在图 12-2-6 所示的数据分布中，在 C2 单元格输入公式"=COS(A2)"，回车得到 1。双击或者下拉 C2 单元格的右下角，得到全部结果，该序列的曲线变化非常有规律[图 12-3-1(a)]。将模拟时间序列图局部放大以后，可以明确看到这就是一条余弦曲线[图 12-3-1(b)]。

将这个周期序列 y_t 与本章实例分析 1 中用到的随机序列 y_t 叠加，得到复合序列 $z_t = x_t + y_t$。在这个序列里，我们已经看不到周期变化（图 12-3-2）。

对该序列进行 FFT（图 12-3-3），可以在频谱图上看到一个十分明确的功率谱密度极大值对应的频率 $f=0.16015625$，相应的周期 $T=1/f=6.2439024 \approx 2\pi$（图 12-3-4）。这个周期对应的 Fisher 统计量为 0.2675，在 $\alpha=0.05$ 时检验通过。

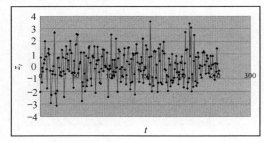

图 12-3-2 余弦波动序列与正态随机序列叠加的复合序列

	A	B	C	D	E	F	G
1	序号	随机数	周期数	加和结果	FFT	f	$P(f)$
2	0	-3.02301	1	-2.02301	0.933007623	0	0
3	1	0.16007	0.54030	0.70037	-3.31708348	0.00390625	0.197581
4	2	-0.86578	-0.41615	-1.28193	3.040489563	0.0078125	0.301583
5	3	0.87326	-0.98999	-0.11673	-11.66130906	0.01171875	2.310093
6	4	0.21472	-0.65364	-0.43892	-10.7240310	0.015625	0.565297
7	5	-0.05047	0.28366	0.23319	20.08030815	0.01953125	1.700450
8	6	-0.38453	0.96017	0.57564	20.53828057	0.0234375	1.651003
9	7	1.25888	0.75390	2.01278	5.166719203	0.02734375	0.475184
10	8	0.92624	-0.14550	0.78074	-19.6803722	0.03125	2.351536
11	9	0.66384	-0.91113	-0.24729	-4.280334043	0.03515625	0.307181
12	10	-0.93806	-0.83907	-1.77713	7.766513637	0.0390625	0.341608

图 12-3-3 复合序列的 FFT 结果（局部）

如果我们延长序列，如取 $N=512$、1024 等，计算的周期长度就会越来越接近 2π。如果我们将生成周期序列的函数改为正弦函数

$$y_t = \sin(t)$$

分析结果不变。如果改为正弦和余弦叠加的函数

$$y_t = \cos(t) + \sin(t)$$

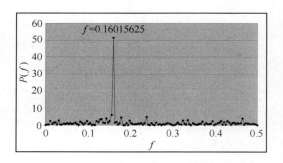

图 12-3-4 复合序列的频谱图

分析结论依然不变。

如果我们将复合序列改为乘积方式生成：由周期序列与正态随机序列相乘得到，谱分析结果不能显示周期。但是，如果采样均匀分布的随机序列，无论复合序列由加法生成，抑或由乘法生成，谱分析都可以将周期揭示出来。

12.4　实例分析 4

双正弦函数与随机序列的叠加结果。

不妨采用下面公式生成一个复合序列

$$z_t = \sin(50 \times 2\pi \frac{t}{N}) + \sin(100 \times 2\pi \frac{t}{N}) + x_t$$
$$= \sin(50 \times 2\pi \frac{t}{256}) + \sin(100 \times 2\pi \frac{t}{256}) + \varepsilon_t$$

式中，$N=256$ 为序列长度；$x_t = \varepsilon_t$ 为随机数发生器生成的随机序列。我们仍然采用本章实例分析 1 给出的正态分布的随机序列。假定数据如图 12-3-3 所示，在 C2 中输入双正弦函数计算公式"＝SIN(50＊2＊PI()＊A2/256)+SIN(100＊2＊PI()＊A2/256)"，得到周期序列 y_t，将其与本章实例分析 1 的随机序列 x_t 叠加，即可得到复合序列 z_t。生成的结果如图 12-4-1 所示。

也可以如下公式直接生成复合序列：

"＝SIN(50＊2＊PI()＊A2/256)+SIN(100＊2＊PI()＊A2/256)+RAND()－RNAD()"
公式后面的随机数函数 rand 自动生成一个 0～1 的随机数。之所以同时附加两个（一正一负的）随机函数，目的是使得随机数值的平均值接近于 0。

对复合序列进行 FFT，结果如图 12-4-2 所示。可以从频谱图上看到两个尖峰（图 12-4-3）。

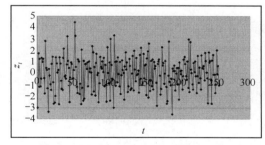

	A	B	C	D	E	F	G
1	序号	随机数	周期数	加和结果	FFT	f	P(f)
2	0	-3.02301	0	-3.02301	-0.51825850	0	0
3	1	0.16007	1.5759373	1.73600	-4.76897352	0.00390625	0.244755
4	2	-0.86578	-0.346392	-1.21218	1.586723249	0.0078125	0.271874
5	3	0.87326	0.3678185	1.24108	-13.11821771	0.01171875	2.437732
6	4	0.21472	-1.363469	-1.14874	-12.18537120	0.015625	0.691533
7	5	-0.05047	-0.437015	-0.48749	18.61321429	0.01953125	1.472789
8	6	-0.38453	1.7133909	1.32886	19.06406747	0.0234375	1.421885
9	7	1.25888	-0.254234	1.00464	3.683966590	0.02734375	0.438678
10	8	0.92624	0.3244233	1.25067	-21.17315170	0.03125	2.615280
11	9	0.66384	-1.096813	-0.43297	-5.78470851	0.03515625	0.381829
12	10	-0.93806	-0.845855	-1.78391	6.248879812	0.0390625	0.270328

图 12-4-1　双正弦周期序列与随机序列叠加的结果　　图 12-4-2　双周期复合序列的 FFT 结果（局部）

两个谱密度特别突出的点对应的频率分别是 0.195 312 5 和 0.390 625，相应的周期则是 5.12 和 2.56[图 12-4-3(a)]。实际上，如果我们以时序为横坐标、以谱密度为纵坐标画图，可以看到，这两个突出的谱密度分别对应于 50Hz 和 100Hz 的位置[图 12-4-3(b)]。

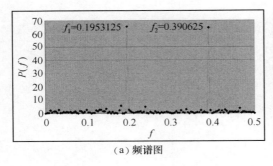
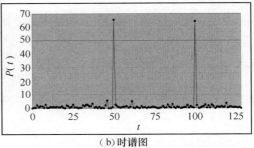

(a) 频谱图　　　　　　　　　　　(b) 时谱图

图 12-4-3　双周期复合序列的谱图

在任意单元格输入公式

"＝LARGE(G2:G130,1)/SUM(G2:G130)"

回车,得到第一个周期的 Fisher 统计量 0.2505;输入

"＝LARGE(G2:G130,2)/SUM(G2:G130)"

回车,得到第二个周期的 Fisher 统计量 0.2473。这两个统计量都大于调和分析 Fisher 检验显著性水平 $\alpha=0.05$ 时的临界值。

12.5　实例分析 5

Logistic 过程的周期特征(分三步讨论)。

我们知道,R. May 著名的 Logistic 过程可以用如下差分方程表述

$$x_{t+1} = rx_t(1-x_t), 0 < r \leqslant 4$$

当 $r<3$ 时,序列没有周期;当 $3<r\leqslant 1+\sqrt{6}\approx 3.449$, x_n 逐渐进入 2 周期;当 $r>1+\sqrt{6}$ 时,逐渐进入 4 周期、8 周期……2^n 周期;当 $r>3.57$ 时,系统进入混沌(chaos)状态。

	A	B	C	D	E	F	G
1	r	t	x_t	中心化	FFT	f	P(f)
2	3.2	0	0.05	-0.601644	0	0	0
3		1	0.152	-0.499644	-1.17923006	0.0039063	0.005433
4		2	0.4124672	-0.239177	-1.17933940	0.0078125	0.005437
5		3	0.7754816	0.1238378	-1.17942526	0.0117188	0.0054436
6		4	0.5571516	-0.094492	-1.17964708	0.015625	0.0054523
7		5	0.7895478	0.137904	-1.17974582	0.0195313	0.0054629
8		6	0.5317186	-0.119925	-1.17971900	0.0234375	0.0054749
9		7	0.7967806	0.1451368	-1.17948684	0.0273438	0.0054877
10		8	0.5181481	-0.133496	-1.17896232	0.03125	0.0055007

图 12-5-1　2 周期 Logistic 序列及其 FFT 结果(局部)

第一种状态:我们取 $x_0=0.05$, $r=3.2$ 生成一个 256 位的 2 周期序列(图 12-5-1)。生成的方法如下:在单元格 A2 中输入参数 r 值 3.2,在单元格 C2 中输入初始值 x_0 值 0.05。在单元格 C3 中输入公式"＝\$A\$2*C2*(1−C2)",回车,得到 $x_1=0.152$。将光标指向单元格 C3 右下角,待其变成细小黑十字填充柄,按住左键下拉至 C257,即可得到所要的数据。

对于这样一个序列,2 周期变化规律一看便知,无需借助 FFT 进行识别(图 12-5-2)。但是,对这种序列进行变换有助于我们理解周期序列的频谱曲线特征。首先对数据进行

中心化,方法是:在 D2 中输入公式"＝C2－AVERAGE($C$2:$C$257)",回车,得到第一个中心化数值。将光标指向单元格 D2 右下角,待其变成细小黑十字填充柄,按住左键下拉至 D257,即可得到全部中心化的数据。

对上述中心化数据进行 FFT,将变换结果绘制成频谱图(图 12-5-3),可以发现,在半频点即频率 $f=0.5$ 的地方谱密度最大。该点对应的周期长度为 $T=1/f=1/0.5=2$,即周期 2——这个结果与 Logistic 方程预期的 2 周期完全一致。

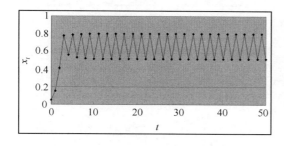

图 12-5-2 2 周期 Logistic 序列(局部)

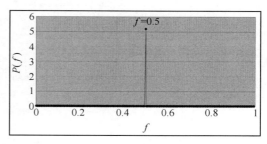

图 12-5-3 2 周期 Logistic 序列的频谱图

第二种状态:在 Logistic 方程中,取 $r=3.5$,系统立即进入 4 周期状态。相应地,在 A2 单元格中,将参数改为 3.5,于是 x_t 值跟着变化(图 12-5-4),其曲线明显表现为 4 周期振荡(图 12-5-5)。

	A	B	C	D	E	F	G
1	r	t	x_t	中心化	FFT	f	P(f)
2	3.5	0	0.05	-0.592465			
3		1	0.16625	-0.476215	-1.00992200	0.0039063	0.0039853
4		2	0.4851383	-0.157326	-1.00920213	0.0078125	0.0039831
5		3	0.874227	0.2317624	-1.00800533	0.0117188	0.0039794
6		4	0.3848397	-0.257625	-1.00633595	0.015625	0.0039743
7		5	0.8285833	0.1861188	-1.00419994	0.0195313	0.0039678
8		6	0.4971155	-0.145349	-1.00160470	0.0234375	0.0039599
9		7	0.8749709	0.2325064	-0.99855886	0.0273438	0.0039507
10		8	0.3828889	-0.259576	-0.99507208	0.03125	0.0039402

图 12-5-4 4 周期 Logistic 序列及其 FFT 结果(局部)

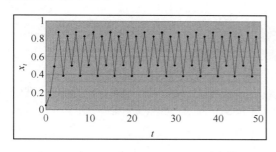

图 12-5-5 4 周期 Logistic 序列(局部)

对此序列的中心化值进行 FFT,可以从频谱图上看到两个极值点:一是半频点 $f=0.5$,对应于周期 2[图 12-5-6(a)];二是 1/4 频点 $f=0.25$,对应于 $T=1/0.25=4$,即周期 4[图 12-5-6(b)]。

可以看到,4 周期过程包括 2 周期在内。还可以看出,相对于周期 2 频点,周期 4 频点的谱密度非常低;但是相对于非周期点,它却相当突出——将频谱图放大以后更容易看出这个特征(图 12-5-6)。

第三种状态:在 Logistic 方程中,取 $r=3.55$,系统立即进入 8 周期状态。相应地,在 A2 单元格中,将参数改为 3.55(图 12-5-7),x_t 值的变化曲线表现为 8 周期振荡(图 12-5-8)。

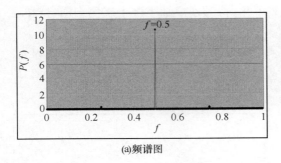

(a) 频谱图

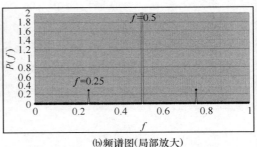

(b) 频谱图(局部放大)

图 12-5-6　4 周期 Logistic 序列的频谱图

	A	B	C	D	E	F	G
1	r	t	x_t	中心化	FFT	f	P(f)
2	3.55	0	0.05	-0.593784	0	0	0
3		1	0.168625	-0.475159	-0.98783875	0.0039063	0.0038129
4		2	0.4976767	-0.146107	-0.98711443	0.0078125	0.0038106
5		3	0.8874808	0.2436879	-0.98596106	0.0117188	0.0038071
6		4	0.354498	-0.289286	-0.98440882	0.015625	0.0038026
7		5	0.8123436	0.1685599	-0.98246838	0.0195313	0.0037973
8		6	0.5411673	-0.102616	-0.98014077	0.0234375	0.0037911
9		7	0.8814837	0.2377	-0.97742430	0.0273438	0.003784
10		8	0.3708693	-0.272914	-0.97431738	0.03125	0.0037759

图 12-5-7　8 周期 Logistic 序列及其 FFT 结果（局部）

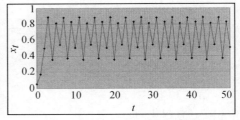

图 12-5-8　4 周期 Logistic 序列（局部）

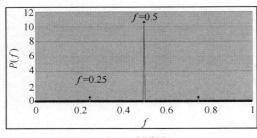

(a) 频谱图

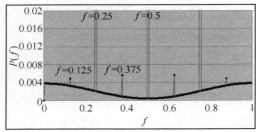

(b) 频谱图局部放大

图 12-5-9　4 周期 Logistic 序列的频谱图

对此序列的中心化值进行 FFT，可以从频谱图上看到四个极值点：一是半频点 $f=0.5$，对应于周期 2[图 12-5-9(a)]；二是 1/4 频点 $f=0.25$，对应于 $T=1/0.25=4$，即周期 4[图 12-5-9(b)]；三是 1/8 频点 $f=0.125$，对应于 $T=1/0.125=8$，即周期 4[图12-5-9(b)]。此外，还有一个三是 3/8 频点 $f=0.375$，对应于 $T=1/0.375=2.667$[图 12-5-9(b)]。

第四种状态：在 Logistic 方程中，取 $r>3.57$，系统进入周期 8 状态（chaotic state）——混沌通常被解释为"确定论系统中的内在随机性"：Logistic 模型是确定的，但当参数达到某个临界值（如 3.57）以后，系统却表现成出乎意料的随机性质，其发展后果无法预测（即不确定）。这与"混沌"理论出现以前表达的思想是大不相同的：过去人们认为，只要系统的数学模型唯一确定，其演化轨迹一定可以预知。混沌理论改变了学术界的这个假设。

系统演化是逐步进入混沌状态的。随着参数的增加，混沌状态越来越强烈，为了更好地说明问题，我们不妨一步到位，取 $r>4$（图 12-5-10）。这时序列变化过程

	A	B	C	D	E	F	G
1	r	t	x_t	中心化	FFT	f	P(f)
2	4	0	0.05	-0.433838	0	0	0
3		1	0.19	-0.293838	3.23084087	0.0039063	0.04078
4		2	0.6156	0.131762	0.24616572	0.0078125	0.0012201
5		3	0.9465466	0.4627086	-5.27916562	0.0117188	0.1786695
6		4	0.2023847	-0.281453	-1.1719024	0.015625	0.0816973
7		5	0.6457005	0.1618625	-2.88275574	0.0195313	0.0624465
8		6	0.9150855	0.4312475	7.16324065	0.0234375	0.2312866
9		7	0.3108162	-0.173022	-5.92117528	0.0273438	0.1651526
10		8	0.8568379	0.3729999	5.78129988	0.03125	0.1586163

图 12-5-10 Logistic 混沌序列及其 FFT 结果（局部）

已经看不到任何周期的痕迹（图 12-5-11）。

混沌时间序列的变化相当复杂：仿佛有周期，又好像没有周期（图 12-5-11）。对此序列进行 FFT，可以看到，序列包括各种各样的周期，但没有一个频点对应的谱密度是十分突出的——包括各种周期，这就意味着系统没有周期（图 12-5-12）。

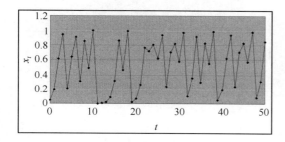

图 12-5-11 Logistic 混沌序列（局部）

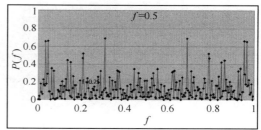

图 12-5-12 Logistic 混沌序列的频谱图

12.6 实例分析 6

余弦函数与混沌 Logistic 序列的叠加结果。

	A	B	C	D	E	F	G
1	r	t	x_t	中心化	余弦值 y_t	加和 z_t	FFT
2	4	0	0.05	-0.433838	1	-1.16919	0
3		1	0.19	-0.293838	0.9951847	-0.474005	16.1542043
4		2	0.6156	0.131762	0.9807853	1.6395953	1.23082863
5		3	0.9465466	0.4627086	0.9569403	3.2704832	-26.3958281
6		4	0.2023847	-0.281453	0.9238795	-0.483387	122.140487
7		5	0.6457005	0.1618625	0.8819213	1.6912337	-14.4137787
8		6	0.9150855	0.4312475	0.8314696	2.987707	35.8162032
9		7	0.3108162	-0.173022	0.7730105	-0.092099	-29.6058764
10		8	0.8568379	0.3729999	0.7071068	2.5721065	28.9064994

图 12-6-1 将 Logistic 混沌序列与余弦周期序列混合生成隐含周期序列（局部）

将前述混沌序列 x_t 与上面基于余弦函数的周期序列 y_t 进行叠加，生成复合序列 $z_t = x_t + y_t$。具体说来，数据的生成函数为

$$x_{t+1} = 4x_t(1-x_t)$$
$$y_t = \cos\left(2\pi t \cdot \frac{4}{N}\right)$$

式中：$N=256$ 为序列长度。显然，余弦函数的周期为 $T=N/4=64$。

根据图 12-6-1 所示的格局，在单元格 E2 中输入公式"=COS(8 * PI() * B2/256)"，

回车,下拉,即可得到序列 y_t。然后将混沌序列的中心化值与余弦周期序列叠加,计算公式为

$$z_t = k(x_t - \bar{x}) + y_t$$

式中:k 为参数,可以根据混沌序列和周期序列的变动幅度确定。如果 k 值太小,则混沌序列不足以"淹没"周期序列;如果 k 值太大,则将完全"淹没"周期序列的信息,以致谱分析不能识别。对于本例,不妨取 $k=5$,结果如图 12-6-2 所示。

接下来对序列 z_t 进行 FFT,可以从频谱图上清楚地识别出周期长度(图 12-6-3)。谱密度最为突出的点对应的频率为 $f=0.015\,625$,其倒数为 $T=1/f=64$,这正是我们事先预设的周期。

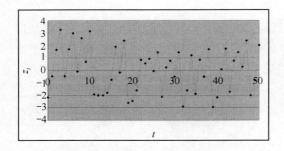
图 12-6-2　周期-混沌序列的叠加结果

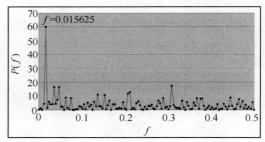
图 12-6-3　周期-混沌叠加序列的频谱图

第 13 章　Markov 链分析

Markov 链是一种状态转移分析和预测技术:根据事物的一种状态向另外一种状态转化的概率,预测未来的状态概率分布。只要是无后效性的时空演化过程,就可以借助 Markov 链开展系统发展预测。在 Excel 中,可以通过多种途径实现常规的 Markov 链分析。对于简单的 Markov 链,利用 Excel 的矩阵乘法函数、自我复制功能以及绝对单元格与相对单元格的灵活处理即可实现。对于相对复杂的一些问题,则可以利用 Visual Basic 编辑器编写简单的计算程序,然后调用相关的函数开展 Markov 链分析。下面借助简单的例子,逐步演示利用 Excel 计算转移概率、寻求稳定分布结果的具体方法和技巧。

【例】微量元素在四个地理区域之间的转移。与前面的例子不同,本例的数据不是真的观测数据,而是笔者为了演示一种计算过程虚构的数据。

13.1　问题与模型

自然界的某种微量元素在甲、乙、丙、丁四个地理区域中转移,转移概率如表 13-1-1 所示:每经历一段时间之后(如 10 年),甲环境的元素有 20% 转移到乙环境,30% 转移到丙环境,20% 转移到丁环境,剩余 30% 留在甲环境;乙环境的元素有 15% 转移到甲环境,20% 转移到丙环境,25% 转移到丁环境,剩余 40% 留在乙环境;丙环境的元素有 20% 转移到甲环境,20% 转移到乙环境,30% 转移到丁环境,剩余 30% 留在丙环境;丁环境的元素有 10% 转移到甲环境,20% 转移到乙环境,30% 转移到丙环境,剩余 40% 留在丁环境。试问:(1)按照这种趋势转移下去,微量元素在各个区域中的最终比例各是多少? (2)假定最初微量元素在各个区域中均衡分布,即各占 1/4,经过两步转移之后(即经过 20 年后),各个区域的微量元素各占多少?

表 13-1-1　某微量元素的转移概率矩阵

区域	甲	乙	丙	丁
甲	0.30	0.20	0.30	0.20
乙	0.15	0.40	0.20	0.25
丙	0.20	0.20	0.30	0.30
丁	0.10	0.20	0.30	0.40

13.2 逐步计算

13.2.1 转移概率矩阵的自乘运算

	A	B	C	D	E
1		甲	乙	丙	丁
2	甲	0.30	0.20	0.30	0.20
3	乙	0.15	0.40	0.20	0.25
4	丙	0.20	0.20	0.30	0.30
5	丁	0.10	0.20	0.30	0.40

图 13-2-1 转移概率矩阵的录入

首先,我们来观察转移概率矩阵如何逐步变化。将表 13-1-1 中的数据录入 Excel 中,使得数据及其标志的分布范围为 A1:E5(图 13-2-1)。当然,不是说数据一定要这么分布,关键在于后面的计算要与最初的矩阵所在的位置对应。

与图 13-2-1 所示的单元格范围隔一行并且左对齐,选定一个单元格分布范围:A7:E11。这个范围包括数据标志。矩阵所在的范围其实限于 B8:E11(图 13-2-2)。选中 B8:E11,使其变为蓝色,输入公式"=MMULT(B2:E5,$B$2:$E$5)",然后同时按下 Ctrl+Shift 键,回车(Enter 键),即可得到第一步运算结果(图 13-2-3)。

	A	B	C	D	E
INDEX		✗ ✓ fx	=mmult(B2:E5,$B$2:$E$5)		
1		甲	乙	丙	丁
2	甲	0.30	0.20	0.30	0.20
3	乙	0.15	0.40	0.20	0.25
4	丙	0.20	0.20	0.30	0.30
5	丁	0.10	0.20	0.30	0.40
6					
7		甲	乙	丙	丁
8	=mmult(B2:E5,$B$2:$E$5)				
9	乙	MMULT(array1, array2)			
10	丙				
11	丁				

图 13-2-2 第一步运算的单元格范围和计算公式

7		甲	乙	丙	丁
8	甲	0.20	0.24	0.28	0.28
9	乙	0.17	0.28	0.26	0.29
10	丙	0.18	0.24	0.28	0.30
11	丁	0.16	0.24	0.28	0.32

图 13-2-3 第一步运算的结果

上面的公式也可以改为"=MMULT($B$2:$E$5,B2:E5)"。这一步是让最初的转移概率矩阵 P 自乘,相当于 $P \times P$。在矩阵乘法运算函数 mmult 后面的括号中,先后两次选中单元格范围 B2:E5,中间用逗号隔开,其中一次选中 B2:E5 后,按功能键 F4,将相对单元格化为绝对单元格(图 13-2-3)。

完成了这一步之后,下面的计算就很简单了:我们所需要的唯一操作就是不断地复制和粘贴。选中单元格范围 A7:E11,复制;在与 A7:E11 隔一行并且左对齐的地方,即单元格范围 A13:E17,粘贴,即可得到经过两次转移后的结果。这一步相当于 $P \times P^2$(图13-2-4)。

13		甲	乙	丙	丁
14	甲	0.180	0.248	0.276	0.296
15	乙	0.174	0.256	0.272	0.298
16	丙	0.176	0.248	0.276	0.300
17	丁	0.172	0.248	0.276	0.304
18					
19		甲	乙	丙	丁
20	甲	0.1760	0.2496	0.2752	0.2992
21	乙	0.1748	0.2512	0.2744	0.2996
22	丙	0.1752	0.2496	0.2752	0.3000
23	丁	0.1744	0.2496	0.2752	0.3008

图 13-2-4 第二步和第三步运算的结果

在与 A13:E17 隔一行并且左对齐的地方,即单元格范围 A19:E23,粘贴,即可得到经过三次转移后的结果。这一步相当于 $P \times P^3$。

在与 A19:E23 隔一行并且左对齐的地方,即单元格范围 A25:E29,粘贴,即可得到经过四次转移后的结果。这一步相当于 $P \times P^4$。

其余的计算步骤依此类推:自上而下,在左对齐并且隔一行的地方,不断地粘贴,

	甲	乙	丙	丁
甲	0.175	0.25	0.275	0.3
乙	0.175	0.25	0.275	0.3
丙	0.175	0.25	0.275	0.3
丁	0.175	0.25	0.275	0.3

图 13-2-5 最后的稳定分布

直到出现稳定的分布为止(图 13-2-5)。稳定分布在第几步出现,取决于数据精度的要求。如果保留小数点后 6 位,则粘贴第七次(经过 8 步转移)即出现稳定分布;如果提高数据精度,要求保留小数点后面 7 位,则粘贴第九次(经过 10 步转移)出现稳定分布。

13.2.2 分布向量的计算

假定最初各个区域的微量元素各占 25%,我们希望看到每经过一步转移之后,各个区域的微量元素的分布比重,则可以按照如下方法计算。

前面给出的图 13-2-1 所示的数据安排不变,在其旁边,如单元格 F2:I2,输入各区域微量元素的初始比重,这个向量可以表示为 $F = [1/4, 1/4, 1/4, 1/4]$(图 13-2-6)。

	A	B	C	D	E	F	G	H	I
1		甲	乙	丙	丁	甲	乙	丙	丁
2	甲	0.30	0.20	0.30	0.20	0.25	0.25	0.25	0.25
3	乙	0.15	0.40	0.20	0.25				
4	丙	0.20	0.20	0.30	0.30				
5	丁	0.10	0.20	0.30	0.40				
6									
7		甲	乙	丙	丁	甲	乙	丙	丁
8	甲	0.20	0.24	0.28	0.28	0.1875	0.2500	0.2750	0.2875
9	乙	0.17	0.28	0.26	0.29				
10	丙	0.18	0.24	0.28	0.30				
11	丁	0.16	0.24	0.28	0.32				

图 13-2-6 计算一次转移后的分布比例

前面给出的图 13-2-2 和图 13-2-3 所示的计算过程和结果不变。选中单元格 F8:I8,输入计算公式"=MMULT($F$2:$I$2,B2:E5)",然后同时按下 Ctrl+Shift 键,回车,便可得到第一步运算结果,相当于 $F \times P$(图 13-2-6)。

选中单元格 F7:I8,复制,与 F 列左对齐,自上而下,每隔四行粘贴一次,一直往下粘贴。也可以选中单元格 A7:I8,复制,与 A 列左对齐,自上而下,每隔一行粘贴一次,一直往下粘贴,直到出现稳定分布为止。

像这样,每粘贴一次,就得到转移一步之后的分布比重。图 13-2-7 是经过两次转移之后的各区域的元素分布比重,亦即第一次粘贴的结果,相当于 $F \times P^2$。

最后,当转移概率矩阵接近于稳定分布前后,分布比重向量也进入稳定状态(图 13-2-8)。

13		甲	乙	丙	丁	甲	乙	丙	丁
14	甲	0.180	0.248	0.276	0.296	0.1775	0.2500	0.2750	0.2975
15	乙	0.174	0.256	0.272	0.298				
16	丙	0.176	0.248	0.276	0.300				
17	丁	0.172	0.248	0.276	0.304				

图 13-2-7 计算二次转移后的分布比例

	甲	乙	丙	丁	甲	乙	丙	丁
甲	0.175	0.25	0.275	0.3	0.175	0.25	0.275	0.3
乙	0.175	0.25	0.275	0.3				
丙	0.175	0.25	0.275	0.3				
丁	0.175	0.25	0.275	0.3				

图 13-2-8　最后的稳定分布

13.2.3　快速计算

前面的计算过程是逐步进行的。对于概率转移矩阵，计算序列可以表示为：$P, P \times P = P^2, P \times P^2 = P^3, \cdots, P \times P^{n-1} = P^n$；对于分布向量，计算过程可以表示为：$F \times P, F \times P^2, F \times P^3, \cdots, F \times P^n$。可以看出，转移矩阵的幂次是 $1, 2, 3, \cdots, n$，这是一个按照算术级数递增的过程。这种方法的好处是，可以清楚地看到每一步转移的结果；缺点是，有时收敛很慢。如果我们希望考察详细的演化过程，就应该采用这种方法。

但是，有时候，我们并不需要看到每一步的过程，只需要知道大致的过程和最后的结果。要是这样，则上述计算方法的效率就显得不高了。加快计算的方法其实很简单。对于转移概率矩阵，在图 13-2-2 所示的计算中，将公式"＝MMULT(B2:E5,＄B＄2:＄E＄5)"改为"＝MMULT(B2:E5,B2:E5)"；在图 13-2-6 所示的计算中，将公式"＝MMULT(＄F＄2:＄I＄2,B2:E5)"改为"＝MMULT(B2:E5,B2:E5)"。总之，将绝对单元格改为相当单元格，其他的复制和粘贴等处理方式不变。

这样一来，计算序列可以表示为：$P, P \times P = P^2, P^2 \times P^2 = P^4, P^4 \times P^4 = P^8, \cdots; F \times P, F \times P^2, F \times P^4, F \times P^8, \cdots$。矩阵的幂次由算术级数上升转变为几何级数上升，概率分布会迅速收敛到稳定结果（图 13-2-9）。

	A	B	C	D	E	F	G	H	I
1		甲	乙	丙	丁	甲	乙	丙	丁
2	甲	0.30	0.20	0.30	0.20	0.25	0.25	0.25	0.25
3	乙	0.15	0.40	0.20	0.25				
4	丙	0.20	0.20	0.30	0.30				
5	丁	0.10	0.20	0.30	0.40				

(a) 初始分布

		甲	乙	丙	丁	甲	乙	丙	丁
7		甲	乙	丙	丁	甲	乙	丙	丁
8	甲	0.20	0.24	0.28	0.28	0.1875	0.2500	0.2750	0.2875
9	乙	0.17	0.28	0.26	0.29				
10	丙	0.18	0.24	0.28	0.30				
11	丁	0.16	0.24	0.28	0.32				

(b) 第一次计算

		甲	乙	丙	丁	甲	乙	丙	丁
13		甲	乙	丙	丁	甲	乙	丙	丁
14	甲	0.1760	0.2496	0.2752	0.2992	0.1755	0.2500	0.2750	0.2995
15	乙	0.1748	0.2512	0.2744	0.2996				
16	丙	0.1752	0.2496	0.2752	0.3000				
17	丁	0.1744	0.2496	0.2752	0.3008				

(c) 第一次粘贴

		甲	乙	丙	丁	甲	乙	丙	丁
19		甲	乙	丙	丁	甲	乙	丙	丁
20	甲	0.1750	0.2500	0.2750	0.3000	0.1750	0.2500	0.2750	0.3000
21	乙	0.1750	0.2500	0.2750	0.3000				
22	丙	0.1750	0.2500	0.2750	0.3000				
23	丁	0.1750	0.2500	0.2750	0.3000				

(d) 第二次粘贴

图 13-2-9　快速计算的前四步

13.3 编程计算

13.3.1 编写程序的方法

为了方便地利用 Excel 计算 Markov 链,可以通过调用"宏"里的"Visual Basic 编辑器"编写一段程序,据此建设一个自定义的专用函数 mmultm(函数的名称可以自己设计)。下面介绍具体的操作步骤和应用方法。

第一步,打开 VB 编辑器。沿着主菜单中的"工具(T)"→"宏(M)"→"Visual Basic 编辑器(V)"的路径,打开 Visual Basic (VB)编辑器(图 13-3-1)。VB 编辑器的页面可以根据需要进行放大或者缩小(图 13-3-2)。

第二步,打开工程资源管理器。在 Visual Basic 编辑器的窗口中沿着"视图(V)"→"工程资源管理器(P)"的路径打开"工程资源管理器"(图 13-3-3)。

图 13-3-1　打开 Visual Basic 编辑器的路径

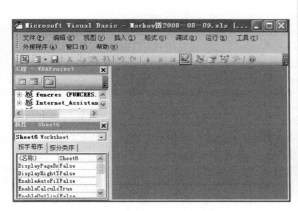

图 13-3-2　Excel 的 Visual Basic 编辑器

图 13-3-3　打开工程资源管理器的路径

第三步，选择模块。在"工程资源管理器"的窗口中检查是否存在"模块"，如果没有，则在主菜单的"插入（I）"中选择"模块（M）"（图 13-3-4）。插入模块后，立即弹出一个模块窗口（图 13-3-5）。

如果已经有了模块，则需要在工程窗口中单击模块名称，这时模块就会弹出。不妨假定以前没有建设模块，故模块编号为 1——模块 1 就是这个模块的名字（导出文

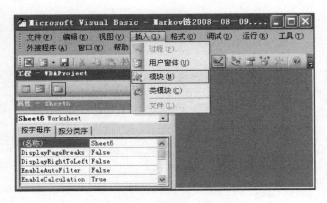

图 13-3-4　插入模块的路径

件之后可以改名）。如果已经存在模块了，它们就会按照一定的顺序自动编号。选择其中没有使用的一个就行了。

第四步，编写程序。在选定的模块窗口中编写程序。录入时按照一定的格式，有些"表达"会自动生成，我们只需根据提示进行选择。自定义函数命名为 mmultm，相应的程序内容如下（唐五湘和程桂枝，2001）。

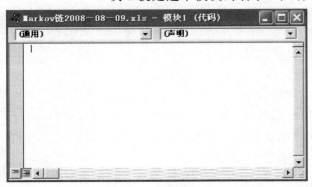

图 13-3-5　通用模块窗口

```
Function mmultm(A As Variant, col As Integer, m As Integer) As Variant
Dim i,j,k,l
Dim t,temp As Variant
t=Array(col,col)
temp=Array(col,col)
t=A

For k=1 To m Step 1
    temp=t
    For i=1 To col
        For j=1 To col
            t(i,j)=0
            For l=1 To col
                t(i,j)=t(i,j) + temp(i,l) * A(l,j)
            Next l
        Next j
    Next i
```

Next k
mmultm=t

End Function

编写程序之后的模块窗口如图 13-3-6 所示。如果程序事先已经编写好、保存，则不必再插入模块，直接从主菜单中沿着"文件(F)"→"导入文件(I)"的路径从所保存的文件夹中导入模块即可。

第五步，关闭(模块)-返回。编写或者导入文件之后，在主菜

图 13-3-6 编写 Markov 链计算程序的模块窗口

单中选择"文件(F)"→"关闭并返回到 Microsoft Excel(C)"(图 13-3-7)，然后就可以调用自定义函数 mmultm 了。

13.3.2 调用程序

下面借助前述实例说明函数 mmultm 的用法，这个函数的应用格式为 mmultm(Array, col, m)。Array 为概率转移矩阵代表数组所在的区位，在本例中为 B2:E5

图 13-3-7 关闭-返回的路径

(图 13-2-1)；col 为 Array 数值数组的行、列数目——由于概率转移矩阵必为方阵，行列数目是相等的，本例为四行四列，即 col=4；至于 m，则是所求的幂指数减去 1，即有 $m=n-1$。

现在假设我们要求 $P^n=P^4$，即取 $n=4$，则应取 $m=3$(图 13-3-8)。在具体计算时，首先选择一个与概率转移矩阵同样大小的区

图 13-3-8 概率转移矩阵的四次函数表示

域(本例为 4×4)；然后在该区域中输入计算公式"=mmultm(B2:E6, 4, 3)"。按住"Ctrl + Shift 键"，同时按回车(Enter)即可得到所需计算的结果(图 13-3-9)。

在保留小数点后 5 位的情况

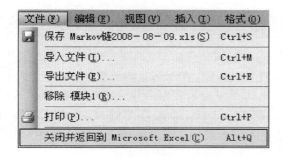

	A	B	C	D	E
7		甲	乙	丙	丁
8	甲	0.1760	0.2496	0.2752	0.2992
9	乙	0.1748	0.2512	0.2744	0.2996
10	丙	0.1752	0.2496	0.2752	0.3000
11	丁	0.1744	0.2496	0.2752	0.3008

图 13-3-9 概率转移矩阵的四次计算结果($m=3$)

	A	B	C	D	E
7		甲	乙	丙	丁
8	甲	0.1750	0.2500	0.2750	0.3000
9	乙	0.1750	0.2500	0.2750	0.3000
10	丙	0.1750	0.2500	0.2750	0.3000
11	丁	0.1750	0.2500	0.2750	0.3000

图 13-3-10 概率转移矩阵的七次计算结果($m=6$)

下,当 $m=7$,即计算到 P^8 时,概率转移矩阵达到平衡。这意味着,从当前算起,再经过 7 个时段,四个地理区域的上述化学元素转移进入平衡状态(图 13-3-10)。

概率转移矩阵达到平衡状态以后,再取 $m>7$ 的任何数值,计算结果不变(图 13-3-11)。当然,如果改变精度要求,结论就不一样了。例如,如果要保留小数点后 8 位,则需 $m=11$ 才达到平衡状态。

	A	B	C	D	E
7		甲	乙	丙	丁
8	甲	0.175000	0.250000	0.275000	0.300000
9	乙	0.175000	0.250000	0.275000	0.300000
10	丙	0.175000	0.250000	0.275000	0.300000
11	丁	0.175000	0.250000	0.275000	0.300000

图 13-3-11 概率转移矩阵达到平衡状态的小数表示($m=10$)

13.3.3 问题与对策

程序编写完成之后,可以通过 VB 编辑器的"工程-VBAProject"将其保存起来,以备今后使用。方法是,打开"工程资源管理器(P)",选择写有该程序的模块,按右键,再选择"导出文件(E)",将其导入指定的文件夹即可(图 13-3-12)。今后需要的时候,再通过基于模块的右键菜单的"导入文件(I)"路径将其导入。如果没有插入模块,也可以通过 VB 编辑器主菜单的"文件(F)"→"导入文件(I)"路径将保存的模块导入进来(图 13-3-7)。

图 13-3-12 工程资源管理器中导出文件的路径

有时候，在 VB 编辑器中写好程序，返回 Excel 工作表之后，却不能得到 Markov 链的计算结果。如果系统没有任何提示，则可能的原因是 Excel 的"宏"的安全性设置太高。解决的办法如下。

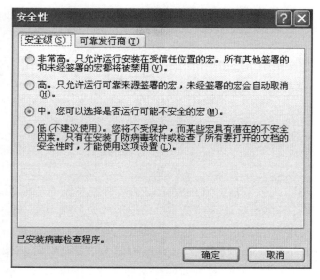

第一步，修改安全性。从主菜单出发，沿着"工具(T)→宏(M)→安全性(S)…"的路径打开"安全性"对话框（图 13-3-1）。然后，将"安全级(S)"由"高"改为"中"，确定（图 13-3-13）。

第二步，重启 Excel。关闭 Excel 文件，然后重新打开，这时会弹出"安全警告"对话框，选择"启用宏(E)"（图 13-3-14）。

图 13-3-13　宏的安全性对话框

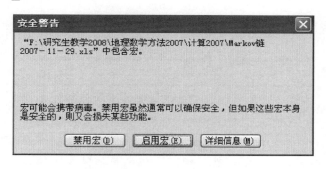

图 13-3-14　启用宏的对话框

在某些情况下，操作混乱也会引起一些计算过程的麻烦。举例说来，运用自定义函数 mmultm，确定之后弹出"发现二义性的名称"之类的警示（图 13-3-15）。这意味着工程资源管理器中出现了两个内容完全相同的模块。这时自定义函数不能运行，无法运算。解决的办法之一是移除内容冲突的模块，办法之二是修改其中一个函数的命名，例如，将 mmultm 改为 mmul。总之不能出现两个函数名称完全一样的模块。

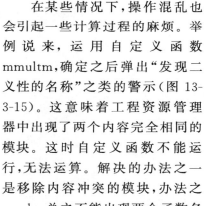

其实，只要熟练地掌握了 Markov 矩阵的逐步计算方法，可以不必编写 VB 程序。Excel 这个软件的最大功能之一就是数值"拷贝"。利用 Excel 的自我拷贝功能和绝对单元格与相对单元格的转换关系，可以方便地开展很多迭代运算。因此，在转移矩阵阶数不是很大的情况下，直接拷贝计算 Markov 链就行了。

图 13-3-15　模块内容冲突的提示

第 14 章 R/S 分析

R/S 分析是非线性时间序列分析的一种基本方法。所谓 R/S 分析，实际上就是重新标度的极差分析（rescaled range analysis），简称重标极差分析。给定一个时间序列，计算出代表增长率或者衰减率的差分。然后，计算出对应于不同时滞的极差（R）和标准差（S），并且求出二者的比值（R/S）。如果极差与标准差的比值随时滞呈现出幂律分布的趋势，则幂指数就是所谓的 Hurst 指数，据此可以判断时间序列暗示的系统演化趋势。时间序列的 Hurst 指数也可以通过功率谱分析估算，理论上谱指数与 Hurst 指数之间存在严格的数学关系。在时间序列足够长的时候，利用谱分析间接估计 Hurst 指数更为便捷。但是，当时间序列的样本路径不长的时候，只能采用 R/S 分析技术直接计算。

【例】1996 年以来中国人均耕地的变化趋势分析。数据来源于国土资源部历年的公报以及《中国统计年鉴》公布的人口和耕地资料。

14.1 计算 Hurst 指数的基本步骤

14.1.1 R/S 值的计算

	A	B	C	D
1	年份	时滞t	人均耕地面积	差分
2	1996	0	1.59	
3	1997	1	1.57	-0.02
4	1998	2	1.56	-0.01
5	1999	3	1.54	-0.02
6	2000	4	1.52	-0.02
7	2001	5	1.50	-0.02
8	2002	6	1.47	-0.03
9	2003	7	1.43	-0.04
10	2004	8	1.41	-0.02
11	2005	9	1.40	-0.01
12	2006	10	1.39	-0.01

图 14-1-1 中国人均耕地面积及其差分序列
（1996～2006 年）

人均耕地面积单位为亩。本章相关项目单位与此表同

第一步，录入数据，计算时间序列的差分。R/S 分析实际上都是针对变化率进行的，即基于时间序列 x_t 的差分序列计算自相关系数。用下一年的数值减去上一年的数值，就得到差分序列 $\Delta x_t = x_t - x_{t-1}$（图 14-1-1）。人均耕地面积的变化率数值一共 10 个，分别对应的是 1996～1997 年、1997～1998 年……2005～2006 年。

第二步，计算差分序列的均值序列。在 E3 单元格中输入公式"＝AVERAGE（$D$3:D3）"，回车，得到第一个平均值－0.02（图 14-1-2）。将鼠标光标指向 E3 单元格的右下角，待其变为细小黑十字形填充柄，双击或者下拉，得到全部的平均值（图 14-1-3）。

如果采用公式表示上述计算过程，则相应于不同时滞（τ）的各步分别是

	A	B	C	D	E	F
1	年份	时滞t	人均耕地面积	差分	均值E	
2	1996	0	1.59			
3	1997	1	1.57	-0.02	=AVERAGE($D$3:D3)	
4	1998	2	1.56	-0.01		
5	1999	3	1.54	-0.02		
6	2000	4	1.52	-0.02		
7	2001	5	1.50	-0.02		
8	2002	6	1.47	-0.03		
9	2003	7	1.43	-0.04		
10	2004	8	1.41	-0.02		
11	2005	9	1.40	-0.01		
12	2006	10	1.39	-0.01		

图 14-1-2 计算差分序列相应于不同时滞的均值

	B	C	D	E	F	G
1	时滞t	人均耕地面积	差分	均值E	标准差S	
2	0	1.59				
3	1	1.57	-0.02	-0.0200	=STDEVP($D$3:D3)	
4	2	1.56	-0.01	-0.0150		
5	3	1.54	-0.02	-0.0167		
6	4	1.52	-0.02	-0.0175		
7	5	1.50	-0.02	-0.0180		
8	6	1.47	-0.03	-0.0200		
9	7	1.43	-0.04	-0.0229		
10	8	1.41	-0.02	-0.0225		
11	9	1.40	-0.01	-0.0211		
12	10	1.39	-0.01	-0.0200		

图 14-1-3　计算差分序列相应于不同时滞的标准差

$$\tau = 1 : \langle \xi \rangle_1 = -0.02$$

$$\tau = 2 : \langle \xi \rangle_2 = \frac{1}{2}(-0.02 - 0.01) = -0.015$$

$$\tau = 3 : \langle \xi \rangle_3 = \frac{1}{3}(-0.02 - 0.01 - 0.02) = -0.017$$

其余计算依此类推。式中：τ 为时滞；$\langle \xi \rangle$ 为均值。

第三步，计算差分序列的标准差序列。在 F3 单元格中输入公式"=STDEVP($D$3:D3)"，回车，得到第一个标准差 0(图 14-1-3)。将光标指向 F3 单元格的右下角，待其变为细小黑十字，双击或者下拉，得到全部的标准差值(图 14-1-4)。

如果采用公式表示上述计算过程，就是

$$\tau = 1 : S(1) = \sqrt{(\xi_1 - \langle \xi \rangle_1)^2} = \sqrt{\frac{1}{1}(0.02 - 0.02)^2} = 0$$

$$\tau = 2 : S(2) = \sqrt{\frac{1}{2}[(\xi_1 - \langle \xi \rangle_2)^2 + (\xi_2 - \langle \xi \rangle_2)^2]}$$
$$= \sqrt{\frac{1}{2}[(0.02 - 0.015)^2 + (0.01 - 0.015)^2]} = 0.005$$

$$\tau = 3 : S(3) = \sqrt{\frac{1}{3}[(\xi_1 - \langle \xi \rangle_3)^2 + (\xi_2 - \langle \xi \rangle_3)^2 + (\xi_3 - \langle \xi \rangle_3)^2]}$$
$$= \sqrt{\frac{1}{3}[(0.02 - 0.0167)^2 + (0.01 - 0.0167)^2 + (0.02 - 0.0167)^2]}$$
$$= 0.0047$$

其余计算依此类推，全部结果如图 14-1-4 所示。

第四步，计算差分序列的累计离差和极差序列。这一步的计算过程要烦琐一些。首先，考虑时滞 $\tau = 1$ 的情况。非常简单，累计离差和极差都是 0。不过，为了说明计算过程的规律，我们还是给出具体的步骤。在 I3 单元格中输入公式"=D3-$E$3"，回车得到离差 0；在 J3 单元格

	B	C	D	E	F
1	时滞t	人均耕地面积	差分	均值E	标准差S
2	0	1.59			
3	1	1.57	-0.02	-0.0200	0.0000
4	2	1.56	-0.01	-0.0150	0.0050
5	3	1.54	-0.02	-0.0167	0.0047
6	4	1.52	-0.02	-0.0175	0.0043
7	5	1.50	-0.02	-0.0180	0.0040
8	6	1.47	-0.03	-0.0200	0.0058
9	7	1.43	-0.04	-0.0229	0.0088
10	8	1.41	-0.02	-0.0225	0.0083
11	9	1.40	-0.01	-0.0211	0.0087
12	10	1.39	-0.01	-0.0200	0.0089

图 14-1-4　相应于不同时滞的均值和标准差序列

中输入公式"＝I3",回车得到累计离差0;在G3单元格中输入公式"＝MAX(J3)-MIN(J3)",回车得到极差$R(1)=0$(图14-1-5)。表示为公式就是

$$\tau = 1：X(1,1) = \xi_1 - \langle\xi\rangle_1 = 0.02 - 0.02 = 0$$
$$R(1) = 0 - 0 = 0$$

式中:X为累计离差;R为极差。

	D	E	G	I	J	K	L
1	差分	均值E	极差R	极差t=1	累计	t=2	累计
2							
3	-0.02	-0.0200	0.0000	0.0000	0.0000	-0.0050	-0.0050
4	-0.01	-0.0150	=MAX(L3:L4)-MIN(L3:L4)			0.0050	0.0000
5	-0.02	-0.0167					
6	-0.02	-0.0175					
7	-0.02	-0.0180					
8	-0.03	-0.0200					
9	-0.04	-0.0229					
10	-0.02	-0.0225					
11	-0.01	-0.0211					
12	-0.01	-0.0200					

图14-1-5 计算累计离差和极差的第一步和第二步(注意图中隐藏了几列)

当时滞$\tau=2$时,计算过程如下。在K3单元格中输入公式"＝D3-\$E\$4",回车得到第一个离差－0.05;然后点击K3单元格的右下角下拉至K4单元格,得到第二个离差0.05。在L3单元格中输入"＝K3",回车得到第一个累计离差－0.05;在L4单元格中输入公式"＝K4＋L3",回车得到第二个累计离差0。最后,在G3单元格中输入公式"＝MAX(L3:L4)-MIN(L3:L4)",回车得到第二个极差0.05(图14-1-5)。上述过程表示为公式就是

$$\tau = 2：X(1,2) = \xi_1 - \langle\xi\rangle_2 = 0.02 - 0.015 = 0.005$$
$$X(2,2) = X(1,2) + (\xi_2 - \langle\xi\rangle_2) = 0.005 + (0.01 - 0.015) = 0$$
$$R(2) = 0.005 - 0 = 0.005$$

当时滞$\tau=3$时,计算方法如下。在M3单元格中输入公式"＝D3-\$E\$5",回车得到第一个离差－0.0033;然后点击M3单元格的右下角下拉至M5单元格,得到第二和第三个离差。在N3单元格中输入"＝M3",回车得到第一个累计离差－0.0033;在N4单元格中输入公式"＝M4＋N3",回车得到第二个累计离差0.0033;接下来,双击N4单元格右下角,或者点击N4单元格的右下角下拉至N5单元格,得到第三个累计离差0。最后,在G4单元格中输入公式"＝MAX(N3:N5)-MIN(N3:N5)",回车得到第三个极差0.0067(图14-1-6)。上述过程表示为公式就是

	G	H	I	J	K	L	M	N
1	极差R	R/S	极差t=1	累计	t=2	累计	t=3	累计
2								
3	0.0000		0.0000	0.0000	-0.0050	-0.0050	-0.0033	-0.0033
4	0.0050				0.0050	0.0000	0.0067	0.0033
5	0.0067						-0.0033	0.0000

图14-1-6 计算累计离差和极差的第三步

$$\tau = 3：X(1,3) = \xi_1 - \langle\xi\rangle_3 = 0.02 - 0.0167 = 0.0033$$
$$X(2,3) = X(1,3) + (\xi_2 - \langle\xi\rangle_3) = 0.0033 + (0.01 - 0.0167) = -0.0033$$
$$X(3,3) = X(2,3) + (\xi_3 - \langle\xi\rangle_3) = -0.0033 + (0.02 - 0.0167) = 0$$
$$R(3) = 0.0033 - (-0.0033) = 0.0067$$

其余的计算依此类推,不赘述。不过,为了读者更好地理解计算思路,最后说明一下时滞为10的情况。通过这一步,可以清楚地看出离差、累计离差和极差是如何计算出来的。

假定图 14-1-4 所示的数据分布和计算结果没有改变,当时滞 $\tau=10$ 时,计算方法如下。在 AA3 单元格中输入公式"＝D3-\$E\$12",回车得到第一个离差 0;然后点击 AA3 单元格的右下角下拉至 AA12 单元格,得到全部的离差值。在 AB3 单元格中输入"＝AA3",回车得到第一个累计离差 0;在 AB4 单元格中输入公

	A	D	E	G	AA	AB
1	年份	差分	均值E	极差R	t=10	累计
2	1996					
3	1997	-0.02	-0.0200	0.0000	0.0000	0.0000
4	1998	-0.01	-0.0150	0.0050	0.0100	=AA4+AB3
5	1999	-0.02	-0.0167	0.0067	0.0000	
6	2000	-0.02	-0.0175	0.0075	0.0000	
7	2001	-0.02	-0.0180	0.0080	0.0000	
8	2002	-0.03	-0.0200	0.0100	-0.0100	
9	2003	-0.04	-0.0229	0.0243	-0.0200	
10	2004	-0.02	-0.0225	0.0250	0.0000	
11	2005	-0.01	-0.0211	0.0278	0.0100	
12	2006	-0.01	-0.0200		0.0100	

图 14-1-7 计算累计离差的最后一步(第十步)

式"＝AA4＋AB3"(图 14-1-7),回车得到第二个累计离差 0.01;接下来,双击 AB4 单元格右下角,或者点击 AB4 单元格的右下角下拉至 AB12 单元格,得到全部累计离差——从第一个到第十个。最后,在 G12 单元格中输入公式"＝MAX(AB3:AB12)-MIN(AB3:AB12)"(图 14-1-8),回车得到最后一个极差 0.03。

	A	D	E	G	AA	AB
1	年份	差分	均值E	极差R	t=10	累计
2	1996					
3	1997	-0.02	-0.0200	0.0000	0.0000	0.0000
4	1998	-0.01	-0.0150	0.0050	0.0100	0.0100
5	1999	-0.02	-0.0167	0.0067	0.0000	0.0100
6	2000	-0.02	-0.0175	0.0075	0.0000	0.0100
7	2001	-0.02	-0.0180	0.0080	0.0000	0.0100
8	2002	-0.03	-0.0200	0.0100	-0.0100	0.0000
9	2003	-0.04	-0.0229	0.0243	-0.0200	-0.0200
10	2004	-0.02	-0.0225	0.0250	0.0000	-0.0200
11	2005	-0.01	-0.0211	0.0278	0.0100	-0.0100
12	2006	-0.01	-0.0200	=MAX(AB3:AB12)-MIN(AB3:AB12)		

图 14-1-8 计算最后一个极差值

将上述第十步的计算过程用数学公式表示出来,可以得到一长串表达式,即

$\tau = 10 : X(1,10) = \xi_1 - \langle\xi\rangle_{10} = 0.02 - 0.02 = 0$

$X(2,10) = X(1,10) + (\xi_2 - \langle\xi\rangle_{10}) = 0 + (0.01 - 0.02) = -0.01$

$X(3,10) = X(2,10) + (\xi_3 - \langle\xi\rangle_{10}) = -0.01 + (0.02 - 0.02) = -0.01$

$X(4,10) = X(3,10) + (\xi_4 - \langle\xi\rangle_{10}) = -0.01 + (0.02 - 0.02) = -0.01$

$X(5,10) = X(4,10) + (\xi_5 - \langle\xi\rangle_{10}) = -0.01 + (0.02 - 0.02) = -0.01$

$X(6,10) = X(5,10) + (\xi_6 - \langle\xi\rangle_{10}) = -0.01 + (0.03 - 0.02) = 0$

$X(7,10) = X(6,10) + (\xi_6 - \langle\xi\rangle_{10}) = 0 + (0.04 - 0.02) = 0.02$

$X(8,10) = X(7,10) + (\xi_7 - \langle\xi\rangle_{10}) = 0.02 + (0.02 - 0.02) = 0.02$

$X(9,10) = X(8,10) + (\xi_8 - \langle\xi\rangle_{10}) = 0.02 + (0.01 - 0.02) = 0.01$

$X(10,10) = X(9,10) + (\xi_9 - \langle\xi\rangle_{10}) = 0.01 + (0.01 - 0.02) = 0$

$R(10) = 0.02 - (-0.01) = 0.03$

完成极差 $R(\tau)$ 的计算过程之后,R/S 分析过程中最为麻烦的数学处理就结束了。

第五步,计算 R/S 序列。有了上面的计算结果,不难计算极差 $R(\tau)$ 和相应的标准差 $S(\tau)$ 的比值。在 H3 单元格中输入公式"＝G3/F3",得到第一个极差与标准差的比值。

由于是 0/0,Excel 给出除数为 0 的标志"♯DIV/0!"。双击 H3 单元格的右下角,或者点击其右下角下拉,得到全部的 R/S 值(图 14-1-9)。容易看出,其中第一个数据点是一个例外,不可能参与计算。R/S 分析是从第二个 R/S 数据点开始的,相应地,时滞的起点也是 2。

	A	B	C	D	E	F	G	H
1		时滞t	人均耕地面积	差分	均值E	标准差S	极差R	R/S值
2		0	1.59					
3		1	1.57	-0.02	-0.0200	0.0000	0.0000	#DIV/0!
4		2	1.56	-0.01	-0.0150	0.0050	0.0050	1.0000
5		3	1.54	-0.02	-0.0167	0.0047	0.0067	1.4142
6		4	1.52	-0.02	-0.0175	0.0043	0.0075	1.7321
7		5	1.50	-0.02	-0.0180	0.0040	0.0080	2.0000
8		6	1.47	-0.03	-0.0200	0.0058	0.0100	1.7321
9		7	1.43	-0.04	-0.0229	0.0088	0.0243	2.7578
10		8	1.41	-0.02	-0.0225	0.0083	0.0250	3.0151
11		9	1.40	-0.01	-0.0211	0.0087	0.0278	3.1750
12		10	1.39	-0.01	-0.0200	0.0089	0.0300	3.3541

图 14-1-9　极差与标注差比值的计算结果

为了下一步的处理方便,我们通过"复制—选择性粘贴—粘贴数值"的途径对图 14-1-9 所示的数据进行整理——粘贴之后删除不必要的行和列(图 14-1-10)。我们最终需要了解的是极差和标准差比值 R/S 与时滞 τ 的数学关系及其参数估计结果。

	A	B	C	D	E	F	G
1	时滞t	人均耕地面积	差分	均值E	标准差S	极差R	R/S值
2	2	1.56	-0.01	-0.0150	0.0050	0.0050	1.0000
3	3	1.54	-0.02	-0.0167	0.0047	0.0067	1.4142
4	4	1.52	-0.02	-0.0175	0.0043	0.0075	1.7321
5	5	1.50	-0.02	-0.0180	0.0040	0.0080	2.0000
6	6	1.47	-0.03	-0.0200	0.0058	0.0100	1.7321
7	7	1.43	-0.04	-0.0229	0.0088	0.0243	2.7578
8	8	1.41	-0.02	-0.0225	0.0083	0.0250	3.0151
9	9	1.40	-0.01	-0.0211	0.0087	0.0278	3.1750
10	10	1.39	-0.01	-0.0200	0.0089	0.0300	3.3541

图 14-1-10　极差与标注差比值的计算结果

14.1.2　Hurst 指数的计算

R/S 分析的前提是算出 Hurst 指数,据此估计差分序列的自相关系数。为简明起见,不妨将年份表示为时滞即时序重标的长度 τ。然后,以 τ 为自变量,以 $R(\tau)/S(\tau)$ 为因变量,拟合如下幂指数关系

$$R(\tau)/S(\tau) = k\left(\frac{\tau}{2}\right)^H \tag{14-1-1}$$

式中:H 为 Hurst 指数;k 为比例系数。只要这个关系成立,就可以开展 R/S 分析,否则研究对象不适宜于 R/S 分析,必须考虑放弃。

首先画出 R/S-时滞值的坐标图,观察点列分布是否是对数线性的,即在双对数坐标图上具有直线分布趋势。只要散点表现为直线分布趋势,R/S 分析就可望成功。如图 14-1-10 所示,以第 A 列的时滞为横轴,以第 G 列的 R/S 值为纵轴,作散点图,并且添加趋势线,在趋势线中选择乘幂"(W)",要求显示公式和 R 平方值,结果如图14-1-11所示。R/S 值与时滞的幂指数关系为

$$R(\tau)/S(\tau) = 0.5941\tau^{0.7487} = 0.9982\left(\frac{\tau}{2}\right)^{0.7487}$$

拟合优度 $R^2 = 0.9358$。式中的幂指数就是我们需要的 Hurst 指数 $H = 0.7487$。可见,R/S 分析可以帮助我们在似乎没有规则的数据序列中找到标度关系,即数据重标后的标度律。

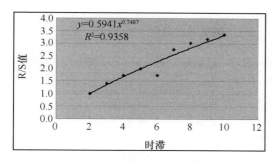
图 14-1-11　R/S 值与时滞的关系（常规刻度）
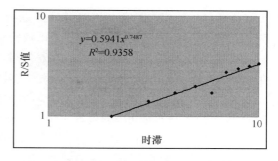
图 14-1-12　R/S 值与时滞的关系（对数刻度）

要想明确显示 R/S 值与时滞之间的对数线性关系，可以将坐标图中的坐标刻度改为对数刻度（图 14-1-12）。

14.2　自相关系数和 R/S 分析

14.2.1　R/S 值分析的依据

Hurst 指数的数学含义可以通过它与差分序列 $\Delta x_t = x_t - x_{t-1}$ 的自相关系数的关系体现出来。差分序列的自相关系数可以表作

$$R_t = 2^{2H-1} - 1 \tag{14-2-1}$$

式中：H 为 Hurst 指数；R_t 为差分序列的一阶自相关系数。我们知道，自相关系数值为 $-1\sim 1$，即有 $-1\leqslant R_t\leqslant 1$。由此可以判断，$H$ 值为 $0\sim 1$，即有 $0\leqslant H\leqslant 1$。如果计算的 H 值大于 1，就会出现 $R_t>1$ 的情况，暗示着计算过程出现某种失误。

一个时间序列的差分表示的是事物随时间的变化率——增长率或者衰减率。由于衰减率可以视为负增长率，故可将变化率视为广义的"增长率"。

从式(14-2-1)可以看出：

当 $H=0.5$ 时，$R_t=0$，表明时间序列差分的自相关系数为 0，即时间序列前后的变化无关。此时 $x(t_2)-x(t_1)$ 与 $x(t_3)-x(t_2)$ 在概率意义上没有关联，即无后效性。

当 $H>0.5$ 时，$R_t>1$，表明时间序列差分的自相关系数大于 0，即时间序列的变化前后正相关。这种序列具有持久性：过去的一个增量意味着未来的一个增量，过去的一个减量意味着未来的一个减量。

当 $H<0.5$ 时，$R_t<0$，表明时间序列差分的自相关系数小于 0，即时间序列的变化前后负相关。这种序列具有反持久性：过去的一个增量意味着未来的一个减量，过去的一个减量意味着未来的一个增量。

总而言之，当 $H=1/2$ 时，时间序列反映的事物变化率没有"记忆"；当 $H\neq 1/2$ 时，我们说时间序列的变化率具有长程记忆性。

14.2.2　序列变化的自相关分析

根据回归结果，我们得到 Hurst 指数 $H=0.7487>0.5$。由此可以判断：中国人均耕地面积的衰减率是长程正相关的，过去的下降意味着未来的继续下降。根据 Hurst 指数

的数理意义可知,过去11年的衰减趋势意味着未来的继续衰减趋势。因此,至少在今后10年之内,中国人均耕地面积衰减率还是要衰减下去。

如前所述,Hurst指数等价于一次差分的一阶自相关系数。计算Hurst指数H之后,就可以非常方便地算出自相关系数R_t。对于本例,$H=0.7487$,代入式(14-2-1)立即得到

$$R_t = 2^{2\times 0.7487-1} - 1 = 0.4116$$

可见,代表变化率的时间序列差分存在正的自相关性:过去的减少意味着未来的继续减少。

由于样本路径较短,如果我们采用原始数据直接计算自相关函数,则结果可能误差较大。利用衰减率数据计算自相关函数ACF,结果表明,一阶自相关函数为0.375。其实,最便捷的方式是采用最小二乘法借助自回归分析估计自相关系数。令$y_t = x_t - x_{t-1}$表示人均耕地面积的差分序列。整理数据,使得数据按照图14-2-1所示排列。然后,以y_{t-1}为横轴,以y_t为纵轴,画出散点图,并且添加趋势线。添加趋势线的过程中,选择显示公式和R平方值,则看得到如下线性自回归模型

$$y_t = 0.4355 y_{t-1} - 0.0108 + e_t$$

式中:e_t为残差(图14-2-2)。自回归系数$C=0.4355$,相关系数平方$R^2=0.1633$,因此$R=0.4041$。理论上,对于一阶自回归,应当有$R=C$。由于计算误差,二者存在差值。由此可以判断,实际的自相关系数应该为0.4041~0.4355。前述R/S分析得到的自相关系数$R_t=0.4116$正好落入0.404~0.4355。

	A	B	C	D	E
1	年份	时滞t	人均耕地面积	差分y_{t-1}	差分y_t
2	1996	0	1.59		
3	1997	1	1.57	-0.02	-0.01
4	1998	2	1.56	-0.01	-0.02
5	1999	3	1.54	-0.02	-0.02
6	2000	4	1.52	-0.02	-0.02
7	2001	5	1.50	-0.02	-0.03
8	2002	6	1.47	-0.03	-0.04
9	2003	7	1.43	-0.04	-0.02
10	2004	8	1.41	-0.02	-0.01
11	2005	9	1.40	-0.01	-0.01
12	2006	10	1.39	-0.01	

图14-2-1 人均耕地差分序列的整理和重排

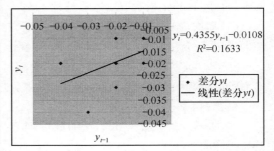

图14-2-2 基于最小二乘法的人均耕地差分序列自回归图式

在精度要求不高的情况下,采用上述方法估计自相关系数非常方便。根据经验,自相关系数一般落入回归分析的相关系数和自回归系数(斜率)之间。不过,这种方法并非总是有效。为了安全起见,在数据量不大的情况下,最好还是借助R/S分析方法解决问题。

上面举出实例非常简单,系统演化的背景我们也比较清楚。如果将R/S方法用到我们并不清楚的问题上,则可望预测研究对象的发展趋势并进而揭示其演化的动力学机制。不过,当时间序列较长的时候,利用Excel计算将会非常烦琐,并且容易出错。解决问题的办法是,模仿上述计算过程,借助简明的实例在Excel中反复练习,掌握R/S分析的计算规律。搞清原理之后,就可以借助有关数学软件如Matlab或者Mathcad编程计算。当然,利用Excel的Visual Basic编程功能,可以开发出R/S分析的自定义函数。

第 15 章 线性规划求解（实例）

Excel 具有规划求解的基本功能，包括线性规划和非线性规划。对于常规的线性规划问题，Excel 就可以给出求解结果。对于比较复杂的问题，那就需要用到较难掌握的数学软件如 Matlab 了。不过，现实中出现的大多数线性规划问题，就可在 Excel 中完成计算任务。利用 Excel 求解规划问题有点烦琐，但也不难掌握。下面借助几个简单的实例说明其应用方法。这些例子包括工业问题、农业问题、建筑业问题、运输业问题和区位选择问题。规划类型包括普通线性规划、整数规划和 0-1 规划。希望读者能够举一反三，将其推广到多变量的情形。

15.1 实例分析 1

某工厂生产 A、B 两种产品。每生产一吨产品所需要的劳动力和煤、电消耗以及创造的收益如表 15-1-1 所示。

表 15-1-1 某工厂的生产情况

产品品种	劳动力（个，按工作日计算）	煤/t	电/1kW	单位产值/万元
A(x_1)	3	9	4	7
B(x_2)	10	4	5	12
限量	300	360	200	f

现因某种条件限制，该厂仅有劳动力 300 个，煤 360t，供电局只供给 200kW 的电。试问：该厂生产 A 产品和 B 产品各多少吨，才能保证创造最大的经济产值？

这是一个最大收益问题，建模思路如下。设该厂生产 A 产品 x_1 吨，生产 B 产品 x_2 吨。于是根据表 15-1-1 中提供的数据信息可以建立如下规划模型。

目标函数： $\max \quad f = 7x_1 + 12x_2$

$$\text{s. t.} \quad 3x_1 + 10x_2 \leqslant 300$$

约束条件：
$$9x_1 + 4x_2 \leqslant 360$$
$$4x_1 + 5x_2 \leqslant 200$$
$$x_1, x_2 \geqslant 0$$

于是有如下矩阵

$$\boldsymbol{c} = \begin{bmatrix} 7 \\ 12 \end{bmatrix}, \boldsymbol{x} = \begin{bmatrix} x_1 \\ x_2 \end{bmatrix}, \boldsymbol{A} = \begin{bmatrix} 3 & 10 \\ 9 & 4 \\ 4 & 5 \end{bmatrix}, \boldsymbol{b} = \begin{bmatrix} 300 \\ 360 \\ 200 \end{bmatrix}$$

容易看到，上述模型表为矩阵形式便是：

目标函数：

$$\max\quad f(x)=\boldsymbol{c}^{\mathrm{T}}\boldsymbol{x}=\begin{bmatrix}7 & 12\end{bmatrix}\begin{bmatrix}x_1\\x_2\end{bmatrix}$$

约束条件：

$$\text{s. t.}\begin{cases}\boldsymbol{Ax}=\begin{bmatrix}3 & 10\\9 & 4\\4 & 5\end{bmatrix}\leqslant\boldsymbol{b}=\begin{bmatrix}300\\360\\200\end{bmatrix}\\ \boldsymbol{x}=\begin{bmatrix}x_1\\x_2\end{bmatrix}\geqslant 0\end{cases}$$

下面是利用 Excel 求解规划结果的详细步骤。

1. 录入数据，定义有关单元格

	A	B	C	D	E	F
1		可比单元格		约束		目标函数
2	产品品种	产品数量	劳动力	煤	电	生产目标
3	A (x_1)	1	3	9	4	7
4	B (x_2)	1	10	4	5	12
5	限量	0	300	360	200	f
6	总量					

图 15-1-1　录入数据并预设迭代初始值

在 Excel 中，将有关数据资料按一定的规范录入，最好按照资料表格录入（图 15-1-1）。其中单元格 B3、B4 中的数值为预设的迭代初始值[相当于 $x_1(0)=1$，$x_2(0)=1$]，当然可以设为其他数值[如 $x_1(0)=0$，$x_2(0)=1$]。

接着是定义单元格，方法与步骤如下。

（1）定义目标函数。在 F6 单元格中输入公式"=F3*B3+F4*B4"，回车，这相当于建立目标函数公式

$$f(x)=7x_1+12x_2$$

（2）定义约束条件。在 C6 单元格中输入公式"=B3*C3+B4*C4"，回车；在 D6 单元格中输入公式"=B3*D3+B4*D4"，回车；在 E6 单元格中输入"=B3*E3+B4*E4"，回车。如果想一步到位，则可在 C6 单元格中输入公式"=\$B\$3*C3+\$B\$4*C4"（即在选中 B3、B4 单元格时，先后按功能键 F4），回车以后，用鼠标指向 C6 单元格的右下角，待光标变成细小黑十字，按住左键，右拖至 E6 单元格——如果拖到 F6 单元格，则连目标函数也一并定义了，前面定义目标函数的步骤可以省略。这几步相当于输入约束条件左半边

$$\begin{cases}3x_1+10x_2\\9x_1+4x_2\\4x_1+5x_2\end{cases}$$

定义完毕以后，数据表给出基于初始值的[$x_1(0)=1$，$x_2(0)=1$]结果（图 15-1-2）。当然，如果初始值的设置不同，结果也会不同，但只要计算结果收敛，就不影响最终求解答案。

	A	B	C	D	E	F
1		可比单元格		约束		目标函数
2	产品品种	产品数量	劳动力	煤	电	生产目标
3	A (x_1)	1	3	9	4	7
4	B (x_2)	1	10	4	5	12
5	限量	0	300	360	200	f
6	总量		13	13	9	19

图 15-1-2　定义过单元格后的数据表

2. 规划选项

沿着主菜单的"工具→规划求解"路径打开"规划求解参数"对话框(图 15-1-3),进行如下设置。

(1) 将光标置入"设置目标单元格"对应的文本框中,再用鼠标选中 F6 单元格,这相当于将目标函数公式导入。

(2) 在下面的最大值、最小值等选项

图 15-1-3　规划求解参数对话框

中,默认"最大值(M)"——因为本题是寻求最大收益。

(3)将光标置于"可变单元格"对应的文本框中,用鼠标选中 B3:B4 单元格,这相当于令 B3 为 x_1,B4 为 x_2。

(4)添加约束条件:点击图 15-1-3 中的添加(A)按钮,弹出"添加约束"对话框,将光标置于"单元格引用位置"对应的文本框,用鼠标选中 C6 单元格;中间的小于等于号(<=)不变;再将光标置于"约束值"文本框,用鼠标选中 C5 单元格(图 15-1-4)。点击"添加(A)"。这一步相当于表达式

$$6x_1 + 10x_2 \leqslant 300$$

重复上述操作,分别在添加约束对话框的有关文本框位置设置 D6 单元格、小于等于号,以及 D5 单元格(图 15-1-5)。点击"添加"。这一步相当于公式

$$9x_1 + 4x_2 \leqslant 360$$

图 15-1-4　添加约束第一步

图 15-1-5　添加约束第二步

第三次重复上述操作,分别在有关位置设置 E6 单元格、小于等于号,以及 E5 单元格(图 15-1-6)。点击"添加"。这一步相当于公式

$$4x_1 + 5x_2 \leqslant 200$$

第四次重复上述操作,将光标置于"单元格引用位置"对应的文本框,选中 B3 单元格;中间的小于等于号改为大于等于号(>=)。大于等于号的调用方法是:在添加约束条件的选项框中,用鼠标指向中间栏目下向三角符号,从下拉选项单中选择大于等于号。再将光标置于"约束值"文本框,输入 0 或者选中 B5 单元格(图 15-1-7)。点击"添加"。这一步相当于录入

图 15-1-6　添加约束第三步

$$x_1 \geqslant 0$$

第五次重复上述操作,分别在有关位置设置 B4 单元格、大于等于号,以及 0 或者 B5 单元格(图 15-1-8)。点击"确定"按钮。这一步相当于录入公式

$$x_2 \geqslant 0$$

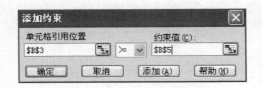

图 15-1-7　添加约束第四步 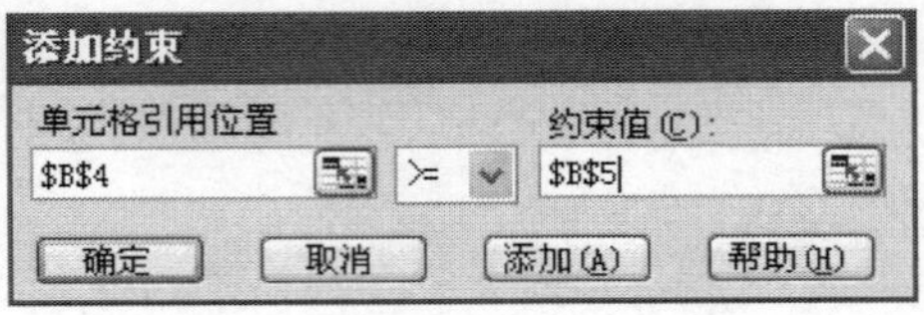　　　　图 15-1-8　添加约束第五步

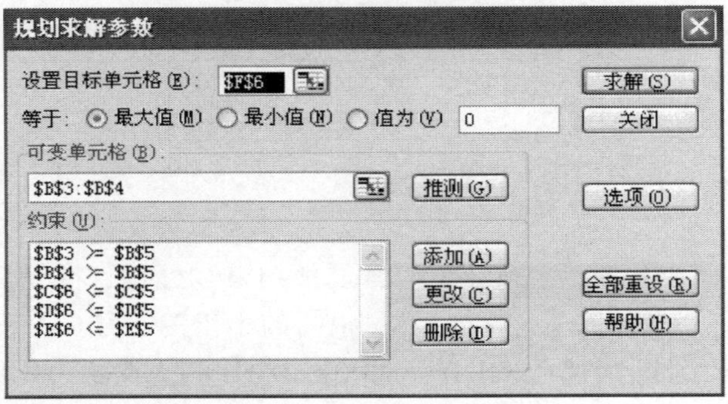

全部设置完毕并点击"确定"按钮之后,得到对话框的各项内容如图 15-1-9 所示。如果打开"选项"对话框,还有更多的参数可以设置,不过对于简单的规划求解(如本例),那些选项暂时用不到。

3. 输出结果

在图 15-1-9 所示的对话框中,点击"求解"按钮,随即弹出"规划求解结果"选项框。若想知

图 15-1-9　设置完毕以后的规划求解参数对话框

道详细的求解情况,可以选中"报告(R)"中的三个报告名称(图 15-1-10)。

点击图 15-1-10 所示的"确定"按钮,立即得到求解结果(图 15-1-11)。结果表明:生成 20t A 产品、24t B 产品可使收益最大,最大收益为 428 万元。

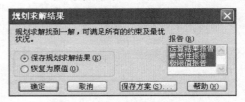

图 15-1-10　规划求解结果对话框

	A	B	C	D	E	F
1		可比单元格	约束			目标函数
2	产品品种	产品数量	劳动力	煤	电	生产目标
3	A (x_1)	20	3	9	4	7
4	B (x_2)	24	10	4	5	12
5	限量	0	300	360	200	f
6	总量		300	276	200	428

图 15-1-11　规划求解结果

根据前面的要求,给出了三个求解报告,包括运算结果报告、敏感性报告和极限值报告(图 15-1-12 至图 15-1-14)。运算结果报告的目标单元格终值给出了最大收益值 428 万元;可变单元格终值给出了 A、B 两种产品的最佳生产数量 20t 和 24t;约束条件表明,劳动力和电的使用均已达到限制值,而煤没有用完,富余 84t(图 15-1-12)。

从敏感性报告可以看出,三个约束条件中,煤没有用完,煤供应量敏感性最差,拉格朗日乘数为 0——增加或者减少单位煤的供应量,对规划结果没有影响;劳动力供应量的敏感性较高,拉格朗日乘数为 0.52,增加或者减少单位劳动力的供应量对最终规划结果稍有影响;电供应量的敏感性最高,拉格朗日乘数为 1.36,增加或者减少单位电的供应量对最终规划结果有明显影响(图 15-1-13)。

Microsoft Excel 11.0 运算结果报告
工作表 [线性规划2006－12－15.xls]工业问题
报告的建立: 2006-12-15 17:07:16

目标单元格 (最大值)

单元格	名字	初值	终值
$F$6	总量 f	19	428

可变单元格

单元格	名字	初值	终值
$B$3	A (x1) 产品数量	1	20
$B$4	B (x2) 产品数量	1	24

约束

单元格	名字	单元格值	公式	状态	型数值
$C$6	总量 劳动力	300	$C$6<=$C$5	到达限制值	0
$D$6	总量 煤	276	$D$6<=$D$5	未到限制值	84
$E$6	总量 电	200	$E$6<=$E$5	到达限制值	0
$B$3	A (x1) 产品数量	20	$B$3>=$B$5	未到限制值	20
$B$4	B (x2) 产品数量	24	$B$4>=$B$5	未到限制值	24

图 15-1-12　运算结果报告

Microsoft Excel 11.0 敏感性报告
工作表 [线性规划2006－12－15.xls]工业问题
报告的建立: 2006-12-15 17:07:16

可变单元格

单元格	名字	终值	递减梯度
$B$3	A (x1) 产品数量	20	0
$B$4	B (x2) 产品数量	24	0

约束

单元格	名字	终值	拉格朗日乘数
$C$6	总量 劳动力	300	0.52
$D$6	总量 煤	276	0
$E$6	总量 电	200	1.36

图 15-1-13　敏感性报告

从极限值报告中可以看出，两种产品生产量及其收益的下限为 0，上限为规划结果——分别为 20t 和 24t。如果不生产 A 产品，仅仅生产 24t B 产品，则最终收益为 288 万元；如果不生产 B 产品，仅仅生产 20t A 产品，则最终收益为 140 万元(图 15-1-14)。

至此可知，对于这家工厂而言，应该生产 $x_1=20$t A 产品，$x_2=24$t B 产品。这样，该厂可以得到 $f_{max}=7\times 20+12\times 24=428$ 万元的收入(毛收入)。

Microsoft Excel 11.0 极限值报告
工作表 [线性规划2006－12－15.xls]极限值报告 1
报告的建立: 2006-12-15 17:07:16

单元格	目标式 名字	值
$F$6	总量 f	428

单元格	变量 名字	值	下限极限	目标式结果	上限极限	目标式结果
$B$3	A (x1) 产品数量	20	0	288	20	428
$B$4	B (x2) 产品数量	24	-1.77636E-15	140	24	428

图 15-1-14　极限值报告

	A	B	C	D	E	F
1	可比单元格		约束			目标函数
2	产品品种	产品数量	劳动力	煤	电	生产目标
3	A (x1)	19.8	3	9	4	7
4	B (x2)	24.16	10	4	5	12
5	限量	0	301	360	200	f
6	总量		301	274.84	200	428.52

(a) 增加一个劳动力

	A	B	C	D	E	F
1	可比单元格		约束			目标函数
2	产品品种	产品数量	劳动力	煤	电	生产目标
3	A (x1)	20.2	3	9	4	7
4	B (x2)	23.84	10	4	5	12
5	限量	0	299	360	200	f
6	总量		299	277.16	200	427.48

(b) 减少一个劳动力

图 15-1-15　增、减一个劳动力对规划结果的敏感性影响为 0.52

4. 进一步的运算

假定其他条件不变，增加一个单位的劳动力——将图 15-1-2 所示的 C5 单元格中的 300 改为 301，重复上述规划求解过程。可以看出：每增加 1 个劳动力，可以多得 0.52 万元的收入，亦即多一个人可以增加 $428.52-428=0.52$ 万元的收入[图 15-1-15(a)]；相反，在其他条件不变的情况下，减少一个单位的劳动力——将图

	A	B	C	D	E	F
1		可比单元格	约束			目标函数
2	产品品种	产品数量	劳动力	煤	电	生产目标
3	A (x_1)	20	3	9	4	7
4	B (x_2)	24	10	4	5	12
5	限量	0	300	361	200	f
6	总量		300	276	200	428

(a) 增加1t煤

	A	B	C	D	E	F
1		可比单元格	约束			目标函数
2	产品品种	产品数量	劳动力	煤	电	生产目标
3	A (x_1)	20	3	9	4	7
4	B (x_2)	24	10	4	5	12
5	限量	0	300	359	200	f
6	总量		300	276	200	428

(b) 减少1t煤

图 15-1-16　增、减 1t 煤对规划结果的敏感性影响为 0

改为 361 或者 359，重复上述规划求解过程。可以看到：总收入没有任何改变，亦即增减 1t 煤可以增加或者减少的收入为 0 万元（图 15-1-16）。比较可知，增加或者减少的数值正是敏感值报告中的煤对应的拉格朗日乘数。

假定其他条件不变，增加或者减少一个单位即 1kW 的电——将图 15-1-2 所示的 E5 单元格中的 200 改为 201 或者 199，重复上述规划求解过程。可以看到：总收入将会增加或者减少 1.36 万元

15-1-2 所示的 C5 单元格中的 300 改为 299，重复上述规划求解过程，则可以发现：每减少 1 个劳动力，将会减少 0.52 万元的收入，亦即少一个人将会减少 428－427.48＝0.52 万元的收入[图 15-1-15(a)]。比较可知，增、减的数值正是敏感值报告中的劳动力对应的拉格朗日乘数。据此可以判断，一个劳动力的影子价格为 0.52 万元，即 5200 元。

假定其他条件不变，增加或者减少一个单位的煤——将图 15-1-2 所示的 D5 单元格中的 360

	A	B	C	D	E	F
1		可比单元格	约束			目标函数
2	产品品种	产品数量	劳动力	煤	电	生产目标
3	A (x_1)	20.4	3	9	4	7
4	B (x_2)	23.88	10	4	5	12
5	限量	0	300	360	201	f
6	总量		300	279.12	201	429.36

(a) 增加1kW电

	A	B	C	D	E	F
1		可比单元格	约束			目标函数
2	产品品种	产品数量	劳动力	煤	电	生产目标
3	A (x_1)	19.6	3	9	4	7
4	B (x_2)	24.12	10	4	5	12
5	限量	0	300	360	199	f
6	总量		300	272.88	199	426.64

(b) 减少1kW电

图 15-1-17　增、减 1kW 的电对规划结果的敏感性影响为 1.36

（图 15-1-17）。比较可知，改变的数值正是敏感值报告中的电对应的拉格朗日乘数。

15.2　实例分析 2

某农场有 100 亩土地，准备种植甲、乙两种作物。单位土地种植不同的作物需要消耗的劳动力、资金和经济收益情况见表 15-2-1。假定该农场只能提供 200 个劳动日和 9000 元生产资金；而种植甲作物每亩可得 450 元的纯收益，而种植乙作物可得 500 元的纯收益。试问：应该如何在这 100 亩土地上配置两种作物才能使得纯收益达到最大？

表 15-2-1　某农场的生产情况

产品种类	土地	劳动力/(个/亩,按工作日计算)	资金/(元/亩)	纯收益/(元/亩)
甲	x_1	1	100	450
乙	x_2	3	80	500
限量	100 亩	200 个劳动日	9000 元	f

这依然是一个最大收益问题,建模思路如下。设该农场生产种植甲作物 x_1 亩,种植乙作物 x_2 亩。根据表 15-2-1 中提供的数据信息可以建立如下模型。

目标函数：
$$\max \quad f = 450x_1 + 500x_2$$

约束条件：
$$\text{s.t.} \quad \begin{aligned} x_1 + x_2 &\leqslant 100 \\ x_1 + 3x_2 &\leqslant 200 \\ 100x_1 + 80x_2 &\leqslant 9000 \\ x_1, x_2 &\geqslant 0 \end{aligned}$$

模型中的参数可用矩阵表示

$$\boldsymbol{c} = \begin{bmatrix} 450 \\ 500 \end{bmatrix}, \boldsymbol{x} = \begin{bmatrix} x_1 \\ x_2 \end{bmatrix}, \boldsymbol{A} = \begin{bmatrix} 1 & 1 \\ 1 & 3 \\ 100 & 80 \end{bmatrix}, \boldsymbol{b} = \begin{bmatrix} 100 \\ 200 \\ 9000 \end{bmatrix}$$

可见,上述模型表为矩阵形式为

目标函数：
$$\max \quad f(x) = \boldsymbol{c}^{\mathrm{T}}\boldsymbol{x} = \begin{bmatrix} 450 & 500 \end{bmatrix} \begin{bmatrix} x_1 \\ x_2 \end{bmatrix}$$

约束条件：
$$\text{s.t.} \begin{cases} \boldsymbol{Ax} = \begin{bmatrix} 1 & 1 \\ 1 & 3 \\ 100 & 80 \end{bmatrix} \leqslant \boldsymbol{b} = \begin{bmatrix} 100 \\ 200 \\ 9000 \end{bmatrix} \\ \boldsymbol{x} = \begin{bmatrix} x_1 \\ x_2 \end{bmatrix} \geqslant 0 \end{cases}$$

在 Excel 中实现上述规划求解的步骤与本章实例分析 1 大同小异。唯一不同之处,本例中的可变单元格同时也代表约束条件。数据的排列方式与上例相同(图 15-2-1)。当然可以采用其他方式,总之要以定义变量来得方便为准。

	A	B	C	D	E
1		可变单元格	约束条件		目标函数
2	产品种类	土地	劳动力	资金	收益
3	甲 (x_1)	1	1	100	450
4	乙 (x_2)	1	3	80	500
5	限量	100	200	9000	f
6	总量	2	4	180	950

图 15-2-1　录入的数据和定义过单元格(本章实例分析 2)

根据数据分布位置,在 B6 单元格中输入"=B3+B4",回车;在 C6 单元格中输入"=＄B＄3＊C3＋＄B＄4＊C4",回车。用鼠标指向 C6 单元格的右下角,待光标变成细小黑十字,按住左键,右拖至 E6 单元格。这样,连同目标函数和约束条件一起完成定义(图 15-2-1)。

在设置规划求解参数对话框时,对应的目标函数仍然是"最大值(M)"。添加约束条件的方法与上例基本相同(图15-2-2)。一点区别是,添加 $x_1 \geq 0$ 和 $x_2 \geq 0$ 时,限制值最好用 0 直接表示(图 15-2-3)。确定之后,全部的求解结果如图 15-2-4 至图 15-2-7 所示。基本的答案在初步计算结果中即可看到(图 15-2-4)。

图 15-2-2 设置完毕以后的规划求解参数对话框(15.2 节例)

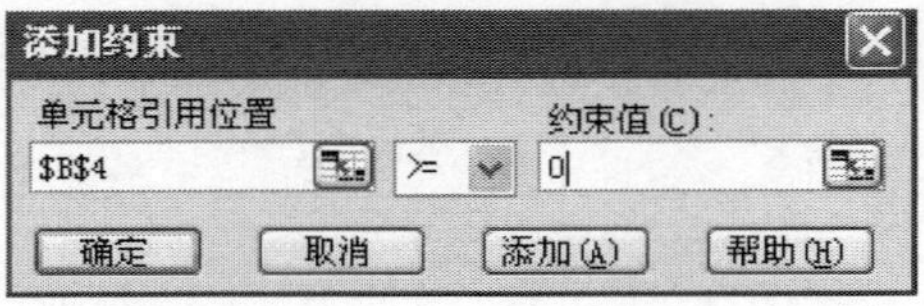

图 15-2-3 添加约束条件

	A	B	C	D	E
1		可变单元格	约束条件		目标函数
2	产品种类	土地	劳动力	资金	收益
3	甲(x_1)	50	1	100	450
4	乙(x_2)	50	3	80	500
5	限量	100	200	9000	f
6	总量	100	200	9000	47500

图 15-2-4 规划求解结果(15.2 节例)

结果表明,甲、乙两种作物各种植 50 亩,可以使得收益最大,最大收益为 47 500 元。

从敏感性报告中可以看出,本例最敏感的约束条件是劳动力,如果不增加劳动力,改变其他约束条件对规划结果没有影响。在其他条件不变的情况下,每减少一个劳动力,总收入将会减少约 63.636 元;每减少一份资金,总收入减少约 3.864 元。由于土地本身既是可变量又是约束量——一身兼两职,故它对应的拉格朗日乘数含义不明显。其他内容的解读与上例相似。

图 15-2-5 15.2 节例的运算结果报告

图 15-2-6 15.2 节例的敏感性报告

Microsoft Excel 11.0 敏感性报告
工作表 [线性规划2006—12—15.xls]农业问题
报告的建立: 2006-12-15 19:01:01

可变单元格

单元格	名字	终值	递减梯度
$B$3	甲 (x1) 土地	50	0
$B$4	乙 (x2) 土地	50	0

约束

单元格	名字	终值	拉格朗日乘数
$B$6	总量 土地	100	3.863636364
$C$6	总量 劳动力	200	63.63636364
$D$6	总量 资金	9000	3.863636364

图 15-2-7 15.2 节例的极限值报告

Microsoft Excel 11.0 极限值报告
工作表 [线性规划2006—12—15.xls]极限值报告 2
报告的建立: 2006-12-15 19:01:01

目标式

单元格	名字	值
$E$6	总量 f	47500

单元格	变量 名字	值	下限 极限	目标式 结果	上限 极限	目标式 结果
$B$3	甲 (x1) 土地	50	0	25000	50	47500
$B$4	乙 (x2) 土地	50	0	22500	50	47500

15.3 实例分析 3

假定一个城市的某区要建设一批家庭住宅楼,楼层设想为 6 层和 9 层两类。现有可用土地 6hm²,建设资金最多能够投入 3.6 亿元,容积率限定为 1.15。经过估算,土地购置费、管理销售等费用大约需要 2.35 亿元,即最多有 1.25 亿元的资金用于楼房建设。并且设想,9 层楼房的房间更为宽绰。预算表明,6 层楼房的平均单方造价是 1650 元,9 层楼房的平均单方造价是 1950 元;6 层楼房的平均单方售价是 7000 元,9 层楼房的平均单方造价是 7500 元。以上全部按照建筑面积计算,各种数据及其关系如表 15-3-1 所示。在这种情况下,请问开发商应该分别拿出多少土地用于建筑 6 层和 9 层楼房,才能获得最高收益?最终毛收益和利润各是多少?

表 15-3-1 某小区住宅楼房建设情况预算简表

楼房类型	地面建筑面积/m²	总面积限制	单方造价与投入/元	单方售价与收益/元
6 层	x_1	$6x_1/60\ 000$	1650	7000
9 层	x_2	$9x_2/60\ 000$	1950	7500
总量约束	x_1+x_2	1.15	125 000 000 元	f

这是一个非常简单的线性规划问题。首先,假设拿出 $x_1 \text{m}^2$ 的土地建设 6 层住宅,拿出 $x_2 \text{m}^2$ 的土地建设 9 层住宅,则我们可以根据单方售价预算确定如下收益函数

$$f = 7000 \times 6x_1 + 7500 \times 9x_2$$

我们的目标是收益最大化。实现这个目标的约束条件有两个:一是资金;二是容积率。总的资金投入预算是 1.25 亿元,这是最高限额,不论楼房怎么建设,所用资金不能超过这个数目。因此,根据单方造价,应有如下不等式

$$1650 \times 6x_1 + 1950 \times 9x_2 \leqslant 125\ 000\ 000$$

另外,总的土地投入是 6hm²,即宗地面积为 60 000m²。根据容积率(容积率=建筑面积/

宗地面积＝建筑基底面积×层数/宗地面积)的限定,应该有如下不等式

$$\frac{6x_1+9x_2}{60\ 000} \leqslant 1.15 \text{ 或 } 6x_1+9x_2 \leqslant 1.15 \times 60\ 000 = 69\ 000$$

最后,土地的投入量不得为负数,即有

$$x_j \geqslant 0$$

整理上面的四个式子,得到如下线性规划模型

$$\max \quad f = 42\ 000x_1 + 67\ 500x_2$$

$$\text{s. t.} \quad \begin{cases} 9900x_1 + 17\ 550x_2 \leqslant 125\ 000\ 000 \\ 6x_1 + 9x_2 \leqslant 69\ 000 \\ x_1, x_2 \geqslant 0 \end{cases}$$

	A	B	C	D	E
1		可变单元格	约束条件		目标函数
2	楼房类型	建筑基底面积	容积率	资金投入	收益函数
3	6层x_1	1	6	1650	7000
4	9层x_2	1	9	1950	7500
5	限量	0	69000	125000000	f
6	总量		15	27450	109500

图 15-3-1　数据和定义过单元格(15.3 节例)

在 Excel 中实现上述规划求解的步骤与前面两个例子大体相似。不过,本例中的目标函数和约束函数的表达更为复杂一些。数据的排列方式与上例相似(图 15-3-1)。根据数据分布范围,在 E6 中定义目标函数如下:"=B3*C3*E3+B4*C4*E4"。这相当于给出式子

$$f = 7000 \times 6x_1 + 7500 \times 9x_2$$

两个约束函数定义如下。在 C6 单元格中输入"＝B3*C3+B4*C4",这相当于给出函数

$$6x_1 + 9x_2$$

在 D6 单元格中输入"＝B3*C3*D3+B4*C4*D4",这相当于给出函数

$$1650 \times 6x_1 + 1950 \times 9x_2$$

目标函数和约束函数定义完成,结果如图 15-3-1 所示。

图 15-3-2　设置完毕以后的规划求解参数对话框(15.3 节例)

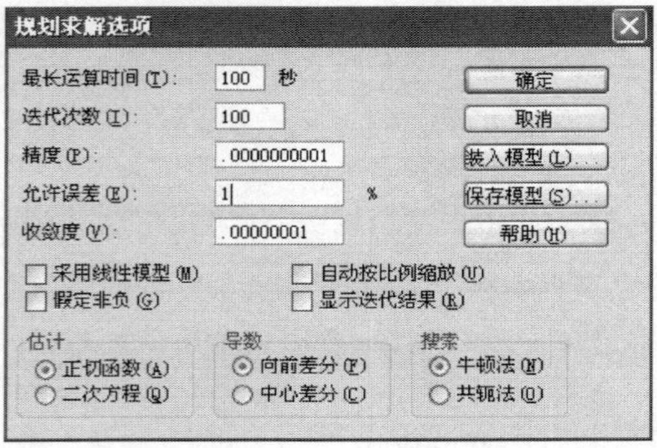

在设置规划求解参数对话框时,对应的目标函数仍然是"最大值(M)"。添加约束条件的方法与前面两个例子大致相同,结果如图 15-3-2 所示。

由于模型结构相对复杂,数值比较敏感,不妨打开选项,增加迭代次数,将精度提高,允许误差范围降低(图 15-3-3)。

确定之后,全部的求解结果如图 15-3-4 至图 15-3-6 所示。基本的答案在初步计算结果中可以看出(图 15-3-4)。

图 15-3-3　规划求解选项(15.3 节例)

结果表明,6 层楼房和 9 层楼房两种类型的房屋基底面积分别为 5305.5556 和 4129.6296m^2,这样可以使得收益最大,最大毛收益为 501 583 333.333 元。在不考虑购买土地等相关投入的情况下,最后的毛收益约为 5.016 亿元,纯收入约为 5.016－3.6＝1.416 亿元。三个报告的解读与前面两个例子相似(图 15-3-5 至图 15-3-7)。

	A	B	C	D	E
1		可变单元格	约束条件		目标函数
2	楼房类型	建筑基底面积	容积率	资金投入	收益函数
3	6层x_1	5305.5556	6	1650	7000
4	9层x_2	4129.6296	9	1950	7500
5	限量	0	69000	125000000	f
6	总量		69000	125000000	501583333.333

图 15-3-4　规划求解结果(15.3 节例)

Microsoft Excel 11.0 运算结果报告
工作表 [线性规划2006－12－15.xls]建筑问题
报告的建立: 2006-12-15 23:07:34

目标单元格 (最大值)

单元格	名字	初值	终值
$E$6	总量 f	501583333.333	501583333.333

可变单元格

单元格	名字	初值	终值
$B$3	6层x1 建筑基底面积	5305.5556	5305.5556
$B$4	9层x2 建筑基底面积	4129.6296	4129.6296

约束

单元格	名字	单元格值	公式	状态	型数值
$C$6	总量 容积率	69000	$C$6<=$C$5	到达限制值	0
$D$6	总量 资金投入	125000000	$D$6<=$D$5	到达限制值	0
$B$3	6层x1 建筑基底面积	5305.5556	$B$3>=$B$5	未到限制值	5305.5556
$B$4	9层x2 建筑基底面积	4129.6296	$B$4>=$B$5	未到限制值	4129.6296

图 15-3-5　15.3 节例的运算结果报告

Microsoft Excel 11.0 敏感性报告
工作表 [线性规划2006－12－15.xls]建筑问题
报告的建立: 2006-12-15 23:07:34

可变单元格

单元格	名字	终值	递减梯度
$B$3	6层x1 建筑基底面积	5305.5556	0.0000
$B$4	9层x2 建筑基底面积	4129.6296	0.0000

约束

单元格	名字	终值	拉格朗日乘数
$C$6	总量 容积率	69000	4250
$D$6	总量 资金投入	125000000	1.666666667

图 15-3-6　15.3 节例的敏感性报告

```
Microsoft Excel 11.0 极限值报告
工作表 [线性规划2006—12—15.xls]极限值报告 3
报告的建立: 2006-12-15 23:07:35
```

单元格	目标式 名字	值
$E$6	总量 f	501583333.333

单元格	变量 名字	值	下限 极限	目标式 结果	上限 极限	目标式 结果
$B$3	6层x1 建筑基底面积	5305.5556	0.0000	278750000.0000	5305.5556	501583333.3333
$B$4	9层x2 建筑基底面积	4129.6296	0.0000	222833333.3333	4129.6296	501583333.3333

图 15-3-7　15.3 节例的极限值报告

15.4　实例分析 4

已知某个企业在一个城市中有两个发货地点,它们之间有一定的距离。这两个发货地点分别给三个客户定期、定量送货。发货地点(简称发点)一(用 O_1 表示)的每周供货能力是 70 单位,发货地点二(用 O_2 表示)的每周供货能力是 50 单位。三个客户所在地即收货地点(简称收点)单位时间内对货物的需求状况是:客户一(用 D_1 表示)对货物的每周需求是 40 单位,客户二(用 D_2 表示)对货物的每周需求是 30 单位,客户三(用 D_3 表示)对货物的每周需求是 50 单位。由于两个货源地(发货地点)和三个目的地(客户所在)的空间距离以及它们之间的交通状况不同,单位货物的运价如表 15-4-1 所示。现在我们关心的是,如何在这两个发货地与三个目的地之间调配运送,方才使得总的运费最少?

这个问题属于供需平衡类型的交通运输线性规划问题。首先假定从第 i 个发货地到第 j 个需求地的送货量为 $x_{ij}(i=1,2;j=1,2,3)$,于是根据前面的情况介绍,供需平衡表可以表示为表 15-4-2。

表 15-4-1　不同货源地与到达地之间的单位货物运价　(单位:元)

项目	收点 D_1	收点 D_2	收点 D_3
发点 O_1	60	75	80
发点 O_2	70	120	150

表 15-4-2　不同货源地与到达地之间的货物配送假设

项目	收点 D_1	收点 D_2	收点 D_3	总供应量
发点 O_1	x_{11}	x_{12}	x_{13}	70
发点 O_2	x_{21}	x_{22}	x_{23}	50
总需求量	40	30	50	120

根据表 15-4-1 和表 15-4-2,可以建立调运问题的线性规划模型。这模型与前面的一系列模型有所不同:其一,我们的目标不再是求最大,而是求最小——使得总运费达到最低。其二,约束条件不再完全是不等式,而是包括等式,这样才能满足供需平衡条件。

目标函数为

$$\min\ S = 60x_{11} + 75x_{12} + 80x_{13} + 70x_{21} + 120x_{22} + 150x_{23}$$

约束条件可以表作

$$\text{s. t.} \quad x_{11} + x_{12} + x_{13} = 70$$
$$x_{21} + x_{22} + x_{23} = 50$$
$$x_{11} + x_{21} = 40$$
$$x_{12} + x_{22} = 30$$
$$x_{31} + x_{32} = 50$$
$$x_{ij} \geqslant 0$$

上述线性规划数学模型也可以表示为表 15-4-3。从表中可以清楚地看到,从两个发点(O_i)到三个收点(D_j)的货物配送关系,只要求出表中的未知数,我们的问题就能解决。

表 15-4-3 不同货源地与到达地之间的货物配送规划平衡表

收发关系	运输流量	单位货物运价	O_1	O_2	D_1	D_2	D_3
O_1D_1	x_{11}	60	x_{11}		x_{11}		
O_1D_2	x_{12}	75	x_{12}			x_{12}	
O_1D_3	x_{13}	80	x_{13}				x_{13}
O_2D_1	x_{21}	70		x_{21}	x_{21}		
O_2D_2	x_{22}	120		x_{22}		x_{22}	
O_2D_3	x_{23}	150		x_{23}			x_{23}
限量	120	S	70	50	40	30	50
实际收发量	120	9500	70	50	40	30	50

根据表 15-4-3 所示的条件和数据,我们可以在 Excel 中建立图 15-4-1。首先在区域 A3:A8 中确定收发关系,在单元格 B3:B8 中输入 1 作为各个变量的初始值,在单元格 C3:C8 中根据收发关系输入单位货物运价。然后,在 D3 单元格中输入"=B3",在 D4 单元格中输入"=B4",在 D5 单元格中输入"=B5";在 E6 单元格中输入"=B6",在 E7 单元格中输入"=B7",在 E8 单元格中输入"=B8";在 F3 单元格中输入"=B3",在 F6 单元格中输入"=B6";在 G4 单元格中输入"=B4",在 G7 单元格中输入"=B7";在 H5 单元格中输入"=B5",在 H8 单元格中输入"=B8"。接下来,根据规划模型,定义目标函数和约束条件。

	A	B	C	D	E	F	G	H
1		可变单元格	目标函数	约束条件				
2	收发关系	运输流量	单位运价	O_1	O_2	D_1	D_2	D_3
3	O_1D_1	1	60	1		1		
4	O_1D_2	1	75	1			1	
5	O_1D_3	1	80	1				1
6	O_2D_1	1	70		1	1		
7	O_2D_2	1	120		1		1	
8	O_2D_3	1	150		1			1
9	限量	6	S	70	50	40	30	50
10	总量		555	3	3	2	2	2

图 15-4-1 数据和定义过的单元格(15.4 节例)

在 C10 单元格中定义目标函数为
"=B3*C3+B4*C4+B5*C5+B6*C6+B7*C7+B8*C8"
在 D10 单元格中定义约束条件为

"=SUM(D3:D8)"

用鼠标指向 D10 单元格的右下角,待光标变成细小黑十字,按住左键,右拖至 H10 单元格。这样,完成约束条件的初步定义(图 15-4-1)。

根据上面的定义,容易设置规划求解参数。在目标函数单元格中选中 C10,在可变单元格中选中 B3:B8。选中之后,自动生成绝对单元格表达方式,即 \$C\$10 和 \$B\$3:\$B\$8(图 15-4-2)。注意,对于本例,目标函数等于最小值。

根据前面的模型,我们需要添加 5 个等式约束条件和 6 个不等式约束条件(图 15-4-2)。添加的方法举例如图 15-4-3 所示。

全部规划求解参数设置完成之后,确定,立即得到如下结果(图 15-4-4)。可以看到,第一个发货点有货物 70 单位,分别给第二和第三收货点发送 20 单位和

(a) 规划求解参数的等式约束

(b) 规划求解参数的不等式约束($x_{ij} \geq 0$)

图 15-4-2 设置完毕以后的规划求解参数对话框(15.4 节例)

50 单位;第二个发货点有货物 50 单位,分别给第一和第二收货点发送 40 单位和 10 单位。这样,第一、第二、第三收货点分别收到 40 单位、30 单位和 50 单位的货物,刚好满足需求。于是恰好达到供需平衡,并且全部运输成本最小,最小运输费用为 9500 元。

运算结果报告、敏感性报告和极限值报告如图 15-4-5 至图 15-4-7 所示。这个例子的敏感性分析相对复杂一点。如果我们将 O_1 增加一个单位,变成 71,则在其他条件不变的情况下,有如下结果:D_1 增加一个单位,变成 41,则运输费用增加 25 元;D_2 增加一个单位,变成 31,则运输费用

(a) 添加等式约束

(b) 添加不等式约束

图 15-4-3 添加约束示例(15.4 节例)

增加 75 元;D_3 增加一个单位,变成 51,则运输费用增加 80 元。另一方面,如果我们将 O_2 增加一个单位,变成 51,则在其他条件不变的情况下,有如下结果:D_1 增加一个单位,变成 41,则运输费用增加 70 元;D_2 增加一个单位,变成 31,则运输费用增加 20 元;D_3 增加一个单位,变成 51,则运输费用增加 25 元。增加 O_1 或者 O_2,然后改变 D_1,导致的费用增加差额为 45 元。这些敏感性变化信息都反映在拉格朗日乘数上面。

	A	B	C	D	E	F	G	H
1		可变单元格	目标函数			约束条件		
2	收发关系	运输流量	单位运价	O_1	O_2	D_1	D_2	D_3
3	O_1D_1	0	60	0		0		
4	O_1D_2	20	75	20			20	
5	O_1D_3	50	80	50				50
6	O_2D_1	40	70		40	40		
7	O_2D_2	10	120		10		10	
8	O_2D_3	0	150		0			0
9	限量	120	S	70	50	40	30	50
10	总量		9500	70	50	40	30	50

图 15-4-4　规划求解结果(15.4 节例)

Microsoft Excel 11.0 运算结果报告
工作表 [线性规划2006—12—15.xls]运输业问题
报告的建立: 2006-12-15 23:40:05

目标单元格 (最小值)

单元格	名字	初值	终值
$C$10	总量 S	555	9500

可变单元格

单元格	名字	初值	终值
$B$3	O1D1 运输流量	1	0
$B$4	O1D2 运输流量	1	20
$B$5	O1D3 运输流量	1	50
$B$6	O2D1 运输流量	1	40
$B$7	O2D2 运输流量	1	10
$B$8	O2D3 运输流量	1	0

约束

单元格	名字	单元格值	公式	状态	型数值
$D$10	总量 O1	70	$D$10=$D$9	未到限制值	0
$E$10	总量 O2	50	$E$10=$E$9	未到限制值	0
$F$10	总量 D1	40	$F$10=$F$9	未到限制值	0
$G$10	总量 D2	30	$G$10=$G$9	未到限制值	0
$H$10	总量 D3	50	$H$10=$H$9	未到限制值	0
$B$3	O1D1 运输流量	0	$B$3>=0	到达限制值	0
$B$4	O1D2 运输流量	20	$B$4>=0	未到限制值	20
$B$5	O1D3 运输流量	50	$B$5>=0	未到限制值	50
$B$6	O2D1 运输流量	40	$B$6>=0	未到限制值	40
$B$7	O2D2 运输流量	10	$B$7>=0	未到限制值	10
$B$8	O2D3 运输流量	0	$B$8>=0	到达限制值	0

图 15-4-5　15.4 节例的运算结果报告

Microsoft Excel 11.0 敏感性报告
工作表 [线性规划2006—12—15.xls]运输业问题
报告的建立: 2006-12-15 23:40:06

可变单元格

单元格	名字	终值	递减梯度
$B$3	O1D1 运输流量	0	35
$B$4	O1D2 运输流量	20	0
$B$5	O1D3 运输流量	50	0
$B$6	O2D1 运输流量	40	0
$B$7	O2D2 运输流量	10	0
$B$8	O2D3 运输流量	0	25

约束

单元格	名字	终值	拉格朗日乘数
$D$10	总量 O1	70	0
$E$10	总量 O2	50	45
$F$10	总量 D1	40	25
$G$10	总量 D2	30	75
$H$10	总量 D3	50	80

图 15-4-6 15.4 节例的敏感性报告

Microsoft Excel 11.0 极限值报告
工作表 [线性规划2006—12—15.xls]极限值报告 4
报告的建立: 2006-12-15 23:40:06

单元格	目标式 名字	值
$C$10	总量 S	9500

单元格	变量 名字	值	下限极限	目标式结果	上限极限	目标式结果
$B$3	O1D1 运输流量	0	0	9500	0	9500
$B$4	O1D2 运输流量	20	20	9500	20	9500
$B$5	O1D3 运输流量	50	50	9500	50	9500
$B$6	O2D1 运输流量	40	40	9500	40	9500
$B$7	O2D2 运输流量	10	10	9500	10	9500
$B$8	O2D3 运输流量	0	0	9500	0	9500

图 15-5-7 15.4 节例的极限值报告

15.5 实例分析 5

某房地产承包商拟建 A、B、C 三种类型的楼房。建造楼房所需要的水泥、砖石、木料、玻璃、钢筋以及房屋的售价如表 15-5-1 所示，原材料的数量以一定单位计算（表 15-5-1）。请问三种类型的楼房各建多少栋，才能使得总的收益达到最高？

表 15-5-1 某房地产承包商投产情况

房屋品种	水泥	砖石	木料	玻璃	钢筋	售价/万元
A(x_1)	1.5	3	1.5	2.5	3	60
B(x_2)	2.5	2.5	3.5	4	2.5	75
C(x_3)	2	4	5	6	4	100
限量	100	200	150	210	200	f

对于这类问题，毛收益达到最高，纯收益也就最高。因此，姑且不论土地购置、原材料消耗和各项管理费用，我们只看如何达到最大毛收益。

和前面的几个例子相比，本例有一个特殊的要求，即求解结果必须为整数。因为建筑商不可能建筑一栋残破的楼房，不应该出现 3.5 栋、4.8 栋之类的结果。基于整数思想，设该房地产承包商建造 A 型房屋 x_1 套，B 型房屋 x_2 套，C 型房屋 x_3 套。根据表 15-5-1 中提供的数据信息可以建立如下模型。

目标函数： max $f = 60x_1 + 75x_2 + 100x_3$

$$\text{s.t.} \quad 1.5x_1 + 2.5x_2 + 2x_3 \leq 100$$
$$3x_1 + 2.5x_2 + 4x_3 \leq 200$$
约束条件：
$$1.5x_1 + 3.5x_2 + 5x_3 \leq 150$$
$$2.5x_1 + 4x_2 + 6x_3 \leq 210$$
$$3x_1 + 2.5x_2 + 4x_3 \leq 200$$
$$x_1, x_2, x_3 \geq 0 \text{ 且为整数}$$

可见和普通线性规划模型的差异在于，约束条件中必须加上求解结果为整数的限制。根据表 15-5-1 所示的条件和数据，我们可以在 Excel 中建立如下数据分布表（图 15-5-1）。根据数据分布位置，在 C7 单元格中输入"＝＄B＄3＊C3＋＄B＄4＊C4＋＄B＄5＊C5"，回车。用鼠标指向 C7 单元格的右下角，待光标变成细小黑十字，按住左键，右拖至 H7 单元格。这样，连同目标函数和约束条件一起完成定义。

根据上面的定义，容易设置规划求解参数。在目标函数单元格中选中 H7，在可变单元格中选中 B3:B5。选中之后，自动生成绝对单元格表达方式，即 ＄H＄7 和 ＄B＄3:＄B＄5（图 15-5-2）。

	A	B	C	D	E	F	G	H
1		可变单元格			约束条件			目标函数
2	房屋品种	建筑数量	水泥	砖石	木料	玻璃	钢筋	效益
3	A (x_1)	1	1.5	3	1.5	2.5	3	60
4	B (x_2)	1	2.5	2.5	3.5	4	2.5	75
5	C (x_3)	1	2	4	5	6	4	100
6	限量	0	100	200	150	210	200	f
7	总量		6	9.5	10	12.5	9.5	235

图 15-5-1　数据和定义过的单元格（15.5 节例）

（a）整数规划的约束条件

（b）整数规划的下限约束和整数约束（$x_j \geq 0$ 且为整数）

15-5-2　设置完毕以后的规划求解参数对话框（15.5 节例）

根据前面的模型,我们需要添加 5 个原材料约束条件、3 个 0 底线约束和 3 个整数约束条件(图 15-5-2)。其他约束条件的添加方法可以参见 15.1 节例,至于整数约束的条件,只需要点击符号▼,调出 int 加以限制即可。各种约束的添加方法举例如图 15-5-3 所示。

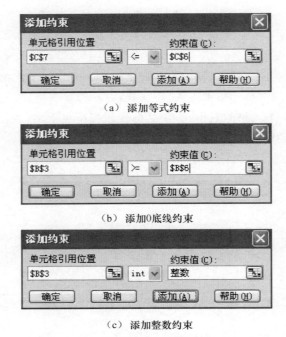

（a）添加等式约束

（b）添加 0 底线约束

（c）添加整数约束

图 15-5-3　添加约束示例(15.3 节例)

全部规划求解参数设置完成之后,确定,立即得到如图 15-5-4 所示的结果。对于整数规划,不能生成敏感性报告和极限值报告,只能给出运算结果报告(图 15-5-5)。这个报告比较简明,不难读懂。

计算结果表明,建造 45 栋 A 型楼房,0 栋 B 型楼房,16 栋 C 型楼房,最大收益为 4300 万元。

	A	B	C	D	E	F	G	H
1		可变单元格		约束条件				目标函数
2	房屋品种	建筑数量	水泥	砖石	木料	玻璃	钢筋	效益
3	A (x_1)	45	1.5	3	1.5	2.5	3	60
4	B (x_2)	0	2.5	2.5	3.5	4	2.5	75
5	C (x_3)	16	2	4	5	6	4	100
6	限量	0	100	200	150	210	200	f
7	总量		99.5	199	147.5	208.5	199	4300

图 15-5-4　规划求解结果(15.5 节例)

```
Microsoft Excel 11.0 运算结果报告
工作表 [线性规划2006-12-15.xls]整数规划
报告的建立: 2006-12-16 13:01:34
```

目标单元格 (最大值)

单元格	名字	初值	终值
$H$7	总量 f	4325	4300

可变单元格

单元格	名字	初值	终值
$B$3	A (x_1) 建筑数量	45	45
$B$4	B (x_2) 建筑数量	0	0
$B$5	C (x_3) 建筑数量	16.25	16

约束

单元格	名字	单元格值	公式	状态	型数值
$C$7	总量 水泥	99.5	$C$7<=$C$6	未到限制值	0.5
$D$7	总量 砖石	199	$D$7<=$D$6	未到限制值	1
$E$7	总量 木料	147.5	$E$7<=$E$6	未到限制值	2.5
$F$7	总量 玻璃	208.5	$F$7<=$F$6	未到限制值	1.5
$G$7	总量 钢筋	199	$G$7<=$G$6	未到限制值	1
$B$3	A (x_1) 建筑数量	45	$B$3>=$B$6	未到限制值	45
$B$4	B (x_2) 建筑数量	0	$B$4>=$B$6	到达限制值	0
$B$5	C (x_3) 建筑数量	16	$B$5>=$B$6	未到限制值	16
$B$3	A (x_1) 建筑数量	45	$B$3=整数	到达限制值	0
$B$4	B (x_2) 建筑数量	0	$B$4=整数	到达限制值	0
$B$5	C (x_3) 建筑数量	16	$B$5=整数	到达限制值	0

图 15-5-5 15.5节例的运算结果报告

15.6 实例分析6

某个公司决定在一个城市的东区、南区、西区和北区四个区投资建立产品销售门市部。经考察,东区和南区有两个合适的区位,西区和北区各有一个合适的区位。预算表明,这6个区位的投资成本和单位时间内可预期总收入如表15-6-1所示。由于经费的局限,总投资额为12个单位。并且,从长远的观点考虑,每个区至少保证有一个销售站点。试根据这些条件优化投资区位的选择。

表 15-6-1 投资区位选择的 0-1 规划问题

城区	区位	收入	成本	东	南	西	北
东区	x_1	6.0	4.0	x_1			
	x_2	5.0	3.0	x_2			
南区	x_3	5.0	2.5		x_3		
	x_4	4.5	2.0		x_4		
西区	x_5	4.0	2.0			x_5	
北区	x_6	5.5	2.5				x_6
限量	0	f	12	1	1	1	1

根据题意,在投资费用允许的前提下,应该尽可能地选中上述 6 个区位,底线是保证东、南、西、北至少有一个区位选中。变量只需两种:选中(用 1 表示)或者不选(用 0 表示)。可见,这个问题可以用 0-1 规划方法解决。借助上述条件,建立 0-1 规划模型如下。

目标函数:
$$\max \quad f = 6x_1 + 5x_2 + 5x_3 + 4.5x_4 + 4x_5 + 5.5x_6$$

约束条件:
$$\text{s.t.} \begin{cases} 4x_1 + 3x_2 + 2.5x_3 + 2x_4 + 2x_5 + 2.5x_6 \leqslant 12 \\ x_1 + x_2 \geqslant 1 \\ x_3 + x_4 \geqslant 1 \\ x_5 \geqslant 1 \\ x_6 \geqslant 1 \\ x_j = 0 \text{ 或 } 1(j = 1,2,3,4,5,6) \end{cases}$$

可见,与普通线性规划模型的区别在于,约束条件中限定变量取 0 或者取 1,此外别无选择。根据表 15-6-1 所示的条件和数据,在 Excel 中建立如图 15-6-1 所示的数据分布表。在 B3:B8 单元格中,任给 0、1 代表区位;在 E3 单元格中输入"=B3",在 E4 单元格中输入"=B4";在 F5 单元格中输入"=B5",在 F6 单元格中输入"=B6";在 G7 单元格中输入"=B7";在 H8 单元格中输入"=B8"。

然后定义目标函数和约束条件。根据数据分布位置,在 C10 单元格中输入"=\$B\$3*C3+\$B\$4*C4+\$B\$5*C5+\$B\$6*C6+\$B\$7*C7+\$B\$8*C8",回车。用鼠标指向 C10 单元格的右下角,待光标变成细小黑十字,按住左键,右拖至 D10 单元格。在 E10 单元格中输入"=SUM(E3:E8)",回车。用鼠标指向 E10 单元格的右下角,待光标变成细小黑十字,按住左键,右拖至 H10 单元格。这样,完成目标函数和约束条件的初步定义。

	A	B	C	D	E	F	G	H
1		可变单元格	目标函数		约束条件			
2	城区	区位	收入	成本	东	南	西	北
3	东区	1	6	4	1			
4		1	5	3	1			
5	南区	1	5	2.5		1		
6		1	4.5	2		1		
7	西区	1	4	2			1	
8	北区	1	5.5	2.5				1
9	限量	0	f	12	1	1	1	1
10	总量		30	16	2	2	1	1

图 15-6-1 数据和定义过的单元格(15.6 节例)

根据上面的定义,设置规划求解参数。在目标函数单元格中选中 C10,在可变单元格中选中 B3:B8。选中之后,自动生成绝对单元格表达方式,即 \$C\$10 和 \$B\$3:\$B\$8(图 15-6-2)。

根据前面的模型,我们需要添加1个成本上限约束条件、4个区位下限约束和6个0-1约束条件(图15-6-2)。约束条件的添加方法可以参见前面各例,至于0-1约束条件,只需要点击符号,调出bin(二进制)加以限制即可。各种约束的添加方法举例如图15-6-3所示。

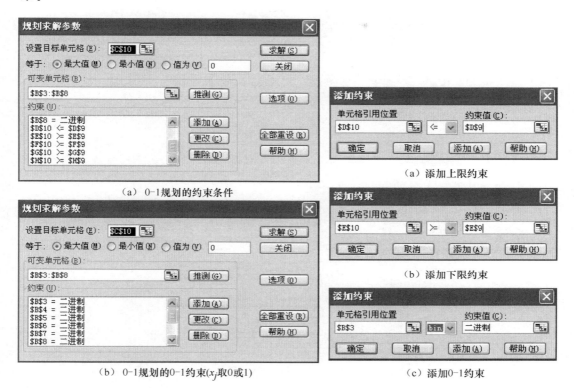

图15-6-2 设置完毕以后的规划求解参数对话框 (15.6节例)

图15-6-3 添加约束示例(15.6节例)

全部规划求解参数设置完成之后,确定,立即得到如图15-6-4所示的结果。对于0-1规划,不能生成敏感性报告和极限值报告,只能给出运算结果报告(图15-6-5)。

计算结果表明,限于投资费用,东区的第一个区位不选,其余的5个区位选中,该公司将在南区建设两个销售门市部,东区、西区和北区各建设一个门市部。

	A	B	C	D	E	F	G	H
1		可变单元格	目标函数		约束条件			
2	城区	区位	收入	成本	东	南	西	北
3	东区	0	6	4	0			
4		1	5	3	1			
5	南区	1	5	2.5		1		
6		1	4.5	2		1		
7	西区	1	4	2			1	
8	北区	1	5.5	2.5				1
9	限量	0	f	12	1	1	1	1
10	总量		24	12	1	2	1	1

图15-6-4 规划求解结果(15.6节例)

Microsoft Excel 11.0 运算结果报告
工作表 [线性规划2006－12－15.xls]0－1规划
报告的建立: 2006-12-16 21:44:37

目标单元格 (最大值)

单元格	名字	初值	终值
$C$10	总量 f	30	24

可变单元格

单元格	名字	初值	终值
$B$3	东区 区位	1	0
$B$4	区位	1	1
$B$5	南区 区位	1	1
$B$6	区位	1	1
$B$7	西区 区位	1	1
$B$8	北区 区位	1	1

约束

单元格	名字	单元格值	公式	状态	型数值
$D$10	总量 成本	12	$D$10<=$D$9	到达限制值	0
$E$10	总量 东	1	$E$10>=$E$9	到达限制值	0
$F$10	总量 南	2	$F$10>=$F$9	未到限制值	1
$G$10	总量 西	1	$G$10>=$G$9	到达限制值	0
$H$10	总量 北	1	$H$10>=$H$9	到达限制值	0
$B$3	东区 区位	0	$B$3=二进制	到达限制值	0
$B$4	区位	1	$B$4=二进制	到达限制值	0
$B$5	南区 区位	1	$B$5=二进制	到达限制值	0
$B$6	区位	1	$B$6=二进制	到达限制值	0
$B$7	西区 区位	1	$B$7=二进制	到达限制值	0
$B$8	北区 区位	1	$B$8=二进制	到达限制值	0

图 15-6-5　15.6 节例的运算结果报告

15.7　实例分析 7

不妨借助 15.6 节例说明演示规划模型的对偶问题。上例原来的目标函数是收益最大，约束条件中有一个成本约束。基于上例的求解结果，可以建立该模型的对偶模型。

目标函数：

$$\min \quad f = 4x_1 + 3x_2 + 2.5x_3 + 2x_4 + 2x_5 + 2.5x_6$$

约束条件：

$$\text{s.t.}\begin{cases} 6x_1 + 5x_2 + 5x_3 + 4.5x_4 + 4x_5 + 5.5x_6 \geqslant 24 \\ x_1 + x_2 \geqslant 1 \\ x_3 + x_4 \geqslant 1 \\ x_5 \geqslant 1 \\ x_6 \geqslant 1 \\ x_j = 0 \text{ 或 } 1(j = 1,2,3,4,5,6) \end{cases}$$

可见,对于本例,对偶模型就是将约束条件中的成本约束转换为目标函数,目标函数转换为一个效益约束。并且原来求效益最大的目标转换为求成本最小的目标。

求解过程与上例大同小异,在 Excel 中建立数据分布表与图 15-6-1 完全一样。目标函数和约束条件的定义也不用改变。

根据上例的定义和对偶模型,适当修改规划求解参数的设置。

在目标函数单元格中将$C$10改为$D$10。将图 15-6-2 所示的规划求解参数约束文本框中的$D$10<=$D$9改为$C$10>=24(图 15-7-1)。

约束条件的修改方法如下。选中约束文本框中的"$D$10<=$D$9",点击"更改"按钮,就可以进行修改(图 15-7-2)。

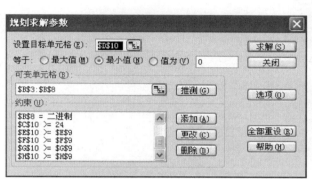

图 15-7-1 修改完毕以后的规划求解参数对话框
(15.7 节例)

图 15-7-2 修改约束示例(15.7 节例)

全部规划求解参数修改完成之后,确定,得到结果如图 15-7-3 所示。结论与上例的原模型完全一样(图 15-7-4)。

	A	B	C	D	E	F	G	H
1		可变单元格	目标函数		约束条件			
2	城区	区位	收入	成本	东	南	西	北
3	东区	0	6	4	0			
4		1	5	3	1			
5	南区	1	5	2.5		1		
6		1	4.5	2		1		
7	西区	1	4	2			1	
8	北区	1	5.5	2.5				1
9	限量	0	f	12	1	1	1	1
10	总量		24	12	1	2	1	1

图 15-7-3 对偶模型的规划求解结果(15.7 节例)

Microsoft Excel 11.0 运算结果报告
工作表 [线性规划2006－12－15.xls]0－1规划
报告的建立: 2006-12-16 21:56:08

目标单元格 (最小值)

单元格	名字	初值	终值
$D$10	总量 成本	16	12

可变单元格

单元格	名字	初值	终值
$B$3	东区 区位	1	0
$B$4	区位	1	1
$B$5	南区 区位	1	1
$B$6	区位	1	1
$B$7	西区 区位	1	1
$B$8	北区 区位	1	1

约束

单元格	名字	单元格值	公式	状态	型数值
$E$10	总量 东	1	$E$10>=$E$9	到达限制值	0
$F$10	总量 南	2	$F$10>=$F$9	未到限制值	1
$G$10	总量 西	1	$G$10>=$G$9	到达限制值	0
$H$10	总量 北	1	$H$10>=$H$9	到达限制值	0
$C$10	总量 f	24	$C$10>=24	到达限制值	0
$B$8	北区 区位	1	$B$8=二进制	到达限制值	0
$B$3	东区 区位	0	$B$3=二进制	到达限制值	0
$B$4	区位	1	$B$4=二进制	到达限制值	0
$B$5	南区 区位	1	$B$5=二进制	到达限制值	0
$B$6	区位	1	$B$6=二进制	到达限制值	0
$B$7	西区 区位	1	$B$7=二进制	到达限制值	0

图 15-7-4　15.7 节例的运算结果报告

第 16 章 层次分析法

一个层次分析（AHP）过程模型建立之后，剩余的事情就是两件：一是计算最大特征根和相应的正规化特征向量，利用最大特征根检验判断矩阵的一致性是否满足要求。如果满足要求，则其对应的正规化特征向量就是我们需要的单权重，反映某个准则相对于目标或者方案相对于准则的分量。二是计算组合权重。只要单权重计算出来，将各个方案的单权重合并为一个矩阵，用这个矩阵左乘各个准则的单权重，就是加权给出的、方案相应于目标的组合权重。可见，解决 AHP 问题的关键是计算最大特征根及其对应的特征向量。由于 AHP 的判断矩阵结构特殊，我们可以在 Excel 中采用三种方法计算：一是方根法，从几何平均值出发估计最大特征根和特征向量；二是和积法，从算术平均值出发估算最大特征根和特征向量；三是乘幂法，利用迭代运算计算最大特征根和相应的特征向量。

【例】三个能源用户的能源合理分配份额评估。这是一个经典性的例子，由 AHP 法的奠基者 Saaty 及其合作者提出。主要采用三个指标对美国三大能源使用单位的应得能源百分比进行综合评价。

16.1 问题与模型

能源的定量分配问题早先仅仅是一种学术研究，人们认为这类研究不需要应用于日常的生产和生活。长期以来，能源使用者和规划师都没有意识到能源危机的出现。可是，仅仅就在 20 世纪 70 年代，美国就曾经受过两次能源问题的冲击。一次是在 1976～1977 年的冬季，天然气资源短缺导致一些工厂和学校被迫关门；另一次是 1977～1978 年冬天的燃煤供应紧缺。在这种情况下，能源的供应分配问题就变成了一个现实的应用技术问题。

一个合理化的考虑是，根据几个大的能源需求单位对于社会不同方面的总体贡献来确定它们的能源分配权重。假设美国有三大能源用户：C_1、C_2 和 C_3。基于社会和政治利益的总体目标，从如下三个方面评价这三个能源使用单位：对经济增长的贡献、对环境质量的贡献和对国家安全的贡献。这样，我们就得到三个判别指标：经济增长（economic growth，EG）、环境质量（environmental quality，EQ）和国家安全（national security，NS）。以国家的社会和政治利益为目标，对这三个指标进行两两比较，得出不同指标重要程度的比较矩阵

$$\begin{array}{c} & \begin{array}{ccc} EG & EQ & NS \end{array} \\ \begin{array}{c} EG \\ EQ \\ NS \end{array} & \begin{bmatrix} 1 & 5 & 3 \\ 1/5 & 1 & 3/5 \\ 1/3 & 5/3 & 1 \end{bmatrix} \end{array}$$

接下来，通过全面的研究，决策者从经济、环境和国家安全的角度作出关于三个能源用户的相对重要性评估。下面分别是基于经济、环境和国家安全的能源用户评估矩阵

经济(EG)

$$\begin{array}{c|ccc} & C_1 & C_2 & C_3 \\ \hline C_1 & 1 & 3 & 5 \\ C_2 & 1/3 & 1 & 2 \\ C_3 & 1/5 & 1/2 & 1 \end{array}$$

环境(EQ)

$$\begin{array}{c|ccc} & C_1 & C_2 & C_3 \\ \hline C_1 & 1 & 1/2 & 1/7 \\ C_2 & 2 & 1 & 1/5 \\ C_3 & 7 & 5 & 1 \end{array}$$

国家安全(NS)

$$\begin{array}{c|ccc} & C_1 & C_2 & C_3 \\ \hline C_1 & 1 & 2 & 3 \\ C_2 & 1/2 & 1 & 2 \\ C_3 & 1/3 & 1/2 & 1 \end{array}$$

到此为止,我们给出了一个层次分析法递阶建模的初步结果。下面要求完成 AHP 分析的全部计算过程,给出三个能源用户的综合排序结果。

16.2 计算方法之一——方根法

16.2.1 计算目标-准则层单权重

	A	B	C	D
1		经济增长	环境质量	国家安全
2	经济增长	1	5	3
3	环境质量	0.2	1	0.6
4	国家安全	0.33333	1.66667	1

图 16-2-1 判断矩阵的数值

首先计算目标-准则层判断矩阵的正规化特征向量及其对应的特征根量。在录入数据的时候,最好先录入上三角部分,然后按照倒数关系和对称原则计算下三角部分;或者反过来,先录入下三角部分,然后根据倒数关系和对称原则计算上三角部分。例如,先录入上三角数据,然后根据图 16-2-1 所示的数据分布位置在 B3 单元格中输入公式

"=1/C2"

回车,得到 0.2。下三角的其余数据的录入方式依此类推。这样录入的好处是便于今后判断矩阵的调整。

接下来,按照如下步骤计算。

1. 按行计算几何平均值

根据图 16-2-1 所示的数值排列,以及矩阵的阶数为 3,在 E2 单元格中输入公式

"=PRODUCT(B2:D2)^(1/3)"

回车,得到第一个数值 2.466 21。这里 product 为 Excel 的乘法函数。然后将鼠标光标指向 E2 单元格的右下角,待其变成细小黑十字,双击或者下拉至 E4,即可得到全部几何平均结果(图 16-2-2)。

	A	B	C	D	E	F
1		经济增长	环境质量	国家安全	几何平均	
2	经济增长	1	5	3	=product(B2:D2)^(1/3)	
3	环境质量	0.2	1	0.6		
4	国家安全	0.33333	1.66667	1		

(a) 计算方法

	A	B	C	D	E	F
1		经济增长	环境质量	国家安全	几何平均	
2	经济增长	1	5	3	2.46621	
3	环境质量	0.2	1	0.6	0.49324	
4	国家安全	0.33333	1.66667	1	0.82207	

(b) 计算结果

图 16-2-2 计算目标-准则层判断矩阵的几何平均值

2. 将几何平均值归一化

利用函数 sum 或者自动求和符号对上述计算结果求和。例

如，在 E5 单元格中输入公式

"=SUM(E2:E4)"

回车，即可得到总和 3.781 53。然后在 F2 单元格输入公式

"=E2/＄E＄5"

回车，得到第一个归一化数值。然后将光标指向单元格 F2 的右下角，待其变成细小黑十字，双击或者下拉至 F4，即可得到全部归一化结果，这个结果就是我们需要的单权重，它是判断矩阵的正规化特征向量(图 16-2-3)。

(a) 计算方法

(b) 计算结果

图 16-2-3　计算目标-准则层判断矩阵的正规化特征向量

3. 计算最大特征根

首先用判断矩阵左乘正规化特征向量。假定判断矩阵为 M，正规化特征向量为 W。选定单元格 G2:G4，输入计算公式

"=MMULT(B2:D4,F2:F4)"

(a) 计算方法

(b) 计算结果

图 16-2-4　用目标-准则层判断矩阵左乘的正规化特征向量

然后同时按下 Ctrl＋Shift 键，回车，则可得到 MW 的结果(图16-2-4)。

一般说来，对向量 MW 求和，即可得到最大特征根的近似值。例如，在 G5 单元格中输入求和公式

"=SUM(G2:G4)"

回车，立即得到最大特征根的近似值 3。这里 sum 为 Excel 的求和函数。但是，只有当判断矩阵的一致性非常好时，这个结果才更为接近真实值。当判断矩阵的一致性稍差时，这样计算的结果稍有误差。

另一种估计方法是取平均结果。借助求平均值函数 average 和 Excel 的数组运算功能，可以基于图 16-2-4 所示的计算结果，非常容易地估计出最大特征根。选定一个单元格，如 H2，然后根据我们的数据分布位置，输入计算公式

"=AVERAGE(G2:G4/F2:F4)"

然后同时按下 Ctrl＋Shift 键，回车，立刻得到最大特征根的估计值 3(图 16-2-5)。

(a) 计算方法

(b) 计算结果

图 16-2-5　计算目标-准则层判断矩阵的最大特征根

4. 一致性检验

对于我们这个问题,最大特征根等于矩阵的阶数

$$\lambda_{\max} = n = 3$$

因此,无需检验,肯定可以通过。因为一致性指数 CI 为

$$\mathrm{CI} = \frac{\lambda_{\max} - n}{n-1} = \frac{3-3}{3-1} = 0$$

对于 $n=3$ 阶的矩阵,随机一致性指数 RC=0.58,从而一致率 CR 为

$$\mathrm{CR} = \frac{\mathrm{CI}}{\mathrm{RC}} = \frac{0}{0.58} = 0$$

我们知道,CI 的绝对值和 CR 绝对值都是越小越好。既然为 0,那就意味着达到了完美的一致性。因此,上述两种方法给出的最大特征根估计值完全一样。

16.2.2　计算准则-方案层单权重

计算方法与上面介绍的步骤完全一样,只不过是将判断矩阵改变内容。下面以第一个准则"经济增长"与方案——三个用户的关系为例,说明计算方法。首先,录入判断矩阵的数据。为便于今后调整,先录入上三角部分,再根据对称原则和倒数关系计算下三角部分。然后,重复上一小节的第一至第四步,计算出正规化特征向量及其相应的最大特征根,以及一致性检验,结果如图 16-2-6 所示。

在图 16-2-6 中的最后一列,H8 单元格为最大特征根,计算方法与图 16-2-5 所示完全一样。在 H9 单元格中输入计算公式

"=(H8-3)/(3-1)"

回车,得到一致性指数 CI=0.001 85;在 H10 单元格输入计算公式

"=H9/0.58"

回车,得到一致性率 CR=0.003 18。由于 CR<0.1,可以视为通过检验。

	A	B	C	D	E	F	G	H
1		经济增长	环境质量	国家安全	几何平均	归一化	MW	最大特征根
2	经济增长	1	5	3	2.46621	0.65217	1.95652	3.00000
3	环境质量	0.2	1	0.6	0.49324	0.13043	0.39130	
4	国家安全	0.33333	1.66667	1	0.82207	0.21739	0.65217	
5					3.78153		3.00000	
6	经济增长							
7		C_1	C_2	C_3	几何平均	归一化	MW	特征根/检验
8	C_1	1	3	5	2.46621	0.64833	1.94738	3.00369
9	C_2	0.33333	1	2	0.87358	0.22965	0.68980	0.00185
10	C_3	0.2	0.5	1	0.46416	0.12202	0.36651	0.00318
11					3.80395		3.00369	

图 16-2-6　计算准则-方案层第一个判断矩阵的正规化特征向量和最大
　　　　　特征根

如果没有通过检验,就应该重新考虑上述判断矩阵构造是否合理,然后调整上三角部分。根据我们的计算过程安排,只要调整一个数据,其余数据都会跟着改变。这样无需重复整个计算过程,只需改变个别数字即可。

通过检验之后,可以另起炉灶计算第二个准则"环境质量"与方案关系的特征向量和特征根,也可以采用如下简便方式:将上面的全部计算结果复制并粘贴到另外一个位置保存——注意采用"选择性粘贴",并借助右键菜单选择"数值",然后将方案相对于"经济增长"准则的判断矩阵改换为方案相对于"环境质量"准则的判断矩阵。由于我们的数值计算都是环环相扣——利用前面单元格的数值计算后面的结果,只要矩阵改变了,后面全部结果都会改变,于是可以相当快速地得到计算结果(图 16-2-7)。这一次检验指标如下:CI=0.007 08,CR=0.0122<10。通过检验,可以开展下一步工作。

将上面的全部计算结果复制并粘贴到另外一个位置,注意采用"选择性粘贴",并借助右键菜单选择"数值",然后将方案相对于"环境质量"准则的判断矩阵改换为方案相对于"国家安全"准则的判断矩阵。这样,立即可以得到我们需要的正规化特征向量和最大特征根(图 16-2-8)。这一次检验指标如下:CI=0.0046,CR=0.007 93<10,通过检验。至此为止,单权重全部计算完毕。

	A	B	C	D	E	F	G	H
1		经济增长	环境质量	国家安全	几何平均	归一化	MW	最大特征根
2	经济增长	1	5	3	2.46621	0.65217	1.95652	3.00000
3	环境质量	0.2	1	0.6	0.49324	0.13043	0.39130	
4	国家安全	0.33333	1.66667	1	0.82207	0.21739	0.65217	
5					3.78153		3.00000	
6	环境质量							
7		C_1	C_2	C_3	几何平均	归一化	MW	特征根/检验
8	C_1	1	0.5	0.14286	0.41491	0.09381	0.28277	3.01415
9	C_2	2	1	0.2	0.73681	0.16659	0.50214	0.00708
10	C_3	7	5	1	3.27107	0.73959	2.22925	0.01220
11					4.42279		3.01415	

图 16-2-7　计算准则-方案层第二个判断矩阵的正规化特征向量和最大
　　　　　特征根

	A	B	C	D	E	F	G	H
1		经济增长	环境质量	国家安全	几何平均	归一化	MW	最大特征根
2	经济增长	1	5	3	2.46621	0.65217	1.95652	3.00000
3	环境质量	0.2	1	0.6	0.49324	0.13043	0.39130	
4	国家安全	0.33333	1.66667	1	0.82207	0.21739	0.65217	
5					3.78153		3.00000	
6	国家安全							
7		C_1	C_2	C_3	几何平均	归一化	MW	特征根/检验
8	C_1	1	2	3	1.81712	0.53961	1.62381	3.00920
9	C_2	0.5	1	2	1.00000	0.29696	0.89362	0.00460
10	C_3	0.33333	0.5	1	0.55032	0.16342	0.49178	0.00793
11					3.36744		3.00920	

图 16-2-8 计算准则-方案层第三个判断矩阵的正规化特征向量和最大特征根

16.2.3 计算组合权重

根据模型结构，我们一共计算了四个单权重，它们构成四个正规化特征向量。一个是三个准则相对于一个目标的单权重向量，三个是三个用户（方案）相对于三个准则的单权重向量。现在，我们可以将三个方案相对于三个准则的单权重向量逐一复制过来，并排对齐，构成一个 3×3 的单权重矩阵，该矩阵反映了各个方案在一定准则下的相对重要性。最后将三个准则相对于一个目标的单权重向量复制过来，可以与前面的矩阵对齐，也可以不对齐。在复制的过程中注意采用选择性粘贴——数值粘贴。

全部复制并粘贴完毕之后，就可以用准则-方案层单权重矩阵左乘目标-准则层单权重向量。在图 16-2-9 中，数据分布范围是 A13:E17，我们可以在 F15:F17 单元格区域中输入如下计算公式

	准则—方案层			目标—准则层	组合权重
	经济增长	环境质量	国家安全	能源利用	
用户1	0.64833	0.09381	0.53961	0.65217	=mmult(B15:D17,E15:E17)
用户2	0.22965	0.16659	0.29696	0.13043	MMULT(array1, array2)
用户3	0.12202	0.73959	0.16342	0.21739	

图 16-2-9 复制-粘贴单权重向量并计算组合权重向量
"=MMULT(B15:D17,E15:E17)"

13		准则—方案层			目标—准则层	组合权重
14		经济增长	环境质量	国家安全	能源利用	
15	用户1	0.64833	0.09381	0.53961	0.65217	0.55237
16	用户2	0.22965	0.16659	0.29696	0.13043	0.23606
17	用户3	0.12202	0.73959	0.16342	0.21739	0.21157

图 16-2-10 组合权重的计算结果

同时按下 Ctrl+Shift 键，回车，则可得到组合权重的计算结果（图 16-2-10）。

从组合权重可以看到，三个用户的分量不同，它们在能源利用方面享受的优惠待遇当然不会平等。

16.3 计算方法之二——和积法

和积法与方根法的不同之处在于计算正规化特征向量和最大特征根的估计方式有别，其余的步骤完全一样。因此，我们只需要举一个例子，说明如何估计特征向量和最大特征根即可。不妨以目标-准则层判断矩阵的正规化特征根及其对应的特征向量为例。

在录入数据之后,按如下步骤计算。

第一步,按列加和。根据图 16-2-1 所示的数值排列,在 B5 单元格中输入公式

"=SUM(B2:B4)"

回车,得到第一个数值 1.533 33。然后将光标指向单元格的右下角,待其变成细小黑十字,右拖至 D5,即可得到全部求和结果(图 16-3-1)。

	A	B	C	D
1		经济增长	环境质量	国家安全
2	经济增长	1	5	3
3	环境质量	0.2	1	0.6
4	国家安全	0.33333	1.66667	1
5	求和	1.53333	7.66667	4.60000

图 16-3-1　计算判断矩阵的列之和

第二步,按列归一化。另外开辟一个数值区域,如 B8:D10,利用 Excel 的数组运算功能,输入如下计算公式

"=B2:D4/B5:D5"

同时按下 Ctrl+Shift 键,回车,则可得到组合权重的计算结果(图 16-3-2)。当然,可以按照图 16-2-3 所示的方法逐步归一化,速度要慢一些。

第三步,按行计算平均值,得到计算正规化特征向量。根据图 16-3-2 所示的数据分布格局,在 E8 单元格中输入公式

"=AVERAGE(B8:D8)"

回车,得到第一行的平均值 0.652 17。然后将光标指向单元格的右下角,待其变成细小黑十字,双击或者下拉至 E10,即可得到全部平均结果,这个结果就是我们需要的单权重,它是判断矩阵的正规化特征向量(图 16-3-3)。

	A	B	C	D
1		经济增长	环境质量	国家安全
2	经济增长	1	5	3
3	环境质量	0.2	1	0.6
4	国家安全	0.33333	1.66667	1
5	求和	1.53333	7.66667	4.60000
6				
7		经济增长	环境质量	国家安全
8		=B2:D4/B5:D5		
9	环境质量			
10	国家安全			

(a) 计算方法

	A	B	C	D
7		经济增长	环境质量	国家安全
8	经济增长	0.65217	0.65217	0.65217
9	环境质量	0.13043	0.13043	0.13043
10	国家安全	0.21739	0.21739	0.21739

(b) 计算结果

图 16-3-2　按列归一化的方法和结果

	A	B	C	D	E	F	G
1		经济增长	环境质量	国家安全			
2	经济增长	1	5	3			
3	环境质量	0.2	1	0.6			
4	国家安全	0.33333	1.66667	1			
5	求和	1.53333	7.66667	4.60000			
6							
7		经济增长	环境质量	国家安全	单权重		
8	经济增长	0.65217	0.65217	0.65217	=average(B8:D8)		
9	环境质量	0.13043	0.13043	0.13043	AVERAGE(**number1**, [number2], ...)		
10	国家安全	0.21739	0.21739	0.21739			

(a) 计算方法

	A	B	C	D	E
7		经济增长	环境质量	国家安全	单权重
8	经济增长	0.65217	0.65217	0.65217	0.65217
9	环境质量	0.13043	0.13043	0.13043	0.13043
10	国家安全	0.21739	0.21739	0.21739	0.21739

(b) 计算结果

图 16-3-3　按行平均计算单权重

第四步,计算最大特征根。方法与方根法一样,首先用判断矩阵左乘正规化特征向量。假定判断矩阵为 M,正规化特征向量为 W。选定单元格 E2:E4,根据数据分布范围,输入计算公式

"＝MMULT(B2：D4,E8:E10)"

然后同时按下 Ctrl＋Shift 键,回车,则可得到 MW 的结果(图 16-3-4)。

	A	B	C	D	E	F	G
1		经济增长	环境质量	国家安全	MW		
2	经济增长	1	5	3	=mmult(B2:D4,E8:E10)		
3	环境质量	0.2	1	0.6	MMULT(array1, array2)		
4	国家安全	0.33333	1.66667	1			
5	求和	1.53333	7.66667	4.60000			
6							
7		经济增长	环境质量	国家安全	单权重		
8	经济增长	0.65217	0.65217	0.65217	0.65217		
9	环境质量	0.13043	0.13043	0.13043	0.13043		
10	国家安全	0.21739	0.21739	0.21739	0.21739		

(a) 计算方法

	A	B	C	D	E	F	G
1		经济增长	环境质量	国家安全	MW		
2	经济增长	1	5	3	1.95652		
3	环境质量	0.2	1	0.6	0.39130		
4	国家安全	0.33333	1.66667	1	0.65217		

(b) 计算结果

图 16-3-4　用判断矩阵左乘的单权重向量

接下来,对向量 MW 求和,即可得到最大特征根的近似值。例如,在 E5 单元格中输入求和公式

"＝SUM(E2:E4)"

回车,立即得到最大特征根的近似值 3。

也可以根据另一种估计方法取平均结果。基于图 16-3-4 所示的计算结果,选定一个单元格,如 F2,然后根据我们的数据分布范围,输入计算公式

"＝AVERAGE(E2:E4/E8:E10)"

然后同时按下 Ctrl＋Shift 键,回车,立刻得到最大特征根的估计值 3(图 16-3-5)。

	A	B	C	D	E	F	G
1		经济增长	环境质量	国家安全	MW	最大特征根	
2	经济增长	1	5	3	1.95652	=average(E2:E4/E8:E10)	
3	环境质量	0.2	1	0.6	0.39130	AVERAGE(number1, [nu	
4	国家安全	0.33333	1.66667	1	0.65217		
5	求和	1.53333	7.66667	4.60000	3.00000		
6							
7		经济增长	环境质量	国家安全	单权重		
8	经济增长	0.65217	0.65217	0.65217	0.65217		
9	环境质量	0.13043	0.13043	0.13043	0.13043		
10	国家安全	0.21739	0.21739	0.21739	0.21739		

图 16-3-5　计算判断矩阵的最大特征根

第五步，一致性检验。方法和过程与上一节讲述的完全一样。

可以看出，与方根法相比，和积法的唯一区别是正规化特征向量的估计方式不同，其余的计算过程和步骤基本一样。细心的读者可以看出，所谓和积法，其实就是将判断矩阵的各列归一化结果作为单权重。问题在于，当判断矩阵的一致性较差时，不同列的归一化值有所差异，为此将各列单权重取平均值。由于本例的判断矩阵一致性非常好，故各列归一化结果完全一样。

16.4 计算方法之三——迭代法

AHP 法的关键是计算最大特征根及其对应的特征向量。只要将最大特征根及其对应的正规化特征向量计算出来，其他步骤都一样。方根法与和积法都是估计正规化特征向量和最大特征根的近似方法。如果我们找到其他计算特征根和特征向量的方法，当然同样可以解决 AHP 模型问题。下面介绍一种更为精确的数值算法——矩阵迭代法。矩阵迭代法又分为如下几种：乘幂法——计算最大特征根及其对应的特征向量，逆幂法——计算最小特征根及其对应的特征向量，对称矩阵的雅可比法——计算全部特征根和特征向量。显然，乘幂法适合 AHP 法的求解过程。

录入数据之后，计算最大特征根和相应特征向量的步骤如下。

第一步，设计迭代初始值并进行第一迭代计算。假定录入的数据如图 16-2-1 所示的排列，将数据及其有关的标志全部复制，并且隔一行粘贴在下边，要保持上下数据对齐，以便利用 Excel 的数值拷贝功能，进行迭代运算。然后，在 E2:E4 单元格中输入三个 1 作为初始值[图 16-4-1(a)]。当然也可以选择其他初始值，如三个 2，或者 1、2、3 等。最后的结果都一样。接下来，利用 Excel 的矩阵运算功能，在 E7:E9 单元格中输入计算公式

$$"=MMULT(B7:D9,E2:E4)"$$

同时按下 Ctrl+Shift 键，回车，立刻得到第一次迭代结果[图 16-4-1(b)]。

借助 Excel 的数组运算功能，在 F7:F9 单元格中输入计算公式

$$"=E7:E9/SUMSQ(E7:E9)^0.5"$$

同时按下 Ctrl+Shift 键，回车，得到单位化特征向量的第一次估计结果[图 16-4-1(c)]。式中：SUMSQ 为 Excel 的平方和函数。

仍然借助 Excel 的数组运算功能，在 G7:G9 单元格中输入计算公式

$$"=F7:F9/SUM(F7:F9)"$$

同时按下 Ctrl+Shift 键，回车，得到特征向量的第一次正规化结果[图 16-4-1(d)]。

最后，在 H7:H9 单元格中输入计算公式

$$"=E7:E9/E2:E4"$$

同时按下 Ctrl+Shift 键，回车，得到最大特征根的第一次估计结果[图 16-4-1(e)]。

第二步，逐次迭代，直到特征根和特征向量收敛为止。接下来的运算非常简单，只需要利用 Excel 的拷贝功能，不停地复制、粘贴，并且观察数据的变化。当特征根和特征向量值不再变化时，就意味着数值收敛了。

(a) 矩阵运算的第一次迭代运算

	A	B	C	D	E	F	G	H
1		经济增长	环境质量	国家安全	乘积	特征向量	正规化	特征值
2	经济增长	1	5	3	1			
3	环境质量	0.2	1	0.6	1			
4	国家安全	0.33333	1.66667	1	1			
5								
6		经济增长	环境质量	国家安全	乘积	特征向量	正规化	特征值
7	经济增长	1	5	=mmult(B7:D9,E2:E4)				
8	环境质量	0.2	1	0.6				
9	国家安全	0.33333	1.66667	1				

(b) 特征向量第一次估计

	A	B	C	D	E	F	G	H
1		经济增长	环境质量	国家安全	乘积	特征向量	正规化	特征值
2	经济增长	1	5	3	1			
3	环境质量	0.2	1	0.6	1			
4	国家安全	0.33333	1.66667	1	1			
5								
6		经济增长	环境质量	国家安全	乘积	特征向量	正规化	特征值
7	经济增长	1	5	3	9	=E7:E9/sumsq(E7:E9)^0.5		
8	环境质量	0.2	1	0.6	1.8			
9	国家安全	0.33333	1.66667	1	3			

(c) 特征向量第一次正规化

	A	B	C	D	E	F	G	H
1		经济增长	环境质量	国家安全	乘积	特征向量	正规化	特征值
2	经济增长	1	5	3	1			
3	环境质量	0.2	1	0.6	1			
4	国家安全	0.33333	1.66667	1	1			
5								
6		经济增长	环境质量	国家安全	乘积	特征向量	正规化	特征值
7	经济增长	1	5	3	9	0.93205	=F7:F9/sum(F7:F9)	
8	环境质量	0.2	1	0.6	1.8	0.18641		
9	国家安全	0.33333	1.66667	1	3	0.31068		

(d) 最大特征根的第一次估计

	A	B	C	D	E	F	G	H
1		经济增长	环境质量	国家安全	乘积	特征向量	正规化	特征值
2	经济增长	1	5	3	1			
3	环境质量	0.2	1	0.6	1			
4	国家安全	0.33333	1.66667	1	1			
5								
6		经济增长	环境质量	国家安全	乘积	特征向量	正规化	特征值
7	经济增长	1	5	3	9	0.93205		=E7:E9/E2:E4
8	环境质量	0.2	1	0.6	1.8	0.18641	0.13043	
9	国家安全	0.33333	1.66667	1	3	0.31068	0.21739	

(e) 第一次迭代的全部结果

	A	B	C	D	E	F	G	H
1		经济增长	环境质量	国家安全	乘积	特征向量	正规化	特征值
2	经济增长	1	5	3	1			
3	环境质量	0.2	1	0.6	1			
4	国家安全	0.33333	1.66667	1	1			
5								
6		经济增长	环境质量	国家安全	乘积	特征向量	正规化	特征值
7	经济增长	1	5	3	9	0.93205	0.65217	9
8	环境质量	0.2	1	0.6	1.8	0.18641	0.13043	1.8
9	国家安全	0.33333	1.66667	1	3	0.31068	0.21739	3

图 16-4-1　特征向量的第一次迭代

具体说来,迭代步骤如下。根据我们的数值分布范围,选中并复制 A6:H9 单元格区域(图16-4-2)。

根据我们的数值布局,将复制结果隔行粘贴在下面,注意要与上面的数值左右对齐,这样得到第二次迭代结果(图 16-4-3)。

	A	B	C	D	E	F	G	H
1		经济增长	环境质量	国家安全	乘积	特征向量	正规化	特征值
2	经济增长	1	5	3	1			
3	环境质量	0.2	1	0.6	1			
4	国家安全	0.33333	1.66667	1	1			
5								
6		经济增长	环境质量	国家安全	乘积	特征向量	正规化	特征值
7	经济增长	1	5	3	9	0.93205	0.65217	9
8	环境质量	0.2	1	0.6	1.8	0.18641	0.13043	1.8
9	国家安全	0.33333	1.66667	1	3	0.31068	0.21739	3

图 16-4-2　选中并且复制第一次迭代结果

	A	B	C	D	E	F	G	H
1		经济增长	环境质量	国家安全	乘积	特征向量	正规化	特征值
2	经济增长	1	5	3	1			
3	环境质量	0.2	1	0.6	1			
4	国家安全	0.33333	1.66667	1	1			
5								
6		经济增长	环境质量	国家安全	乘积	特征向量	正规化	特征值
7	经济增长	1	5	3	9	0.93205	0.65217	9
8	环境质量	0.2	1	0.6	1.8	0.18641	0.13043	1.8
9	国家安全	0.33333	1.66667	1	3	0.31068	0.21739	3
10								
11		经济增长	环境质量	国家安全	乘积	特征向量	正规化	特征值
12	经济增长	1	5	3	27	0.93205	0.65217	3
13	环境质量	0.2	1	0.6	5.4	0.18641	0.13043	3
14	国家安全	0.33333	1.66667	1	9	0.31068	0.21739	3

图 16-4-3　隔行粘贴第一次迭代结果得到第二次迭代结果

比较第二次和第一次的正规化特征向量,看看二者是否一样,如果不一样,继续往下隔行粘贴,同时依然注意要与上面的数据区域范围左右对齐,这样得到第三次迭代结果(图 16-4-4)。

比较第三次迭代结果和第二次迭代结果可以看到,在我们需要的精度范围内——例如,精确到小数点后面 5 位,可以认为特征根和特征向量均已经收敛了:第一,两次迭代的正规化特征向量完全相同;第二,两次迭代的特征根完全相同。并且,特征根的三个平均结果完全一样——如果不一样,在特征向量收敛之后,对它们平均一次即可。

	A	B	C	D	E	F	G	H
10								
11		经济增长	环境质量	国家安全	乘积	特征向量	正规化	特征值
12	经济增长	1	5	3	27	0.93205	0.65217	3
13	环境质量	0.2	1	0.6	5.4	0.18641	0.13043	3
14	国家安全	0.33333	1.66667	1	9	0.31068	0.21739	3
15								
16		经济增长	环境质量	国家安全	乘积	特征向量	正规化	特征值
17	经济增长	1	5	3	81	0.93205	0.65217	3
18	环境质量	0.2	1	0.6	16.2	0.18641	0.13043	3
19	国家安全	0.33333	1.66667	1	27	0.31068	0.21739	3

图 16-4-4　复制并隔行粘贴第二次迭代结果得到第三次迭代结果

判断矩阵的一致性越好,迭代计算过程收敛得越快。从前面的计算结果可以看出,比较而言,三个方案相对于环境质量准则的判断矩阵一致性较差。不妨以环境质量与方案的关系为例进一步说明迭代计算的过程。

采用与上面介绍的计算完全相同的步骤,我们需要迭代 6 次才可以得到收敛结果——当然是一定精度范围内的收敛(图 16-4-5 至图 16-4-7)。不过,由于在 Excel 中进行这种运算非常方便,即使迭代十几次乃至数十次,也不是一件麻烦的事情。

环境质量	C1	C2	C3	乘积	特征向量	正规化	特征值
C1	1	0.5	0.142857	1			
C2	2	1	0.2	1			
C3	7	5	1	1			

环境质量	C1	C2	C3	乘积	特征向量	正规化	特征值
C1	1	0.5	0.142857	1.64286	0.12180	0.09207	1.64286
C2	2	1	0.2	3.20000	0.23724	0.17934	3.20000
C3	7	5	1	13.00000	0.96379	0.72858	13.00000

图 16-4-5　环境质量判断矩阵的第一次迭代结果

环境质量	C1	C2	C3	乘积	特征向量	正规化	特征值
C1	1	0.5	0.142857	5.10000	0.12195	0.09326	3.10435
C2	2	1	0.2	9.08571	0.21726	0.16614	2.83929
C3	7	5	1	40.50000	0.96846	0.74060	3.11538

环境质量	C1	C2	C3	乘积	特征向量	正规化	特征值
C1	1	0.5	0.142857	15.42857	0.12281	0.09382	3.02521
C2	2	1	0.2	27.38571	0.21800	0.16654	3.01415
C3	7	5	1	121.62857	0.96819	0.73964	3.00317

环境质量	C1	C2	C3	乘积	特征向量	正规化	特征值
C1	1	0.5	0.142857	46.49694	0.12281	0.09382	3.01369
C2	2	1	0.2	82.56857	0.21808	0.16660	3.01502
C3	7	5	1	366.55714	0.96817	0.73959	3.01374

图 16-4-6　环境质量判断矩阵的第二、三、四次迭代结果

环境质量	C1	C2	C3	乘积	特征向量	正规化	特征值
C1	1	0.5	0.142857	140.14653	0.12281	0.09381	3.01410
C2	2	1	0.2	248.87388	0.21808	0.16659	3.01415
C3	7	5	1	1104.87857	0.96817	0.73959	3.01421

环境质量	C1	C2	C3	乘积	特征向量	正规化	特征值
C1	1	0.5	0.142857	422.42327	0.12281	0.09381	3.01415
C2	2	1	0.2	750.14265	0.21808	0.16659	3.01415
C3	7	5	1	3330.27367	0.96817	0.73959	3.01415

图 16-4-7　环境质量判断矩阵的第五、六次迭代结果

16.5　结　果　解　释

层次分析法的要旨就是围绕某个目标,借助一定的判断准则(分析指标)对一系列的方案或者研究对象进行综合评估。准则或者指标的重要性是相对于目标而言的,而方案或者研究对象的重要性则是相对于准则或者指标而言的。我们需要的最终结果是递阶组合权重。

对于本章的例子，目标是国家的社会和政治利益最大化。能源的分配和使用是围绕国家的总体利益来考虑的。对于上述目标来说，经济增长是第一位的，权重约为 0.65；国家安全是第二位的，权重约为 0.22；环境质量排第三位，权重约为 0.13。

从经济增长方面看来，第一个用户最为突出，其权重为 0.65 左右；其次是用户 2，权重为 0.23 左右；用户 3 最次，权重为 0.12 稍多。

从环境质量来看，第三个用户绝对优先，权重为 0.74 左右；其次是用户 2，权重为 0.17 左右；第一个用户的权重只有 0.09 多一点。

从国家安全方面看来，第一个用户最为重要，权重为 0.54 左右；第二个用户其次，权重约为 0.3；第三个用户的权重是 0.16 左右。

综合评估结果是，第一个用户的组合权重为 0.55 左右，第二个用户的组合权重为 0.24 左右，第三个用户的组合权重为 0.21 左右(图 16-2-10)。现在，假定国家可以调拨 1 个单位的能源总额，在他们三家按比例分配，则合理化的分配比例应该是：用户 1 分得 55% 左右的能源，用户 2 分得 24% 左右的能源，用户 3 分得 21% 左右的能源。

第 17 章　GM(1,1)预测分析

灰色系统的 GM(1,1)模型实质上是一种三参数指数模型,但在求解过程中却将其转换为线性模型,然后利用最小二乘法估计模型参数。GM(1,1)模型的参数估计主要借助于矩阵乘法运算,过程有些复杂。特别是模型的检验,更是显得繁琐,不便于初学者掌握。考虑到模型求解过程中采用了基于线性关系的最小二乘技术,因此实际上可以借助一元线性回归分析估计模型参数,并对模型的适宜性和拟合效果进行检验。

【例】河南省郑州市非农业人口增长预测。以郑州市市辖区 1985~2000 年共计 16 年的非农业人口数据为例,说明借助 Excel 建立 GM(1,1)模型的两种途径。原始数据来自河南省城市社会经济调查队等单位编写的《河南城市统计年鉴》。

17.1　方法之一——最小二乘运算

参数估计和模型建设可以分为如下几个步骤完成。

1. 数据预备工作

(1) 数据的累加生成。录入数据之后,假定数据分布于 B2:B17 单元格范围内,然后,在 C2 单元格中输入公式"=B2",回车;在 C3 单元格中输入公式"=B3+C2",回车(图 17-1-1)。将光标指向 C3 单元格的右下角,待其变成细小黑十字,双击或者下拉至 C17,即可得到全部累加生成结果(图 17-1-2)。

	A	B	C	D
1	年份	非农业人口	累加生成数据	滑动平均
2	1985	101.02	101.02	
3	1986	102.19	=B3+C2	
4	1987	106.50		
5	1988	111.08		
6	1989	113.28		
7	1990	115.97		
8	1991	118.02		
9	1992	119.99		
10	1993	123.23		
11	1994	132.37		
12	1995	135.95		
13	1996	138.82		
14	1997	143.18		
15	1998	146.51		
16	1999	151.54		
17	2000	159.47		

图 17-1-1　原始数据的累加生成
非农业人口单位为万人,本章下同

	A	B	C	D	E	F
1	年份	非农业人口	累加生成数据	滑动平均		
2	1985	101.02	101.02			
3	1986	102.19	203.21	=average(C2:C3)		
4	1987	106.50	309.71	AVERAGE(**number1**, [number2], ...		
5	1988	111.08	420.79			
6	1989	113.28	534.07			
7	1990	115.97	650.04			
8	1991	118.02	768.06			
9	1992	119.99	888.05			
10	1993	123.23	1011.28			
11	1994	132.37	1143.65			
12	1995	135.95	1279.60			
13	1996	138.82	1418.42			
14	1997	143.18	1561.60			
15	1998	146.51	1708.11			
16	1999	151.54	1859.65			
17	2000	159.47	2019.12			

图 17-1-2　累加数据的移动平均负值

（2）累加生成数据的移动平均计算。在 D3 单元格中输入计算公式

$$"=-\text{AVERAGE}(C2:C3)"$$

注意公式前面的负号,回车,得到以两年为单元的滑动平均的负值－152.115(图 17-1-2)。将光标指向 D3 单元格的右下角,待其变成细小黑十字,双击或者下拉至 D17,即可得到全部移动平均的负值(图 17-1-3)。

	A	B	C	D	E	F
1	年份	非农业人口	累加生成数据	滑动平均		
2	1985	101.02	101.02	**B**		**y**
3	1986	102.19	203.21	-152.115	1	102.19
4	1987	106.50	309.71	-256.460	1	106.50
5	1988	111.08	420.79	-365.250	1	111.08
6	1989	113.28	534.07	-477.430	1	113.28
7	1990	115.97	650.04	-592.055	1	115.97
8	1991	118.02	768.06	-709.050	1	118.02
9	1992	119.99	888.05	-828.055	1	119.99
10	1993	123.23	1011.28	-949.665	1	123.23
11	1994	132.37	1143.65	-1077.465	1	132.37
12	1995	135.95	1279.60	-1211.625	1	135.95
13	1996	138.82	1418.42	-1349.010	1	138.82
14	1997	143.18	1561.60	-1490.010	1	143.18
15	1998	146.51	1708.11	-1634.855	1	146.51
16	1999	151.54	1859.65	-1783.880	1	151.54
17	2000	159.47	2019.12	-1939.385	1	159.47

图 17-1-3 构建矩阵 **B** 和向量 **y**

（3）给出常数对应的向量。在累加数据的移动平均负值右边添加一列 1,这些 1 与移动平均的负值并排,构成用于估计参数的矩阵 **B**。然后,将原始数据从第二位开始到最后一位(1986～2000 年)复制并粘贴到 **B** 矩阵的右边(图 17-1-3)。这样,我们就完成了数据预备工作。

2. 最小二乘运算

（1）计算矩阵 $\boldsymbol{B}^\text{T}\boldsymbol{B}$ 及其逆矩阵 $(\boldsymbol{B}^\text{T}\boldsymbol{B})^{-1}$。选定一个 2×2 的单元格区域,如 G3:H4,然后,根据图 17-1-3 所示的数据分布位置,借助 Excel 的矩阵乘法函数 mmult 和矩阵转置函数 transpose,输入计算公式

$$"=\text{MMULT}(\text{TRANSPOSE}(D3:E17),D3:E17)"$$

同时按下 Ctrl+Shift 键,回车,即可得到 $\boldsymbol{B}^\text{T}\boldsymbol{B}$ 的计算结果(图 17-1-4)。

接下来,计算矩阵 $\boldsymbol{B}^\text{T}\boldsymbol{B}$ 的逆矩阵 $(\boldsymbol{B}^\text{T}\boldsymbol{B})^{-1}$。选定一个 2×2 的单元格区域,如 G7:H8,然后,根据图 17-1-4 所示的数据分布位置,借助 Excel 的矩阵求逆函数 minverse,输入计算公式

$$"=\text{MINVERSE}(G3:H4)"$$

同时按下 Ctrl+Shift 键,回车,即可得到 $(\boldsymbol{B}^\text{T}\boldsymbol{B})^{-1}$ 的计算结果(图 17-1-4)。

（2）计算向量 $\boldsymbol{B}^\text{T}\boldsymbol{y}$。选定一个 2×1 的单元格区域,如 G11:G12,然后,根据图 17-1-4 所示的数据分布位置,输入计算公式

$$"=\text{MMULT}(\text{TRANSPOSE}(D3:E17),F3:F17)"$$

D	E	F	G	H	I
滑动平均					
B		y	B^TB		
-152.115	1	102.19	=mmult(transpose(D3:E17),D3:E17)		
-256.460	1	106.50	MMULT(array1, array2)		
-365.250	1	111.08			
-477.430	1	113.28	$(B^TB)^{-1}$		
-592.055	1	115.97			
-709.050	1	118.02			
-828.055	1	119.99			
-949.665	1	123.23	B^Ty		
-1077.465	1	132.37			
-1211.625	1	135.95			
-1349.010	1	138.82			
-1490.010	1	143.18	$(B^TB)^{-1}B^Ty$		
-1634.855	1	146.51			
-1783.880	1	151.54			
-1939.385	1	159.47			

(a) 计算矩阵 B^TB

D	E	F	G	H	I
滑动平均					
B		y	B^TB		
-152.115	1	102.19	19176194	-14816.31	
-256.460	1	106.50	-14816.31	15	
-365.250	1	111.08			
-477.430	1	113.28	$(B^TB)^{-1}$		
-592.055	1	115.97	=minverse(G3:H4)		
-709.050	1	118.02	MINVERSE(array)		
-828.055	1	119.99			
-949.665	1	123.23	B^Ty		
-1077.465	1	132.37			
-1211.625	1	135.95			
-1349.010	1	138.82			
-1490.010	1	143.18	$(B^TB)^{-1}B^Ty$		
-1634.855	1	146.51			
-1783.880	1	151.54			
-1939.385	1	159.47			

(b) 计算矩阵 B^TB 的逆矩阵

图 17-1-4　计算矩阵 B^TB 及其逆矩阵 $(B^TB)^{-1}$

同时按下 Ctrl+Shift 键，回车，即可得到 B^Ty 的计算结果（图 17-1-5）。

(3) 计算向量 $(B^TB)^{-1}B^Ty$。选定一个 2×1 的单元格区域，如 G15:G16，然后，根据图 17-1-5 所示的数据分布位置，输入计算公式

"＝MMULT(TRANSPOSE(D3:E17),F3:F17)"

同时按下 Ctrl+Shift 键，回车，即可得到 $(B^TB)^{-1}B^Ty$ 的计算结果（图 17-1-6）。这个向量给出了 GM(1,1)模型的参数估计值

$$a = -0.03054, \quad u = 97.70357$$

于是

$$\frac{u}{a} = \frac{97.70357}{-0.03054} = 3198.80184$$

3. 建设模型

将上面的参数估计结果赋予 GM(1,1) 模型

$$\hat{x}_t^{(1)} = \left[x_0^{(0)} - \frac{u}{a} \right] e^{-at} + \frac{u}{a}$$

得到

$$\hat{x}_t^{(1)} = \left(101.02 + \frac{97.70357}{0.03054} \right) e^{0.03054t} - \frac{97.70357}{0.03054} = 3299.82184 e^{0.03054t} - 3198.80184$$

式中：$x_0^{(0)} = 101.02$ 为初始年份 1985 年的非农业人口值（对应于 $t=0$）。

图 17-1-5　计算矩阵 $\boldsymbol{B}^\mathrm{T}\boldsymbol{B}$ 及其逆矩阵 $(\boldsymbol{B}^\mathrm{T}\boldsymbol{B})^{-1}$

图 17-1-6　计算矩阵向量 $(\boldsymbol{B}^\mathrm{T}\boldsymbol{B})^{-1}\boldsymbol{B}^\mathrm{T}\boldsymbol{y}$

4. 预测与检验

有了赋予参数的模型，就可以进行预测分析。

（1）重新整理数据。将年份变为从 0 开始的时序，并将参数复制到这些数据附近[图 17-1-7(a)]。

（2）计算累加数据的预测值。假定整理好的数据如图 17-1-7 所示排列，根据上面的模型及其参数，在 D2 单元格中输入计算公式

"=$F$2*EXP(−$F$3*C2)+$F$4"

然后将鼠标光标指向单元格 D2 的右下角，待其变成细小黑十字，双击或者下拉，即可得到累加数据预测值的计算结果[图 17-1-7(b)]。如果我们将时序向未来延伸，如延伸到 2010 年，则可以将预测值计算到 2010 年。

	A	B	C	D	E	F
1	年份	非农业人口	时序	预测值	递减还原	参数估计值
2	1985	101.02	0	=$F$2*exp(-$F$3*C2)+$F$4		
3	1986	102.19	1			-0.03054
4	1987	106.50	2			-3198.80183
5	1988	111.08	3			
6	1989	113.28	4			
7	1990	115.97	5			
8	1991	118.02	6			
9	1992	119.99	7			
10	1993	123.23	8			
11	1994	132.37	9			
12	1995	135.95	10			
13	1996	138.82	11			
14	1997	143.18	12			
15	1998	146.51	13			
16	1999	151.54	14			
17	2000	159.47	15			

(a)计算累加数据的预测值

	A	B	C	D	E	F
1	年份	非农业人口	时序	预测值	递减还原	参数估计值
2	1985	101.02	0	101.02	101.02	3299.82183
3	1986	102.19	1	203.36	=D3-D2	-0.03054
4	1987	106.50	2	308.88		-3198.80183
5	1988	111.08	3	417.67		
6	1989	113.28	4	529.84		
7	1990	115.97	5	645.48		
8	1991	118.02	6	764.71		
9	1992	119.99	7	887.64		
10	1993	123.23	8	1014.38		
11	1994	132.37	9	1145.06		
12	1995	135.95	10	1279.78		
13	1996	138.82	11	1418.68		
14	1997	143.18	12	1561.90		
15	1998	146.51	13	1709.55		
16	1999	151.54	14	1861.78		
17	2000	159.47	15	2018.74		

(b)累加数据预测值的递减还原

图 17-1-7　利用模型计算预测值

	A	B	C	D	E
1	年份	非农业人口	递减还原结果	绝对误差	相对误差
2	1985	101.02	101.02	0.0000	0
3	1986	102.19	102.34	-0.1541	-0.1508
4	1987	106.50	105.52	0.9817	0.9217
5	1988	111.08	108.79	2.2890	2.0607
6	1989	113.28	112.17	1.1148	0.9841
7	1990	115.97	115.64	0.3260	0.2811
8	1991	118.02	119.23	-1.2107	-1.0258
9	1992	119.99	122.93	-2.9386	-2.4491
10	1993	123.23	126.74	-3.5113	-2.8494
11	1994	132.37	130.67	1.6979	1.2827
12	1995	135.95	134.72	1.2251	0.9011
13	1996	138.82	138.90	-0.0834	-0.0601
14	1997	143.18	143.21	-0.0315	-0.0220
15	1998	146.51	147.65	-1.1433	-0.7803
16	1999	151.54	152.23	-0.6927	-0.4571
17	2000	159.47	156.95	2.5158	1.5776

图 17-1-8　模型预报的残差和相对误差

（3）累加数据预测值的递减还原。在 E2 单元格中输入计算公式"=D2"，回车；在 E3 单元格中输入公式"=D3－D2"，回车。然后将光标指向单元格 E3 的右下角，待其变成细小黑十字，双击或者下拉，即可得到累加数据预测值的递减还原结果（图 17-1-8）。

（4）计算绝对误差和相对误差。绝对误差公式为

$$\varepsilon_t^{(0)} = x_t^{(0)} - \hat{x}_t^{(0)}$$

即用原始数据减去递减还原结果。相对误差的计算公式为

$$\mu_t^{(0)} = \varepsilon_t^{(0)}/x_t^{(0)} \times 100 = \left[x_t^{(0)} - \hat{x}_t^{(0)}\right]/x_t^{(0)} \times 100$$

只要相对误差不超过 2%，就可以认为模型的拟合精度较高。对于本例，大部分相对误差不超过 2%，相对误差的绝对值的平均值为 1.054%。

17.2　方法之二——线性回归法

上面给出的是 GM(1,1)模型参数估计和预测的一般步骤。采用这种方法不仅参数估计麻烦，而且后面的各种检验尤其烦琐。下面介绍一种简便的处理办法，这种办法利用通常的线性回归分析。

首先对数据累加生成，方法同上；然后以两年为单元，计算滑动平均的负值，方法同上；将原始数据从第二位开始，到最后一位（1985～2000 年），复制并粘贴到滑动平均结果的旁边。最后，将滑动平均数的负值以及与之对应的原始数据（1985～2000 年）移动到一个适当的位置，如图17-2-1所示。

	A	B	C	D	E	F
1	年份	非农业人口	累加生成数据		滑动平均	非农人口
2	1985	101.02	101.02		-152.12	102.19
3	1986	102.19	203.21		-256.46	106.50
4	1987	106.50	309.71		-365.25	111.08
5	1988	111.08	420.79		-477.43	113.28
6	1989	113.28	534.07		-592.06	115.97
7	1990	115.97	650.04		-709.05	118.02
8	1991	118.02	768.06		-828.06	119.99
9	1992	119.99	888.05		-949.67	123.23
10	1993	123.23	1011.28		-1077.47	132.37
11	1994	132.37	1143.65		-1211.63	135.95
12	1995	135.95	1279.60		-1349.01	138.82
13	1996	138.82	1418.42		-1490.01	143.18
14	1997	143.18	1561.60		-1634.86	146.51
15	1998	146.51	1708.11		-1783.88	151.54
16	1999	151.54	1859.65		-1939.39	159.47
17	2000	159.47	2019.12			

图 17-2-1　数据整理结果——累加生成和滑动平均

17.2.1　参数的快速估计

最简便的办法是以滑动平均数据的负值为横轴，以原始数据为纵轴，作散点图，添加趋势线，给出线性拟合公式。这个线性模型的参数就是 GM(1,1)模型参数的估计结果：斜率为 a，截距为 u。在 Excel 中添加趋势线的步骤一般人都很熟悉，如果不熟悉，可以参考如下步骤。

第一步，作散点图。选中整理好的累加生成数据的滑动平均结果（负值）和原始数据（舍弃第一位）范围，在图 17-2-1 中，就是单元格 E1:F16 的数据区域（如果不考虑数据标志，就是 E2:F16 的数值区域），然后点击图表向导标志 ，或者在主菜单"插入"中选择"图表"，就会弹出图表向导选项框（图 17-2-2）。

第二步，添加趋势线。在图表向导中选择"XY 散点图"，点击完成按钮，就会出行一个未经编辑的散点图（图 17-2-3）。点击散点图中的任何一个数据点，所有的点都会出现阴影，然后点击右键，在右键菜单中选择添加趋势线，就会弹出添加趋势线选项框（图 17-2-3）。

在趋势线类型中，选择线性(L)，如图 17-2-4(a)所示；在选项中，选择显示公式(E)和显示 R 平方值(R)，如图 17-2-4(b)所示。

图 17-2-2　图表向导——散点图

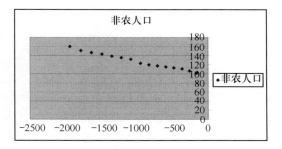

图 17-2-3　画出的散点图

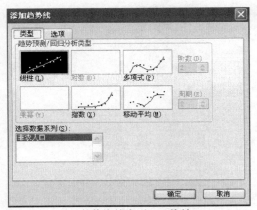
(a)趋势线的类型——线性

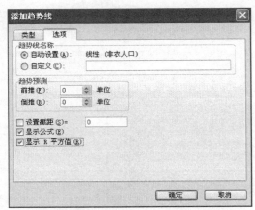
(b)趋势线的选项——公式和 R 平方值

图 17-2-4　添加趋势线的类型和选项

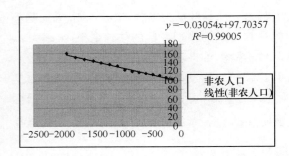

图 17-2-5　添加趋势线后的线性公式

第三步,模型适宜性分析。确定之后,就会出现散点的趋势线。考察两点:一是定性观察散点与趋势线的匹配效果,二是定量观察 R 平方值即拟合优度的高低(图 17-2-5)。如果散点的线性趋势不明确,点线匹配效果很差,拟合优度较低,那就意味着 GM(1,1)模型不适合于研究对象;如果点线拟合效果很好,那就表明 GM(1,1)模型适用于所研究的对象。

第四步,确定模型参数。对于本例,线性模型的拟合优度达到 0.99 以上,点线匹配较好。因此,可以认为适合于 GM(1,1)建模(图 17-2-5)。图中给出了一个线性公式

$$y = ax + u = -0.03054x + 97.70357$$

其中

$$a = -0.03054, u = 97.70357$$

就是 GM(1,1)模型参数的估计值。

第五步,建模和预测。方法与前面的第一种方法完全一样,将上面的参数估计结果赋予 GM(1,1)模型

$$\hat{x}_t^{(1)} = \left[x_0^{(0)} - \frac{u}{a}\right]e^{-at} + \frac{u}{a}$$

得到

$$\hat{x}_t^{(1)} = \left(101.02 + \frac{97.70357}{0.03054}\right)e^{0.03054t} - \frac{97.70357}{0.03054} = 3299.82184 e^{0.03054t} - 3198.80184$$

式中:$x_0^{(0)} = 101.02$ 为初始年份 1985 年的非农业人口值(对应于 $t=0$)。

建模并预测之后,需要对模型进行一系列检验,计算过程很烦琐。如果研究人员对建模过程不是很了解,就必须借助专门的软件。其实,既然 GM(1,1)模型的参数估计是一个一元线性回归问题,所有的检验都可以用一元线性回归模型的检验取而代之。

17.2.2 全面的回归运算

上面介绍的是线性模型的简单估计过程。如果要想得到详细线性回归信息,可以借助"数据分析"中的"回归"分析功能。具体步骤如下。

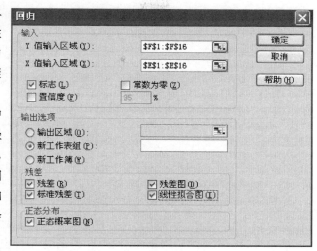

第一步,数据分析。在主菜单中沿着 Excel"工具—数据分析"的路径打开"数据分析"选项框,选择"回归",弹出"回归"选项框。然后,根据我们的数据分布,在回归选项框中进行如下设置(图 17-2-6)。确定之后,就会输出一系列模型拟合的统计参量。

第二步,确定模型参数。在回归输出的各种统计量中,既有参数估计

图 17-2-6 回归分析选项

值,又有用于检验分析的各种数值。其中的"系数(Coefficients)"对应的两个数值,就是我们需要的模型参数:$a = -0.030\ 54$,$u = 97.703\ 57$。将这两个数值转换为三参数指数模型系数,就可以得到 GM(1,1)模型,方法同上。

第三步,模型检验。检验方法参见一元线性回归分析一章。回归分析结果如图17-2-7 所示。

	A	B	C	D	E	F	G
1	SUMMARY OUTPUT						
2							
3	回归统计						
4	Multiple R	0.9950134					
5	R Square	0.9900518					
6	Adjusted R S	0.9892865					
7	标准误差	1.8096177					
8	观测值	15					
9							
10	方差分析						
11		df	SS	MS	F	Significance F	
12	回归分析	1	4236.71	4236.71	1293.764	2.108E-14	
13	残差	13	42.571311	3.2747163			
14	总计	14	4279.2813				
15							
16		Coefficients	标准误差	t Stat	P-value	Lower 95%	Upper 95%
17	Intercept	97.703571	0.9601324	101.76051	2.988E-20	95.62933	99.777811
18	滑动平均	-0.030544	0.0008492	-35.96893	2.108E-14	-0.032378	-0.028709

(a)主要输出结果

22	RESIDUAL OUTPUT					PROBABILITY OUTPUT	
23							
24	观测值	预测 非农人口	残差	标准残差		百分比排位	非农人口
25	1	102.34974	-0.159741	-0.091606		3.3333333	102.19
26	2	105.53683	0.963166	0.5523402		10	106.5
27	3	108.85969	2.2203057	1.2732635		16.666667	111.08
28	4	112.2861	0.993902	0.5699661		23.333333	113.28
29	5	115.78718	0.1828187	0.1048398		30	115.97
30	6	119.36065	-1.340653	-0.768815		36.666667	118.02
31	7	122.99552	-3.005519	-1.723554		43.333333	119.99
32	8	126.70995	-3.47995	-1.995623		50	123.23
33	9	130.61345	1.7565516	1.0073176		56.666667	132.37
34	10	134.7112	1.2387951	0.7104033		63.333333	135.95
35	11	138.90747	-0.087465	-0.050158		70	138.82
36	12	143.21414	-0.034141	-0.019579		76.666667	143.18
37	13	147.63826	-1.128258	-0.647015		83.333333	146.51
38	14	152.19005	-0.650048	-0.372779		90	151.54
39	15	156.93976	2.5302376	1.450998		96.666667	159.47

(b)残差和概率结果

图 17-2-7　回归分析结果

第四步，预测。我们用 1985～2000 年的数据建立模型。如果模型检验通过，我们可以往后延伸时间序号，以达到预测效果。在时序编号中，0 年对应于 1985 年，15 对应于 2000 年，16～25 对应于 2001～2010 年，其余依此类推。基于延伸的时序数据，首先延伸累加值的预测值，然后就可以得到递减还原结果，而对应于未来时间的递减还原结果就是我们需要的预测值（图 17-2-8）。

	A	B	C	D	E	F
1	年份	非农业人口	时序	预测值	递减还原	参数估计值
2	1985	101.02	0	101.02	101.02	3299.82183
3	1986	102.19	1	203.36	102.34	-0.03054
4	1987	106.50	2	308.88	105.52	-3198.80183
5	1988	111.08	3	417.67	108.79	
6	1989	113.28	4	529.84	112.17	
7	1990	115.97	5	645.48	115.64	
8	1991	118.02	6	764.71	119.23	
9	1992	119.99	7	887.64	122.93	
10	1993	123.23	8	1014.38	126.74	
11	1994	132.37	9	1145.06	130.67	
12	1995	135.95	10	1279.78	134.72	
13	1996	138.82	11	1418.68	138.90	
14	1997	143.18	12	1561.90	143.21	
15	1998	146.51	13	1709.55	147.65	
16	1999	151.54	14	1861.78	152.23	
17	2000	159.47	15	2018.74	156.95	
18	2001		16	2180.56	161.82	
19	2002		17	2347.40	166.84	
20	2003		18	2519.41	172.02	
21	2004		19	2696.77	177.35	
22	2005		20	2879.62	182.85	
23	2006		21	3068.14	188.52	
24	2007		22	3262.51	194.37	
25	2008		23	3462.91	200.40	
26	2009		24	3669.52	206.61	
27	2010		25	3882.54	213.02	

图 17-2-8　基于 GM(1,1)模型的郑州市非农业人口预报值

第 18 章　GM(1, N)预测分析

灰色系统的 GM(1, N)模型实质上是一种以指数函数为内核的多参数模型。在求解过程中,可以像处理 GM(1,1)模型一样,将其转换为线性模型,然后利用最小二乘法估计模型参数。GM(1, N)模型的参数估计也是借助于矩阵乘法运算,过程相对复杂。模型的检验比较烦琐,不便于初学者掌握。考虑到模型求解过程中采用了基于线性关系的最小二乘技术,实际上可以借助多元线性回归分析估计模型参数,并对模型的适宜性和拟合效果进行检验。

【例】山上积雪深度与山下灌溉面积的关系。以第 1 章给出的山上积雪对山下灌溉面积的影响为例,说明利用 Excel 建立 GM(1, N)模型的两种途径。

18.1　方法之一——最小二乘运算

参数估计和模型建设可以分为如下几个步骤完成。

1. 数据预备工作

(1) 数据的累加生成。方法与 GM(1,1)模型的处理过程一样。录入数据之后,假定数据分布于 B2:C11 单元格范围内,然后,在 D2 单元格中输入公式"=B2",回车;在 D3 单元格中输入公式"=B3+D2",回车。将光标指向 D3 单元格的右下角,待其变成

	A	B	C	D	E
1	年份	最大积雪深度	灌溉面积	积雪深度累加	灌溉面积累加
2	1971	15.2	28.6	15.2	28.6
3	1972	10.4	19.3	25.6	47.9
4	1973	21.2	40.5	46.8	88.4
5	1974	18.6	35.6	65.4	124.0
6	1975	26.4	48.9	91.8	172.9
7	1976	23.4	45.0	115.2	217.9
8	1977	13.5	29.2	128.7	247.1
9	1978	16.7	34.1	145.4	281.2
10	1979	24.0	46.7	169.4	327.9
11	1980	19.1	37.4	188.5	365.3

图 18-1-1　原始数据的累加生成

细小黑十字,双击或者下拉至 D11,即可得到最大积雪深度的全部累加生成结果。接下来,在 E2 单元格中输入公式"=C2",回车;在 E3 单元格中输入公式"=C3+E2",回车。将光标指向 E3 单元格的右下角,待其变成细小黑十字,双击或者下拉至 E11,即可得到灌溉面积的全部累加生成结果(图 18-1-1)。

一种简便的处理方法是,待最大积雪深度数据累加生成之后,选中 D2:D3 单元格,将光标指向 D3 单元格的右下角,待其变成细小黑十字,右拖至 E2:E3 单元格;然后单独选中 E3 单元格,将光标指向 E3 单元格的右下角,待其变成细小黑十字,双击或者下拉至 E11,便可得到灌溉面积的全部累加生成数值。

(2) 预测变量累加生成数据的滑动平均计算。我们要预测的变量是灌溉面积,故只需对灌溉面积数据进行滑动平均,并取负值。在 F3 单元格中输入计算公式
"=-AVERAGE(E2:E3)"

灌溉面积	积雪深度累加	灌溉面积累加		
28.6	15.2	28.6	灌溉面积滑动平均	积雪深度累加
19.3	25.6	47.9	=-AVERAGE(E2:E3)	
40.5	46.8	88.4		
35.6	65.4	124.0		
48.9	91.8	172.9		
45.0	115.2	217.9		
29.2	128.7	247.1		
34.1	145.4	281.2		
46.7	169.4	327.9		
37.4	188.5	365.3		

图 18-1-2　预测变量累加数据的移动平均负值

回车,得到以两年为单元的滑动平均的负值－38.3(图18-1-2)。将光标指向 F3 单元格的右下角,待其变成细小黑十字,双击或者下拉至 F11,即可得到全部移动平均的负值(图 18-1-3)。

(3) 数据的进一步整理。将最大积雪深度的累加结果,从第二位开始,到最后一位(对应于 1972～1980 年),复制并粘贴到滑动平均数据的右边,并对齐。注意采用选择性粘贴,并选中数值,然后粘贴。需要预测的变量,灌溉面积数据,从第二位开始,到最后一位(对应于 1972～

C	D	E	F	G	H
灌溉面积	积雪深度累加	灌溉面积累加	B		y
28.6	15.2	28.6	灌溉面积滑动平均	积雪深度累加	灌溉面积
19.3	25.6	47.9	-38.3	25.6	19.3
40.5	46.8	88.4	-68.2	46.8	40.5
35.6	65.4	124.0	-106.2	65.4	35.6
48.9	91.8	172.9	-148.5	91.8	48.9
45.0	115.2	217.9	-195.4	115.2	45.0
29.2	128.7	247.1	-232.5	128.7	29.2
34.1	145.4	281.2	-264.2	145.4	34.1
46.7	169.4	327.9	-304.6	169.4	46.7
37.4	188.5	365.3	-346.6	188.5	37.4

图 18-1-3　构建矩阵 $\boldsymbol{B}$ 和向量 $\boldsymbol{y}$

1980 年),复制并粘贴到刚才已经粘贴的数据的右边,并对齐(图 18-1-3)。这样,我们就完成了数据预备工作。

也可以采用如下方法,在 G3 单元格中输入"=D3",回车,将光标指向 G3 单元格的右下角,待其变成细小黑十字,双击或者下拉至 G11,即可得到积雪深度累加数据的第二位至最后一位的结果。用同样的方法,得到灌溉面积原始数据第二位至最后一位的结果。

灌溉面积累加生成数据的滑动平均负值和积雪深度累加结果(第二至最末位)构成矩阵 $\boldsymbol{B}$,灌溉面积原始数据(第二至最末位)构成向量 $\boldsymbol{y}$。

E	F	G	H
灌溉面积累加	B		y
28.6	灌溉面积滑动平均	积雪深度累加	灌溉面积
47.9	-38.3	25.6	19.3
88.4	-68.2	46.8	40.5
124.0	-106.2	65.4	35.6
172.9	-148.5	91.8	48.9
217.9	-195.4	115.2	45.0
247.1	-232.5	128.7	29.2
281.2	-264.2	145.4	34.1
327.9	-304.6	169.4	46.7
365.3	-346.6	188.5	37.4
	$\boldsymbol{B}^{\mathrm{T}}\boldsymbol{B}$		
	=mmult(transpose(F3:G11),F3:G11)		

图 18-1-4　计算矩阵 $\boldsymbol{B}^{\mathrm{T}}\boldsymbol{B}$

2. 最小二乘运算

(1) 计算矩阵 $\boldsymbol{B}^{\mathrm{T}}\boldsymbol{B}$ 及其逆矩阵 $(\boldsymbol{B}^{\mathrm{T}}\boldsymbol{B})^{-1}$。选定一个 2×2 的单元格区域,如 F14:G15,然后,根据图 18-1-3 所示的数据分布位置,借助 Excel 的矩阵乘法函数 mmult 和矩阵转置函数 transpose,输入计算公式

"=MMULT(TRANSPOSE(F3:G11),F3:G11)"

同时按下 Ctrl＋Shift 键,回车,即可得到 $\boldsymbol{B}^{\mathrm{T}}\boldsymbol{B}$ 的计算结果(图 18-1-4)。

接下来,计算矩阵 $\boldsymbol{B}^\mathrm{T}\boldsymbol{B}$ 的逆矩阵 $(\boldsymbol{B}^\mathrm{T}\boldsymbol{B})^{-1}$。选定一个 2×2 的单元格区域,如 F18:G19,然后,根据图 18-1-4 所示的数据分布位置,借助 Excel 的矩阵求逆函数 minverse,输入计算公式

"=MINVERSE(F14:G15)"

同时按下 Ctrl+Shift 键,回车,即可得到 $(\boldsymbol{B}^\mathrm{T}\boldsymbol{B})^{-1}$ 的计算结果(图 18-1-5)。

(2) 计算向量 $\boldsymbol{B}^\mathrm{T}\boldsymbol{y}$。选定一个 2×1 的单元格区域,如 F22:F23,然后,根据图 18-1-4 所示的数据分布位置,输入计算公式

"=MMULT(TRANSPOSE(F3:G11),H3:H11)"

同时按下 Ctrl+Shift 键,回车,即可得到 $\boldsymbol{B}^\mathrm{T}\boldsymbol{y}$ 的计算结果(图 18-1-5)。

(3) 计算向量 $(\boldsymbol{B}^\mathrm{T}\boldsymbol{B})^{-1}\boldsymbol{B}^\mathrm{T}\boldsymbol{y}$。选定一个 2×1 的单元格区域,如 F26:F27,然后,根据图 18-1-5 所示的数据分布位置,输入计算公式

"=MMULT(F18:G19,F22:F23)"

E	F	G	H
灌溉面积累加	B		y
28.6	灌溉面积滑动平均	积雪深度累加	灌溉面积
47.9	-38.3	25.6	19.3
88.4	-68.2	46.8	40.5
124.0	-106.2	65.4	35.6
172.9	-148.5	91.8	48.9
217.9	-195.4	115.2	45.0
247.1	-232.5	128.7	29.2
281.2	-264.2	145.4	34.1
327.9	-304.6	169.4	46.7
365.3	-346.6	188.5	37.4
	$\boldsymbol{B}^\mathrm{T}\boldsymbol{B}$		
	414318.2225	-232506.92	
	-232506.92	130754.5	
	$(\boldsymbol{B}^\mathrm{T}\boldsymbol{B})^{-1}$		
	0.001141919	0.002030554	
	0.002030554	0.003618368	
	$\boldsymbol{B}^\mathrm{T}\boldsymbol{y}$		
	-66313.065		
	38067.8		
	$(\boldsymbol{B}^\mathrm{T}\boldsymbol{B})^{-1}\boldsymbol{B}^\mathrm{T}\boldsymbol{y}$		
	1.57457		
	3.09104		

图 18-1-5 全部矩阵运算的结果

同时按下 Ctrl+Shift 键,回车,即可得到 $(\boldsymbol{B}^\mathrm{T}\boldsymbol{B})^{-1}\boldsymbol{B}^\mathrm{T}\boldsymbol{y}$ 的计算结果(图 18-1-5)。这个向量给出了 GM(1,2)模型的参数估计值

$$a = 1.57457, \quad u_1 = 3.09104$$

3. 建设模型

我们这里有两个变量($N=2$),将要建设的模型为 GM(1,2)模型。不妨用 x_0 表示需要预测的变量——灌溉面积,用 x_1 表示解释变量——最大积雪深度。上标为 0 表示原始数据,上标为 1 表示累加生成数据,括号中的下标表示时序。假定时间编号从 0 开始,即取 $t=0,1,2,\cdots$,这里 $t=0$ 对应于 1971 年,$t=1$ 对应于 1972 年,其余依此类推。将上面的参数估计结果赋予 GM(1,2)模型

$$\hat{x}_{0(t)}^{(1)} = \left[x_0^{(0)} - \frac{u_1}{a} x_{1(t)}^{(1)} \right] e^{-at} + \frac{u_1}{a} x_{1(t)}^{(1)}$$

其中

$$x_0^{(0)} = x_{0(0)}^{(0)} = 28.6$$

表示初始年份 1971 年的灌溉面积(对应于 $t=0$),于是得到

$$\begin{aligned}
\hat{x}_{0(t)}^{(1)} &= \left[28.6 - \frac{3.09104}{1.57457} x_{1(t)}^{(1)} \right] e^{-1.57457t} + \frac{3.09104}{1.57457} x_{1(t)}^{(1)} \\
&= \left[28.6 - 1.96309 x_{1(t)}^{(1)} \right] e^{-1.57457t} + 1.96309 x_{1(t)}^{(1)}
\end{aligned}$$

式中:$x_1^{(1)}(t)$为第t个年份的最大积雪深度累加生成数据。

4. 预测与检验

有了赋予参数的模型,就可以进行预测分析。

(1) 重新整理数据。将年份变为从 0 开始的时序,并将参数复制到这些数据附近(图 18-1-6)。

	A	B	C	D	E	F	G
1	年份	最大积雪深度	灌溉面积	积雪深度累加	灌溉面积累加	时序	预测值
2	1971	15.2	28.6	15.2	28.6	0	28.60
3	1972	10.4	19.3	25.6	47.9	1	45.77
4	1973	21.2	40.5	46.8	88.4	2	89.16
5	1974	18.6	35.6	65.4	124.0	3	127.50
6	1975	26.4	48.9	91.8	172.9	4	179.93
7	1976	23.4	45.0	115.2	217.9	5	226.07
8	1977	13.5	29.2	128.7	247.1	6	252.63
9	1978	16.7	34.1	145.4	281.2	7	285.43
10	1979	24.0	46.7	169.4	327.9	8	332.55
11	1980	19.1	37.4	188.5	365.3	9	370.04
12							
13	参数	a	1.57457				
14		u_1/a	1.96309				

图 18-1-6 利用模型计算累加结果预测值

(2) 计算累加数据的预测值。假定整理好的数据如图 18-1-6 所示排列,根据上面的模型及其参数,在 G2 单元格中输入计算公式

"＝($C$2－$C$14 * D2) * EXP(－$C$13 * F2)＋$C$14 * D2"

年份	最大积雪深度	灌溉面积	积雪深度累加	灌溉面积累加	时序	预测值	还原值
1971	15.2	28.6	15.2	28.6	0	28.60	28.60
1972	10.4	19.3	25.6	47.9	1	45.77	17.17
1973	21.2	40.5	46.8	88.4	2	89.16	43.39
1974	18.6	35.6	65.4	124.0	3	127.50	38.34
1975	26.4	48.9	91.8	172.9	4	179.93	52.43
1976	23.4	45.0	115.2	217.9	5	226.07	46.14
1977	13.5	29.2	128.7	247.1	6	252.63	26.56
1978	16.7	34.1	145.4	281.2	7	285.43	32.80
1979	24.0	46.7	169.4	327.9	8	332.55	47.12
1980	19.1	37.4	188.5	365.3	9	370.04	37.50

图 18-1-7 累加结果预测值的递减还原数值

然后将光标指向单元格 G2 的右下角,待其变成细小黑十字,双击或者下拉,即可得到累加数据预测值的计算结果(图 18-1-6)。如果我们将时序向未来延伸,如我们知道 1981 年的最大积雪深度,就可以预测 1981 年的累积值,还原之后得到 1981 年的预测值。

(3) 累加数据预测值的递减还原。计算公式为

$$\hat{x}_{0(0)}^{(0)} = x_{0(0)}^{(0)}, \quad \hat{x}_{0(t)}^{(0)} = \hat{x}_{0(t)}^{(1)} - \hat{x}_{0(t-1)}^{(1)}$$

在 H2 单元格中输入计算公式"＝G2",回车;在 H3 单元格中输入公式"＝G3－G2",回车。然后将光标指向单元格 H3 的右下角,待其变成细小黑十字,双击或者下拉,即可得到累加数据预测值的递减还原结果(图 18-1-7)。

(4) 计算绝对误差和相对误差。绝对误差公式为

$$\varepsilon_t^{(0)} = x_{0(t)}^{(0)} - \hat{x}_{0(t)}^{(0)}$$

即用灌溉面积的原始数据减去相应的递减还原结果(图18-1-8)。相对误差的计算公式为
$$\mu_{(t)}^{(0)} = \varepsilon_{(t)}^{(0)}/x_{0(t)}^{(0)} \times 100 = [x_{0(t)}^{(0)} - \hat{x}_{0(t)}^{(0)}]/x_{0(t)}^{(0)} \times 100$$
只要相对误差不超过2%,就可以认为模型的拟合精度较高。对于本例,相对误差的绝对值的平均值为4.9638%,数值较高(图18-1-8)。

积雪深度累加	灌溉面积累加	时序	预测值	还原值	残差	相对误差
15.2	28.6	0	28.60	28.60	0.00	0.00
25.6	47.9	1	45.77	17.17	2.13	11.03
46.8	88.4	2	89.16	43.39	-2.89	-7.13
65.4	124.0	3	127.50	38.34	-2.74	-7.70
91.8	172.9	4	179.93	52.43	-3.53	-7.23
115.2	217.9	5	226.07	46.14	-1.14	-2.53
128.7	247.1	6	252.63	26.56	2.64	9.04
145.4	281.2	7	285.43	32.80	1.30	3.82
169.4	327.9	8	332.55	47.12	-0.42	-0.89
188.5	365.3	9	370.04	37.50	-0.10	-0.26

图18-1-8 模型预报的残差和相对误差

18.2 方法之二——线性回归法

上面给出的是GM(1,N)模型参数估计和预测的一般步骤。这种方法的参数估计和检验分析都比较麻烦,而且有时建立的模型根本不能用于预测。也就是说,我们事先不能判断研究对象是否适合采用GM(1,N)模型。下面介绍一种简便的处理办法,这种办法利用通常的多元线性回归分析。

1. 整理数据

首先对数据累加生成,方法同上;然后以两年为单元,计算预测变量滑动平均的负值,方法同上;将解释变量最大积雪深度的累加数据从第二位开始,到最后一位(1972~1980年),复制并粘贴到滑动平均结果的旁边,方法同上;将预测变量灌溉面积的原始数据从第二位开始,到最后一位(1972~1980年),复制并粘贴到更右边,方法同上。全部结果如图18-1-3所示。

2. 多元线性回归分析

(1)数据分析。在主菜单中沿着Excel"工具—数据分析"的路径打开"数据分析"选项框,选择"回归",弹出"回归"选项框。然后,根据图18-1-3所示的数据分布,在回归选项框中进行如下设置(图18-2-1)。注意选中"常数为零(Z)"。确定之后,就会输出一系列模型拟合的统计参量(图18-2-2)。

(2)确定模型参数。在回归

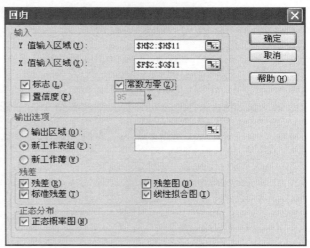

图18-2-1 回归分析选项

输出的各种统计量中,既有参数估计值,又有用于检验分析的各种数值。其中的"系数(Coefficients)"对应的两个数值,就是我们需要的模型参数

$$a = 1.57457, u_1 = 3.09104$$

将这两个数值代入 GM(1,2)模型,就可以进行预测分析,方法同上。

(3) 模型检验。这一步非常关键,检验方法参见一元线性回归分析一章。在拟合优度不成问题的情况下,首先考察模型参数的 t 值或者 P 值(图 18-2-2)。如果 t 值不能通过检验,或者 P 值大于 0.05,就表明研究对象不太适合 GM(1,N)模型分析。回归效果越好,GM(1,N)模型的预测效果也就越好。

3. 预测

我们用 1971~1980 年的数据建立模型。如果模型检验通过,我们可以往后延伸时间序号,以实现预测的目的。在时序编号中,0 年对应于 1971 年,9 对应于 1980 年。如果我们事先知道 1981 年的最大积雪深度,如 27.5m,将预测结果向下延伸一步得到 53.99(图 18-2-3)。

	A	B	C	D	E	F	G
1	SUMMARY OUTPUT						
2							
3	回归统计						
4	Multiple R	0.998599					
5	R Square	0.9972					
6	Adjusted R S	0.8539429					
7	标准误差	2.3057473					
8	观测值	9					
9							
10	方差分析						
11		df	SS	MS	F	Significance F	
12	回归分析	2	13254.195	6627.0974	1246.522	1.384E-08	
13	残差	7	37.215294	5.3164705			
14	总计	9	13291.41				
15							
16		Coefficients	标准误差	t Stat	P-value	Lower 95%	Upper 95%
17	Intercept	0	#N/A	#N/A	#N/A	#N/A	#N/A
18	灌溉面积滑	1.5745738	0.0779165	20.20848	1.82E-07	1.3903306	1.758817
19	积雪深度累	3.0910378	0.1386973	22.286212	9.26E-08	2.7630707	3.4190048

(a) 主要输出结果

	A	B	C	D	E	F	G
23	RESIDUAL OUTPUT					PROBABILITY OUTPUT	
24							
25	观测值	预测 灌溉面积	残差	标准残差		百分比排位	灌溉面积
26	1	18.90312	0.3968799	0.195173		5.5555556	19.3
27	2	37.353365	3.146635	1.5474154		16.666667	29.2
28	3	34.934135	0.6658645	0.3274511		27.777778	34.1
29	4	50.011791	-1.111791	-0.546743		38.888889	35.6
30	5	48.415836	-3.415836	-1.6798		50	37.4
31	6	31.728159	-2.528159	-1.243268		61.111111	40.5
32	7	33.51323	0.5867701	0.288555		72.222222	45
33	8	44.085356	2.6146441	1.2857991		83.333333	46.7
34	9	36.91335	0.4866497	0.2393189		94.444444	48.9

(b) 残差和概率结果

图 18-2-2 回归分析结果

A	B	C	D	E	F	G	H
年份	最大积雪深度	灌溉面积	积雪深度累加	灌溉面积累加	时序	预测值	还原值
1971	15.2	28.6	15.2	28.6	0	28.60	28.60
1972	10.4	19.3	25.6	47.9	1	45.77	17.17
1973	21.2	40.5	46.8	88.4	2	89.16	43.39
1974	18.6	35.6	65.4	124.0	3	127.50	38.34
1975	26.4	48.9	91.8	172.9	4	179.93	52.43
1976	23.4	45.0	115.2	217.9	5	226.07	46.14
1977	13.5	29.2	128.7	247.1	6	252.63	26.56
1978	16.7	34.1	145.4	281.2	7	285.43	32.80
1979	24.0	46.7	169.4	327.9	8	332.55	47.12
1980	19.1	37.4	188.5	365.3	9	370.04	37.50
1981	27.5		216.0		10	424.03	53.99

图 18-2-3 模型预测示例

参 考 文 献

陈俊合,陈小红.1996.工程水资源计算.广州:广东高等教育出版社
程锦.2000.Excel 2000 中文版函数图书馆(第三版).北京:清华大学出版社
邓聚龙.2005.灰色系统基本方法(第2版).武汉:华中科技大学出版社
冯健.2004.转型期中国城市内部空间重构.北京:科学出版社
何晓群,刘文卿.2001.应用回归分析.北京:中国人民大学出版社.19
贺仲雄,王伟.1988.决策科学:从最优到满意.重庆:重庆出版社
李一智,向文光,胡振华.1991.经济预测技术.北京:清华大学出版社
施锡铨,范正绮.2003.决策与模型.上海:上海财经大学出版社
苏宏宇,莫力.2001.Mathcad 2000 数据处理应用与实例.北京:国防工业出版社
唐五湘,程桂枝.2001.Excel 在预测中的应用.北京:电子工业出版社
谢柏青,王树德,贺卫军.2000.Excel 应用教程.北京:高等教育出版社
于洪彦.2001.Excel 统计分析与决策.北京:高等教育出版社
周一星.1998.城市化与国民生产总值关系的规律性探讨.人口与经济,(1):246~253
左忠恕.1980.怎样求最佳点.上海:上海科学技术出版社
Banks R B. 1994. Growth and Diffusion Phenomena: Mathematical Frameworks and Applications. Berlin: Springer-Verlag
Nations Population Division. 2002. World Urbanization Prospects: The 2001 Revision. New York: United Nations.
Saaty T L, Alexander J M. 1981. *Thinking with Models: Mathematical Models in the Physical, Biological, and Social Sciences*. New York: Pergamon Press
UNDP. 2001. 2000 年人类发展报告:人权与人类发展.北京:中国财政经济出版社
Weisberg S. 1998. 应用线性回归.王静龙,梁小筠,李宝慧译.北京:中国统计出版社.156

后　　记

　　直到 2000 年，笔者对作为一种电子表格的 Excel 软件还很不在乎，那时想当然地认为这类软件的计算功能可能非常有限。后来，北京大学的冯健博士向笔者演示了 Excel 的数值自我复制功能，这才使笔者意识到 Excel 具有其他软件无法替代的特有优势。2001 年后，笔者自己买了一台笔记本电脑，开始尝试使用 Excel 的数据分析工具，并将其应用于教学和研究工作。一段时间之后，笔者就发现这个软件非常卓越，利用它开展数学计算工作简直就是一种享受。

　　从此以后，笔者一边讲授北京大学城市与环境专业研究生的地理数学方法，一边开发 Excel 的数学计算功能。只要打开计算机从事与教学或科研有关的工作，Excel 就成为不可须臾离开的软件。笔者在使用其他软件如 SPSS、Mathcad 或 Matlab 时，都要结合 Excel 开展工作。现在读者见到的这本书，就是笔者应用 Excel 开展教学和研究工作的部分方法总结和成果提炼。

　　在此，笔者要感谢冯健博士和姜世国博士，他们在笔者最初应用 Excel 软件时，提供了许多热情的帮助。冯健副教授为本书的案例分析提供了数据，姜世国博士则在相关的软件技术方面提供过支持。特别感谢笔者的博士生导师周一星先生，正是周先生大力支持和长期鼓励笔者开展地理数学方法教学工作。感谢北京大学陈效逑教授，是他最先破格为笔者提供了地理教学方法教学实践的机会。感谢北京大学蔡远龙教授，他的"地理学方法研究"项目资助了本书的出版。笔者还要感谢参考文献中提到的部分作者，本书采用了他们的一些数据资料开发了本书的教学案例。最后，笔者感谢北京大学城市与环境专业的许多研究生和本科生，他们在学习作为试用教材的本书初稿过程中提出了许多改进意见，这些意见对本书质量的提高发挥了不少作用。

　　书中疏忽之处在所难免，希望读者发现之后及时指正，以便今后进一步提高本书的质量。